9급 공무원 공업기계직 수험서

기계설계

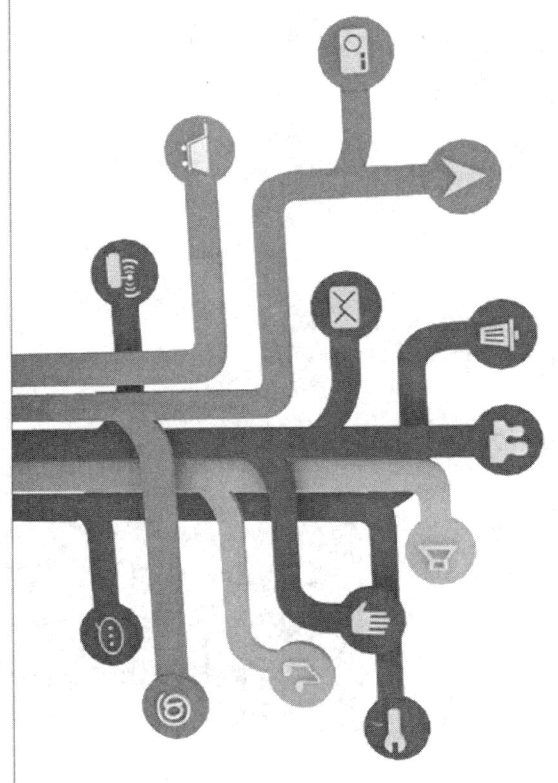

요점정리 · 적중예상문제 · 기출문제해설

GoldenBell

머리말

고등학교에서 2년간 공무원반을 지도하면서 많은 보람을 느꼈습니다. 공무원 합격은 지도교사의 노력 5%와 학생의 노력 95%로 이루어진다고 할 수 있습니다. 지도교사를 믿고 따라와 주고 열심히 해준 학생들에게 고맙다는 말 전합니다.

시중에 출판된 교재는 9급 공무원에 맞춰 저술되어 있지 않아 가르치는 교사도, 배우는 학생도 부담이 되고 어려운 부분이 많습니다. 특히, 교재에 있는 계산문제 중에는 학생의 수준을 고려하지 않고 간략하게 나열된 것도 있어 교사들은 많은 식 중에서 진정 필요한 식이 어느 것인지 선별해 내고, 학생들은 생략된 계산식을 다시 적어야 하는 불편함을 겪는 경우도 있습니다.

본 교재는 2년간 직접 공무원반 학생들을 지도한 경험을 바탕으로

1. 이론 영역 : 9급 공무원 시험문제에 출제되거나 출제가 예상되는 공식을 선별하여 정리하였으며,
2. 예상문제 영역 : 특성화고 및 일반 수험생이 쉽게 풀 수 있거나 반드시 풀어서 기출문제의 기초가 되는 문제들로 채웠습니다. 거의 90% 정도가 아직 출제되지 않은 예상문제로 고교졸업 예정자나 일반 수험생은 반드시 풀 수 있어야 하는 문제들입니다.
3. 과년도문제 영역 : 고시 사이트에 올려진 행안부 국가직과 지방직 문제를 특성화고 및 일반 수험생의 눈높이에 낮추어 풀이를 서술하였습니다. 풀이 과정 하나하나를 생략하지 않고 그대로 서술하였으므로, 문제 풀이를 쉽게 이해할 수 있을 것입니다.

여러 달 동안 공무원이 되겠다는 일념으로 지도교사를 믿고 따라와 주고, 가끔씩 계산이 틀렸다며 고쳐야 된다고 하던 우리 공무원반 학생들에게 이 책을 바칩니다.

끝으로, 이 책을 출판하기까지 도움 주신 출판사 관계자분들과 항상 옆에서 힘이 되어준 아내, 그리고 형우와 지효. 모두 고맙습니다.

저자 서영달

기계설계

기계직 공무원의 업무

기계직 공무원은 정부 기관을 비롯하여 각 시·도청 및 교육청, 군부대 군무원으로 종사한다. 주요 업무로, 냉난방 · 원동기 · 수도 · 위생설비 · 계량기 등 각종 기계기구 · 기계설비에 관한 기술 업무, 건설기계 · 공작기계 · 농업기계와 자동차 · 철도차량산업기계 · 철도동력차의 운전 · 기관차의 운용 · 운전 등 운전기술업무 및 기타 업무를 담당한다.

시험방법 및 출제형식

- 1, 2차 병합 실시 : 선택형 필기시험
- 3차 : 면접시험
- 필기시험 출제형식 : 객관식 4지 또는 5지 선다형, 20문항

※ 출제형식은 시 · 도별, 시험분류(국가직/지방직/교육청)별로 다르므로 각 시 · 도 · 교육청별 공고 자료를 검토해야 한다.

시험과목

- 일반수험생 : 국어, 영어, 한국사, 기계설계, 기계일반[기계공작법(군무원)]
- 특성화고 · 마이스터고 졸업(예정)자 : 물리, 기계설계, 기계일반

가산점

국가기술자격법령 또는 그 밖의 법령에서 정한 자격증 소지자가 당해분야(전산직 제외)에 응시할 경우, 매 과목 4할 이상 득점한 자에 한하여 각 과목별 득점에 각 과목별 만점의 일정비율 (아래 표에서 정한 가산비율)에 해당하는 점수를 가산함.

자격 구분	기술사, 기능장, 기사, 산업기사	기능사
가산 비율	5%	3%

시험일정 및 응시원서 접수

시험은 연 1회 실시하며, 응시원서는 인터넷으로만 접수한다. **선발인원 및 시험일정, 응시자격, 가산점 특례, 응시자 유의사항** 등 상세 자료는 각 시·도·교육청별 홈페이지를 방문하면 자세한 안내자료를 다운로드받을 수 있다.

시·도 교육청 채용정보 안내

구분		홈페이지 주소	비고
서울	시청	http://gosi.seoul.go.kr/	
	교육청	http://www.sen.go.kr	[행정정보]-[시험안내]
부산	시청	http://www.busan.go.kr	[도움정보]-[취업정보]-[시험정보]
	교육청	http://www.pen.go.kr	[정보마당]-[채용/시험정보]
대구	시청	http://www.daegu.go.kr	[분야별정보]-[시험/취업]
	교육청	http://www.dge.go.kr	[알림마당]-[시험 · 채용공고]
인천	시청	http://gosi.incheon.go.kr	[시험정보]
	교육청	http://www.ice.go.kr	[행정정보]-[시험정보]
광주	시청	http://www.gwangju.go.kr	[시험정보]
	교육청	http://www.gen.go.kr	[알림마당]-[시험채용공고]
대전	시청	http://www.daejeon.go.kr	[행정정보]-[채용정보]-[시험정보]
	교육청	http://www.dje.go.kr	[정보마당]-[시험정보]
울산	시청	http://www.ulsan.go.kr	[시정소식]-[시험정보]
	교육청	http://www.use.go.kr	[행정정보]-[시험공고]
세종	시청	http://www.sejong.go.kr	[열린행정]-[시험정보]
	교육청	http://www.sje.go.kr	[행정마당]-[고시/공고]
경기도	도청	http://exam.gg.go.kr	[경기도시험정보]
	교육청	http://www.goe.go.kr	[정보마당]-[시험정보]
강원도	도청	http://www.provin.gangwon.kr	[알림.공지]-[시험정보]
	교육청	http://www.gwe.go.kr	[알림마당]-[인사시험]
충청북도	도청	http://www.cb21.net	[시험 · 채용 정보]
	교육청	http://www.cbe.go.kr	[채용/시험]
충청남도	도청	http://www.chungnam.net	[행정]-[시험정보]
	교육청	http://www.cne.go.kr	[정보마당]-[고시, 공고]
전라북도	도청	http://www.jeonbuk.go.kr	[도정정보]-[시험 · 채용]
	교육청	http://www.jbe.go.kr	[알림마당]-[시험/채용정보]
전라남도	도청	http://sihum.jeonnam.go.kr	[시험정보]
	교육청	http://www.jne.go.kr	[알림마당]-[시험정보]
경상북도	도청	http://www.gb.go.kr	[시험정보]
	교육청	http://www.gbe.kr	[정보마당]-[시험정보]
경상남도	도청	http://www.gsnd.net	[시험정보]
	교육청	http://www.gne.go.kr	[알림마당]-[시험정보]
제주도	도청	http://www.jeju.go.kr	[시험공고]
	교육청	http://www.jje.go.kr	[알림마당]-[시험/채용]

※ 국가공무원 채용안내 및 원서접수 http://gosi.kr
※ 자치단체통합 인터넷원서접수센터 http://local.gosi.go.kr
※ 국방부 군무원 채용안내 및 원서접수 http://recruit.mnd.go.kr/recruit.do

기계설계

part 01 기계설계 기초

part 02 체결용 기계요소

contents

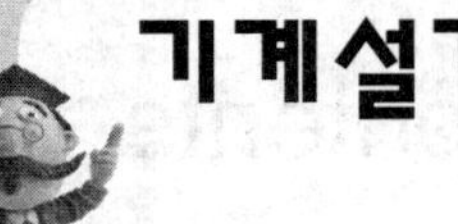

part 04 동력전달 기계요소 II 마찰 및 감아걸기

contents

part 05 동력전달 기계요소 Ⅲ 치차

기계설계

part 06 동력제어 기계요소

part 07 기타 기계요소

contents

part 08 과년도 기출문제 풀이

공업기계직 9급 공무원시험 대비

기계설계

기계설계의 개요

기계요소와 기계설계

1. 기계요소

(1) 기계요소 개념

기계를 살펴보면 여러 개 같은 종류의 기계 부품들로 조립되어 있다. 이러한 기계 부품들을 기계요소라 한다.

(2) 기계요소의 종류

① 결합용 요소 : 볼트, 너트, 나사, 리벳, 용접, 키 등

② 동력전달용 요소

㉠ 축관계 : 축, 축이음, 베어링(구름베어링, 미끄럼베어링)

㉡ 마찰전동 : 마찰차

㉢ 치차전동 : 평기어, 전위기어, 헬리컬기어, 베벨기어, 웜기어

㉣ 감아걸기 전동 : 평벨트, V벨트, 로프, 체인

③ 동력제어 요소 : 브레이크, 클러치, 스프링

④ 기타 요소 : 관, 관이음, 밸브, 캠

2. 기계설계

(1) 기계설계의 개념

기계를 제작하기 위한 지식, 경험 등을 기초로 기계, 기구, 시스템 등을 고안해 내는 학문

(2) 기계와 기구

① 기구

㉠ 몇 개의 강체로 구성, 운동을 원하는 형태로 변환 가능

㉡ 동력 전달이 없음

② 기계

㉠ 한정된 상호운동

㉡ 외부로부터 에너지를 받아서 일을 행하는 장치

㉢ 동력전달을 행하며 모든 기구를 포함

(3) 기계설계시 유의사항

① 동력손실이 적고, 간단한 기구로써 필요한 운동을 얻어야 한다.

② 외력에 의해서 파손되거나 큰 변형을 일으키지 않도록 충분한 강도와 강성을 갖도록 한다.

③ 성능상 꼭 필요한 경우를 제외하고 필요 이상의 재료비를 피해야 한다.

1-2 표준화

1. 표준화란?

제품(부품)의 모양, 치수, 품질과 검사 등에 일정한 표준을 정하여 호환성을 높이고, 생산성을 향상, 생산의 합리성을 추구하는 것을 모두 표준화라 한다.

2. 표준화의 장점

① 제품의 품질이 보증, 호환성이 향상, 저렴, 수요가 상승

② 시장조사를 통한 예측 생산으로 생산량을 결정

③ 생산, 설계, 품질, 시험방법 등이 규격화되어 능률적

④ 생산공정의 자동화로 경제적 생산

⑤ 공정의 계획화, 작업의 단순화, 기능의 숙련도 향상

⑥ 재고율을 계획한 대로 할 수 있어 창고 관리 향상
⑦ 건설비, 재료비, 인건비, 가공비 등 절약

3. 표준화의 단점

① 규격 이외 제품은 특별 주문 생산하므로 가격이 상승
② 규격은 시간 흐름에 따라 개정, 수정
③ 규격 제정에는 매우 큰 경비, 시간, 지식이 소비

4. 공업 규격

(1) 각 나라의 공업규격

국가 이름	공업규격	국가 이름	공업규격
미국	ANSI	프랑스	NF
영국	BS	독일	DIN
중국	GB	호주	AS
일본	JIS	브라질	NB
러시아	GOST	대만	CNS
캐나다	CSA	싱가폴	SS

(2) 우리나라 공업규격(KS) 부문별 기호

분류기호	부문	분류기호	부문
KS A	기초	KS J	생물
KS B	기계	KS K	섬유
KS C	전기	KS L	잠업(요업)
KS D	금속	KS M	화학
KS E	광산	KS P	의료
KS F	토목&건축	KS R	수송기계
KS G	일용품	KS V	조선
KS H	식료품	KS W	항공
KS I	환경	KS X	정보산업

1-3 국제단위계

1. 기본단위

구분(기본명)	명칭	기호
길이	미터	m
질량	킬로그램	kg
시간	초	s
전류	암페어	A
절대온도	캘빈	K

2. 보조단위

(1) 라디안(rad) : 평면 각도를 표시하는 방법

라디안은 한바퀴(360°)일 경우 2π이므로, 180°일 경우 π이다.

$$\text{라디안}(\theta) = \frac{\text{원호}(l)}{\text{반지름}(r)} = \frac{\text{한바퀴 원주}}{\text{반지름}} = \frac{2\pi r}{r} = 2\pi \ \ (360^\circ \text{의 경우})$$

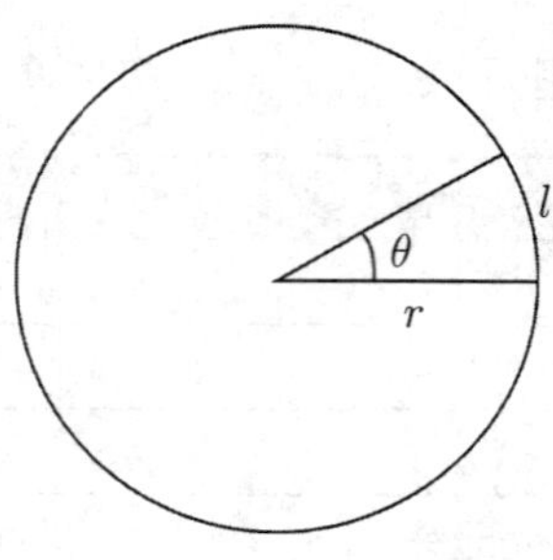

그림 1-1 라디안

(2) 스테라디안 : 입체 각도

3. SI조립단위

양	명칭	기호	양	명칭	기호
면적	평방미터	m^2	밀도	킬로그램입방미터	kg/m^3
체적	입방미터	m^3	운동량	킬로그램미터매초	kg·m/s
속도	미터매초	m/s	힘	뉴턴	N
각속도	라디안매초	rad/s	모멘트	뉴턴미터	N·m
가속도	미터매초제곱	m/s^2	압력	파스칼	Pa
각가속도	라디안매초제곱	rad/s^2	에너지	줄	J
주파수	헤르쯔	Hz	동력	와트	W

4. 접두어

10^n	접두어	기호	배수	십진수
10^{12}	테라 (tera)	T	조	1,000,000,000,000
10^9	기가 (giga)	G	십억	1,000,000,000
10^6	메가 (mega)	M	백만	1,000,000
10^3	킬로 (kilo)	k	천	1,000
10^2	헥토 (hecto)	h	백	100
10^1	데카 (deca)	da	십	10
10^0	(없음)	(없음)	일	1
10^{-1}	데시 (deci)	d	십분의 일	0.1
10^{-2}	센티 (centi)	c	백분의 일	0.01
10^{-3}	밀리 (mili)	m	천분의 일	0.001
10^{-6}	마이크로 (micro)	μ	백만분의 일	0.000,001
10^{-9}	나노 (nano)	n	십억분의 일	0.000,000,001
10^{-12}	피코 (pico)	p	일조분의 일	0.000,000,000,001

1-4 일과 일률

1. 일

(1) 일의 정의

어떤 물체에 힘 F가 작용하여 거리 l만큼 움직였을 경우 '일을 했다'고 말한다. 즉, 일은 힘과 거리의 곱으로 나타난다. 여기서 거리란 힘이 작용하는 방향의 거리를 말한다.

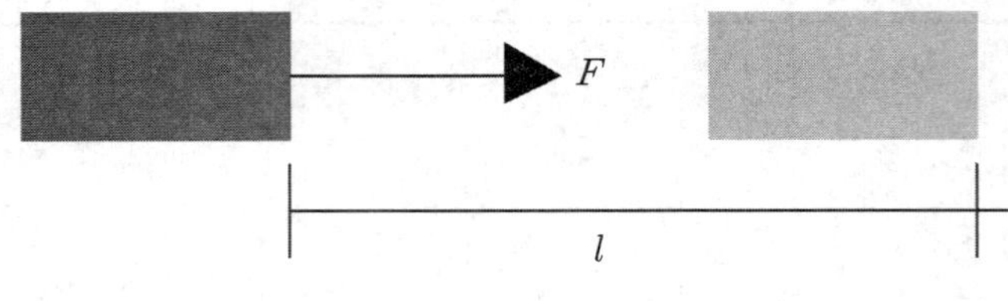

그림 1-2 일

(2) 계산 공식(마찰력 무시)

$W = F \times l$

W는 일, F는 힘, l은 움직인 거리(힘이 작용하는 방향의 거리)

2. 일률(동력)

(1) 일률의 정의

시간당 일을 얼마만큼 했는지를 말한다. 같은 일을 누가 빠르게 했는가(성능)에 초점을 둔다. 즉, 일을 시간으로 나눈 값이 일률이며, 동력이라고도 한다.

(2) 계산 공식

$$H_p = \frac{W}{s} = \frac{\mathrm{N \cdot m}}{s} = F \times v = T \times w = P \times Q$$

H_p는 일률(동력), W는 일, s는 시간(초), F는 힘, v는 속도, T는 토크(회전력), w는 각속도, P는 압력, Q는 유량(체적/초)이다.

1-5 단위환산

1. 일 환산

(1) 줄(J)

일은 힘과 거리의 곱으로 ,1N · m = 1J

(2) 중량단위 ⇒ SI단위로

1kgf · m = 9.8N · m = 9.8J

1kgf = 9.8N , 1lb = 0.4536kgf임을 기억한다.

2. 일률(동력) 환산

(1) 일률의 기본 단위

$$H_p = \frac{N \cdot m}{s} = \frac{J}{s} = W\,(와트)$$

(2) 마력(ps) ⇒ 중량단위

말 한 마리가 발휘할 수 있는 일률을 말한다.

1ps = 75kgf · m/s

(3) kW ⇒ 중량단위

1kW(키로와트) = 102kgf · m/s

(4) 열로 환산

① 427kgf · m = 1kcal(키로칼로리)

② 1ps = 632.3kcal/h , 1kW = 860kcal/h

3. 압력 환산

(1) 기압

1기압 = 1atm = 1.0332kgf/cm^2 = 760mmHg

(2) 중량단위 ⇒ SI단위로

$$1\text{ata} = 1\text{kgf/cm}^2 = \frac{9.8\text{N}}{(\frac{1}{100}\text{m})^2} = 9.8 \times 10^4(\text{N/m}^2)$$

$$= 9.8 \times 10^4\text{Pa} \fallingdotseq 10^5\text{Pa} = 1(\text{bar})$$로 환산된다.

기계재료와 역학

2-1 피로

1. 하중의 종류

① 힘의 작용방향에 따라 인장하중(당김), 압축하중(누름), 전단하중(자름), 비틀림하중(비틈), 휨하중(굽힘) 등이 있다.

② 시간당 힘(하중)의 작용 크기에 따라 크게 정하중과 동하중으로 나눈다.

㉠ 정하중 : 시간에 따라 작용힘(하중)의 크기가 변하지 않음

㉡ 동하중 : 시간에 따라 작용힘(하중)의 크기가 변함

- 변동하중 : 시간과 더불어 불규칙적으로 변화하는 하중(가장 일반적인 경우)
- 반복하중 : 진폭과 주기가 일정하게 반복하는 하중
- 교번하중 : 하중의 크기와 방향이 충격 없이 주기적으로 변하는 하중
- 충격하중 : 비교적 단시간 충격적으로 작용하는 하중

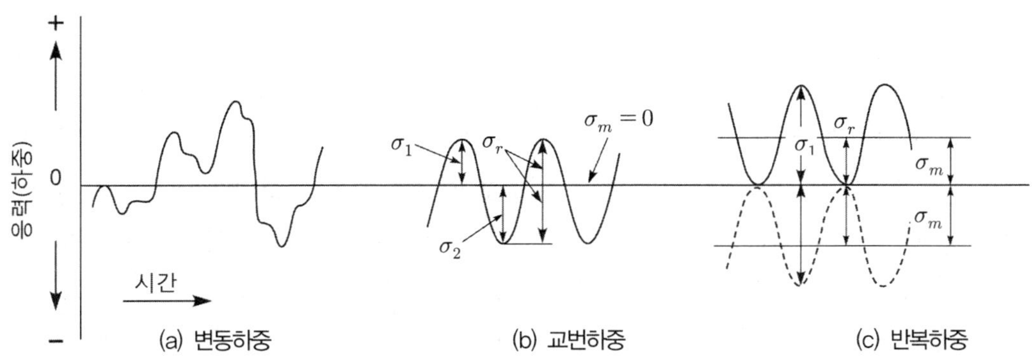

그림 1-3 동하중

③ 하중의 분포에 따라 집중하중과 분포하중으로 나눈다.

㉠ 집중하중 : 하중이 한 점(또는 아주 작은 면적)에 작용하는 하중

㉡ 분포하중 : 하중이 부재의 특정한 면적 위에 분포하는 하중(예, 베어링 압력)

2. 피로한도

(1) 피로

기계재료에 작용하는 변동하중, 교번하중, 반복하중에 의하여 재료의 적정 강도보다 훨씬 낮은 응력에서도 파괴되는 현상을 피로라 한다.

(2) 피로한도

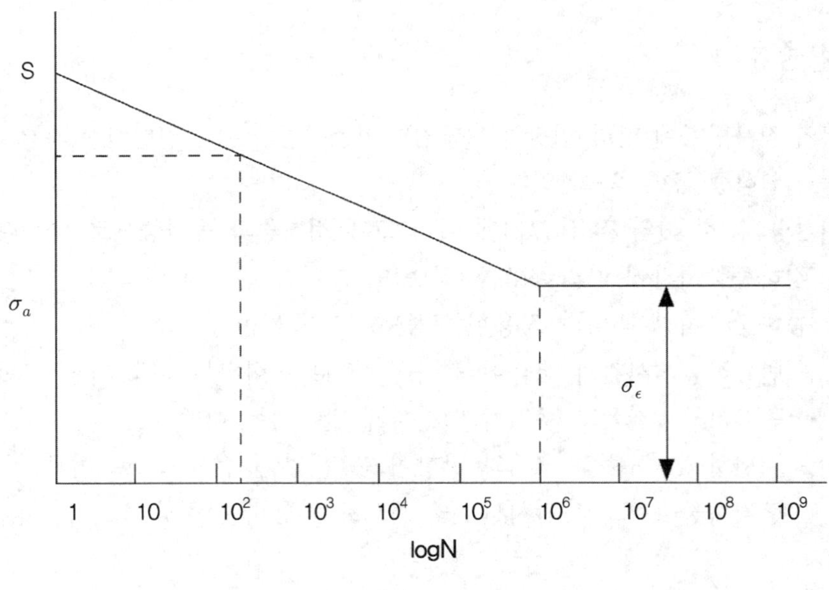

그림 1-4 $\sigma(S)-N$곡선

그림에서 세로축 응력진폭(혹은 응력)에 파괴가 되기까지의 반복회수(N)를 횡축을 취하면, 횡축에 평행한 선에 맞는 응력(σ_e)을 피로한도라 한다. 강의 경우 피로한도는 10^6회의 반복회수에서 얻어진다. 즉, 특정한 응력값(피로한도)에 도달하면, 반복회수가 증가하여도 응력이 변화가 없어 재료가 파괴되지 않음을 알 수 있다.

3. 피로에 영향을 주는 요인

피로강도를 감소시키는 인자는 노치·치수 크기, 압입응력, 표면의 거칠기, 부식, 도금, 표면부의 인장잔류응력, 증가시키는 인자는 고주파담금질, 침탄처리, 질화처리, 표면압연, 쇼트피닝 등이다.

(1) 노치

노치란 재료의 국부적 요철 즉, 각짐을 말한다. 단면의 모양이 급변하는 부분에는 응력집중이 일어나고 피로한도가 감소한다.

(2) 치수효과

굽힘이나 비틀림에 의하여 응력분포가 내부로 갈수록 감소하며, 치수가 커질수록 피로한도가 저하한다. 이를 치수효과라 한다.

(3) 표면상태

표면이 거칠수록 피로한도가 감소하고, 고주파담금질, 침탄처리, 질화처리, 표면압연, 쇼트피닝 등에 의하여 피로한도가 증가한다.

2-2 응력과 안전율

1. 응력

(1) 수직(축하중) 응력

① 축하중이란 재료에 작용하는 면(A)에 수직인 하중을 말한다.

② 인장응력 : 재료에 가한 힘(인장하중, F)을 면적(A)으로 나눈값을 인장응력이라 한다.

$$\sigma_t = \frac{F}{A}$$

③ 압축응력 : 재료에 가한 힘(압축하중, F)을 면적(A)으로 나눈값을 압축응력이라 한다.

$$\sigma_c = \frac{F}{A}$$

(2) 전단응력

① 전단하중이란 재료에 작용하는 면(A)과 평행한 하중을 말한다.

② 전단응력(τ)

$$\tau = \frac{F}{A}$$

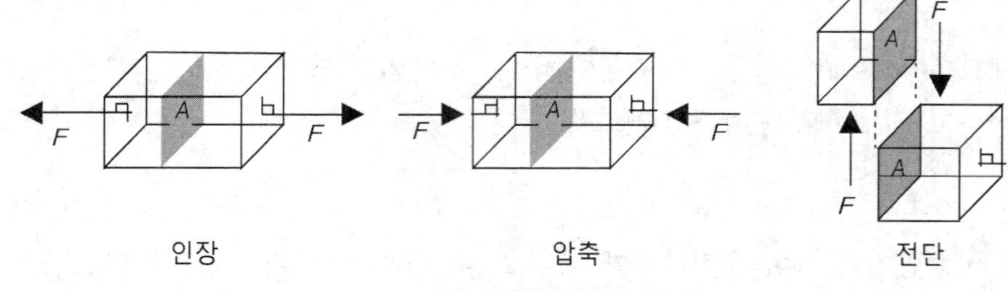

그림 1-5 하중방향과 응력

2. 변형률

(1) 변형률 개념

하중에 의한 재료의 변형량을 변형 전 원래 치수로 나눈 값을 말한다.

(2) 세로변형률(ϵ)

세로란 길이방향을 말한다. 즉 세로변형률은 종변형률과 같은 말이다. 세로변형률은 원래 길이(l)에 대한 변형량(Δl)의 비이다. l'는 변형 후 길이(인장시 늘어난 길이)이다.

$$\epsilon = \frac{\Delta l}{l} = \frac{l' - l}{l}$$

(3) 가로변형률(ϵ')

가로란 길이의 직각방향을 말한다. 즉 가로변형률은 횡변형률과 같은 말이다. 가로변형률은 원래길이(d)에 대한 변형량(Δd)의 비이다. d'는 변형후길이(인장시 줄어든 길이)이다.

$$\epsilon' = \frac{\Delta d}{d} = \frac{d - d'}{d}$$

(4) 전단변형률(γ)

전단변형률은 전단력에 의해 발생하는 전단변형량($\Delta\lambda$)를 원래길이(l)로 나눈값이다.

$$\gamma = \frac{\Delta\lambda}{l} \fallingdotseq \tan\theta$$

여기서, θ는 전단변형각이다.

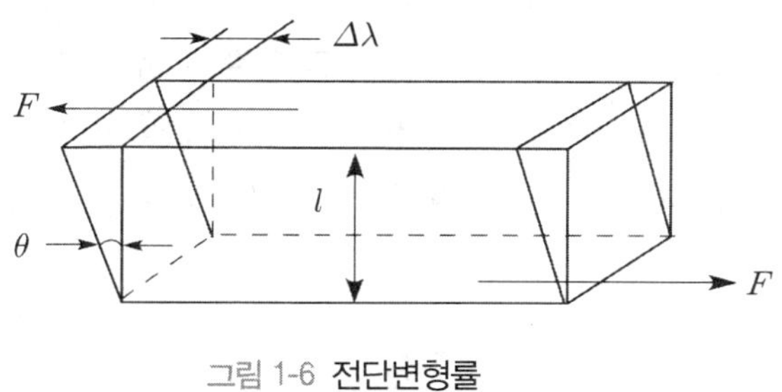

그림 1-6 전단변형률

3. 응력과 변형률 선도

(1) $\sigma-\epsilon$ 선도란?

아래 그림은 $\sigma-\epsilon$선도로 풀림을 한 연강을 인장시험하여 나타낸 선도이다.

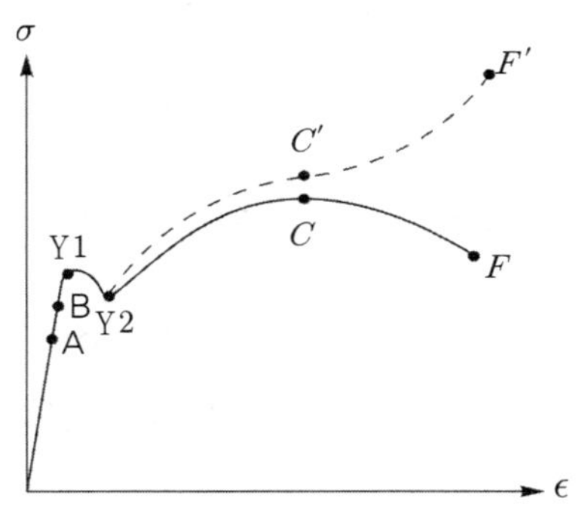

그림 1-7 연강 $\sigma-\epsilon$선도

① 공칭응력 : 재료에 작용하는 하중을 최초 단면적으로 나눈 응력값(실선부분)

② 진응력 : 재료에 작용하는 하중을 변할 때 마다 단면적으로 나눈 응력값(점선부분)

(2) 비례한도(A점)

응력과 변형률이 비례관계를 가지는 영역으로 후크법칙이 적용된다. 즉, 응력과 변형률의 기울기가 탄성계수(E)가 된다. $\sigma=E\times\epsilon$(후크법칙)

(3) 탄성한도(B점)

응력을 제거하면 변형률도 완전히 없어지는 한계점으로, 응력과 변형률은 비례하지 않는다. 이점을 넘은 응력이 가해지면 영구변형(소성변형)이 일어난다.

(4) 항복점(Y_1점, Y_2점)

응력이 그대로 있거나 감소하여도 변형률만이 증가하는 점을 항복점이라 하는데, 위의 항복점을 상항복점(Y_1점), 아래 항복점을 하항복점(Y_2점)이다. 상항복점은 시험속도와 시험편의 모양에 영향을 받는다.(주철, 구리, 알루미늄은 항복점이 나타나지 않음) 항복점을 지나면 재료는 네킹(necking)이 발생하기 시작하여 단면이 가늘게 국부수축이 발생하고 공칭응력과 진응력의 차가 커진다.

(5) 극한강도(C점)

재료가 견딜 수 있는 최대응력치가 발생하는 점으로 극한강도라고 한다. 인장시험일 경우 인장강도, 압축시험일 경우 압축강도라 한다.

(6) 파괴강도(F점)

재료가 더 이상 늘어나지 못하고 파괴되는 지점의 응력을 파괴강도라 한다.

4. 후크법칙

(1) 후크법칙이란?

$\sigma-\epsilon$선도에서 응력과 변형률이 비례하는 법칙을 말한다. 즉 식으로 표현하면,

$$\sigma = E \times \epsilon$$

여기서, E는 세로탄성계수로 응력(σ)-변형률(ϵ) 선도의 기울기이며, 단위가 $\mathrm{kgf/cm^2}$존재한다.

(2) 세로탄성계수(E)

인장(압축) 응력(σ)과 세로변형률(ϵ)의 비를 세로탄성계수(종탄성계수) 또는 영률이라 한다.

$$\sigma = E \times \epsilon\,,\ E = \frac{\sigma}{\epsilon}(\text{기울기}) = \frac{Fl}{A\Delta l}$$

(3) 가로탄성계수(G)

전단응력(τ)과 전단변형률(γ)의 비를 가로탄성계수(횡탄성계수)라 한다.

$$\tau = G \times \gamma\,,\ G = \frac{\tau}{\gamma}$$

(4) 프와송의 비(ν)

재료에 따라 가로변형률(ϵ')을 세로변형률(ϵ)로 나눈값이 일정한데, 이를 프와송의 비(ν)라 하고 그 역수를 프와송의 수(m)라 한다.

$$\nu = \frac{\text{가로변형률}}{\text{세로변형률}} = \frac{\epsilon'}{\epsilon} = \frac{1}{m}$$

5. 평면응력(2축응력상태)

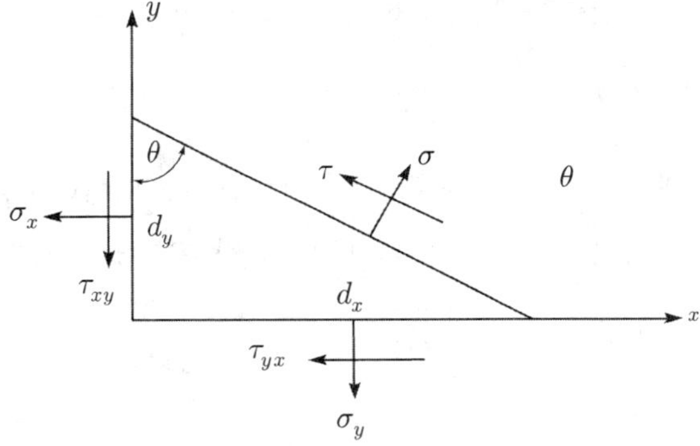

그림 1-8 2축 경사면 응력상태

수직응력은 인장이면 (+), 압축이면 (−)로 취급한다.

$$\sigma = \frac{\sigma_x + \sigma_y}{2} + \frac{\sigma_x - \sigma_y}{2}\cos 2\theta + \tau_{xy}\sin 2\theta$$

$$\tau = \frac{\sigma_x - \sigma_y}{2}\sin 2\theta + \tau_{xy}\cos 2\theta$$

2개의 최대수직응력을 나타내는 2개의 주응력은 다음과 같다.

$$\sigma_1 , \sigma_2 = \frac{\sigma_x + \sigma_y}{2} \pm \sqrt{(\frac{\sigma_x - \sigma_y}{2})^2 + \tau_{xy}^2}$$

2개의 전단응력은 다음과 같다.

$$\tau_1 , \tau_2 = \pm \sqrt{(\frac{\sigma_x - \sigma_y}{2})^2 + \tau_{xy}^2}$$

6. 잔류응력

소성변형을 일으키는 모멘트(T, M)를 제거하면 영구변형과 잔류응력은 남게 된다. 잔류응력은 해로울 때와 이로울 때가 있다. 인장응력이 발생하는 부분에 압축잔류응력을 발생시켜 놓으면 큰 하중에 견딜 수 있다. 잔류응력은 반복하중에 의해 감소되나, 열처리나 용접을 하면 잔류응력이 생성된다.

7. 열응력

물체에 온도가 균일하게 상승하고 팽창한다고 가정하면

수직변형률$(\epsilon) = \alpha \times \Delta T = \alpha(T_2 - T_1)$

여기서, α는 열팽창계수, T_2는 나중온도, T_1는 처음온도이다. 온도상승에 따라 물체의 부피는 증가하는데, 축방향으로 구속하기 때문에 압축응력이 생기게 된다.

열응력$(\sigma) = E \times \epsilon = E \times \alpha \times (T_2 - T_1)$

8. 응력집중

(1) 응력집중이란?

단면적이 급격히 변하는 곳(구멍, 단, 노치, 홈)에는 응력 분포가 불규칙하고 큰 응력이 발생하는데 이를 응력집중이라 한다.

(2) 응력집중 계수

최대응력(σ_{max})을 평균응력(σ_n)으로 나눈값을 응력집중계수라 한다. 이 계수는 재료의 크기에는 무관하고 다만 모양만으로 결정된다. 그러나 같은 모양이라도 하중에 따라 다르며, 인장, 굽힘, 비틀림 하중 순이다.

(3) 응력집중 방지법

① 2~3개의 단면변화부분을 설치하여 응력의 흐름을 완만하게 한다.
② 단부분의 반지름을 크게 하거나 테이퍼 부분을 설치하여 단면변화를 완만하게 한다.
③ 단면변화부에 보강재를 결합하여 응력집중을 경감한다.
④ 쇼트피닝, 압연처리, 열처리로 강화하거나 표면 거칠기를 향상시킨다.

9. 허용응력과 안전율

(1) 사용응력(σ_w)

실제로 기계에 작용하는 하중이 장시간 안전하게 사용하고 있을 때 각 부품에 작용하고 있는 응력을 사용응력이라 한다.

(2) 허용응력(σ_a)

안전하게 여유를 두고 설정된 탄성한도 이하의 응력(재료를 사용하는데 허용되는 최대응력)을 허용응력이라 한다. 일반적으로 극한강도 > 항복점 > 탄성한도 > 허용응력 > 사용응력의 관계가 성립한다.

(3) 안전율(S), 안전계수

적절한 안전율을 사용하여 허용응력을 정해야 한다.

$$\text{안전율}(S) = \frac{\text{기준강도}(\sigma_s)}{\text{허용응력}(\sigma_a)}$$

(4) 기준강도(σ_s)

기준강도는 재질, 사용조건, 수명 등을 고려해서 아래와 같은 값을 선정한다.

① 정하중이 연성재료(연강)에 작용하는 경우 - 항복점

② 정하중이 취성재료(주철)에 작용하는 경우 - 극한강도

③ 교번하중, 반복하중이 작용하는 경우 - 피로한도

④ 고온에서 정하중이 작용하는 경우 - 크리프한도

⑤ 긴 기둥이나 편심하중이 작용하는 경우 - 좌굴응력

2-3 재료역학

1. 단면모멘트

(1) 단면 1차 모멘트(G_x, 기하모멘트)

기하도형의 면적 A라 하고, A의 도심 G에서 임의의 축xx까지의 거리를 y라 하면, $A \cdot y$ (A와 y의 상승적(product))를 단면 1차 모멘트(G_x, 축yy에 대해 G_y)라 한다. 식으로 표현하면,

$G_x = \int_A ydA$, $G_y = \int_A xdA$, 여기서 x는 축 yy에서 A의 도심 G까지의 거리이다.

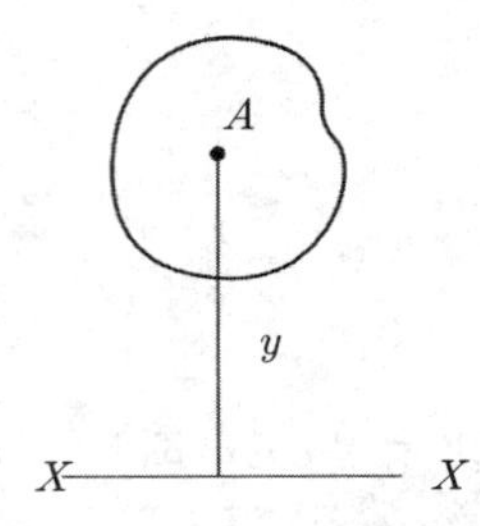

그림 1-9 단면 1차 모멘트

(2) 단면 2차 모멘트(I, 관성모멘트)

단면A의 도심 G에서 임의의 축xx까지의 거리를 y라 하면, $y^2 \cdot A$를 단면 2차 모멘트(I_x, 축yy에 대해 I_y)라 한다. 식으로 표현하면,

$$I_x = \int_A y^2 dA \ , \ I_y = \int_A x^2 dA$$

따라서, 차원은 m^4으로 길이의 4제곱이다.

(3) 극단면 모멘트(I_p, 극관성모멘트)

극(xx축, yy축)에서 미소면적 A까지의 거리의 제곱에 dA를 곱한 것을 전도형에 대하여 적분한 것을 극관성모멘트(I_p)라 한다. 식으로 표현하면, $I_p = I_x + I_y$이다.

특히, 원, 정방형 등은 도심을 통과하는 직교축에 대하여 대칭이므로, $I_x = I_y$이므로,

$I_p = I_x + I_y = 2I_x = 2I_y = 2I$ 로 표현된다.

(4) 알아두기

구분	범례	I (단면2차모멘트)	I_p (극관성모멘트)
원(중실)	d:지름	$I=\frac{\pi d^4}{64}$	$I_p=2I=2\times\frac{\pi d^4}{64}=\frac{\pi d^4}{32}$
직사각형	b:가로길이, h:세로길이	$I=\frac{bh^3}{12}$	$I_p=2I=2\times\frac{bh^3}{12}=\frac{bh^3}{6}$ 정사각형의 경우($b=h$) $I_p=\frac{h^4}{6}=\frac{h^4}{6}$

2. 단면계수

(1) 단면계수(z)

단면A의 도심 G를 통과하는 축에 대한 단면 2차 모멘트(I, 관성모멘트)를 축에서 도형까지의 거리(l)로 나눈 것을 단면계수 (z)라 한다. 식으로 표현하면,

$$z=\frac{I}{l}$$

① 원의 경우 l은 반지름과 같으므로,

$$z=\frac{I}{l}=\frac{I}{\frac{d}{2}}=\frac{\frac{\pi d^4}{64}}{\frac{d}{2}}=\frac{\pi d^3}{32}$$ 로 유도된다.

② 직사각형의 경우 l은 세로(높이)의 반과 같으므로,

$$z=\frac{I}{l}=\frac{I}{\frac{h}{2}}=\frac{\frac{bh^3}{12}}{\frac{h}{2}}=\frac{bh^2}{6}$$ 로 유도된다.

(2) 극단면계수(z_p)

단면A의 도심 G를 통과하는 축에 대한 극관성모멘트(I_p)를 축에서 도형까지의 거리(l)로 나눈 것을 극단면계수(z_p)라 한다. 식으로 표현하면,

$$z_p=\frac{I_p}{l}$$

① 원의 경우 l은 반지름과 같으므로,

$$z_p = \frac{I_p}{l} = \frac{I_p}{\frac{d}{2}} = \frac{\frac{\pi d^4}{32}}{\frac{d}{2}} = \frac{\pi d^3}{16}$$ 로 유도된다.

② 정사각형의 경우 l은 세로(높이)의 반과 같으므로,

$$z_p = \frac{I_p}{l} = \frac{I_p}{\frac{h}{2}} = \frac{\frac{bh^3}{6}}{\frac{h}{2}} = \frac{bh^2}{3}$$

이 식은 정사각형 $b=h$일 때만 성립하므로,

$$z_p = \frac{bh^2}{3} = \frac{h^3}{3}$$

3. 보의 반력과 굽힘응력

보에서 작용하는 힘에 반대되는(지지하는) 힘을 반력(R)이라 하고, 점 A에서 반력을 R_A로 표시한다.

(1) 굽힘응력

보에 굽힘력(F)이 작용하여 굽힘모멘트(M)가 작용할 경우 보의 굽힘응력(σ_b)는 아래식으로 구한다. 즉, 굽힘응력(σ_b)은 굽힘모멘트(M)를 단면계수(z)로 나눈값이다.

$$\sigma_b = \frac{M}{z}$$

(2) 외팔보 반력

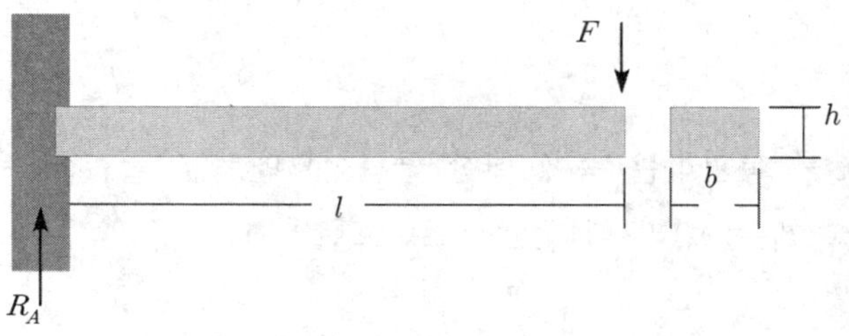

그림 1-10 집중하중(F) 작용 외팔보

지지점 A에서의 반력을 R_A라 하면,

① 모든 힘의 합은 "0"이다.

식으로 표현하면, $\sum F=0$, 아랫방향의 힘을 (+)로, 위방향의 힘을 (−)라 하면,

$\sum F = F - R_A = 0$, $R_A = F$로 구할 수 있다.

② 모든 모멘트의 합은 "0"이다.

식으로 표현하면, $\sum M=0$이다. 여기서는 미지수가 하나이므로, ①에서 반력을 구할 수 있다.

(3) 단순보 반력

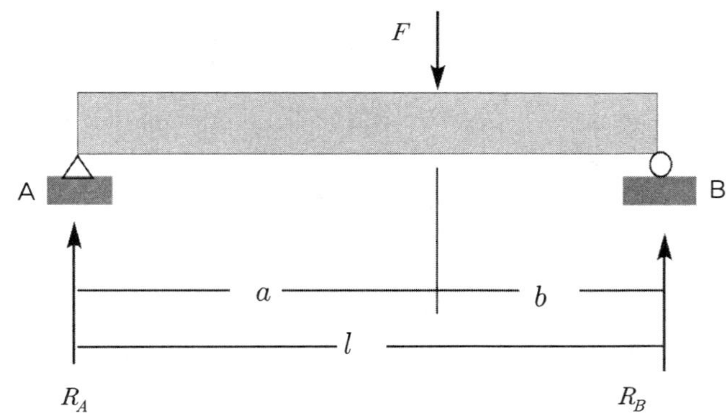

그림 1-11 집중하중(F) 작용 단순보

지지점 A에서의 반력을 R_A, 지지점 B에서의 반력을 R_B라 하면,

① 모든 힘의 합은 "0"이다.

식으로 표현하면, $\sum F=0$, 아랫방향의 힘을 (+)로, 위방향의 힘을 (−)라 하면,

$$\sum F = F - R_A - R_B = 0,\ R_A + R_B = F \quad \cdots\cdots (식\ 1)$$

② 모든 모멘트의 합은 "0"이다.

식으로 표현하면, $\sum M=0$이다. 시계반대방향 회전(접선) 힘을 (+)로, 시계방향 회전(접선) 힘을 (−), 보의 길이를 l, 지지점 A에서 집중하중까지의 거리를 a, 지지점 A를 기준으로 하는 모멘트를 M_A라 하면,

$$\sum M_A = -F\times a + R_B\times l = 0,\ R_B\times l = F\times a,\ R_B = \frac{a}{l}F \quad \cdots\cdots (식\ 2)$$

즉, 2식에서 반력 R_B를 구하고, 이를 식 1에 대입하면,

$R_A + R_B = R_A + \frac{a}{l}F = F$, $R_A = F - \frac{a}{l}F = F(1 - \frac{a}{l})$로 반력 R_A를 구할 수 있다.

4. 보의 전단력과 굽힘모멘트

보에서 임의의 거리 x가 존재하며, 그 위치에서 전단될 경우의 전단력(V)과 굽힘모멘트(M)의 방향은 아래와 같이 표시된다고 가정한다.

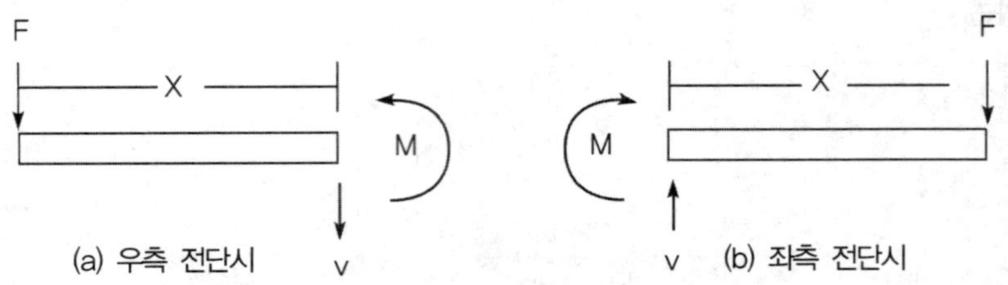

그림 1-12 전단력과 굽힘모멘트의 방향

(1) 외팔보 전단력과 굽힘모멘트(집중하중시)

집중하중(F) 작용시 전단점 x에 대한 전단력 $(V) = R_A = F$이고, 굽힘모멘트 $(M) = F \times x$로 구해진다. 따라서, 지지점 A에서 굽힘모멘트 $(M) = F \times l$이고, 굽힘응력$(\sigma_b) = \frac{M}{z} = \frac{Fl}{z}$로 구할 수 있다.

(2) 단순보 전단력과 굽힘모멘트(집중하중시)

집중하중(F) 작용시 전단점 x에 대한 전단력$(V) = R_A$이고, 굽힘모멘트$(M) = R_A \times x$로 구해진다. 만일 집중하중(F)가 보의 중앙$(\frac{l}{2})$에 작용한다면, 전단력$(V) = R_A = \frac{F}{2}$ 이고, 최고굽힘은 중앙에 작용하고 굽힘모멘트$(M) = R_A \times x = \frac{F}{2} \times \frac{l}{2} = \frac{Fl}{4}$로 구해진다. 보의 중앙$(\frac{l}{2})$에서 굽힘응력$(\sigma_b) = \frac{M}{z} = \frac{Fl}{4z}$로 구할 수 있다.

5. 보의 처짐

(1) 집중하중 작용시

① 외팔보 : 외팔보의 처짐$(\delta) = \dfrac{Fl^3}{3EI}$이다. 여기서 F는 보 길이(l)의 끝에 작용하는 집중하중, E는 종탄성계수, I는 관성모멘트이다.

② 단순보 : 단순보의 처짐$(\delta) = \dfrac{Fl^3}{48EI}$이다. 여기서 F는 보 길이(l)의 중앙에 작용하는 집중하중, E는 종탄성계수, I는 관성모멘트이다.

(2) 균일분포하중 작용시

① 외팔보 : 외팔보의 처짐$(\delta) = \dfrac{wl^4}{8EI}$ w는 균일분포하중이다.

② 단순보 : 단순보의 처짐$(\delta) = \dfrac{5wl^4}{384EI}$

6. 비틀림응력과 비틀림각

(1) 비틀림응력

비틀림응력(τ) 힘을 가하여 재료를 비틀었을 시 생기는 응력을 말한다. 전단응력과 상통한다. 식으로 표현하면, 비틀림응력(τ)은 비틀림모멘트(T)를 극단면계수(z_p)로 나눈값이다.

$$\tau = \frac{T}{z_p}$$

(2) 비틀림각

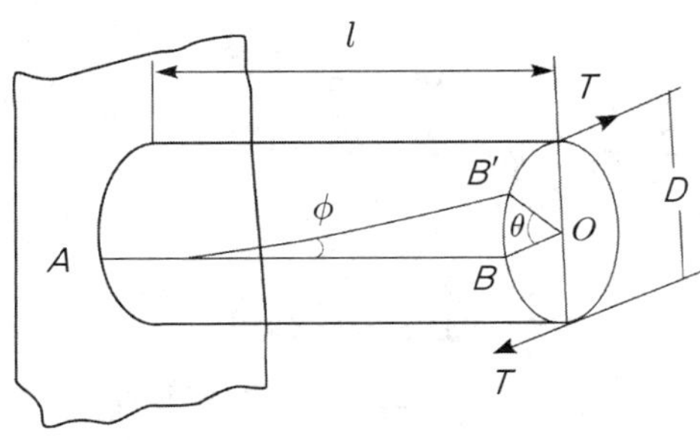

그림 1-13 비틀림각(θ)

축의 길이가 l이고, 비틀림모멘트(T)가 작용할 시 축비틀림각(θ)은 다음과 같이 구해진다.

$$\theta = \frac{Tl}{GI_p}$$

여기서, G는 횡탄성계수이고, I_p는 극관성모멘트로 $I_p = 2I = 2 \times \frac{\pi d^4}{64} = \frac{\pi d^4}{32}$이다.

또한, 비틀림모멘트(T)는 접선력(F)와 $\frac{D}{2}$의 곱이고, ϕ는 전단각이 된다.

2-4 재료 파손

1. 파손이론

(1) 최대 주응력설(Maximum normal stress theory)

최대 인장(압축)응력의 크기가 인장(압축)항복강도(한 방향의 단순 인장시험에서 항복이 시작되는 응력)보다 클 경우, 재료의 파손이 일어난다는 이론, 즉, 인장(압축)응력에 의하여 재료가 파손된다는 이론으로 취성재료의 분리파손과 일치한다.

2차원에서 주응력$\sigma_{(principal)} = \frac{\sigma_x + \sigma_y}{2} \pm \sqrt{(\frac{\sigma_x - \sigma_y}{2})^2 + \tau_{xy}^2}$ 이다.

(2) 최대 주변형률설(Maximum normal strain theory)

연성재료에 발생하는 주변형률이 인장시험에서 항복점 변형률과 같으면 재료가 파괴된다는 이론이다.

최대 주변형률(ϵ_1) $= \frac{1}{E}[\sigma_1 - \nu(\sigma_2 + \sigma_3)]$이다.

(3) 최대 전단응력설(Maximum shear stress theory)

최대전단응력이 그 재료의 항복전단응력에 도달하여 재료의 파손이 일어난다는 이론으로 전단응력에 의하여 재료가 파손된다는 이론으로 연성재료의 미끄럼파손과 일치한다.

$$\tau_{max} = \frac{\sigma_1 - \sigma_2}{2} = \sqrt{(\frac{\sigma_x - \sigma_y}{2})^2 + \tau_{xy}^2}$$

만일 $\sigma_2 = \sigma_3 = 0$(1차원)일 경우 $\tau_{max} = \frac{\sigma_1}{2} = \frac{\sigma_Y}{2}$가 된다. 여기서 σ_Y는 항복점응력이다.

(4) 전단 변형에너지설(distortion–energy theory)

변형에너지는 전단변형에너지와 체적변형에너지로 구성되는데, 전단변형에너지가 인장 시 항복점에서의 변형에너지에 도달하였을 때 파손된다는 이론으로 연성재료의 파손 예견에 사용한다. 최대전단응력설보다 실험결과와 더 잘 일치한다.

총 변형에너지 $U = \frac{1}{2E}(\sigma_1^2 + \sigma_2^2 + \sigma_3^3 - 2\nu(\sigma_1\sigma_2 + \sigma_2\sigma_3 + \sigma_3\sigma_1))$이다.

2. 연성과 경도

(1) 연성

연성이란 탄성한계를 넘는 힘을 가할 시 물체가 파괴되지 않고 늘어나서 과부하를 흡수하는 성질을 말한다. 따라서 연성재료의 특성은 안전율을 향상시킨다.

(2) 경도

어느 물체의 경도란 그 물체를 다른 물체로 눌렀을 때 그 물체의 변형에 대한 저항력의 크기로서 규정한다. 경도는 기준하중에 대한 접촉된 부분에 남겨진 자국의 크기로 표시되는데, 이 경도시험은 비파괴이면서 따로 시험편을 필요로 하지 않는다.
(파괴되지 않지만, 재료의 손상을 가져오므로 경도시험을 파괴시험으로 간주)

3. 충격

(1) 충격하중

구조물(기계부품)에 작용하는 외력이 구조물(부품)의 가장 낮은 고유진동주기의 1/3보다 짧은 작용시간 가해지는 하중을 충격하중이라 한다.

(2) 충격치

충격시험시, 일정한 높이로부터 놓여진 진자로 시편을 쳐서 다시 올라간 높이로부터 시편이 흡수한 에너지를 말한다.

4. 크리프

(1) 크리프란?

임의의 온도에서 일정하중을 받는 재료를 오랜 시간 두면 재료내부의 응력은 일정하나 그 변형률은 시간이 지남에 따라 증가하는 경향을 가져오는데, 이를 크리프라 한다.

(2) 크리프 한도

임의의 온도에서 어느 정도 시간이 경과한 후 크리프가 정지하는 응력 중에서 최대응력값을 그 온도에서 크리프 한도라 한다.

5. 피로파손식

(1) 조더버그선(soderberg line)

$$\frac{\sigma_a(\text{허용응력})}{\sigma_e(\text{피로한계응력})}+\frac{\sigma_m(\text{평균응력})}{\sigma_y(\text{항복응력})}=1$$

(2) 굿맨선(goodman line)

$$\frac{\sigma_a(\text{허용응력})}{\sigma_e(\text{피로한계응력})}+\frac{\sigma_m(\text{평균응력})}{\sigma_u(\text{파단응력})}=1$$

(3) 거버선(gerber line)

$$\frac{\sigma_a(\text{허용응력})}{\sigma_e(\text{피로한계응력})}+\left(\frac{\sigma_m(\text{평균응력})}{\sigma_u(\text{파단응력})}\right)^2=1$$

(4) 미국기계학회(ASME) 표준선도

$$\left(\frac{\sigma_a(\text{허용응력})}{\sigma_e(\text{피로한계응력})}\right)^2+\left(\frac{\sigma_m(\text{평균응력})}{\sigma_y(\text{항복응력})}\right)^2=1$$

2-5 치수공차와 끼워맞춤

1. 치수공차

(1) 허용한계치수

실용상 허용할 수 있는 오차의 한계

(2) 치수공차

허용한계치수의 큰 쪽을 최대허용치수, 작은 쪽을 최소허용치수, 이 두 값의 차를 치수공차 또는 단순히 공차라 한다.

(3) 최대허용치수에서 기준치수를 뺀 값을 윗치수허용차, 최소허용치수에서 기준치수를 뺀 값을 아래치수허용차, 윗치수허용차 - 아래치수허용차 = 공차

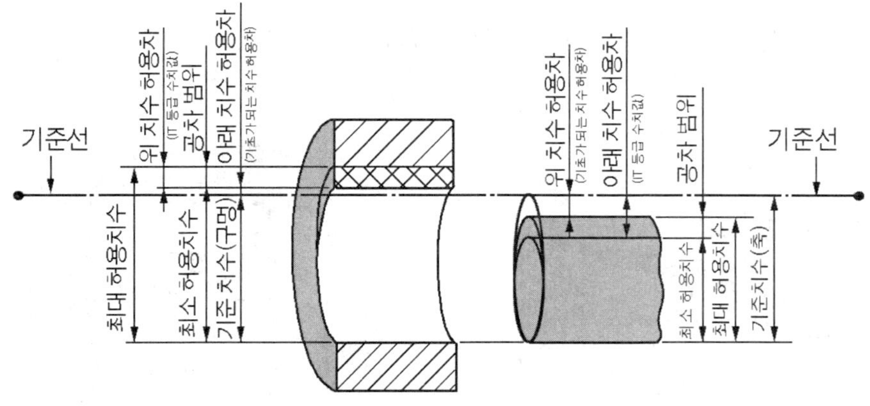

그림 1-14 기준선과 치수공차

2. 기본공차와 등급

제품의 정밀도에 따라 치수공차 등급을 총18개 등급(01급, 0급, 1급....16급)으로 나누어 공차의 기준을 정한 것을 기본공차라 한다. 이중 01~4급은 게이지류, 5~10급은 끼워맞춤 부분, 11~16급은 끼워맞춤하지 않은 부분에 공차로 적용

3. 끼워맞춤과 기호

(1) 끼워맞춤

끼워 맞춰지는 둥근 구멍과 축의 상대적 치수 관계를 끼워맞춤이라 한다. 구멍이 크고 축이 작아서 치수차가 생기면 그 치수차를 틈새, 구멍이 작고 축의 지름이 약간 커서 억지 끼워맞춰지면 죔새가 생긴다.

① 헐거운 끼워맞춤 : 항상 틈새가 생기는 끼워맞춤

② 억지 끼워맞춤 : 항상 죔새가 생기는 끼워맞춤

③ 중간끼워맞춤 : 치수에 따라 틈새나 죔새가 생기는 끼워맞춤

(2) 기호

① 끼워맞춤 기호는 알파벳으로 표시, 구멍의 경우 대문자, 축의 경우 소문자

② 최소치수와 기준치수가 일치하는 기준구멍은 H, 기준축은 h로 표시

③ 알파벳 문자에서 H와 h보다 앞 문자의 경우 구멍은 크고 축은 가늘어 틈새가 생기는 헐거운 끼워맞춤이 생기고, 뒤 문자의 경우 구멍은 작고 축은 굵어 죔새가 생겨 억지 끼워맞춤이 생김

④ 축가공이 쉬워 구멍기준 끼워맞춤이 바람직

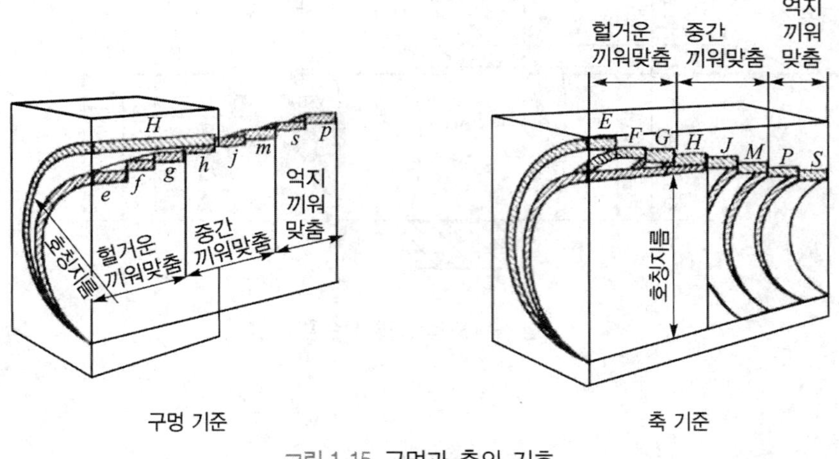

그림 1-15 구멍과 축의 기호

4. 한계 게이지

(1) 한계 게이지란?

부품제작시 정해진 공차내의 치수로 가공하면 되나 일일이 측정기로 공차 내에 들어가는지를 확인함이 불편할 수 있다. 이를 편하게 검사하는 게이지가 한계게이지이다.

(2) 한계 게이지 종류

① 플러그 게이지 : 통과쪽은 구멍의 최소치수보다 약간 작게, 정지쪽은 구멍의 최대 치수보다 약간 크게

② 스냅게이지 : 통과쪽은 축의 최대치수보다 약간 크게, 정지쪽은 축의 최소 치수보다 약간 작게

적중예상문제

01 **동력제어요소에 해당하는 것은?**

① 리벳 ② 커플링 ③ 스프링 ④ V벨트

리벳은 결합용(체결용) 요소, 커플링은 동력전달용 요소 중에서 축관계 요소이고, V벨트는 동력전달용 요소 중에서 감아걸기 요소이다.

정답 ③

02 **기계와 기구는 기계요소로 구성되어 있다. 기구에 해당하는 것은?**

① 믹서
② 수동변속기
③ 로봇
④ 아날로그 시계

아날로그 시계는 운동을 전달하거나 변환하여 시간을 지시해주므로 기구에 속하지만, 일상생활에 필요한 일을 실현하는데 사용되는 것은 아니다.

정답 ④

03 **표준화의 장점이 아닌 것은?**

① 제품의 호환성이 향상된다.
② 다양한 작업을 통하여 다양한 기술 습득이 가능하다.
③ 시험방법이 규격화되어 능률적이다.
④ 시장조사를 통한 예측 생산으로 생산량을 결정할 수 있다.

해설

표준화는 공정의 계획화, 작업의 단순화로 부여된 하나의 작업에 대한 기능 숙련도를 향상시킨다. 즉, 다양한 작업을 경험할 수 없는 것이 표준화의 단점이라 할 수 있다.

정답 ②

04 **각 나라의 공업규격이 잘못 연결된 것은?**

① 중국 : CS
② 한국 : KS
③ 미국 : ANSI
④ 영국 : BS

해설

중국의 공업규격은 GB이다. 일본은 JIS이며, 독일은 DIN이고, 러시아는 GOST로 나타낸다.

정답 ①

05 한국공업규격(KS)에서 기계부문과 수송기계부문의 분류기호는?

① KS A, KS E ② KS B, KS R
③ KS C, KS W ④ KS D, KS X

분류기호	부문	분류기호	부문
KS A	기초	KS E	광산
KS B	기계	KS R	수송기계
KS C	전기	KS W	항공
KS D	금속	KS X	정보산업

정답 ②

06 SI 기본단위가 아닌 것은?

① rad ② s ③ m ④ kg

해설

기본단위는 아래와 같다.

구분(기본명)	명칭	기호
길이	미터	m
질량	킬로그램	kg
시간	초	s
전류	암페어	A
절대온도	캘빈	K

rad은 라디안으로 보조단위에 속한다.

정답 ①

07 SI 기본단위인 길이는 m, 질량은 kg, 시간은 s로 물리량을 표시할 때, 다음 중 옳지 않은 것은?

① 동력 : $[m^3\ kg\ s^{-3}]$ ② 응력 : $[m^{-1}\ kg\ s^{-2}]$
③ 에너지 : $[m^2\ kg\ s^{-2}]$ ④ 힘 : $[\ m\ kg\ s^{-2}]$

$$-\text{동력}(W) = J/s = \frac{N\cdot m}{s} = \frac{kg\cdot m}{s^2}\cdot\frac{m}{s} = kg\cdot m^2\cdot s^{-3}$$

$$-\text{응력}(Pa) = \frac{N}{m^2} = \frac{kg\cdot m}{s^2}\cdot\frac{1}{m^2} = kg\cdot m^{-1}\cdot s^{-2}$$

$$-\text{에너지}(J) = N\cdot m = \frac{kg\cdot m}{s^2}\cdot m = kg\cdot m^2\times s^{-2}$$

$$-\text{힘}(N) = \frac{kg\cdot m}{s^2} = kg\cdot m\times s^{-2}$$

정답 ①

08 SI 기본단위에 의한 표시 중 일률(동력)에 해당되는 것은?

① $m \cdot kg \cdot s^{-2}$　② $m^{-1} \cdot kg \cdot s^{-2}$

③ $m^2 \cdot kg \cdot s^{-2}$　④ $m^2 \cdot kg \cdot s^{-3}$

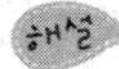

일률은 동력을 말한다. 즉 시간당 일을 일률이라고 한다.

일은 힘×거리, 일률 $= \frac{\text{일}}{\text{시간}} = \frac{\text{힘} \times \text{거리}}{\text{시간}} = \frac{N \cdot m}{s} = \frac{J}{s} = W(\text{와트})$

$$\text{일률} = \frac{\text{일}}{\text{시간}} = \frac{\text{힘} \times \text{거리}}{\text{시간}} = \frac{N \cdot m}{s} = \frac{(kg \cdot m/s^2) \cdot m}{s} = \frac{kg \cdot m^2}{s^3}$$

여기서 kg은 질량을 의미한다.

정답 ④

09 표준 대기압을 나타낸 것이 아닌 것은?

① 1atm　② 760mmHg

③ 14.7PSI　④ $10.0332kgf/cm^2$

표준대기압은 1atm이다. $1atm = 1.0332kgf/cm^2 = 760mmHg$이다.

$$1.0332kgf/cm^2 = 1.0332 \times \frac{\frac{1}{0.4536}Lb}{(\frac{1}{2.54})^2(\text{인치})^2} = 1.0332 \times \frac{2.54^2}{0.4536}(Lb/\text{인치}^2)$$

=14.695PSi로 계산된다.

정답 ④

10 선반으로 직경 100mm의 공작물을 600rpm으로 가공하고 있다. 발생하는 주절삭저항이 100N이라면 주절삭동력(kW)은?

① 0.314kW　② 3.14kW

③ 31.4kW　④ 314kW

출력의 관계식에서 $H_p = T \times w = F \times v$를 사용한다. 어느 것을 사용해도 답은 같다.

토크$(T) = F(\text{접선력}) \times \frac{d}{2}$, 즉 절삭저항은 공작물의 접선력과 같으므로, 이렇게 표현된다.

여기서는 주절삭저항이 일직선으로 계속 생긴다고 생각하고 $H_p = F \times v$으로 구해보자.

$F = 100N$이고, 속도$(v) = \pi DN = \pi \times \frac{100}{1000}(m) \times \frac{600}{60(s)}$ 이다.

$$H_p = F \times v = 100(N) \times \pi \times \frac{100 \times 600}{1000 \times 60}(m/s) = 314(N \cdot m/s) = 0.314kW$$

정답 ①

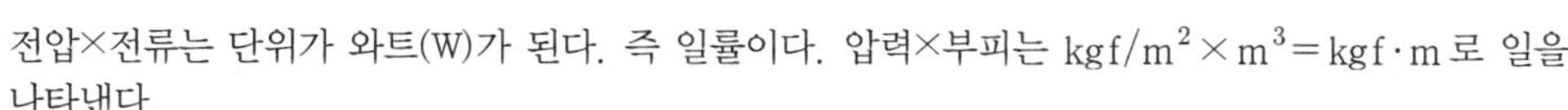

11 일률이 아닌 식은?

① 전류 × 전압　　② 압력 × 부피
③ 토크 × 각속도　　④ 힘 × 속도

해설

전압×전류는 단위가 와트(W)가 된다. 즉 일률이다. 압력×부피는 $kgf/m^2 \times m^3 = kgf \cdot m$로 일을 나타낸다.

정답 ②

12 1000rpm으로 2000N · cm의 비틀림 모멘트를 전달하는 축의 전달 동력(kW)은?

① 2　　②4　　③ 20　　④40

해설

전달동력(H_p)은 회전력(T :토크)과 각속도(ω)의 곱이다.

$H_p(W) = T \times \omega = T(N-m) \times \frac{2\pi N}{60(s)}$로,

$H_p(W) = 2000 \times \frac{1}{100}(m) \times \frac{2\pi \times 1000}{60(s)} = 2094.39\,W = 2.09439kW$로 계산된다.

여기서 $\frac{1}{100}$은 $1cm = \frac{1}{100}m$에서 나왔다.

정답 ①

13 펌프의 토출압이 $60kgf/cm^2$, 토출량이 30ℓ/min인 유압펌프의 펌프동력(PS)은?

① 3　　② 4　　③ 5　　④ 6

해설

출력의 관계는 $H_p = P \times Q = \gamma h \times Q$이므로, $1l = 10^3cc = 10^3cm^3$으로

$H_p = P \times Q = 60(kgf/cm^2) \times \frac{30 \times 10^3(cm^3)}{60(s)} \times \frac{1}{100} \times \frac{1}{75} = 4ps$로 계산된다. 여기서 $\frac{1}{100}$은 cm를 m로 단위환산하기 위한 것이고, $\frac{1}{75}$는 kgf-m/s를 Ps로 나타내기 위함이다.

정답 ②

14 가공제품을 쇼트피닝(shot peenig)하는 가장 중요한 이유는?

① 취성을 높이기 위해　　② 담금질 효과를 얻기 위해
③ 피로 강도를 높이기 위해　　④ 절삭성을 향상시키기 위해

해설

쇼트피닝은 쇼트라는 강구를 쏘아서 피로강도를 증가

정답 ③

15 기계요소가 받는 피로(fatigue)현상과 관련한 설명으로 옳지 않은 것은?

① 피로시험을 통하여 얻은 S−N 곡선에서 무수히 많은 반복응력을 주었을 때 피로파괴가 일어나지 않는 한계응력 값을 피로한도(fatigue limit)라고 한다.
② 정적하중과 동적하중이 동시에 작용하는 경우 가로축을 평균응력, 세로축을 응력진폭으로 나타낼 때, 피로 파손되는 한계를 내구선도로 나타낼 수 있으며, 여기에는 거버(Gerber) 선도, 굿맨(Goodman) 선도, 조더버그(Soderberg) 선도 등이 있다.
③ 실제 부품의 설계시 노치효과, 치수효과, 표면효과 등을 고려하여 내구선도를 수정하여 사용하여야 한다.
④ 기계요소의 피로수명을 강화시키려면 쇼트피닝(shot peening), 표면압연(surface rolling) 등의 방법으로 표면에 인장잔류응력을 주면 된다.

해설

쇼트피닝은 인장이 아니라 피로이다.

정답 ④

16 피로한도 280MPa, 항복강도 450MPa, 극한강도가 560MPa인 재료의 굿맨선(Goodman line)을 나타내는 식은? (단, σ_a는 응력진폭, σ_m은 평균응력으로 단위는 MPa이다)

① $\dfrac{\sigma_a}{280}+\dfrac{\sigma_m}{560}=1$
② $\dfrac{\sigma_a}{280}+\dfrac{\sigma_m}{450}=1$
③ $\dfrac{\sigma_a}{280}+(\dfrac{\sigma_m}{560})^2=1$
④ $(\dfrac{\sigma_a}{280})^2+(\dfrac{\sigma_m}{560})^2=1$

해설

굿맨 라인 : $\dfrac{\sigma_a(\text{응력진폭})}{\sigma_e(\text{피로한도})}+\dfrac{\sigma_m(\text{평균응력})}{\sigma_u(\text{극한강도})}=1$ …… (식 1)

(식 1)에서 안전계수(S)를 고려하면

$\dfrac{\sigma_a}{\sigma_e/S}+\dfrac{\sigma_m}{\sigma_u/S}\le 1$ …… (식 2)로 표현된다.

정답 ①

17 바깥지름이 5cm인 단면에 3500N의 인장하중이 작용할 때, 발생하는 인장응력(N/cm²)은?

① 126 ② 137 ③ 167 ④ 178

해설

인장응력(σ_t)은 인장력(힘: F)에 수직면적(A)으로 나눈값이다.

$\sigma_t=\dfrac{F}{A}=\dfrac{F}{\dfrac{\pi d^2}{4}}=\dfrac{3500\,\text{N}\times 4}{\pi\times 5^2(\text{cm}^2)}=178.25\,\text{N/cm}^2$로 계산된다.

정답 ④

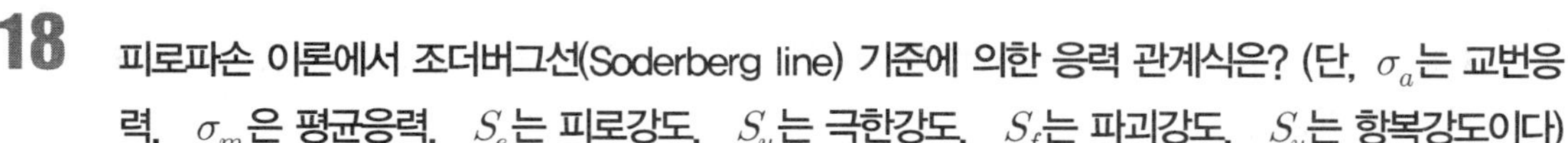

18 피로파손 이론에서 조더버그선(Soderberg line) 기준에 의한 응력 관계식은? (단, σ_a는 교번응력, σ_m은 평균응력, S_e는 피로강도, S_u는 극한강도, S_f는 파괴강도, S_y는 항복강도이다)

① $\dfrac{\sigma_a}{S_u}+\dfrac{\sigma_m}{S_y}=1$ ② $\dfrac{\sigma_a}{S_e}+\dfrac{\sigma_m}{S_y}=1$

③ $\dfrac{\sigma_a}{S_e}+\dfrac{\sigma_m}{S_u}=1$ ④ $\dfrac{\sigma_a}{S_u}+\dfrac{\sigma_m}{S_e}=1$

해설

조더버그선(soderberg line)은 아래와 같은 식으로 표현한다.

$$\frac{\sigma_a(\text{허용응력})}{\sigma_e(\text{피로한계응력})}+\frac{\sigma_m(\text{평균응력})}{\sigma_y(\text{항복응력})}=1$$

정답 ②

19 압축하중 2400kgf를 받고 있는 연강 축에 발생하는 압축응력이 960kgf/cm^{2}일 경우 축의 지름(mm)은?

① 9.28 ② 10.24

③ 17.85 ④ 30.36

해설

압축응력(σ_c)은 압축력(힘: F)에 수직면적(A)로 나눈값이다.

$\sigma_c=\dfrac{F}{A}=\dfrac{F}{\frac{\pi d^2}{4}}$ 으로 표현된다. $960(\text{kgf/cm}^2)=\dfrac{2400(\text{kgf})\times 4}{\pi d^2}$ 에서

$d=\sqrt{\dfrac{2400\times 4}{\pi\times 960}}=1.784\text{cm}=17.84\text{mm}$ 로 계산된다.

정답 ③

20 두께 1.5mm인 연강판에 지름 25mm의 구멍을 펀칭할 때, 최소 펀칭력(kgf)은?(단, 판의 전단 저항은 20kgf/mm^{2}이다.)

① 500 ② 1570

③ 2357 ④ 3250

해설

전단응력(τ)은 작용력(힘: F)에 평행인 면적(A)로 나눈값이다.

$\tau=\dfrac{F}{A}$ 이고, 여기서 전단면적(A)는 펀칭면적으로 $A=\pi D(\text{원주})\times t(\text{두께})$이다.

$\tau=\dfrac{F}{A}=\dfrac{F}{\pi D\times t}$ 이므로,

$F=\tau\times\pi D\times t=20(\text{kgf/mm}^2)\times\pi\times 25(\text{mm})\times 1.5(\text{mm})$

$=2356.2\text{kgf}$ 으로 계산된다.

정답 ③

21 지름 30mm, 길이 200mm 둥근봉에 인장하중이 작용하여 길이가 200.12mm로 늘어났다. 세로 변형률은?

① 15×10^{-2}　　② 15×10^{-3}

③ 6×10^{-3}　　④ 6×10^{-4}

세로변형률(ϵ)은 원래길이(l)에 대한 변형량(Δl)를 말한다.

$\epsilon=\dfrac{\Delta l}{l}=\dfrac{l'-l}{l}=\dfrac{200.12-200}{200}=0.0006=6\times10^{-4}$으로 계산된다.

정답 ④

22 단면적 20cm^{2}의 재료에 6000kgf의 전단하중이 작용하고 있을 때, 이 재료의 전단 변형률은? (단, G = 0.8×10^{6}kgf/cm^{2}이다.)

① 2.81×10^{-4}　　② 3.75×10^{-4}

③ 2.81×10^{-3}　　④ 3.75×10^{-3}

전단응력(τ)는 횡탄성계수(G)와 전단변형률(γ)의 곱이다. 즉 $\tau=G\times\gamma$로 표현된다.

또한, 전단응력(τ)은 작용력(힘: F)에 평행인 면적(A)로 나눈값으로 $\tau=\dfrac{F}{A}$으로 표현된다.

$\tau=\dfrac{\mathrm{F}}{\mathrm{A}}=\dfrac{6000(\mathrm{kgf})}{20(\mathrm{cm}^2)}=300\mathrm{kgf/cm}^2$

그리고 $\tau=G\times\gamma$에서,

$\gamma=\dfrac{\tau}{G}=\dfrac{300\mathrm{kgf/cm}^2}{0.8\times10^6\mathrm{kgf/cm}^2}=0.000375=3.75\times10^{-4}$으로 계산된다.

정답 ②

23 시험 전 시험편 지름이 40mm이었고, 시험 후 시험편의 지름이 30mm이었다. 이 경우의 단면수축률(%)은?

① 25.00　　② 43.75

③ 65.25　　④ 75.00

단면수축률(ϵ_A)은 원래면적(A)에 대한 변형량(ΔA)를 말한다.

$\epsilon_A=\dfrac{\Delta A}{A}=\dfrac{A-A'}{A}=\dfrac{d^2-d'^2}{d^2}=\dfrac{40^2-30^2}{40^2}=0.4375$ 으로 계산된다.

즉, 43.75%이다.

정답 ②

24 길이 15m, 지름 10mm의 봉에 800kgf의 인장 하중을 걸었을 때 탄성변형이 생겼다면 이때 늘어난 길이는?(단, 재료의 탄성계수는 $E=2.1\times10^6\ \mathrm{kgf/cm^2}$이다)

① 7.3mm ② 73mm ③ 3.65mm ④ 36.5mm

해설

인장응력(σ_t)은 인장력(힘: F)에 수직면적(A)로 나눈값이다.

$\sigma_t = \dfrac{F}{A} = \dfrac{F}{\dfrac{\pi d^2}{4}}$ 으로 표현된다.

또한, 인장응력(σ_t)은 종탄성계수(E)와 세로변형률(ϵ)의 곱이다. 즉, $\sigma_t = E\times\epsilon$이다.

$\sigma_t = \dfrac{F}{A} = \dfrac{F}{\dfrac{\pi d^2}{4}} = E\times\epsilon = E\times\dfrac{\Delta l}{l}$ 로 유도된다. 대입하면,

$\dfrac{800(\mathrm{kgf})}{\dfrac{\pi\times1^2}{4}(\mathrm{cm^2})} = 2.1\times10^6(\mathrm{kgf/cm^2})\times\dfrac{\Delta l(\mathrm{cm})}{1500(\mathrm{cm})}$ 에서,

$\Delta l = \dfrac{800\times4}{\pi}\times\dfrac{150}{2.1\times10^6} = 0.7275\mathrm{cm} = 7.275\mathrm{mm}$ 로 계산된다.

정답 ①

25 연강의 응력-변형률 선도이다. 이 그림에서 C점은?

① 비례한도
② 하항복점
③ 상항복점
④ 극한강도

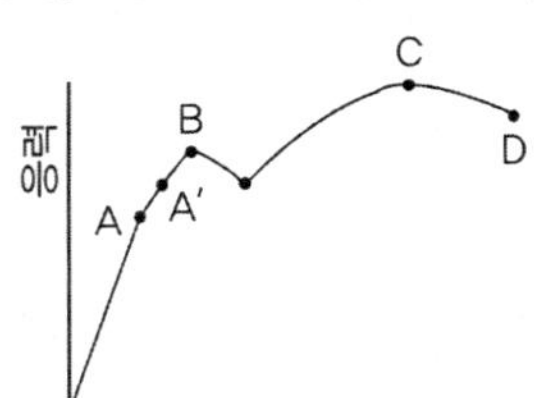

해설

위 그림에서 A는 비례한계, A'는 탄성한계, B는 항복점, C는 극한강도(인장강도, 압축강도, 전단강도), D는 단면에 목이 생겨 파괴되는 점이다.

정답 ④

26 후크의 법칙에 대한 설명으로 옳은 것은?

① 탄성계수의 값은 모든 재료에서 동일하다.
② 비례한도 이내에서 응력과 변형률은 비례한다.
③ 비례한도 이내에서 변형량과 단면적은 비례한다.
④ 비례한도 이내에서 변형량과 탄성계수는 비례한다.

해설

후크의 법칙은 비례한도 내에서 $\sigma = E\times\epsilon$

정답 ②

27 길이가 1.0m이고 단면이 20mm × 40mm인 사각 봉에 축방향 힘 16kgf이 작용할 때 1.0mm 늘어났다. 봉의 탄성계수[MPa]는? (단, 중력가속도 g = 10m/s²으로 한다)

① 20　② 200　③ 40　④ 400

해설

후크의 법칙은 비례한도 에서 $\sigma = E\times\epsilon$

– 변형률$\epsilon = \dfrac{\Delta l}{l} = \dfrac{1}{1000}$

– 응력$(\sigma) = \dfrac{F}{A} = E\times\epsilon \longrightarrow E = \dfrac{F}{A\times\epsilon} = \dfrac{16(\text{kgf})}{20(\text{mm})\times(40\text{mm})\times\dfrac{1}{1000}} = 20(\text{kgf/mm}^2)$

문제에서 중력가속도$g = 10\text{m/s}^2$으로, 1kgf = 10N이다. 이를 대입하면

$E = 20(\text{kgf/mm}^2) = 200\text{N/mm}^2$

정답 ②

28 재료의 성질 중에서 프와송비(Poisson's ratio)를 바르게 표시한 것은?

① $\dfrac{\text{세로변형률}}{\text{가로변형률}}$　② $\dfrac{\text{가로변형률}}{\text{세로변형률}}$

③ $\dfrac{\text{세로변형률}}{\text{전단변형률}}$　④ $\dfrac{\text{전단변형률}}{\text{세로변형률}}$

해설

여기서, 세로는 종방향(축방향, 길이방향)을 말한다. 가로는 횡방향(축의 직각방향)을 뜻한다.

정답 ②

29 평면응력 상태에서 $\sigma_x = 10kPa$, $\sigma_y = 2kPa$, $\tau_{xy} = 3kPa$로 측정되었다면, 모어원(Mohr's circle) 상의 주응력의 크기는?

① 9, 1[kPa]　② 9, [kPa]

③ 11, 1[kPa]　④ 11, 3[kPa]

해설

2개의 수직응력(σ_x, σ_y)과 1개의 비틀림응력(τ)이 작용할 경우 모어원의 주응력은

주응력$\sigma_{1,2} = \dfrac{1}{2}(\sigma_x + \sigma_y) \pm \sqrt{\dfrac{1}{4}(\sigma_x - \sigma_y)^2 + \tau^2}$ …… (식 1)

$\tau_{1,2} = \pm\sqrt{\dfrac{1}{4}(\sigma_x - \sigma_y)^2 + \tau^2}$ …… (식 2)

(식 1)에 적용,

$$\sigma_{\max} = \frac{1}{2}(10+2) \pm \sqrt{\frac{1}{4}(10-2)^2 + 3^2}$$

$= 6 \pm \sqrt{\dfrac{8^2}{4} + 9} = 6 \pm \sqrt{\dfrac{100}{4}} = 6 \pm 5 = 11$ 혹은 1로 계산된다.

정답 ③

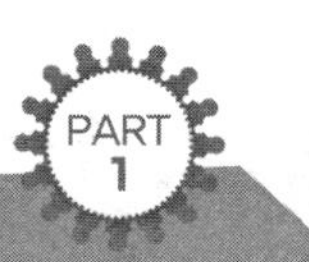

30 알루미늄 원형단면봉이 압축하중 P=70kN를 받고 있고, 봉의 길이 L=3m, 직경 d=20mm, 탄성계수 E=70GPa이다. 프와송의 비 $\nu=\dfrac{1}{3}$일 때 신장량(δ)은?

① 0.2122mm ② 0.02122mm ③ 2.122mm ④ 21.22mm

해설

$\sigma_t=\dfrac{F}{A}=\dfrac{F}{\dfrac{\pi d^2}{4}}=E\times\epsilon=E\times\dfrac{\Delta l}{l}$ 을 이용한다. 그대로 대입하면,

$\dfrac{70000(N)}{\dfrac{\pi\times(2\text{cm})^2}{4}}=\dfrac{70000(N)\times 4}{\pi\times(\dfrac{2}{100}\text{m})^2}=70\times10^9(\text{Pa}=\text{N/m}^2)\times\epsilon$ 에서,

$\epsilon=\dfrac{4\times70000\times100^2}{\pi\times2^2\times70\times10^9}=0.003183$로 계산된다.

$\upsilon=\dfrac{1}{m}=\dfrac{\epsilon'}{\epsilon}$ 에서 $\upsilon=\dfrac{1}{3}=\dfrac{\epsilon'}{0.003183}$ 이고, $\epsilon'=0.001061$이다.

$\epsilon'=\dfrac{\Delta d}{d}=\dfrac{\Delta d}{20\text{mm}}=0.001061$에서 $\Delta d=20\times0.001061=0.02122\text{mm}$로 계산된다.

정답 ②

31 열응력에 영향을 미치는 주요 인자가 아닌 것은?

① 소재의 지름 ② 선팽창 계수
③ 세로 탄성계수 ④ 온도차

해설

양끝이 고정되어 있으므로, 열을 받으면 봉은 늘어나고 싶지만 늘어나지 못하고 압축을 받게 된다. 열변형률(ϵ_h)은 선팽창계수(α)와 온도변화량(ΔT)의 곱이므로,
$\epsilon_h=\alpha\Delta T$이다. 또한 응력($\sigma$)은 종탄성계수($E$)와 열변형률($\epsilon_h$)의 곱이므로,
$\sigma=E\times\epsilon_h=E\times\alpha\times\Delta T$로 유도된다. 즉, 열응력은 종탄성계수($E$), 선팽창계수($\alpha$)와 온도변화량($\Delta T$)에 비례한다.

정답 ①

32 안전계수(factor of safety)에 대한 설명으로 옳지 않은 것은?

① 재료의 기준강도와 허용응력의 비를 나타낸다.
② 가해지는 하중과 응력의 종류 및 성질을 고려한다.
③ 정확한 응력 계산이 요구된다.
④ 수명은 고려하지 않는다.

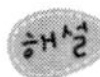
해설

안전계수는 수명보다는 안전 여부와 관련이 있다. 따라서 안전계수를 크게 하면 허용응력이 작아지게 된다. 허용응력이 작게 하려면 지탱하고 있는 물체의 단면적이 커지게 되어 안전하게 된다.

정답 ④

33 **15℃에서 양 끝을 고정한 봉이 35℃가 되었다면, 이 봉의 내부에 생기는 열응력은 어떤 응력이고 몇 kgf/cm²인가? (단, 봉의 세로 탄성계수 $E = 2.1 \times 10^6 \text{kgf/cm}^2$이고, 선 팽창계수 $\alpha = 12 \times 10^{-8}/℃$ 이다)**

① 인장응력 : 504 ② 인장응력 : 240

③ 압축응력 : 5.04 ④ 압축응력 : 2.40

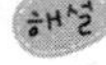

$\sigma = E \times \epsilon_h = E \times \alpha \times \Delta T$로 유도된다.

대입하면 $\sigma = E \times \alpha \times \Delta T = 2.1 \times 10^6 \times 12 \times 10^{-8} \times (35-15) = 5.04(\text{kgf/cm}^2)$으로 계산된다.

 ③

34 **재료가 고온 환경에서 장시간 정하중을 받는 경우 안전율에 관한 식으로 가장 적합한 것은?**

① $\frac{\text{크리프 한도}}{\text{허용응력}}$ ② $\frac{\text{항복점}}{\text{허용응력}}$

③ $\frac{\text{극한강도}}{\text{허용응력}}$ ④ $\frac{\text{사용응력}}{\text{허용응력}}$

기준강도는 정하중에서는 항복점, 반복하중에서는 피로한도, 고온환경에서 장시간 정하중을 받을 때는 크리프한도를 각각 기준강도(혹은 극한강도)로 잡는 수가 많다. 즉 안전율은 극한강도를 허용응력으로 나눈값으로, 크리프한도를 허용응력으로 나눈값을 고온에서 장시간 정하중 작용시 안전율이 된다.

 ①

35 **응력집중 및 응력집중계수에 대한 설명으로 옳지 않은 것은?**

① 응력집중이란 단면이 급격히 변화하는 부위에서 힘의 흐름이 심하게 변화함으로 인해 발생하는 현상이다.

② 응력집중계수는 단면부의 평균응력에 대한 최대응력의 비율이다.

③ 응력집중계수는 탄성영역 내에서 부품의 형상효과와 재질이 모두 고려된 것으로 형상이 같더라도 재질이 다르면 그 값이 다르다.

④ 응력집중을 완화하려면 단이 진 부분의 곡률 반지름을 크게 하거나 단면이 완만하게 변화하도록 한다.

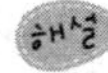

응력집중계수는 재료의 치수와 크기에는 무관하지만 재료의 형상에 따라 변한다. ③의 재질과는 상관이 없다.

 ③

36 **일반적인 탄소강 재료를 사용하는 경우의 사용응력, 허용응력, 탄성한도의 관계로 가장 적합한 것은?**

① 허용응력 > 사용응력 > 탄성한도
② 허용응력 > 탄성한도 > 사용응력
③ 탄성한도 > 사용응력 > 허용응력
④ 탄성한도 > 허용응력 > 사용응력

사용응력이 가장 작아야 한다. 응력은 작용힘을 면적으로 나눈값이다. 즉, 사용응력이 가장 작다는 말은 응력의 분모에 있는 면적이 가장 크다는 말과 같다. 다르게 표현하면 직경이 가장 큰(면적이 가장 큰) 기둥이 가장 큰 무게에 버틸 수 있으므로 가장 안전하다. 일반적으로 사용응력을 작게 할수록 안전해진다는 말이다.

정답 ④

37 **탄성한도 내에서 인장하중을 받는 봉의 허용응력이 2배가 되면 안전율은 처음에 비해 몇 배가 되는가?**

① 1/2배 ② 2배
③ 1/4배 ④ 4배

해설

안전율(S)은 극한강도(σ_s)를 허용응력(σ_a)으로 나눈값을 말하므로, 식으로 표현하면 $S=\dfrac{\sigma_s}{\sigma_a}$이다. 그러므로, 허용응력이 2배가 되므로 분모에 대입하면 $S_1=\dfrac{\sigma_s}{2\sigma_a}$이므로 안전율은 $\dfrac{S_1}{S}=\dfrac{1}{2}$이 되어 안전율은 낮아진다.

정답 ①

38 **어떤 부품에 힘이 가해졌을 때 균일한 단면형상을 갖는 부분보다 키 홈, 구멍, 단(step), 또는 노치(notch) 등과 같이 단면형상이 급격히 변화하는 부분에서 쉽게 파손되는 이유를 가장 잘 설명하는 것은?**

① 응력집중 ② 좌굴현상
③ 피로파괴 ④ 잔류응력

해설

응력집중 : 단면형상이 급격히 변화하는 부분에 발생하여 균열(파괴), 좌굴 : 압축하중에 의해 기둥이 굽는 현상, 피로 : 반복하중이 가해지면 적정강도 보다 낮은 응력에서도 파괴되는 현상.

정답 ①

39 재료의 인장강도가 48kgf/mm²인 강재가 안전율이 8이면 허용 인장응력(kgf/cm²)은?

① 560　② 600
③ 640　④ 680

해설

여기서 인장응력을 허용응력이라 생각하면,

$S=\dfrac{\sigma_s}{\sigma_a}$ 에서 $\sigma_a=\dfrac{\sigma_s}{S}=\dfrac{48(\text{kgf/mm}^2)}{8}=6\text{kgf/mm}^2=600\text{kgf/cm}^2$ 으로 계산된다.

정답 ②

40 내측이 비어 있는 단면의 보에서 X − X' 축에 대한 단면 2차 모멘트(cm⁴)는?

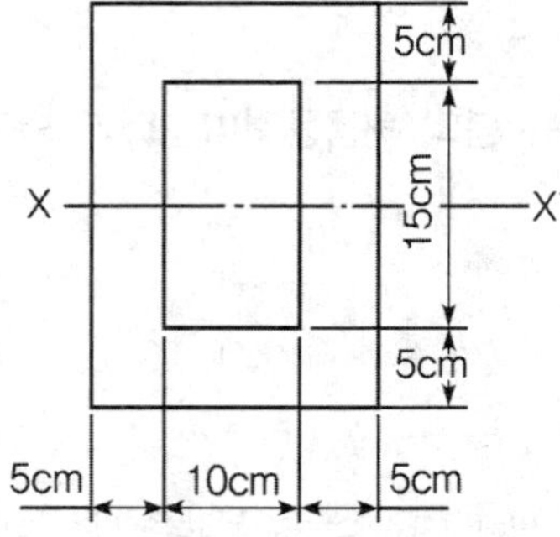

① 16715　② 18645
③ 19375　④ 23229

해설

2차모멘트란 관성모멘트(I)를 말한다. 여기서 관성모멘트는 큰사각의 관성모멘트(I_1)에서 작은 사각의 관성모멘트(I_2)를 뺀 값이다. 식으로 표현하면 $I=I_1-I_2$이다.

사각형의 관성모멘트는 $I=\dfrac{bh^3}{12}(\text{cm}^4)$ 이므로

$I_1=\dfrac{bh^3}{12}=\dfrac{20\times25^3}{12}$, $I_1=\dfrac{bh^3}{12}=\dfrac{10\times15^3}{12}$ 이므로

$I=I_1-I_2=\dfrac{20\times25^3-10\times15^3}{12}=23229.16667\text{cm}^4$ 으로 계산된다.

정답 ④

41 그림과 같이 한 변이 20cm인 정사각형에 직경 ϕ8cm의 구멍이 뚫린 단면의 도심 축에 대한 단면2차모멘트(cm^4)는?

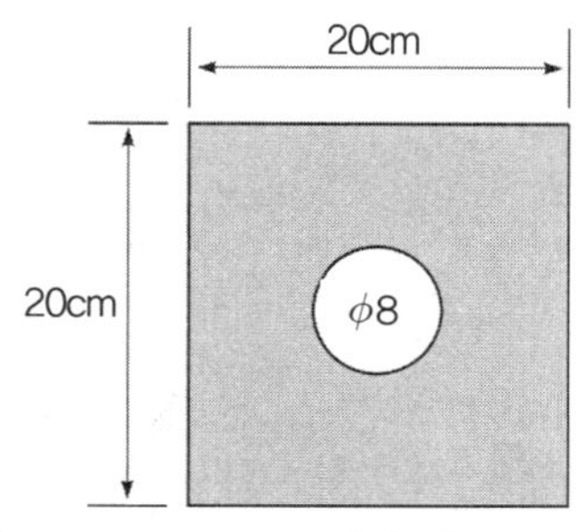

① 13132 ② 14132 ③ 151321 ④ 161321

해설

$I = I_{4각} - I_{원} = \dfrac{bh^3}{12} - \dfrac{\pi d^4}{64}$ 이므로, 이에 대입하자.

$I = \dfrac{20 \times 20^3}{12} - \dfrac{\pi \times 8^4}{64} = 13132.2714\text{cm}^4$ 으로 계산된다.

 정답 ①

42 폭이 B 이고 높이가 h 인 직사각형 단면의 중심축 X–X′에 대한 단면계수는?

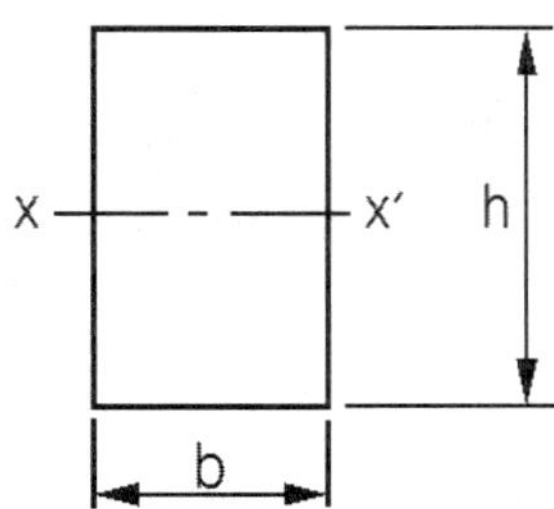

① $Z = \dfrac{h^2}{12}$ ② $Z = \dfrac{bh^3}{6}$ ③ $Z = \dfrac{bh^3}{12}$ ④ $Z = \dfrac{bh^2}{6}$

해설

단면계수(z)는 관성모멘트(I)를 도심과 상하의 끝까지의 거리(h_x)로 나눈 값을 말한다. 사각형의 관성모멘트는 $I = \dfrac{bh^3}{12}(\text{cm}^4)$ 이고, 도심까지의 거리는 밑면에서 위로 높이의 1/2지점에 있으므로 h_x는 $h_x = \dfrac{h}{2}$ 이다. 대입하면 $z = \dfrac{I}{h_x} = \dfrac{\frac{bh^3}{12}}{\frac{h}{2}} = \dfrac{bh^2}{6}(\text{cm}^3)$ 로 유도된다.

정답 ④

43 외팔보에서 A지점의 반력 R_A는?

① 0
② P
③ L
④ p/L

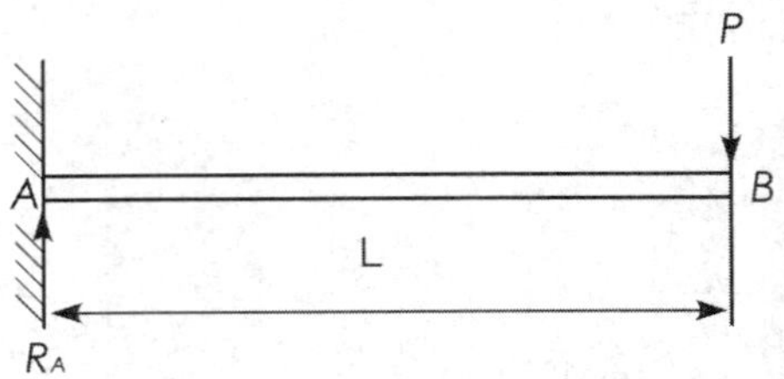

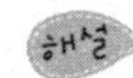

외팔보의 가로를 기준으로 위 아래에 작용하는 모든 힘의 합은 '0'이다. 식으로 표현하면 $\sum F = 0$이다. 윗방향을 (+), 아랫방향을 (−)로 잡으면, $-P + R_A = 0$, $R_A = P$로 계산된다.

정답 ②

44 균일분포 하중 ω=200N/m가 단순 지지보 AB 위에 작용하고 있을 때, A단에서 x = 1.5m 지점에서의 전단력의 크기는?

① 100[N]
② 150[N]
③ 200[N]
④ 250[N]

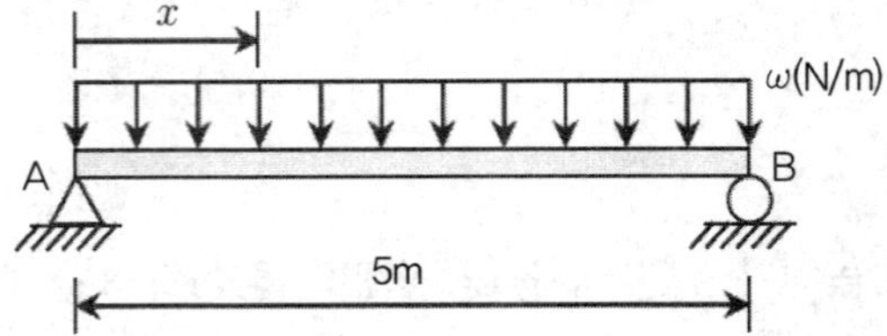

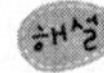

등분포단순보이므로, ωl의 힘이 중앙에 작용하고 있는 것과 같으므로,

↓방향힘=$\omega l = 200\text{N/m} \times 5\text{m} = 1000\text{N}$, A와 B에는 ↑방향의 반력이 R_a, R_b로 각각 생긴다.

$\sum F = 0$, $+1000 - R_a - R_b = 0$(윗방향 −, 아랫방향 +)

$R_a + R_b = 1000$ …… (식 1)

$\sum T_A = 0$, $+1000 \times 2.5 - R_b \times 5 = 0$, $R_b = \dfrac{1000 \times 2.5}{5} = 500N$…… (식 2)

(시계방향을 (+), 반시계방향을 (−)로 한다)

2식을 1식에 대입, $R_a = 500N$

x에서의 전단력은 아래 그림방향을 따른다.

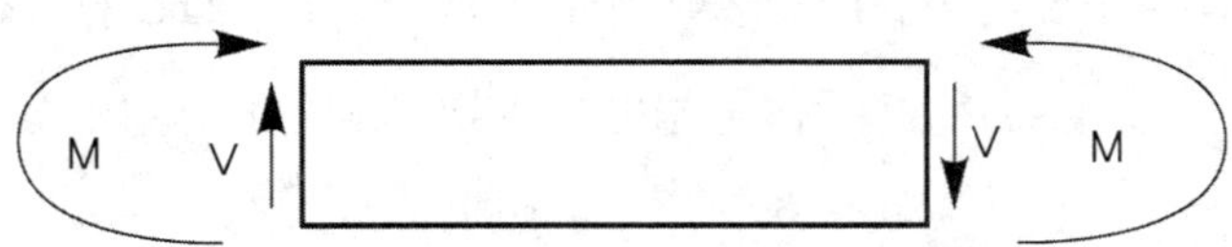

x가 우측에 있으므로,

↑방향의 반력이 R_a(500N)이 작용, ↓방향힘=$\omega l = 200\text{N/m} \times \text{xm} = 200 \times 1.5 = 300\text{N}$,

$\sum V = 0$, $-500(R_a) + 300 + V = 0$, $V = 200N$ 으로 계산된다.

정답 ③

45 단순보의 중앙에 10kN의 집중하중을 받을 시 Rb에서의 반력이 8kN이면 X값은?

① 2m
② 4m
③ 6m
④ 8m

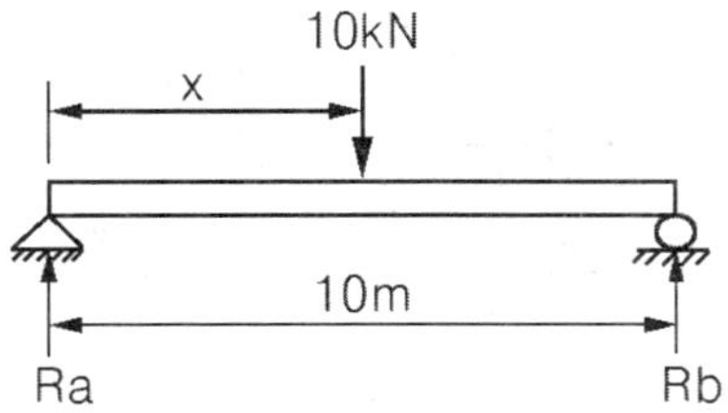

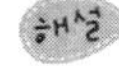

단순보의 가로를 기준으로 위 아래에 작용하는 모든 힘의 합은 '0'이다. 식으로 표현하면 $\sum F=0$이다. 아래 방향을 (+), 위 방향을 (−)로 잡으면, $+10-R_a-R_b=0$, $R_b=8\text{kN}$이므로, $R_a=2\text{kN}$이 된다. B점을 기준으로 모든 모멘트의 합은 '0'이다. 식으로 표현하면 $\sum M=0$이다. 시계반대방향 모멘트를 (+), 시계방향을 (−)라 하면,
$-R_a\times 10+10\times(10-x)=0$이다. 여기에 $R_a=2\text{kN}$를 대입하면,
$-2\times 10+10\times(10-x)=0$, $10x=-20+100=80$, $x=8$로 계산된다.

정답 ④

46 그림과 같은 4각형 단면의 외팔보에 발생하는 최대 굽힘 응력은?

① $\dfrac{12P\ell}{bh^2}$
② $\dfrac{6P\ell}{b^2h}$
③ $\dfrac{6P\ell}{bh^2}$
④ $\dfrac{12P\ell}{b^2h}$

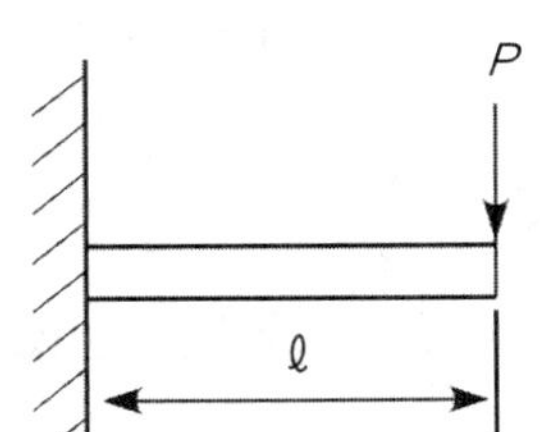

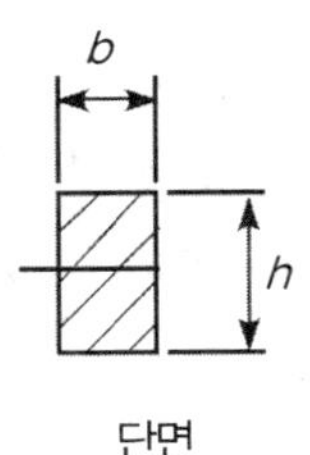

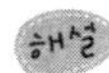

최대굽힘모멘트(M)은 벽 부분에서 발생하는데 그 값은 $M=P\times l$(힘과 거리의 곱이 모멘트 임)이다. 4각단면의 단면계수(z)는 $z=\dfrac{bh^2}{6}$이다. 굽힘응력(σ_b)은 굽힘모멘트(M)를 단면계수(z)로 나눈 값이다. 식으로 표현하면 $\sigma_b=\dfrac{M}{z}$이므로 대입하면,

$$\sigma_b=\frac{M}{z}=\frac{P\times l}{\frac{bh^2}{6}}=\frac{6Pl}{bh^2}$$ 으로 계산된다.

정답 ③

47 길이 ℓ 인 단순보의 중앙에 집중하중 W를 받는 때 최대 굽힘모멘트(Mmax)는?

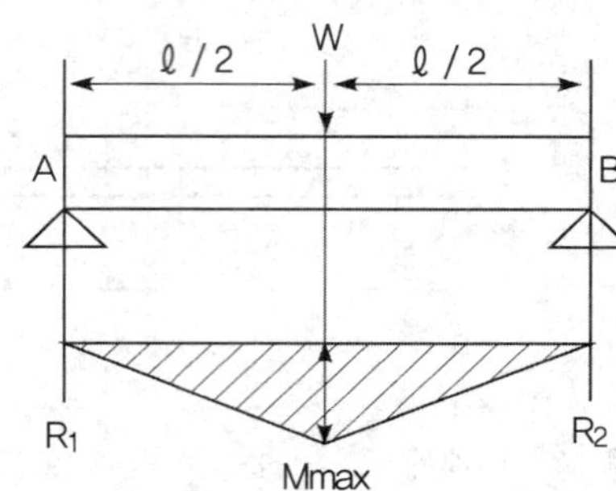

① $\frac{Wl}{4}$ ② $\frac{Wl}{2}$ ③ $\frac{Wl^2}{4}$ ④ $\frac{Wl^2}{2}$

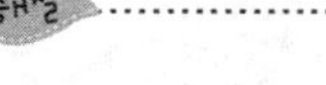

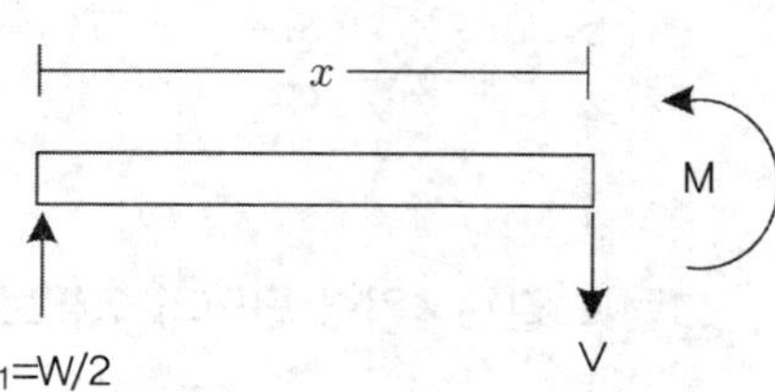

$\sum F=0$에서, $\sum F=0=-W+R_1+R_2$이다.

$\sum M_b=0$에서

$\sum M_b=0=-R_1\times l+W\times\frac{l}{2}$,

$R_1=\frac{W}{2}$이다.

또한 위 식에 대입하면 $R_2=\frac{W}{2}$이다. 좌측에서 우로 임의의 거리 x라 하면, x에서 전단된 설명의 그림에서 모든 모멘트의 합은 '0'이다.

$\sum M_x=0=M-R_1\times x$, $M=R_1x=\frac{W}{2}x$이다.

즉 $x=\frac{l}{2}$에서 최대값을 가지므로, $M_{x=\frac{l}{2}}=\frac{W}{2}x=\frac{W}{2}\times\frac{l}{2}=\frac{Wl}{4}$로 계산된다.

정답 ①

48 지름 80mm인 축에 2000kgf-cm의 굽힘 모멘트가 걸린다면 이 축에 생기는 굽힘 응력 (kgf/cm^2)은 얼마인가?

① 39.8 ② 45.2 ③ 56.2 ④ 62.6

해설

$\sigma_b=\frac{M}{z}$에서,

$\sigma_b=\frac{M}{z}=\frac{M}{\frac{\pi d^3}{32}}=\frac{32\times2000(\text{kgf}-\text{cm})}{\pi\times8^3(\text{cm}^3)}=39.788(\text{kgf/cm}^2)$으로 계산된다.

정답 ①

49 외팔보 AB가 자유단 B에 집중하중 P를 받고 있다. 하중 끝단 B에서의 최대 처짐량 δ 는 ? (단, E는 세로 탄성계수이고, I는 관성모멘트이다.)

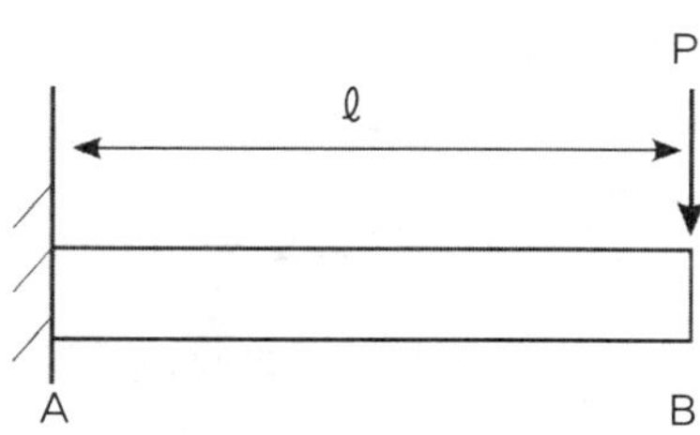

① $\delta = \dfrac{Pl^2}{6EI}$ ② $\delta = \dfrac{Pl^3}{6EI}$ ③ $\delta = \dfrac{Pl^2}{3EI}$ ④ $\delta = \dfrac{Pl^3}{3EI}$

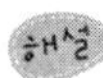

외팔보에서 집중하중(P)가 작용할 경우 최대처짐량(δ_{max}) $\delta_{\max} = \dfrac{Pl^3}{3EI}$ 이고, 외팔보 분포하중(wl)이 작용할 경우 최대처짐량(δ_{max}) $\delta_{\max} = \dfrac{wl^4}{8EI}$ 이다.

 ④

50 직사각형 단면(b×h)을 갖는 외팔보의 끝단부 처짐량은?

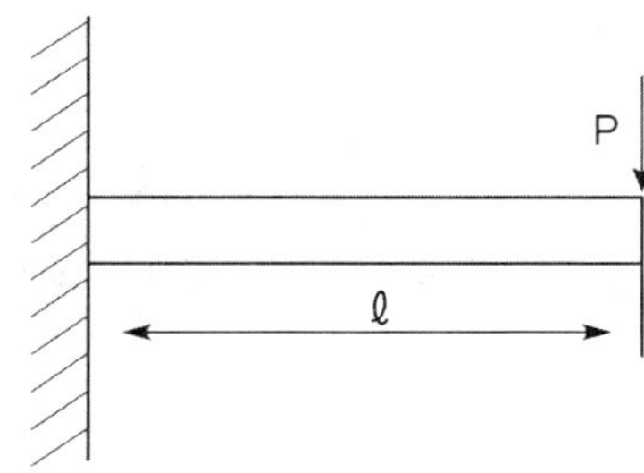

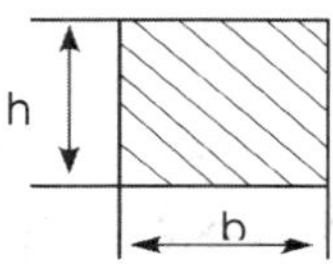

① 처짐량은 보의 길이의 제곱(l^2)에 비례한다.
② 처짐량은 보 높이의 세제곱(h^3)에 반비례한다.
③ 처짐량은 하중(P)에 반비례한다.
④ 처짐량은 보의 너비(b)에 비례한다.

해설

외팔보의 처짐량$\delta = \dfrac{Pl^3}{3EI}$

여기서, $I = \dfrac{bh^3}{12}$ ← 4각일 경우

대입하자. $\delta = \dfrac{Pl^3}{3E \times \dfrac{bh^3}{12}} = \dfrac{4Pl^3}{Ebh^3}$ 으로 유도된다.

정답 ②

51 중앙에 집중하중을 받는 단순 지지보의 처짐에 대한 설명으로 옳지 않은 것은?

① 하중의 크기에 비례한다. ② 영계수에 반비례한다.
③ 단면 2차 모멘트에 비례한다. ④ 보의 길이의 3제곱에 비례한다.

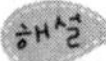

- 집중하중 외팔보 처짐 $\delta = \dfrac{Wl^3}{3EI}$, 분포하중 외팔보 처짐 $\delta = \dfrac{wl^4}{8EI}$
- 집중하중 단순보 처짐 $\delta = \dfrac{Wl^3}{48EI}$ …… (식 1), 분포하중 단순보 처짐 $\delta = \dfrac{5wl^4}{384EI}$
- 축비틀림각 $\theta = \dfrac{Tl}{GI_p}$

(식 1)에서 처짐은 영계수(종탄성계수 :E)와 2차모멘트(I)에 반비례한다. 또한 길이(l)의 3승에 비례한다.

 ③

52 비틀림이 작용할 때 재료의 단면에 생기는 응력은?

① 인장 ② 압축 ③ 전단 ④ 굽힘

전단응력(τ)은 비틀림 모멘트(T)를 극단면계수(z_p)로 나눈값이다. 식으로 $\tau = \dfrac{T}{z_p}$ 로 표현된다.

 ③

53 길이가 동일하고 지름이 각각 d, 2d인 동일 재료의 축 A, B를 같은 각도로 비틀었을 경우 필요한 비틀림 모멘트비 $\dfrac{T_A}{T_B}$의 값은?

① 1/2 ② 1/4 ③ 1/8 ④ 1/16

각도로 비틀었기 때문에 $\theta = \dfrac{Tl}{GI_p}$, $T = \dfrac{G\theta}{l} \times I_p$ 를 사용해야 한다.

$$T_A = \frac{G\theta}{l} \times I_p = \frac{G\theta}{l} \times \frac{\pi d^4}{32},$$

$$T_B = \frac{G\theta}{l} \times I_p = \frac{G\theta}{l} \times \frac{\pi (2d)^4}{32}$$

$$\frac{T_A}{T_B} = \frac{\dfrac{\pi d^3}{32}}{\dfrac{\pi 2^4 \times d^4}{32}} = \frac{1}{16}$$

 ④

54 중공단면축의 바깥지름 $d_o = 5\text{cm}$, 안지름 $d_i = 3\text{cm}$, 허용전단응력 $\tau = 300\text{kgf/cm}^2$일 때, 비틀림모멘트는?

① 4528 kgf-cm ② 5510 kgf-cm

③ 5772 kgf-cm ④ 6405 kgf-cm

해설

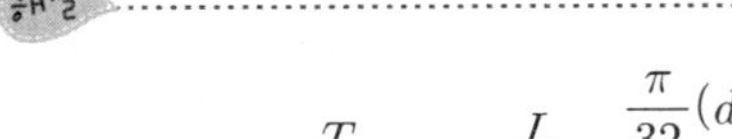

식 $\tau = \dfrac{T}{z_p}$, $z_p = \dfrac{I_p}{r} = \dfrac{\dfrac{\pi}{32}(d_o^4 - d_i^4)}{\dfrac{d_o}{2}} = \dfrac{\pi(d_o^4 - d_i^4)}{16 \times d_o}$ 에서

$T = \tau \times z_p = \tau \times \dfrac{\pi(d_o^4 - d_i^4)}{16 \times d_o} = 300(\text{kgf/cm}^2) \times \dfrac{\pi \times (5^4 - 3^4)}{16 \times 5}(\text{cm}^3) = 6405.6\text{kgf} - \text{cm}$ 로 계산된다.

정답 ④

55 원형 단면축을 비틀 때 다음 중에서 가장 비틀기 어려운 것은?(단, G는 재료의 가로 탄성계수를 나타낸다.)

① 지름이 크고, G값이 작을수록 어렵다.

② 지름이 크고, G값이 클수록 어렵다.

③ 지름이 작고, G값이 클수록 어렵다.

④ 지름이 작고, G값이 작을수록 어렵다.

해설

비틀림 강성공식 $\dfrac{\theta}{l} = \dfrac{T}{GI_p}$ 에서 원형축의 $I_p = \dfrac{\pi d^4}{32}$ 를 대입하면, $T = G \times \dfrac{\pi d^4}{32} \times \dfrac{\theta}{l}$ 로 유도되므로, 비틀림모멘트는 G와 지름의 4승에 비례함을 알 수 있다. 즉, 지름과 G가 클수록 비틀기가 어렵다.

정답 ②

56 기계제도에서 기준치수(basic size)는?

① 실제치수

② 최대 허용치수 − 최소 허용치수

③ 최대 허용치수 − 위치수 허용차

④ 최소 허용치수 − 위치수 허용차

해설

기준치수 = 최대허용치수 − 위치수 허용차

정답 ③

57

단면이 원형인 중실축(solid shaft)의 길이와 지름을 각각 2배로 하면, 같은 크기의 비틀림 모멘트에 대한 비틀림 각도는 원래 축의 몇 배가 되는가?

① $\frac{1}{2}$배　　② $\frac{1}{8}$배

③ 2배　　④ 8배

해설

- 축비틀림각 $\theta = \dfrac{Tl}{GI_p}$ …… (식 1),

1식을 다시 표현하면 $\theta_1 = \dfrac{Tl}{GI_p} = \dfrac{T\,l}{G \times \dfrac{\pi d^4}{32}} = \dfrac{32\,T\,l}{G \times \pi d^4}$ …… (식 2)

2식에 $l -\!\!\rightarrow 2l,\ d -\!\!\rightarrow 2d$를 대입하면,

$\theta_2 = \dfrac{32\,T\,(2l)}{G \times \pi (2d)^4} = \dfrac{32\,Tl}{G \times \pi d^4} \times \dfrac{2}{2^4} = \theta_1 \times \dfrac{1}{8}$

정답 ②

58

끼워맞춤 공차에서 H6g6의 설명으로 올바른 것은?

① 축기준 6급 헐거운 끼워맞춤
② 축기준 6급 억지 끼워맞춤
③ 구멍기준 6급 헐거운 끼워맞춤
④ 구멍기준 6급 중간 끼워맞춤

해설

구멍기준으로, 구멍은 H이고 축은 g로 구멍이 축보다 직경이 크다. 따라서 헐거운 끼워맞춤이 된다.

정답 ③

59

기준치수에 대한 구멍의 공차가 $\Phi 160^{+0.04}_{0}$[mm], 축의 공차가 $\Phi 160^{+0.03}_{-0.08}$[mm]일 때 최대틈새[mm]와 최대죔새[mm]는?

	최대틈새	최대죔새
①	0.07	0.03
②	0.07	0.04
③	0.12	0.03
④	0.12	0.04

최대틈새는 구멍최대-축최소=0.04-(-0.08)=0.12mm 따라서 0.12mm가 최대틈새가 된다.
최대죔새는 구멍최소-축최대=0-0.03=-0.03mm, 여기서 -부호가 죔새를 말하며, 따라서 0.03mm가 최대죔새가 된다.

③

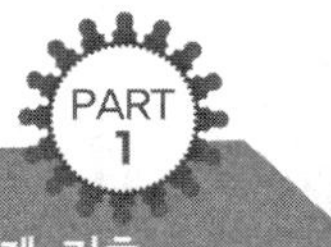

60 끼워맞춤에 대한 설명으로 옳은 것은?

① 축기준 끼워맞춤은 구멍의 공차역을 H(H5～H10)로 정하고 구멍에 끼워맞출 축의 공차역에 따라 죔새나 틈새가 생기게 하는 것이다.

② 구멍기준 끼워맞춤은 구멍에 끼워맞출 축의 공차역을 정하는 방식이며, 구멍의 위치수 허용차가 0이다.

③ 축기준 끼워맞춤방식에서 $\phi 30H7h6$은 헐거운 끼워맞춤이다.

④ 일반적으로 구멍보다 축의 가공이 쉬워 축기준 끼워맞춤을 많이 사용하고, 구멍보다 축의 정밀도를 높게 한다.

- 끼워맞춤에서 축은 소문자 h, 구멍은 대문자 H로 표시,
- ϕ30H7h6에서 끼워맞춤은 보통 구멍기준이 된다. 보통 축의 가공이 쉬우므로, 구멍기준을 사용한다.
- 구멍기준의 경우 아래 치수 공차가 0이다.
- 일반끼워맞춤 부분공차는 축의 경우 IT5~9, 구멍의 경우 IT6~10등급이다.

 ③

9급 공무원 기계직
기계설계

PART 02 체결용 기계요소

나 사

나사의 구성

1. 나사의 정의

① 나사는 결합용 요소, 회전운동과 직선운동의 상호 변환요소, 작은 회전모멘트로 축방향의 큰 힘을 전달하는 운동용 나사

② 원기둥의 바깥쪽에 나사산을 새기면 수나사(볼트), 속 빈 원통 내부에 나사산을 새기면 암나사(너트)

③ 나사산을 감는 방향에 따라 왼나사, 오른나사(오른쪽 돌림시 전진)

④ 1회전 시 나사산 피치가 만큼 움직이면 1줄나사, 2개 피치가 움직이면 2줄나사

㉠ 리드(l) : 나사를 1회전시 움직인 거리

㉡ 피치(p) : 나사산과 인접 나사산과의 거리

㉢ 리드와 피치의 관계

리드(l) = 줄수(n) × 피치(p)

1줄나사는 리드와 피치가 같고, 2줄나사의 리드는 $l = 2p$이다.

⑤ 나선곡선 : 바깥지름, 골지름, 유효지름에 따라 나선각(리드각, α)이 생기는데, 보통 유효지름을 사용

$$\tan\alpha = \frac{\text{리드}}{\text{원주}} = \frac{l}{\pi d_2}$$ 여기서, d_2는 유효지름이다.

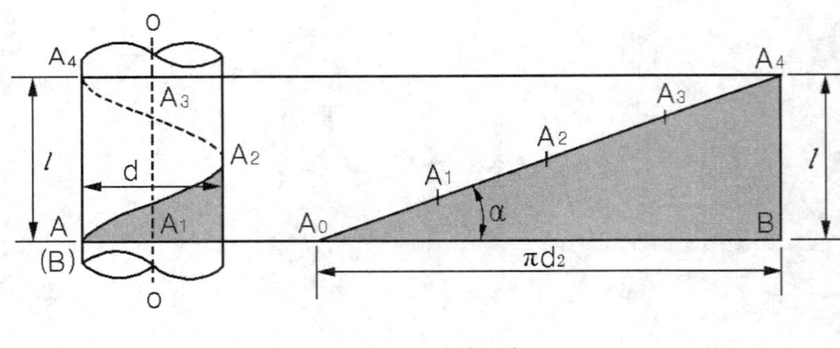

그림 2-1 나선곡선

2. 나사의 명칭

① **바깥지름**(d) : 공칭지름이라고 하며, 수나사 최대지름을 말하고, 나사의 크기를 바깥지름으로 표시

② **골지름**(d_1) : 수나사 최소지름을 말하며, 암나사는 최대지름이다.

③ **유효지름**(d_2) : 바깥지름(d)와 골지름(d_1)의 중간크기 지름으로 아래 식으로 표현,

$$d_2 = \frac{d + d_1}{2}$$

④ **나사산 높이**(h) : $\dfrac{(d - d_1)}{2}$

⑤ **나사산의 각**(λ) : 인접한 2개의 플랭크가 맺는 각으로 2β로 나타낸다.

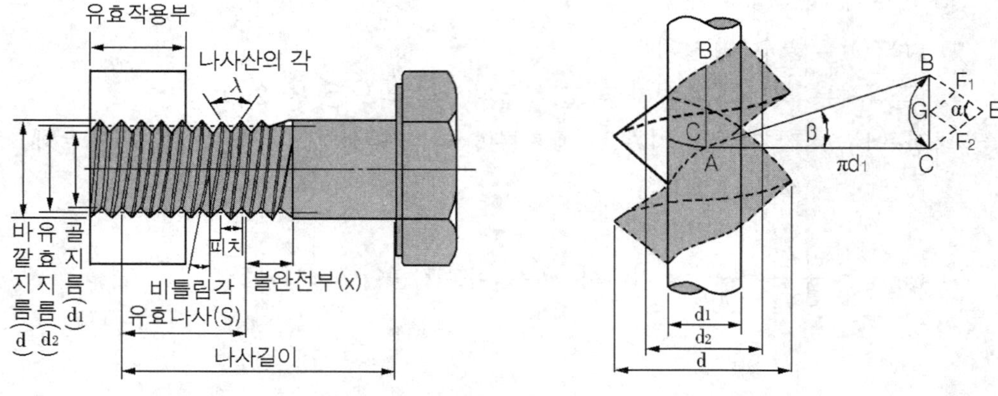

그림 2-2 나사의 명칭

1-2 나사의 종류와 등급

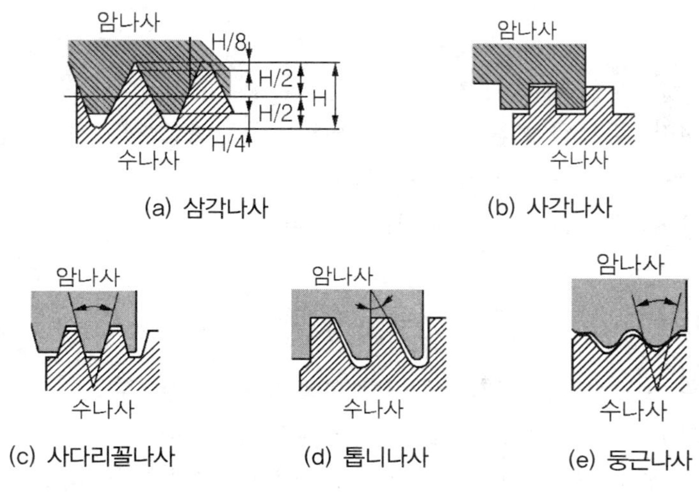

그림 2-3 나사의 종류

1. 3각 나사

(1) 미터나사

① 나사의 지름과 피치를 mm로 표시, 나사산의 각은 60°

② 종류 : 보통나사, 가는나사

③ 표기법 : M20 × 2.0[호칭기호.호칭지름(mm)×피치(mm)]. M은 나사의 호칭기호로 미터나사, 20은 호칭지름(외경)으로 20mm, 2.0은 피치로 2mm임

(2) 유니파이나사

① 영국, 미국, 캐나다 3국의 협정으로 정한 나사 ⇒ ABC나사라 함

② 단위는 인치, 나사산의 각은 60°

③ 표기법 : 1/2-12 UNC (나사의 외경 - 나사산의 수. 호칭기호)

1/2는 나사의 외경으로 1/2인치를 뜻하므로, $\frac{1}{2}$인치 $= \frac{1}{2} \times 25.4\text{mm} = 12.7\text{mm}$

12는 1인치 내에 나사산의 수가 12개임을 뜻하므로, 피치가 $\frac{25.4}{12} = 2.14\text{mm}$로 계산된다.

(3) 관용나사

① 나사산의 높이가 낮다. 누설을 방지하고 기밀유지에 사용
② 종류 : 테이퍼관용나사, 평행관용나사

2. 4각 나사

① 단면이 4각, 나사의 효율은 좋으나 공작이 곤란한 결점
② 큰 하중을 받고 전달하는데 효율적임
③ 대형선반의 이송나사, 나사 프레스에 사용

3. 사다리꼴 나사

① 나사산의 각이 29°인 인치계(TW)를 애크미 나사라고 함
② 나사산의 각 : 미터계(TM)는 30°, 인치계(TW)는 29°
③ 표기법 : TM20-2 ⇒ 미터계로 외경이 20mm, 피치가 2mm,
TW20-산6 ⇒ 인치계로 외경이 20mm, 1인치 내에 나사산의 수가 6개

4. 톱니나사

① 압력(힘)의 방향이 항상 일정할 때 사용(한쪽 방향의 힘)
② 나사산의 각 : 30°, 45°

5. 둥근나사

① 나사산과 골을 같은 반지름의 원호로 이음, 나사산의 각은 30°
② 모래, 먼지 등이 들어갈 염려가 있는 곳에 사용

6. 볼나사

① 암나사와 수나사 부분에 반원모양의 홈, 홈사이에 볼을 삽입 ⇒ 볼의 구름 접촉 이용
② 보통나사에 비해 마찰계수가 아주 작아 효율이 90%이상으로 좋아 수치제어용 공작기계의 이송나사나 자동차 조향장치에 이용

7. 나사의 등급

(1) 미터나사

1급, 2급, 3급 등으로 구분, 숫자가 작을수록 정밀도가 좋다.

(2) 유니파이나사

수나사는 3A, 2A, 1A, 암나사는 3B, 2B, 1B로 구분, 숫자가 클수록 정밀도가 높다.

나사의 역학

1. 나사의 조임 토크(회전력)

(1) 사각나사

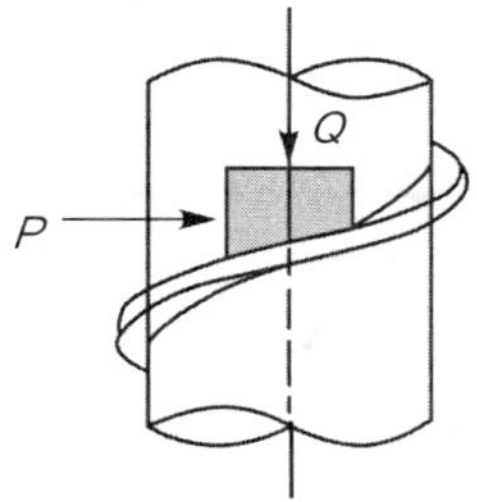

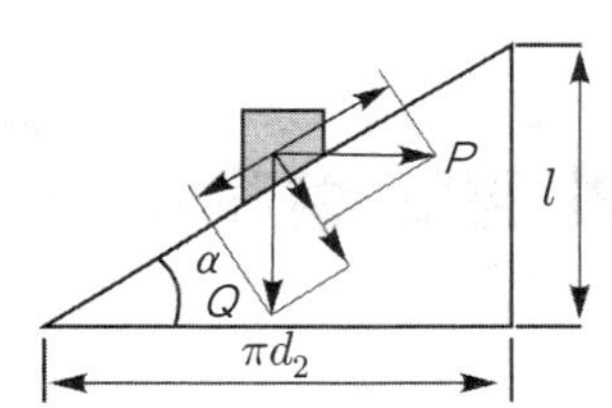

그림 2-4 나사의 조임

① 리드각(α) : $\tan\alpha = \dfrac{\text{리드}}{\text{원주}} = \dfrac{l}{\pi d_2}$에서 구한다.

② 마찰각(ρ) : $\tan\rho = \mu$(마찰계수)에서 구한다.

③ 죄는 힘(P) : $P = Q\tan(\alpha + \rho)$, 여기서 Q는 나사를 누르는 힘(무게)이다.

④ 나사를 죄는 토크(T) : $T = P \times r = Q\tan(\alpha + \rho) \times \dfrac{d_2}{2}$, 여기서 d_2는 나사의 유효지름

⑤ 나사를 푸는 힘(P') : $P' = Q\tan(\rho - \alpha)$, 마찰각의 부호가 반대로 됨

(2) 삼각나사

① 마찰계수(μ') : $\mu' = \dfrac{\mu}{\cos\beta}$, β는 나사산의 각의 1/2이다.

② 마찰각(ρ') : $\tan\rho' = \mu'$에서 구한다.

③ 죄는 힘(P) : $P = Q\tan(\alpha + \rho')$, 여기서 Q는 나사를 누르는 힘이다.

(3) 나사의 자립조건(나사를 죄지 않더라도 풀리지 않는 상태)

나사를 푸는 힘(P') $P' = Q\tan(\rho - \alpha)$이므로,

즉 $\rho \geq \alpha$, 마찰각이 리드각(나선각)보다 같거나 크면 나사는 풀리지 않는다.

2. 나사의 효율

① 나사의 효율은 누르는 힘Q를 피치(p)만큼 올리기 위한 일 Qp와 나사를 1회전시 외력 P가 한 일 $2\pi rP$의 비

② 사각나사 효율 : $\eta_{사각} = \frac{무게가\ 한\ 일}{죄는\ 힘으로\ 한\ 일} = \frac{Q\times l}{P\times \pi d_2 n} = \frac{\tan\alpha}{\tan(\alpha+\rho)}$, n은 나사회전수

③ 삼각나사 효율 : $\eta_{삼각} = \frac{\tan\alpha}{\tan(\alpha+\rho')}$

④ 나사자립조건 만족 최대 효율은 $\alpha=\rho$에서 발생, 이를 대입하면

$\eta = \frac{\tan\alpha}{\tan(\alpha+\rho)} = \frac{\tan\alpha}{\tan 2\alpha} = \frac{1}{2} - \frac{1}{2}\tan^2\alpha < 0.5 \Rightarrow$ 50%보다 작아야 한다.

1-4 나사의 강도 설계

1. 볼트 강도

(1) 축방향 인장하중만 작용

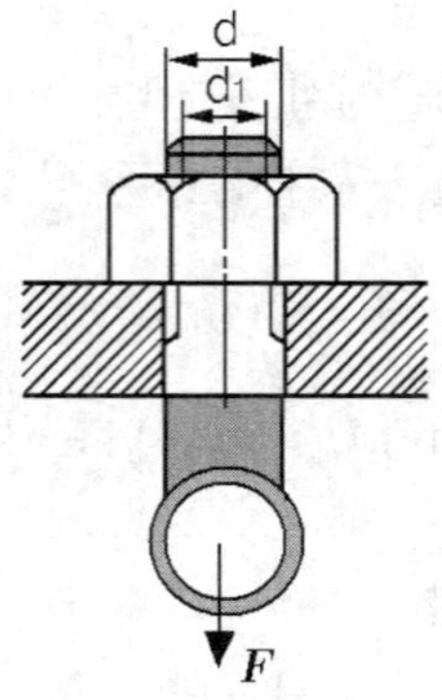

그림 2-5 축방향 인장하중

인장하중(F)이 볼트의 골지름(d_1)에 작용시 허용인장응력(σ_t)

$$\sigma_t = \frac{F}{A} = \frac{F}{\frac{\pi d_1^2}{4}} = \frac{4F}{\pi d_1^2} \cdots\cdots\cdots\cdots (식\ 1)$$

골지름과 외경의 비 $\frac{d_1}{d} = 0.8$, 혹은 $(\frac{d_1}{d})^2 = 0.63$이라면, 1식에 대입

$$\sigma_t = \frac{4F}{\pi d_1^2} = \frac{4F}{\pi \times 0.63 d^2},\ d = \sqrt{\frac{4F}{\pi \times 0.63 \times \sigma_t}} \fallingdotseq \sqrt{\frac{2F}{\sigma_t}} \cdots\cdots\cdots (식\ 2)로\ 유도된다.$$

(2) 축방향 하중과 비틀림하중이 동시에 작용

축하중과 비틀림하중이 동시에 작용하면 작용하중은 인장하중의 $\frac{4}{3}F$가 작용한다.

이를 식 2에 대입하면, 축 외경$(d) = \sqrt{\frac{4F}{3} \times \frac{2}{\sigma_t}} = \sqrt{\frac{8F}{3\sigma_t}}$ 로 유도된다.

(3) 압력용기에 조여질 경우

볼트 하나의 작용하중은 전체하중을 볼트수로 나눈 값이다. 인장응력 구하는 방법은 위와 같다.

2. 너트의 높이

① 너트의 높이(H) : $(H) = n \times p$, n은 나사산의 수, p는 피치

② 나사산의 평균접촉 압력(P_m) : $P_m = \frac{F}{n \times \pi d_2 \times h}$, 여기서 F는 축(인장)하중

1-5 나사의 부품

1. 볼트

① **관통볼트** : 일반적 볼트로, 볼트 지름보다 약간 큰 구멍을 뚫고 여기에 머리붙이 볼트를 삽입하여 너트로 죄는 이 머리붙이 볼트

② **탭볼트** : 관통볼트 사용과 같으나, 상대쪽에 탭으로 암나사를 내고 머리붙이 볼트를 삽입 후 조이는 볼트

③ **스텃볼트** : 머리없는 볼트를 한 끝은 상대쪽의 탭낸 암나사에 반영구적으로 박음하고, 다른 한 끝은 너트로 조이는 볼트

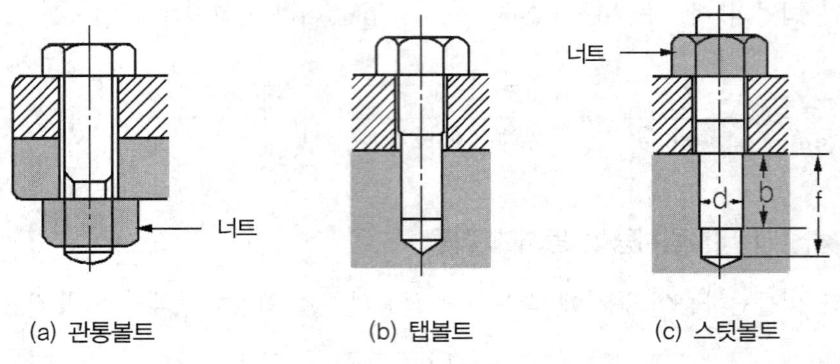

그림 2-6 볼트의 종류

2. 특수볼트

① **아이볼트** : 볼트 머리부에 핀을 끼울 구멍이 있는 볼트

② **스테이볼트** : 2개 물건 사이를 일정하게 유지/체결

③ **기초볼트** : 기계류를 콘크리트 기초에 고정하기 위해 사용

④ **T볼트** : T형의 홈에 볼트 머리를 끼우고 위치를 이동하면서 임의의 위치에 물체를 고정할 수 있는 볼트

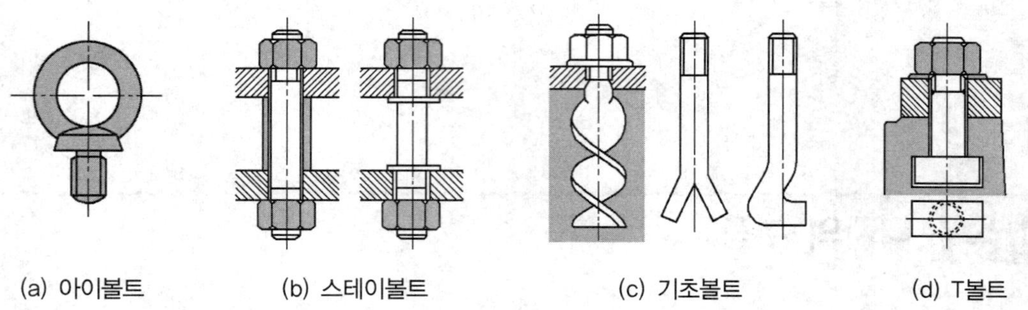

그림 2-7 특수볼트

3. 특수 너트

① **나비 너트** : 너트부가 나비모양, 손으로 죌 수 있음

② **플랜지 너트(와셔너트)** : 너트의 밑면에 넓은 원형 플랜지 ⇒ 구멍이 큰 경우 사용

③ **캡 너트** : 나사면에 증기, 기름 새는 것 방지, 먼지 들어가는 것 방지

④ **홈붙이 너트** : 풀림 방지용 핀을 꽂을 수 있는 홈이 있는 너트

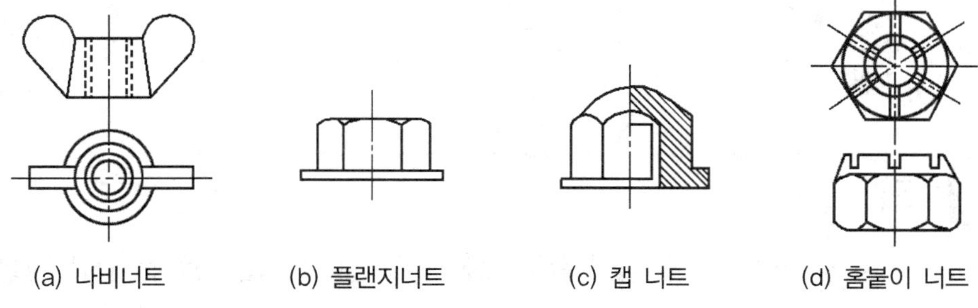

그림 2-8 **특수너트**

4. 여러 가지 나사

① **작은나사** : 볼트의 축지름이 1~8mm, 드라이버로 돌릴 수 있음

② **멈춤나사** : 키 대용, 2개의 물체사이 회전 미끄럼 생기지 않게

③ **나사못**

④ **태핑나사** : 스스로 암나사를 내면서 죄는 나사

5. 와셔

① 볼트 구멍이 클 때, 너트 시트에 요철이 있을 때

② 너트 시트가 볼트의 체결압력이나 마모에 견딜 수 없는 연한재료일 경우

③ 종류 : 혀붙이와셔, 스프링와셔, 이붙이와셔

6. 나사의 풀림방지

① 록크 너트 사용 : 볼트와 너트사이 마찰력 증가

② 스프링와셔, 고무와셔 중간에 끼움 : 축방향힘 유지

③ 볼트(너트)에 구멍뚫어 구멍에 핀 박음

④ 홈붙이 너트에 분할 핀 사용 : 나사 멈춤

⑤ 특수와셔(혀붙이와셔, 스프링와셔, 이붙이와셔) 사용 : 나사 멈춤

⑥ 멈춤나사 사용

제2장 키와 스플라인

2-1 키

※ **키** : 축에 기어, 풀리 등을 고정시켜 운동과 회전력을 전달하는 결합용 요소

1. 키의 종류

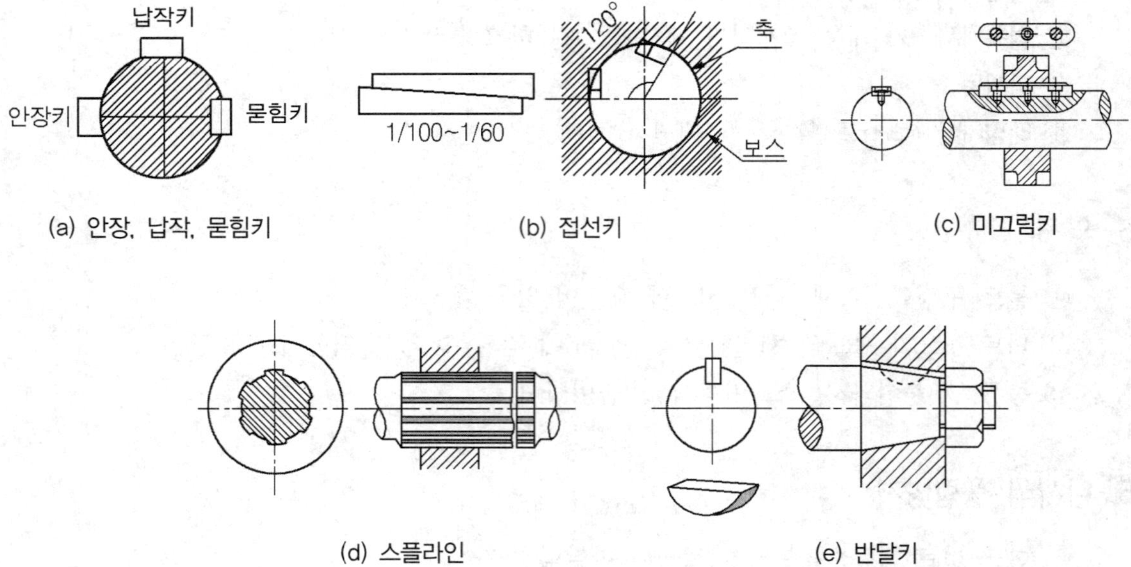

그림 2-9 키의 종류

(1) 안장키(새들키, saddle key)

① 축에 홈을 파지 않고 보스에만 1/100 정도 기울기 홈을 파고, 홈에 키를 박음

② 마찰면의 마찰력만으로 힘을 전달 ⇒ 큰 동력전달 불가

(2) 납작키(평키, flat key)

① 축을 키의 너비만큼 납작하게 깎고, 보스에 1/100 기울기 홈

② 안장키보다 큰 회전력 전달, 묻힘키보다 작은 회전력 전달

(3) 묻힘키(성크키, sunk key) : 일반 4각형 키

① 평행키(심음키, set key) : 상/하면이 평행, 축방향 이동을 막기 위해 멈춤나사 사용

② 경사키(taper key) : 키 윗면과 보스의 키홈 윗면에 1/100의 기울기

(4) 접선키

① 키의 기울기 1/40~1/45

② 접선방향에 2개 키 설치, 설치각은 120°

(5) 미끄럼키(sliding key) = 페더키(feather key) = 안내키

① 회전력을 전달하면서 보스가 축방향으로 미끄러져 움직일 수 있는 키

② 키와 보스(축)에 약간의 틈새, 기울기 없고 평행한 키

(6) 반달키

① 축의 홈이 깊게 가공 ⇒ 축의 강도 약해짐

② 키홈 가공 쉬움, 조립시 키가 자동으로 축(보스)속으로 들어감

(7) 둥근키(= 핀키)

단면이 원형으로 테이퍼핀과 평행핀

2. 묻힘키의 강도

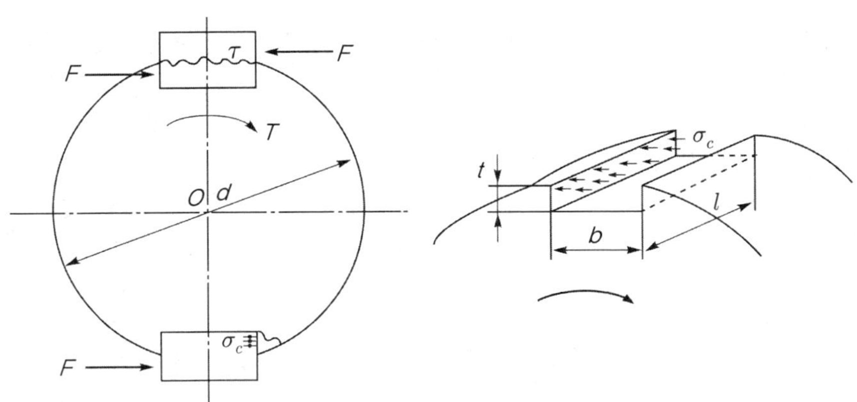

그림 2-10 묻힘키 응력

(1) 전단응력(τ)

$$\tau = \frac{F}{bl} = \frac{2T}{bdl},\ T = \text{접선력} \times \text{반지름} = F \times \frac{d}{2},\ F = \frac{2T}{d}$$

여기서, b는 키의 폭, d는 축의 지름, l은 키의 길이, T는 회전력, F는 접선력이다.

(2) 압축응력(σ_c)

$$\sigma_c = \frac{F}{tl} = \frac{2F}{hl} = \frac{4T}{hld},\ 2t = h$$

여기서, t는 축에 묻히는 키의 깊이, h는 키의 높이

2-2 스플라인

1. 스플라인의 종류

① 스플라인 : 미끄럼키를 축과 일체로 원주상에 간격으로 배치함, 단면이 4각
회전력을 전달함과 동시에 축방향으로 이동이 가능
② 세레이션 : 단면이 3각, 마찰면이 커서 체결에 적당

2. 스플라인의 강도

회전력(T) $T = \eta \times Z \times F \times \dfrac{d}{2}$

여기서, η는 효율, Z는 스플라인 잇수, F는 작용힘(접선력), d는 평균지름

코터와 핀

※ **코터** : 한쪽 또는 양쪽의 측면이 기울기를 갖는 평판 쐐기

코 터

1. 코터 이음역학

① 코터는 축방향의 인장력이나 압축력을 전달

② 코터의 자립조건(저절로 빠지지 않는 조건)

$\tan(\alpha_1 - \rho_1) + \tan(\alpha_2 - \rho_2) \le 0$

㉠ 양쪽기울기 : $\alpha_1 = \alpha_2 = \alpha$, $\rho_1 = \rho_2 = \rho$를 대입

$\tan(\alpha - \rho) \le 0$, $\quad \therefore \alpha \le \rho$

㉡ 한쪽기울기 : $\alpha_2 = 0$, $\alpha_1 = \alpha$, $\rho_1 = \rho_2 = \rho$를 대입

$\tan(\alpha - \rho) - \tan\rho \le 0$, $\quad \therefore \alpha \le 2\rho$

2. 코터 강도설계

(1) 코터에 의한 압축응력

① 로드엔드가 코트에 접하는 부분 압축응력$(\sigma_c) = \dfrac{F}{bd}$

여기서, F는 압축힘, b는 코터두께, d는 로드외경

② 소켓이 코터에 접하는 부분 압축응력$(\sigma_c{}') = \dfrac{F}{b(D-d)}$, D는 소켓의 외경

③ $\sigma_c = \sigma_c{}'$로 설계하면, $d = \dfrac{D}{2}$

(2) 축의 인장응력 작용시 : $b \fallingdotseq \dfrac{d}{3}$

(3) 코터에 생기는 전단응력

전단응력$(\tau_{co}) = \dfrac{F}{2bh}$, h는 코터의 너비

(4) 로드엔드의 전단응력

전단응력$(\tau_{ro}) = \dfrac{F}{2ld}$, l은 로드엔드의 길이

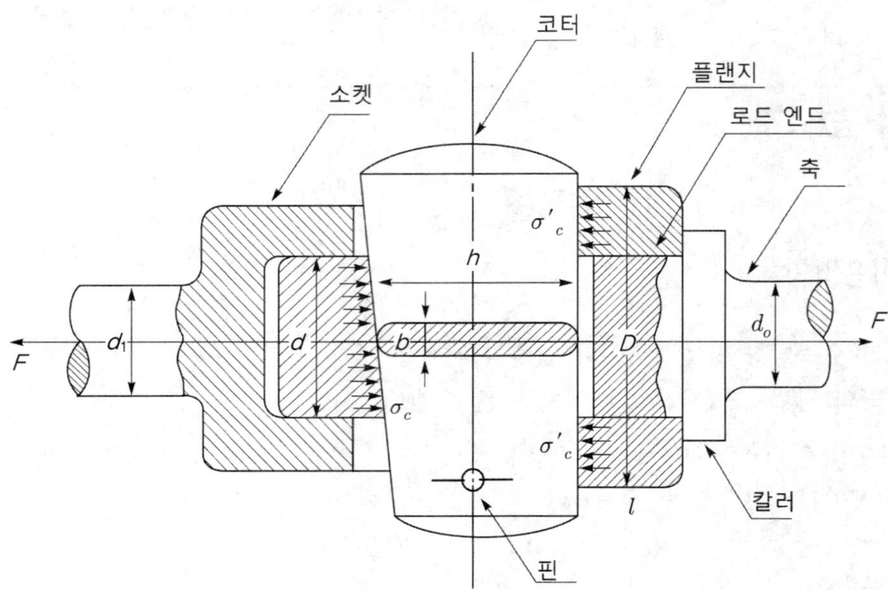

그림 2-11 코터이음

3-2 핀

※ **핀** : 키의 대용, 부품의 위치 결정에 사용, 코터가 빠져나오는 것을 방지하기 위해 사용

1. 핀 종류

평행핀, 테이퍼핀, 분할핀, 스프링핀 등 3종류

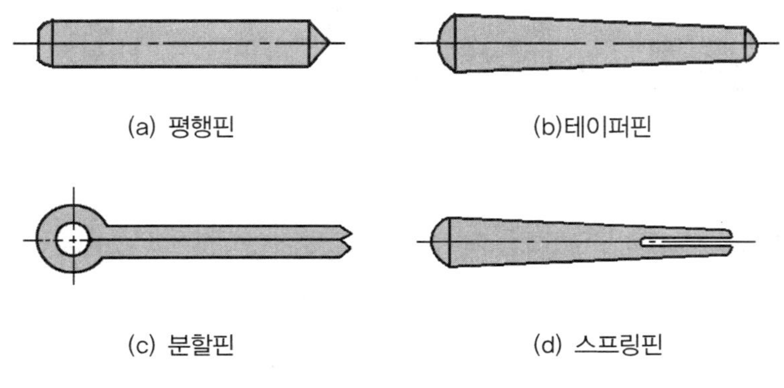

그림 2-12 핀

2. 핀 이음

① 축하중F, 핀지름 d, 핀과 아이(눈)부분의 접촉길이 a 라면, $a = md$로 표현

② 아이(눈) 부분과 접촉하는 핀의 면압$(p) = \dfrac{F}{da} = \dfrac{F}{md^2}$, $d = \sqrt{\dfrac{F}{mp}}$

보통 $m = 1 \sim 1.5$의 값을 취함

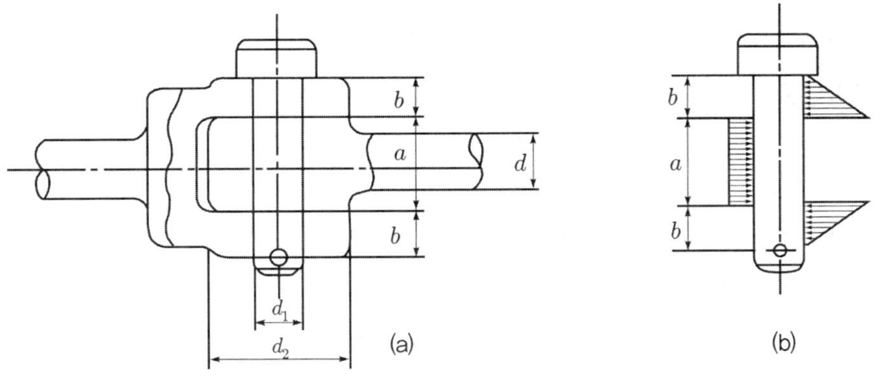

그림 2-13 핀 면압

리 벳

4-1 리벳과 리벳이음

1. 리벳의 종류

① 냉간리벳 : 호칭지름이 3~13mm, 냉간에서 성형

② 열간리벳 : 호칭지름이 10~40mm, 열간에서 성형

③ 리벳 = 리벳머리 + 리벳자루, 리벳머리에 따라 둥근머리, 접시머리, 자루의 길이는 지름의 5배 이하

2. 리벳작업(riveting)

머리를 성형하여 접합하려는 판재를 체결하는 작업

① 판재에 구멍을 뚫는다.(리벳지름보다 1~1.5mm 더 크게)

② 판재를 겹쳐 구멍을 일치시킨다.

③ 리벳자루를 구멍에 넣는다.

④ 리벳머리를 스냅으로 받치고 자루 끝에 스냅으로 대고 두드려 제2의 리벳머리를 만든다.

⑤ 코킹(caulking) 작업 : 기밀유지를 위해 리벳 머리의 둘레와 강판의 가장자리를 정으로 때리는 작업

⑥ 플러링(fulleriing) 작업 : 코킹이 끝난 후 더욱 기밀을 유지하기 위해 강판의 너비(두께)와 같은 플러링 공구로 때 붙이는 작업(강판과 강판을 붙이는 작업)

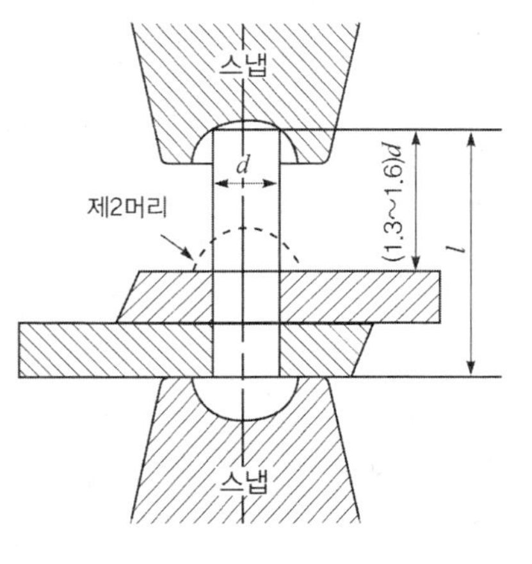

그림 2-14 리벳팅

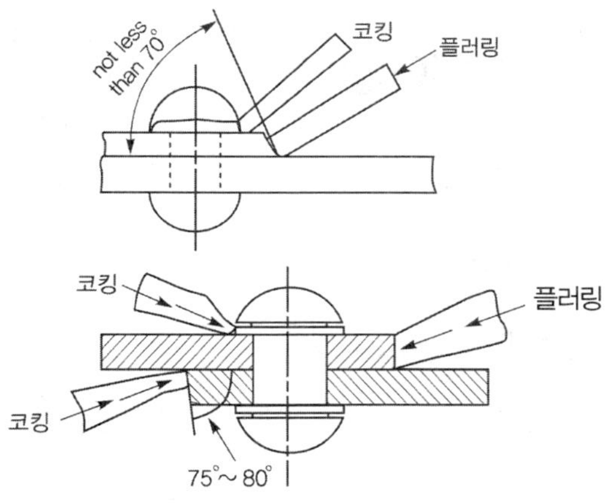

그림 2-15 코킹과 플러링

3. 리벳이음 분류

(1) 판을 겹치는 방법

① 겹치기 이음

② 맞대기 이음 : 한쪽 덮개판 맞대기 이음, 양쪽 덮개판 맞대기 이음

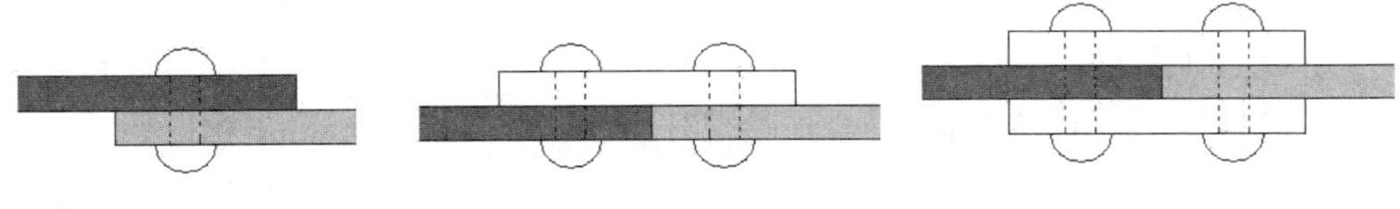

(a) 겹치기 이음 (b) 한쪽 덮개판 맞대기 이음 (c) 양쪽 덮개판 맞대기 이음

그림 2-16 리벳이음 분류

(2) 리벳의 줄 수

① 한줄 리벳이음

② 2줄 리벳이음

③ 여러 줄 리벳이음

4-2 리벳이음 강도와 효율

1. 리벳의 강도

(1) 단일전단면의 리벳강도

리벳강도$(\tau_r) = \dfrac{F}{\dfrac{\pi d^2}{4}} = \dfrac{4F}{\pi d^2}$, F는 전단력, d는 리벳의 지름

(2) 복 전단면의 리벳강도

양쪽 덮개판 맞대기 이음의 경우, 1개의 리벳에 2개의 전단면이 생기면 단면적을 2로 하지 않고 1.8로 한다.

리벳강도$(\tau_r) = \dfrac{F}{1.8 \times \dfrac{\pi d^2}{4}} = \dfrac{4F}{1.8 \times \pi d^2}$

(3) 여러 줄의 리벳강도

리벳의 줄 수가 많을 경우 바깥쪽과 안쪽의 리벳에 작용하는 힘은 서로 다르다.

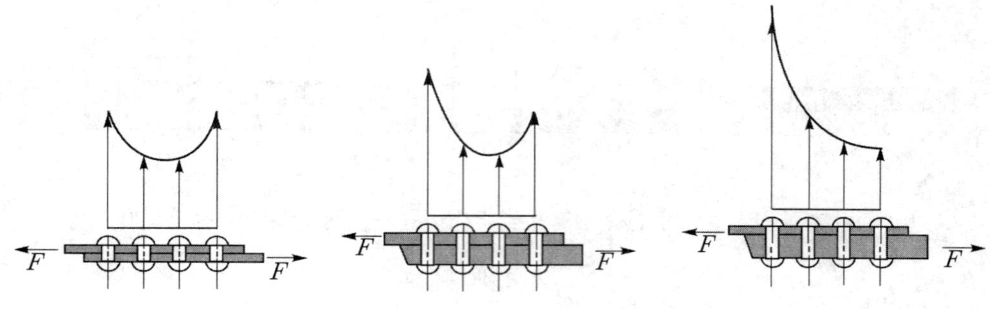

(a) 위아래 두께 같음 (b) 위아래 두께 다름

그림 2-17 줄과 판두께에 따른 하중분포

2. 리벳이음의 강도설계

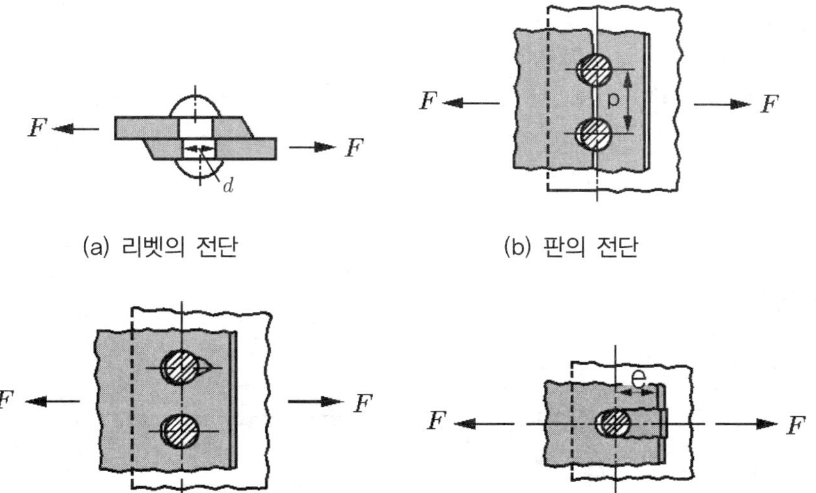

(a) 리벳의 전단
(b) 판의 전단
(c)리벳(리벳구멍) 압축
(d) 판끝 전단

그림 2-18 리벳이음의 파괴

(1) 리벳의 전단응력

전단응력$(\tau_r) = \dfrac{F}{\dfrac{\pi d^2}{4}} = \dfrac{4F}{\pi d^2}$

(2) 판의 전단 시 인장응력(리벳과 리벳사이의 강판에 작용)

$\sigma_t = \dfrac{F}{(p-d)t}$, p는 피치(리벳과 리벳사이 거리), t는 판의 두께

(3) 리벳(리벳구멍)의 압축응력 $\sigma_c = \dfrac{F}{dt}$

(4) 판 끝의 전단

판의 전단길이(리벳 중심에서 판끝까지 거리)를 e, 판의 전단응력(τ_p) $\tau_p = \dfrac{F}{2et}$

3. 리벳이음의 효율

(1) 판의 효율 : 1피치의 너비 기준, 리벳구멍이 뚫린 판과 구멍이 없는 판의 강도비

$\eta_{판} = \dfrac{(p-d)t\sigma_t}{pt\sigma_t} = \dfrac{p-d}{p}$

(2) 리벳의 효율 : 1피치의 너비를 기준, 리벳의 전단강도에 대한 구멍이 없는 판의 강도비

① 단일전단면 : $\eta_{단일} = \dfrac{\frac{1}{4}\pi d^2 \times \tau_r}{pt\sigma_t}$

② 복전단면 : $\eta_{복} = \dfrac{1.8 \times \frac{1}{4}\pi d^2 \times \tau_r}{pt\sigma_t}$

4. 보일러 리벳이음

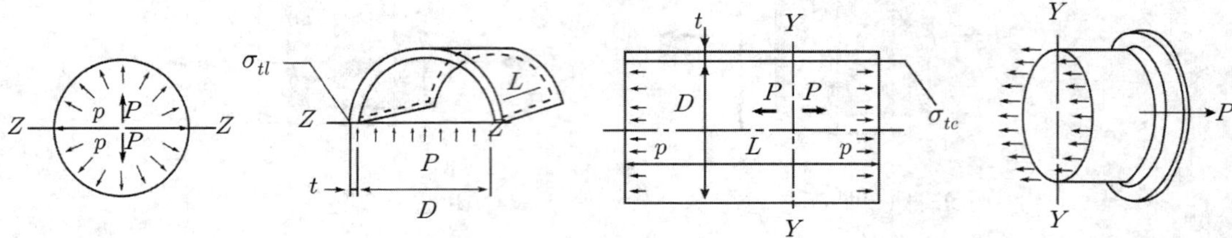

그림 2-19 보일러 용기

① 원주방향 인장응력(2개의 용기의 길이와 두께 단면에 작용)

$\sigma_{tl} = \dfrac{P \times D \times L}{2 \times t \times L} = \dfrac{PD}{2t}$, P는 내압, D는 용기 안지름, t는 용기 두께, L은 용기길이

② 길이방향 인장응력(원면에 작용)

$$\sigma_{tc} = \frac{P \times \frac{\pi D^2}{4}}{\pi D \times t} = \frac{PD}{4t}$$

③ 원주방향 인장응력은 길이방향 인장응력의 2배이다. 보통 원주방향 인장응력을 사용한다.

④ 원통용기의 두께를 구하는 식

$t = \dfrac{PD}{2\sigma_{tl}}$ 에서 리벳이음 효율(η)과 안전율(S), 부식여유(C)를 고려하면,

$$t = \frac{PDS}{2\sigma_t \eta} + C$$

⑤ 구용기의 두께를 구하는 식(구에 힘이 작용하는 면적이 원이기 때문)

$t=\dfrac{PD}{4\sigma_{tl}}$ 에서 $t=\dfrac{PDS}{4\sigma_t \eta}+C$

5. 편심하중을 받는 리벳이음

① 리벳의 수 n, 편심하중 P가 작용할 시

② 각각의 리벳에는 $\dfrac{P}{n}=V$(전단력)이 작용한다. [$V=V_a=V_b=V_c=...$]

③ 리벳이 만든 도형의 중심을 기준으로 편심하중에 의해 모멘트가 생긴다. 편심하중에 의한 모멘트 $F_n \times r_n$가 동시에 작용한다. 리벳의 위치에 따라(리벳이 만드는 도형 중심과 리벳의 거리에 따라) 발생하는 힘(F_n)의 크기는 다르다. 보통 거리가 멀수록 발생하는 힘(F_n)의 크기는 작아진다.(회전력이 같다에서 거리가 멀면 작용하는 힘은 작다). 같은 거리는 (F_n)이 같다.[같은 거리일 경우 $F=F_a=F_b=F_c=...$]

④ 두 개의 힘을 합력(W)해야 한다.[a리벳에서 합력(W_a) = 전단력(V_a) + 모멘트 힘(F_a)]

⑤ 리벳이 만든 도형 중심에서 거리가 같은 위치에 리벳을 위치시키고 편심하중을 가하면, 편심하중을 가하는 열(쪽)의 가운데 리벳에 가장 큰 하중이 작용, 같은 거리의 리벳에는 같은 하중 작용, 리벳이 만든 도형 중심에서 편심하중이 작용하는 반대 열(쪽)의 가운데 리벳이 가장 작은 하중을 받는다.

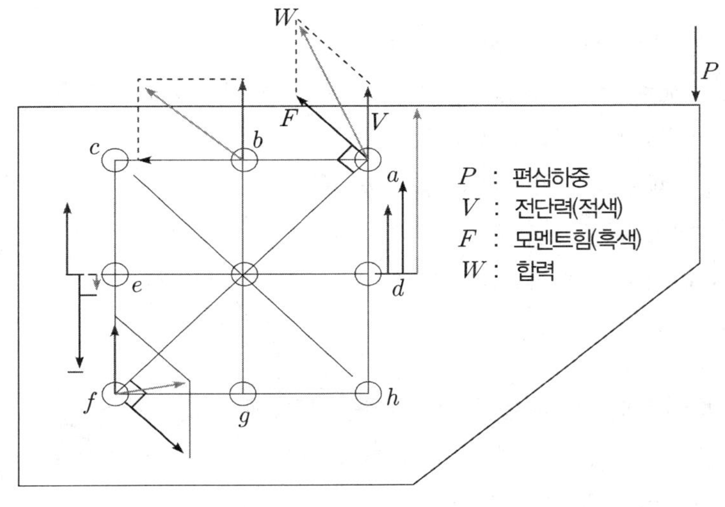

그림 2-20 편심하중

작용하는 힘의 크기(합력크기) 순으로 나열하면, d>a와 h>b와 g>c와 f>e이다.

용접 이음

5-1 용접의 종류와 장단점

1. 용접의 종류

① **압접** : 결합 금속(모재)를 반용융상태(혹은 냉간상태)에서 기계적 압력(해머)으로 결합
② **융접** : 모재를 용융상태로 해서 결합
③ **경납땜** : 융점이 낮은 합금(경납)을 이용, 모재 결합

2. 용접의 장단점

(1) 장점

① 공작 용이, 재료 절약, 제작비가 싸다.
② 이음효율 100% ⇒ 기밀성이 좋음
③ 사용판재의 두께에 제한이 없다.
④ 재질 우수, 재료선택 자유로움, 무게를 줄임
⑤ 주조물에 비해 결함이 없고 보수 용이
⑥ 리벳이음에 비해 소음이 없다.

(2) 단점

① 고열(5000~5500°)에 의한 변형, 잔류응력 발생, 재질 변화
② 용접조건이 맞지 않으면 결함 생성 ⇒ 노치효과 발생
③ 용접부의 비파괴 검사가 어려움
④ 진동을 감쇠하는 능력 부족
⑤ 강도가 매우 커 응력집중에 민감하다.

5-2 용접부와 용접기호

1. 용접부 구성

① **용착부** : 용접으로 용접봉과 모재의 일부가 용융하여 응고된 부분
② **용착금속** : 용착부의 금속, 용접금속=모재+용착금속
③ **열영향부** : 용융은 되지 않으나 열로 인해 조직, 특성 등이 변화한 모재부분
④ **용접부** : 용착부 + 열영향부
⑤ **덧붙임** : 용접부에서 표면 치수 이상 덧붙여진 용접금속

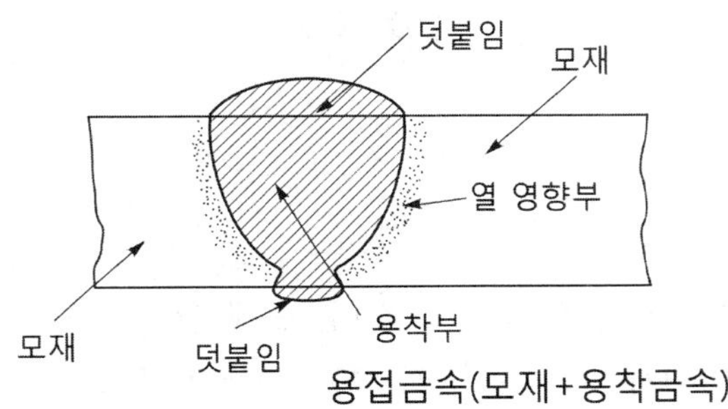

그림 2-21 용접부의 구성

2. 용접부의 모양

(1) 그루브(groove)용접

접합하는 모재사이 그루브 부분 용접(I형, U형, V형, X형 등)

(2) 필렛용접

직교하는 2개의 면을 결합하는 용접, 3각 단면

① **정면 필렛용접** : 용접선의 방향이 힘의 방향과 거의 직각인 필렛용접
② **측면 필렛용접** : 용접선의 방향이 힘의 방향과 거의 측면인 필렛용접

(3) 플러그용접

접합할 위 모재판 한쪽에서 아래 모재판 표면까지 구멍을 뚫고 구멍 가득히 접합

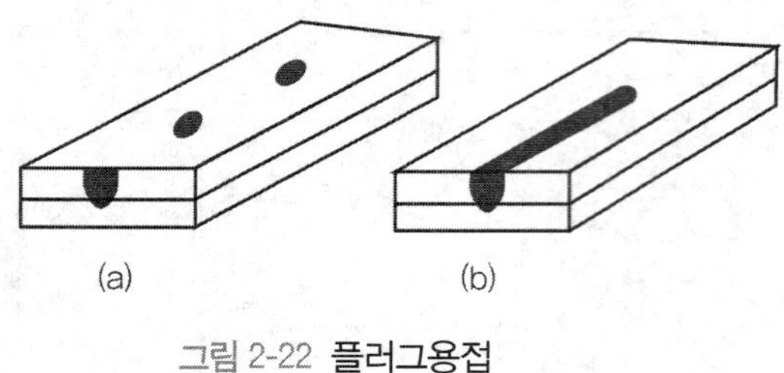

그림 2-22 **플러그용접**

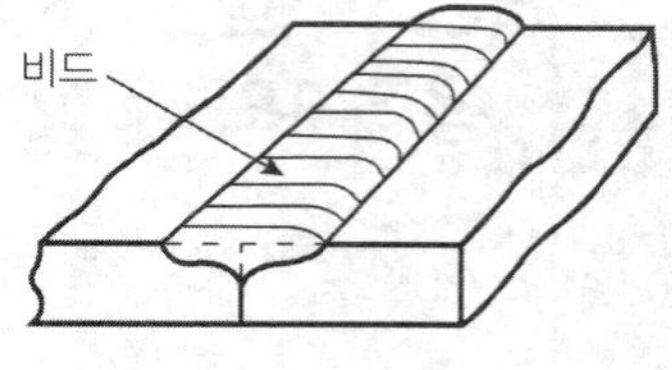

그림 2-23 **비드용접**

(4) 비드용접

그루브를 만들지 않고 맞대기한 평면 위에 비드를 용착

(5) 덧붙이 용접

마멸되거나 부족한 치수의 표면에 보충 용접

3. 용접부의 결함

① **용접부 결함** : 용입부족, 언더컷, 오버랩, 슬래그섞임, 기공, 비드밑터짐 등
② **비파괴검사** : 육안검사, 방사선 검사, 자기탐상법, 초음파탐상법

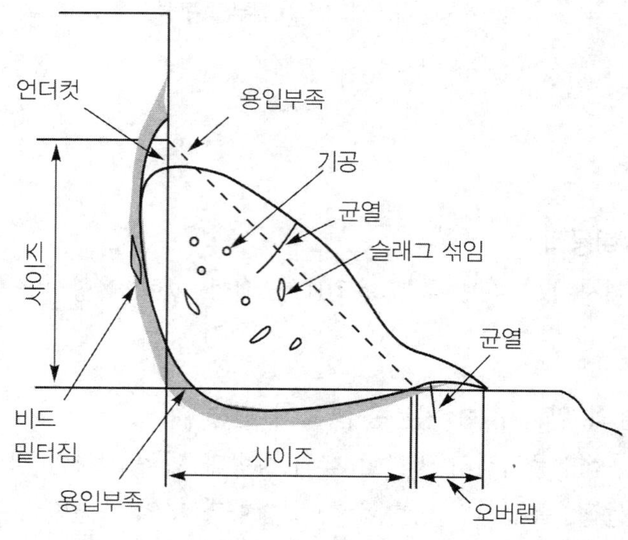

그림 2-24 **용접부의 결함**

용접이음의 강도설계

1. 맞대기 용접이음

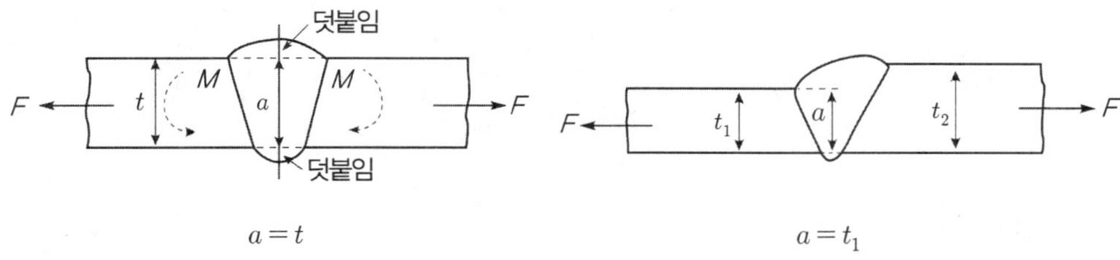

그림 2-25 맞대기이음

① 맞대는 모재의 두께가 같을 때

$$인장응력(\sigma_t) = \frac{F}{al} = \frac{F}{tl}$$

여기서, F은 인장력, a는 목두께, t는 모재두께, l은 용접길이

② 맞대는 모재의 두께가 다를 때 : 두께가 작은 쪽 모재두께(t_1)을 취한다.

$$인장응력(\sigma_t) = \frac{F}{al} = \frac{F}{t_1 l}$$

2. 필렛용접 이음

용접폭을 h라 할 때 목두께 a를 구해보면, $a = h \times \cos 45° = \frac{h}{\sqrt{2}} = 0.707h$

(1) 레이디얼베어링 측면 필렛용접

① 측면 용접이 2개일 경우, 용접면적($a \times l$)이 2개

$$인장응력(\sigma) = 전단응력(\tau) = \frac{F}{A} = \frac{F}{2al} = \frac{F}{2 \times hl \times \cos 45°}$$

② 측면 용접이 1개일 경우, 용접면적($a \times l$)이 1개

$$인장응력(\sigma) = 전단응력(\tau) = \frac{F}{A} = \frac{F}{al} = \frac{F}{hl \times \cos 45°}$$

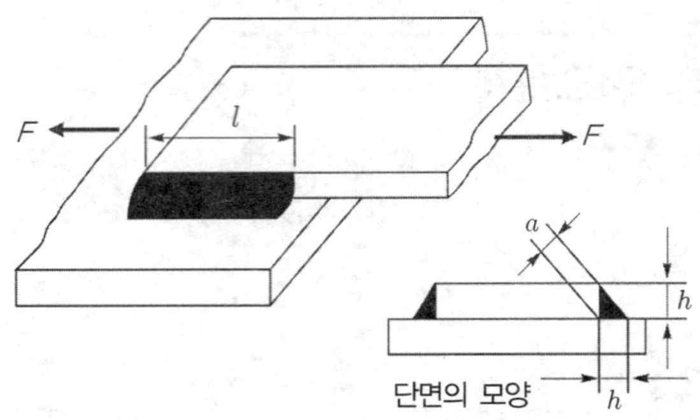

그림 2-26 측면 필렛용접

(2) 정면 필렛용접

① 정면 용접이 2개일 경우, 주응력설에 의거 구해보면

$$\text{인장응력}(\sigma)=\text{전단응력}(\tau)=\frac{F\times \sin45°}{hl}=\frac{0.707F}{hl}$$

② 정면 용접이 1개일 경우, 용접면적($a\times l$)이 1개

$$\text{인장응력}(\sigma)=\text{전단응력}(\tau)=\frac{F\times \sin45°}{\frac{hl}{2}}=\frac{2\times F\times \sin45°}{hl}=\frac{1.414F}{hl}$$

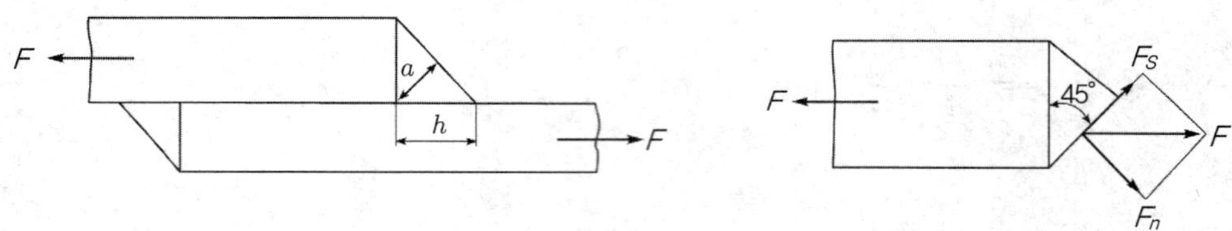

그림 2-27 정면 필렛용접

3. 용접시 잔류응력 줄이는 방법

① 용접길이 혹은 용접사이즈(h)를 강도에 맞게 최소화, 공급열량을 적게
② 용접부분을 한 곳에 집중하지 않는다. ⇒ 균등히 배분
③ 용접순서를 정하고 용접한 다음, 수축량이 많은 부분에서 시작한다.
④ 적당한 구속을 가하며, 변형을 미리 생각해서 예상된 맞대기 거리, 판의 굽힘을 행한다.
⑤ 용착량을 일정하게 한다.
⑥ 잔류응력완화를 위한 풀림처리를 행한다.

적중예상문제

01

2줄 나사의 피치가 0.5mm일 때, 이 나사의 리드는?

① 1mm
② 1.5mm
③ 2mm
④ 0.5mm

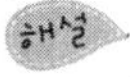

L(리드) $= n$(나사줄수) $\times p$(피치)이므로, L(리드) $= 2 \times 0.5\text{mm} = 1.0\text{mm}$로 계산된다.

 ①

02

2줄 나사의 피치가 0.75 mm일 때, 5회전시키면, 축방향 이동거리(mm)는?

① 1.5
② 7.5
③ 3.75
④ 37.5

L(리드) $= n$(나사줄수) $\times p$(피치)이므로, L(리드) $= 2 \times 0.75\text{mm} = 1.5\text{mm}$로 계산된다. 리드는 한바퀴 돌렸을 때 축방향 이동거리이므로,

5회전하면 S(거리) $= L \times N$(회전수) $= 1.5 \times 5 = 7.5\text{mm}$ 이동을 한다.

정답 ②

03

볼트 체결에서 마찰각을 ρ , 리드각을 λ라 하면, 나사의 효율(η)은?

① $\eta = \dfrac{\tan\lambda}{\tan(\lambda+\rho)}$
② $\eta = \dfrac{\tan(\lambda+\rho)}{\tan\lambda}$
③ $\eta = \dfrac{\tan(\lambda+\rho)}{\tan(\lambda-\rho)}$
④

해설

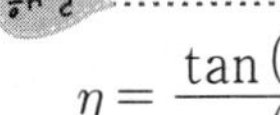

$\eta = \dfrac{\tan(\lambda-\rho)}{\tan(\lambda+\rho)}$

나사의 효율(η)을 식으로 표현하면, $\eta = \dfrac{\tan\lambda}{\tan(\lambda+\rho)}$ 이다.

여기서 λ는 리드각을, ρ는 마찰각을 뜻한다.

 ①

04 바깥지름 24mm인 4각나사의 피치 6mm, 유효지름 22.051mm, 마찰계수가 0.1이라면 나사의 효율(%)은?

① 30　　② 45
③ 60　　④ 75

해설

나사의 효율(η)식 $\eta = \dfrac{\tan\lambda}{\tan(\lambda+\rho)}$에 대입하면 된다. $\rho = 0.1$이므로 $\tan\rho = 0.1$, $\rho = \tan^{-1}(0.1) = 5.71^o$이고, $\tan\lambda = \dfrac{L}{\pi d_2}$ (d_2는 나사의 유효지름, L은 리드를 말함)에서 $\lambda = \tan^{-1}(\dfrac{L}{\pi d_2}) = \tan^{-1}(\dfrac{6}{\pi \times 22.051}) = 4.49^o$로 계산된다.

그러므로, 나사효율은 $\eta = \dfrac{\tan(4.49)}{\tan(4.49+5.71)} = 0.436429$이 나온다.

정답 ②

05 결합용 나사의 리드각(α), 마찰각(ρ)의 관계에서 자립(self locking)상태를 바르게 표현한 것은?

① 리드각 ≤ 마찰각
② 리드각 = 0.5 × 마찰각
③ 리드각 ≥ 마찰각
④ 리드각 = 2 × 마찰각

해설

죄는 힘을 가하지 않아도 나사가 풀리지 않는 상태를 자립이라고 한다. 자립을 위해서 리드각(α)보다 마찰각(ρ)이 항상 커야 한다.

정답 ①

06 나사에 대한 설명으로 틀린 것은?

① 나사를 1회전 시켰을 때 축방향으로 진행한 거리를 리드라고 한다.
② 오른나사는 시계방향으로 회전할 때 전진하는 나사이다.
③ 유효지름은 수나사의 최대지름이며 나사의 크기를 나타낸다.
④ 사각나사는 힘이 작용하는 방향이 축선과 평행하며 나사효율이 좋다.

해설

유효지름이란 바깥지름(d_o)과 골지름(d_i)의 평균(d_m)을 말한다. 식으로 표현하면 $d_m = \dfrac{d_o + d_i}{2}$이고, 피치지름이라고도 한다. 수나사의 최대지름을 외경이라 한다.
수나사는 이 외경을 나사의 크기로 나타낸다.

정답 ③

07 나사에서 3침법으로 측정한 값으로 가장 적합한 것은?

① 유효지름 ② 피치
③ 골지름 ④ 외경

해설

3침법이란 3개의 침(위 2개침 + 아래 1개침)을 나사의 골에 위치시켜서 유효지름을 측정하는 방법이다.

정답 ①

08 시멘트 기계와 같이 모래, 먼지 등이 들어가기 쉬운 부분에 주로 사용되는 나사는?

① 유니파이나사 ② 톱니나사
③ 둥근나사 ④ 관용나사

해설

둥근나사는 나사산과 골을 같은 반지름의 원호로 이은 모양을 하고 있으며, 먼지, 모래, 녹가루 등이 나사산으로 들어갈 염려가 있는 경우에 사용한다.

정답 ③

09 추력이 한 방향으로만 작용할 때 사용되는 것으로 주로 바이스 압착기 등에 사용되는 나사로 가장 적합한 것은?

① 톱니나사 ② 너클나사
③ 볼나사 ④ 삼각나사

해설

압력의 방향이 항상 일정할 때 사용되는 것으로 하중을 받는 쪽은 4각, 반대쪽은 3각으로 깎아서 만들었다. 보통 잭에 많이 사용된다.

정답 ①

10 삼각나사보다 마찰이 적어 바이스, 잭, 프레스 등과 같이 힘을 전달하거나 부품을 이동하는 기구용에 가장 적합한 나사는?

① 사각나사 ② 사다리꼴나사
③ 톱니나사 ④ 둥근나사

해설

사다리꼴 나사는 애크미(acme)나사라고도 하며, 강도가 높아 조항력이 크고 봉우리와 골에 틈이 생기므로 공작이 용이하고 물림이 좋아 동력전달용으로 사용한다. 나사산각에 따라 미터계(30°), 인치계(29°)가 있다. 미터계는 피치를 mm로 나타내고, 인치계는 25.4mm(1inch)에 대한 나사산의 수로 나타낸다. 프레스나사, 선반의 이송나사에 널리 사용된다.

정답 ①

11 **나사산 단면이 3각형 형태가 아닌 것은?**

① 미터나사　　② 휘트워드나사
③ 유니파이나사　　④ 애크나사

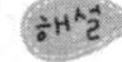

3각나사에는 미터나사, 유니파이나사(휘트워드나사), 관용나사가 있다. 미터나사는 나사의 지름과 피치를 mm로 표시하며 나사산각은 60°이다. 인치계 나사로는 휘트워드나사(영국 : 나사산의 각도는 55°)와 유니파이나사(미국 : 나사산의 각도는 60°)가 있다.

정답 ④

12 **체결용 나사와 운동용 나사로 분류할 때, 운동용 나사로 분류되는 것은?**

① 사다리꼴나사　　② 미터나사
③ 유니파이나사　　④ 관용나사

해설

체결용나사는 미터나사, 유니파이나사, 관용나사 등 이고, 운동용나사는 사각나사, 사다리꼴나사, 톱니나사, 둥근나사, 볼나사 등이다.

정답 ①

13 **유니파이 보통나사 설명으로 가장 적합한 것은?**

① 산의 각도 60° – 기호 UNC
② 산의 각도 55° – 기밀유지용 나사
③ 산의 각도 60° – 미터단위로 표시
④ 산의 각도 55° – 1인치 내 산의 수로 표시

해설

유니파이나사는 ABC나사라고 하며, 인치 단위계로써 피치는 나사축선 1인치에 몇 개의 나사산을 포함하고 있는가에 의해서 규정되며, 나사산의 각도는 60°로 미국 표준 나사에 가깝다. 예로 No.2–56UNC로 나타낸다.

정답 ①

14 **KS 규격 볼트 M20의 설명으로 올바른 것은?**

① 미터나사이며, 유효지름이 20mm이다.
② 나사산의 각도가 60°이며, 볼트의 외경이 20mm이다.
③ 나사산의 각도가 60°이며, 볼트의 유효지름이 20mm이다.
④ 사다리꼴 나사이며, 나사산의 각도가 20°이다.

해설

미터계나사로 볼트의 외경이 20mm를 나타낸다.

정답 ②

15 좌 2줄 M50 × 2－6H로 표시된 나사의 호칭 설명으로 올바른 것은?

① 오른나사, 2줄
② 미터보통나사, 수나사
③ 호칭지름 50mm, 피치 2mm
④ 바깥지름 25mm, 공차 등급 6급

해설

왼나사, 2줄나사, 미터계 나사로 외경이 50mm, 피치가 2mm를 뜻한다.

정답 ③

16 삼각나사의 특징 중 사각나사와 비교한 특징으로 옳지 않는 것은?

① 체결용으로 적합하다.
② 효율이 떨어진다.
③ 자립(self lock)작용이 있다.
④ 마찰계수가 작다.

해설

실제 마찰면적은 사각보다 삼각이 넓어 마찰계수가 크며 효율이 좋다. 따라서 삼각나사는 자립성에 유리하여 체결용에, 사각나사는 전동용(힘전달)에 사용한다. 그러나 자립작용은 삼각나사가 유리하다.

정답 ④

17 볼 스크루의 장점이 아닌 것은?

① 나사의 효율이 좋다.
② 백래시를 작게 할 수 있다.
③ 높은 정밀도를 유지할 수 있다.
④ 가격이 저렴하다.

해설

볼나사(ball screw)는 보통나사에 비해 마찰계수가 극히 작아 효율은 90% 이상이며, 수치제어의 공작기계 이송나사로 적당하다.

정답 ④

18 물건을 달아 올리거나 운반하는 경우에 주로 사용되는 볼트는?

① 관통볼트
② 탭볼트
③ 스테이볼트
④ 아이볼트

해설

볼트머리부에 핀을 끼울 구멍이 있어 핀을 축으로 하여 회전할 수 있는 모양으로 자주 탈부착하는 뚜껑의 체결에 많이 사용한다.

정답 ④

19 볼트를 일반 볼트와 특수 볼트로 분류할 때, 특수 볼트에 해당하는 것은?

① 관통볼트 ② 탭볼트
③ 스텃볼트 ④ 아이볼트

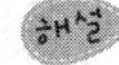

특수 볼트에는 아이볼트, 고리볼트, 나비볼트, T볼트, 스테이볼트, 기초볼트 등이 있다.

정답 ④

20 볼트의 머리가 고리 모양이어서 후크를 걸 수 있도록 하여 물건을 달아 올리거나 운반하는데 주로 사용하며, 매달아 올리거나 운반하려는 물체에 체결하는 볼트로 가장 적합한 것은?

① 탭볼트 ② 스테이볼트
③ 접시볼트 ④ 고리볼트

무거운 물체를 달아 올리기 위하여 훅을 걸 수 있는 고리가 있는 모양의 볼트이다.

정답 ④

21 15ton의 인장하중을 받는 볼트 호칭 지름은? (단, 안전율 3, 재료 인장강도는 5400kgf/cm^2 이며, 골지름/바깥지름은 $(\frac{d_1}{d})^2 = 0.62$로 가정한다.)

① M30 ② M36
③ M42 ④ M48

$S(\text{안전율}) = \frac{\sigma_s(\text{극한강도})}{\sigma_a(\text{허용응력})}$ 이므로, $\sigma_a = \frac{\sigma_s}{S} = \frac{5400}{3} = 1800\text{kgf/cm}^2$이고,

$\sigma_a(\text{허용응력}) = \frac{F(\text{힘, 무게})}{A(\text{면적})}$ 이므로, $\sigma_a = \frac{F}{\frac{\pi}{4}d_1^2}$ 이다. 여기에 $(\frac{d_1}{d})^2 = 0.62$, $d_1^2 = 0.62d^2$를 대입하자. $\sigma_a = \frac{F}{\frac{\pi}{4}0.62d^2} = \frac{15000 \times 4}{0.62d^2} = 1800(\text{kgf/cm}^2)$ 이므로,

$d = \sqrt{\frac{15000 \times 4}{\pi \times 0.62 \times 1800}} = 4.1368\text{cm} = 41.368\text{mm}$ 로 계산된다. 그래서, M42를 선정한다.

정답 ③

22 안지름이 1m인 압력용기에 5kgf/cm^{2}의 내압이 작용하고 있다. 압력용기의 뚜껑을 18개의 볼트로 체결할 경우 볼트의 지름은? (단, 볼트 지름 방향의 허용인장응력을 1000kgf/cm^{2}이고, 볼트에는 인장하중만 작용한다.)

① 16.7mm, M18
② 21.7mm, M22
③ 26.7mm, M27
④ 31.7mm, M33

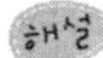

압력용기의 뚜껑에 작용하는 힘(F_a)는

$F_a = P \times A = 5(\text{kgf/cm}^2) \times \dfrac{\pi \times 100^2}{4}(\text{cm}^2) = 33269.9\text{kgf}$이다.

그러므로 볼트 1개의 인장력(F)는 $F = \dfrac{F_a}{18(\text{볼트수})} = \dfrac{33269.9}{18} = 2181.66\text{kgf}$이고,

허용응력(σ_a)은 $\sigma_a = \dfrac{F}{\dfrac{\pi d^2}{4}} = \dfrac{2181.66\text{kgf}}{\dfrac{\pi \times d^2}{4}} = 1000\text{kgf/cm}^2$에서

$d = \sqrt{\dfrac{2181.66 \times 4}{\pi \times 1000}} = 1.667\text{cm} = 16.67\text{mm}$으로 계산된다. 그래서 나사는 M18로 선정한다.

정답 ①

23 너트의 풀림방지 방법 중 잘못된 것은?

① 이중너트를 사용
② 고정나사(set screw)를 사용
③ 스프링와셔를 사용
④ 가스킷을 사용

너트의 풀림방지법으로는 록(Lock)너트 사용으로 볼트와 너트사이에 생기는 나사의 마찰력을 증가, 스프링와셔나 고무와셔를 중간에 끼워 축방향의 힘을 유지, 볼트에 구멍을 뚫어 핀을 꽂음, 홈붙이 너트에 분할핀 사용, 특수화셔를 사용하여 너트가 돌지 않도록, 멈춤나사를 사용하여 볼트의 나사부를 고정 등이 있다.

정답 ④

24 나사의 구멍을 통해 유체가 새어 나오는 것을 방지하는 너트로 가장 적합한 것은?

① 홈붙이 너트
② 원형 너트
③ 캡 너트
④ 플랜지 너트

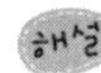

캡볼트는 모자 볼트를 말한다. 즉, 나사의 구멍을 통해 유체가 새는 것을 막거나 비에 의한 녹슮을 방지한다.

정답 ③

25 2톤의 하중을 올리는 나사 잭을 설계하려고 한다. 축방향 하중과 비틀림 하중을 동시에 받는다면 나사의 바깥지름(mm)은?(단, 나사부 재질의 허용 응력은 8kgf/mm^{2}이다.)

① 18　　② 20

③ 24　　④ 26

축방향하중과 비틀림하중을 동시에 받으므로,

$\sigma_a(\text{허용응력}) = \dfrac{F(\text{힘, 무게})}{A(\text{면적})} \rightarrow d = \sqrt{\dfrac{2F}{\sigma_a}}$ 에 힘을 $\dfrac{4F}{3}$ 을 대입해서 공식을 만들면,

$d = \sqrt{\dfrac{8F}{3\sigma_a}}$ 으로 유도된다.

대입하면, $d = \sqrt{\dfrac{8 \times 2000}{3 \times 8}} = 25.81\text{mm}$ 로 계산된다.(조심할 것: 응력의 단위가 kgf/mm^{2}임)

정답 ④

26 와셔의 사용목적으로 적합하지 못한 것은?

① 볼트의 구멍의 지름이 볼트보다 너무 클 때

② 볼트가 받는 전단응력을 감소시키려 할 때

③ 볼트 시트 면의 재료가 약해서 넓은 면으로 지지하여야 할 때

④ 진동이나 회전이 있는 곳의 볼트나 너트의 풀림 방지

해설

와셔는 볼트 구멍이 클 때, 너트 시트에 요철이 있을 때, 너트 시트가 볼트의 체결압력이나 마모에 견딜 수 없는 연한 재료일 때 사용한다.

정답 ②

27 자동차나 소형 전자 부품 조립시 많이 사용하며, 스프링 작용을 할 수 있는 톱니에 의하여 체결볼트와 너트의 풀림을 방지할 수 있고, 여러 번 사용할 수 있는 이점이 있는 와셔는?

① 혀달린와셔　　② 평와셔

③ 고무와셔　　④ 톱니와셔

톱니와셔는 스프링 작용을 할 수 있는 톱니에 의하여 체결볼트와 너트의 풀림을 방지할 수 있고, 여러 번 사용할 수 있는 이점이 있다.

정답 ④

28 키(key)에 대한 설명으로 틀린 것은?

① 기어, 벨트풀리 등을 축에 고정하여 토크를 전달한다.
② 키는 축보다 강도가 약한 재료를 사용한다.
③ 일반적으로 키의 윗면에는 1/100의 기울기를 붙인다.
④ 가장 널리 사용되는 키는 묻힘키이다.

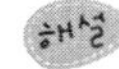

키는 축에 기어나 풀리 등을 고정시켜 상대적인 운동을 방지하면서 회전력을 전달시키는 결합용 기계요소이다. 보통 전단력을 받으며, 단면은 4각 혹은 원형으로 축재질보다 굳고 좋은 재질로 만든다.

 ②

29 축에 키 홈 가공을 하지 않고 보스에만 키 홈을 가공하는 키는?

① 묻힘키 ② 새들키 ③ 접선키 ④ 반달키

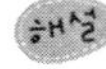

saddle의 뜻이 안장으로 새들키를 안장키라고 한다. 축에 홈을 파지 않고 보스에만 1/100의 경사를 두어 홈을 파고, 이 홈속에 키를 박는 것으로, 큰 동력을 전달할 수 없으며 불확실하다.

정답 ②

30 보스와 축 사이의 윗면과 아랫면을 죄고 측면에 틈새를 둔 끼워맞춤으로 키의 상단과 하단면에 압축응력이 발생하는 키의 종류가 아닌 것은?

① 경사키 ② 평키 ③ 평행키 ④ 성크키

평키(flat key)는 납작키라고 하며, 평행키는 묻힘키(sunk key)의 일종으로 키 홈에 미리 키를 묻어 놓고 그 위에 보스를 축방향으로 끼우기 때문에 심음(set)키라고 한다. 즉, 평행키는 윗면과 아랫면의 경사가 없는 평행한 키로, 윗면과 아랫면에 압축힘을 받지 않는 곳에 사용한다. 납작키, 경사키는 모두 경사를 가지고 있다.

정답 ③

31 축과 보스에 모두 키 홈을 가공하는 키의 명칭으로 가장 적합한 것은?

① 안장키(saddle key)
② 납작키(flat key)
③ 반달키(woodruff)
④ 묻힘키(sunk key)

묻힘키는 일반적으로 가장 많이 사용하는 키로 단면모양이 정 4각형 혹은 직 4각형이다. 종류로는 평행키(심음키), 경사키(때려박음 키), 머리붙이 경사키 등이 있다.

 ④

32 **똑같은 크기와 구배가 같은 2개의 키를 한 쌍으로 조합하여 축의 접선방향에 때려 박은 것으로 묻힘보다 동일한 축에서 큰 회전력을 전달할 수 있는 것은?**

① 접선키 ② 반달키 ③ 새들키 ④ 페더키

해설

추가 설명으로, 키의 기울기는 1/40~1/45정도, 보통 키와 키의 설치 각은 120° 또는 180°, 묻힘키보다 큰 회전력을 전달할 수 있다.

정답 ①

33 **일명 미끄럼 키라고도 하며, 회전 토크를 전달함과 동시에 보스가 축 방향으로 이동할 수 있는 키는?**

① 새들키 ② 평키 ③ 페더키 ④ 반달키

해설

회전력을 전달하면서 보스가 축방향으로 미끄러져 움직일 수 있도록, 키와 보스(축) 사이에 약간의 틈새를 두고 기울기가 없고 평행한 키를 미끄럼키 혹은 페더키, 안내키라고 한다.

정답 ③

34 **이의 높이가 낮고 잇수가 많으므로, 측압강도가 크게 되고 같은 축 지름에서 스플라인축보다 큰 회전력을 전달할 수 있는 결합용 기계요소는?**

① 스프로킷 ② 테이퍼키 ③ 세레이션 ④ 미끄럼키

해설

수많은 작은 3각형의 스플라인을 세레이션(serration)이라 하며, 이의 높이가 낮고 잇수가 많으므로 측압강도가 크게 되고 같은 외경의 스플라인축보다 큰 회전력을 전달할 수 있다.

정답 ③

35 **미끄럼키와 같은 토크를 전달하는 동시에 축 방향의 이동도 할 수 있고, 토크를 수 개의 키로서 분당 할 수 있어 자동차 항공기 터빈 등의 속도 변환하는 축에 많이 사용되는 기계요소는?**

① 스플라인 ② 성크키 ③ 코터 ④ 핀

해설

축의 원주상에 같은 간격으로 평행키를 배치한 것과 같은 모양으로 축과 일체시킨 것. 스플라인축이라 하고, 보스부분을 스플라인이라고 한다. 평행키와 마찬가지로 축방향으로 이동할 수도 있으며 큰 토크를 전달할 수 있어 자동차, 항공기, 공작기계 등의 속도변환기구로 많이 사용한다.

정답 ①

36 키가 전달할 수 있는 토크의 크기가 큰 키부터 작은 순으로 된 것은?

① 성크키, 스플라인, 새들키, 평키
② 스플라인, 성크키, 평키, 새들키
③ 평키, 새들키, 성크키, 스플라인
④ 세레이션, 성크키, 스플라인, 평키

해설

굳이 순서를 정하자면, 세레이션(3각), 스플라인(4각), 접선키, 성크키, 평키, 새들키 등으로 나열될 수 있다.

정답 ②

37 지름 110mm, 회전수 500rpm인 축에 묻힘키를 치수가 b×h×ℓ (폭×높이×길이)=28mm×18mm×300mm로 설계하려고 한다면 키의 전단응력에 의한 전달 동력은 약 PS인가?(단, 키의 허용 전단응력 τ_a=3.2kg/mm²이다.)

① 516　　② 762　　③ 1032　　④ 2580

해설

$\tau(\text{전단응력}) = \dfrac{F(\text{면적에 나란한 힘})}{A(\text{면적})}$ 이므로, $\tau = \dfrac{F}{b\times L}$ 이고,

$F=\tau\times b\times L = 3.2(\text{kgf/mm}^2)\times 28\text{mm}\times 300\text{mm} = 26880\text{kgf}$ 으로 계산되고,

$H_p = T\times\omega = F\times r\times\omega = F\times r\times\dfrac{2\pi N}{60(s)} = 26880\text{kgf}\times\dfrac{0.11}{2}\text{m}\times\dfrac{2\pi\times 500}{60(\text{s})}\times\dfrac{1}{75}$

=1032.118ps로 계산된다.

정답 ③

38 96kgf-m의 토크를 전달하는 지름 50mm인 축에 사용할 묻힘 키의 폭과 높이가 12mm×8mm일 때, 키의 길이로 가장 적합한 것은? (단, 키의 전단응력만으로 계산하고, 키의 허용 전단응력은 800kgf/cm²이다.)

① 30mm　　② 40mm　　③ 60mm　　④ 80mm

해설

$T(\text{회전력}) = F(\text{접선력})\times r(\text{반경})$ 이므로, $F=\dfrac{T}{r}=\dfrac{96\text{kgf}-\text{m}}{\dfrac{0.05}{2}\text{m}} = 3840\text{kgf}$ 이다.

$\tau(\text{전단응력}) = \dfrac{F(\text{면적에 나란한 힘})}{A(\text{면적})}$ 이므로, $\tau=\dfrac{F}{b\times L}$ 이고, 여기에 대입을 한다.

$800\text{kgf/cm}^2 = \dfrac{3840\text{kgf}}{1.2\text{cm}\times \text{L}}$ 에서 $L=\dfrac{3840\text{kgf}}{1.2\text{cm}\times 800\text{kgf/cm}^2} = 4\text{cm} = 40\text{mm}$ 로 계산된다.

정답 ②

39 **축에 끼운 링이 빠지는 것을 방지하기 위하여 사용하여 끝부분을 두 갈래로 벌려 굽혀 빠지지 않도록 하는 기계요소인 것은?**

① 테이퍼 핀 ② 코터 ③ 분할 핀 ④ 코킹

분할핀 : 축에 끼운 링이 빠지는 것을 방지하기 위하여 사용하여 끝부분을 두 갈래로 벌려 굽혀 빠지지 않도록 하는 기계요소

정답 ③

40 **한쪽 또는 양쪽에 기울기를 갖는 평판 모양의 쐐기로, 인장력이나 압축력을 받는 2개의 축을 연결하는 기계요소는?**

① 소켓 ② 너클 핀 ③ 코터 ④ 커플링

코터 : 한쪽 또는 양쪽에 기울기를 갖는 평판 모양의 쐐기로, 인장력이나 압축력을 받는 2개의 축을 연결하는 기계요소

정답 ③

41 **코터 폭이 4cm, 두께가 2cm, 코터의 허용 전단응력이 75kg/cm^{2}일 때, 코터에 가할 수 있는 허용 전단하중은 약 몇 kgf인가?**

① 600 ② 1200 ③ 1800 ④ 2400

전단응력(τ)은 작용력(힘: F)에 평행인 면적(A)으로 나눈값이다. $\tau = \frac{F}{A}$ 이고,

여기서 전단면적(A)는 코터 전단면적으로 $A = b \times t \times 2$(위 아래 2개)이다.

$\tau = \frac{F}{A} = \frac{F}{b \times t \times 2}$ 이므로,

$F = \tau \times b \times t \times 2 = 75(\mathrm{kgf/cm^2}) \times \pi \times 4(\mathrm{cm}) \times 2(\mathrm{cm}) \times 2 = 1200\mathrm{kgf}$ 으로 계산된다.

정답 ②

42 **리벳이음의 강도 설계 시 주로 고려되는 리벳이음의 세 가지 파괴형태로 가장 적합한 것은?**

① 리벳의 전단, 리벳구멍 사이의 판의 절단, 리벳 또는 리벳구멍의 압축

② 리벳의 전단, 리벳구멍 사이의 판의 절단, 판끝의 전단

③ 리벳구멍 사이의 판의 절단, 판끝의 갈라짐, 리벳 또는 리벳구멍의 압축

④ 리벳의 전단, 판끝의 전단, 판끝의 갈라짐

보기의 '①'이 주요 3가지 파괴 형태이고, 이 외에 판 끝의 전단, 판 끝의 갈라짐 등이 있다.

정답 ①

43 리벳이음에서 1피치 내의 리벳 전단면의 수가 증가함에 따라 리벳의 효율은?

① 증가한다. ② 감소한다.
③ 관계없다. ④ 반비례한다.

해설

리벳효율은 분자가 전단강도로 전단면이 많을수록 전단력이 증가하므로 증가한다.

정답 ①

44 리벳 효율을 가장 잘 설명한 것은?

① 강판의 인장강도에 대한 리벳의 전단 파괴 강도의 비
② 구멍을 뚫기 전 강판의 강도에 대한 리벳의 전단 파괴 강도의 비
③ 리벳 이음을 한 강판의 강도와 구멍을 뚫기 전의 강판 강도와의 비
④ 리벳 이음을 한 강판의 강도와 인장강도와 의 비

해설

리벳효율은 1피치의 너비를 기준으로, 리벳의 전단강도에 대한 구멍이 없는 판의 인장강도 비를 말하는 것으로, 전단력을 인장력으로 나눈값이 된다.

정답 ②

45 리벳 효율을 나타낸 식은? (단, 리벳효율은 전단파괴에 의하여 구하며, n은 1 피치 내의 리벳의 전단 면수, P는 피치 (mm), σ 는 강판 재료의 허용 인장응력(kg/mm^2), t는 강판의 두께 (mm), d : 리벳의 지름 (mm) τ : 리벳의 허용 전단응력(kg/mm^2) 이다.)

① $\eta = 1 - \frac{d}{p}$ ② $\eta = \frac{4pt\sigma}{\pi d^2 \tau}$ ③ $\eta = 1 - \frac{p}{d}$ ④ $\eta = \frac{\pi d^2 \tau}{4pt\sigma}$

해설

보기의 ①은 판의 효율을 나타내고, ④는 단일전단면의 경우 리벳효율을 나타낸 것이다.
여기서 $p \times t$는 피치면적이고, $\frac{\pi d^2}{4}$은 리벳의 전단면적이다. 즉, 리벳효율은 전단력을 인장력으로 나눈값이 된다.

정답 ④

46 판의 두께 15mm, 리벳의 지름 16m, 리벳 구멍의 지름 17mm, 피치 65mm인 1줄 리벳 겹치기 이음에서 1피치마다 1500kgf의 하중이 작용할 때 판의 효율은?

① 73.8% ② 75.4% ③ 76.9% ④ 77.5%

해설

판의 효율은 $\eta = 1 - \frac{d}{p}$ 으로 구하므로, $\eta = 1 - \frac{17}{65} = 0.73846$ 으로 계산된다.

정답 ①

47 강판의 두께 12mm, 리벳의 지름 20mm, 피치 50mm의 1줄 겹치기 리벳이음에서 1피치당 하중이 1,200kgf일 경우, 강판의 인장응력은 몇 kgf/mm²인가?

① 3.33 ② 6.42 ③ 7.53 ④ 8.61

강판의 인장응력이 작용하는 면적은 $A=(p-d)t$이므로,

$\sigma_t = \dfrac{F}{(p-d)t} = \dfrac{1200}{(50-20)\times 12} = 3.3333\text{kgf/mm}^2$으로 계산된다.

정답 ①

48 원통형 보일러용 리벳이음에서 축방향의 응력은 원주방향 응력의 몇 배가 되는가?

① 1/2배 ② 1/4배 ③ 같다 2배

원주방향의 응력(σ_{tl})은 $\sigma_{tl} = \dfrac{F}{A} = \dfrac{P\times D\times L}{2\times t\times L} = \dfrac{PD}{2t}$로 유도된다. 여기서 아라비아숫자 2는 면적이 2개, 힘은 압력에 면적(축방향 면적: $D\times L$)을 곱한 값이기 때문이다.

축방향의 응력(σ_{tc})는 $\sigma_{tc} = \dfrac{F}{A} = \dfrac{P\times\dfrac{\pi D^2}{4}}{\pi D\times t} = \dfrac{PD}{4t}$로 유도된다. 여기서 힘은 압력에 면적(축의직각방향 면적: $\dfrac{\pi D^2}{4}$)을 곱한 값이고, $\pi D\times t$는 원주방향의 면적이다.

그러므로, $\dfrac{\text{축방향응력}}{\text{원주방향응력}} = \dfrac{\sigma_{tl}}{\sigma_{tc}} = \dfrac{\dfrac{PD}{4t}}{\dfrac{PD}{2t}} = \dfrac{1}{2}$으로 계산된다.

정답 ①

49 두께 12mm의 강판을 리벳이음으로 안지름 1000mm인 보일러 동체를 만들었다. 강판의 허용인장응력을 6kgf/mm², 리벳이음의 효율을 70%라 할 때 몇 kgf/cm²의 내압까지 사용할 수 있는가?

① 1 ② 2 ③ 10 ④ 20

보통 원주방향 응력으로 설계를 하므로,

원주방향의 응력(σ_{tl}) $\sigma_{tl} = \dfrac{F}{A} = \dfrac{P\times D\times L}{2\times t\times L} = \dfrac{PD}{2t}$을 이용한다. 이를 바꾸면,

$t = \dfrac{PDS}{2\sigma\eta} + C$에서, 문제에 말이 없으므로, 안전율S=1, 부식여유 C=0mm이다.

리벳이음의 효율이 70%이므로,

$P(\text{압력}) = \dfrac{2\sigma\times t\times\eta}{D\times S} = \dfrac{2\times 6\times 12\times 0.7}{1000\times 1} = 0.1008\text{kgf/mm}^2 = 10.08\text{kgf/cm}^2$으로 계산된다.

정답 ③

50 리벳의 지름이 20mm일 때, 적당한 리벳구멍은?

① (18~19)mm
② (19.5~20.5)mm
③ (21.0~21.5)mm
④ (22.0~24.5)mm

해설

리벳구멍은 리벳의 지름보다 조금 크게 뚫어야 한다. 보기 ④의 경우 너무 크다.

정답 ③

51 다음 그림과 같이 편심하중을 받는 겹치기 리벳이음에서 가장 큰 힘이 걸리는 리벳은? (단, 도면에 기입된 치수의 단위는 mm)

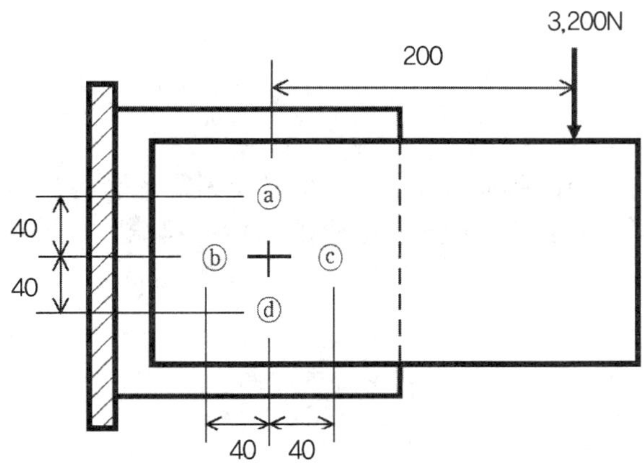

① 리벳 ⓐ
② 리벳 ⓑ
③ 리벳 ⓒ
④ 리벳 ⓓ

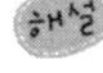
해설

- 재료에서 편심하중에 대항하는 직접전단력 $V=\dfrac{P}{n(\text{볼트수})}$ 의 방향은 P와 반대 방향이다.
- 회전모멘트에 의해 발생하는 모멘트 전단력 $F_n=\dfrac{P\times e(P\text{와 중심거리})}{n\times r(\text{볼트와 중심거리})}$ 이고, 방향은 수평선에서 P에 가까울수록 점점 많이 꺾인 방향(P회전방향과 같은 방향으로 꺾임)
- 전체 전단력은 벡터로 합성력이므로, 합성력$(W)=\sqrt{V_a^2+F_a^2+2F_aF_a\cos\theta}$ ……(식 1)이다.
  - b점의 경우 직접전단력과 회전모멘트 전단력의 방향이 반대되어 (1식에 대입) 전단력이 가장 작다. $(\cos\theta=\cos180=-1)$
  - c점의 경우 직접전단력과 회전모멘트 전단력의 방향이 같아(1식에 대입) 전단력이 가장 크다. $(\cos\theta=\cos0=1)$
  - a점과 d점의 경우 직접전단력과 회전모멘트 전단력의 방향이 각을 두고 있다(크기는 같고, 방향은 차이가 있다. a점은 오른쪽 아래로, d점은 왼쪽 아래로 방향이 주어진다.)

정답 ③

52 용접이음에 대한 설명으로 옳지 않은 것은?

① 용접부의 이음효율은 이음의 형상계수 및 용접계수에 따라 결정된다.
② 용접계수는 용접품질에 따라 변화하는데 아래보기 용접에 대한 위보기 용접의 효율이 가장 크다.
③ 플러그(plug) 용접은 모재의 한쪽에 구멍을 뚫고 용접하여 다른 쪽 모재와 접합시키는 방식이다.
④ 필렛(fillet) 용접에서 용접다리의 길이가 다를 경우, 짧은 쪽을 한 변으로 하는 이등변 삼각형을 기준으로 목두께를 정한다.

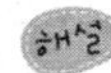

용접계수는 용접의 종류(필렛, 수직, 상향, 하향, 현장 등)에 따라 변화하며, 수직용접(0.95) 효율이 가장 크다.

 ②

53 그림과 같이 폭 100mm, 두께 12mm의 강판의 측면을 용접치수 12mm, 용접길이 120mm로 필렛용접하였다. 용접부의 허용전단응력을 50MPa라 할 때 최대로 지탱할 수 있는 하중 P는?

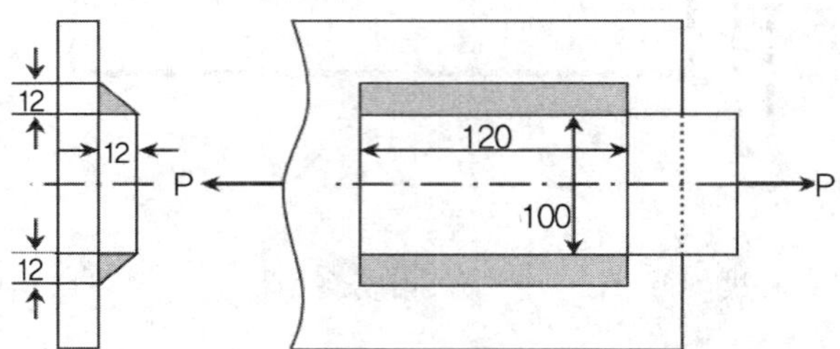

① 101.8 [kN]　② 141.4[kN]　③ 50.9[kN]　④ 70.7[kN]

측면 필렛용접이다.

$$\sigma = \tau = \frac{P}{2 \times h \times l \times \cos 45},$$

$$P = \tau \times 2 \times h \times l \times \frac{\sqrt{2}}{2} = 50(\text{MPa} = \text{N/mm}^2) \times 12 \times 120 \times 1.41 = 101520\text{N} = 101.52\text{kN}$$

(정면 필렛용접의 경우)

$\sigma = \tau = \dfrac{P \times \sin 45}{h \times l}$ (2개 용접일 경우) 1개이면 분자에 2를 곱하면 된다.

 ①

54 용접 길이(L)가 200mm, 판 두께(t)가 5mm인 판을 맞대기 용접하여 그림과 같이 비드(bead)가 형성되었다. 이 맞대기 용접부에 가할 수 있는 최대 인장하중(W)은? (단, 용접부의 허용인장응력은 20N/mm^{2}이며 안전율은 1로 한다.)

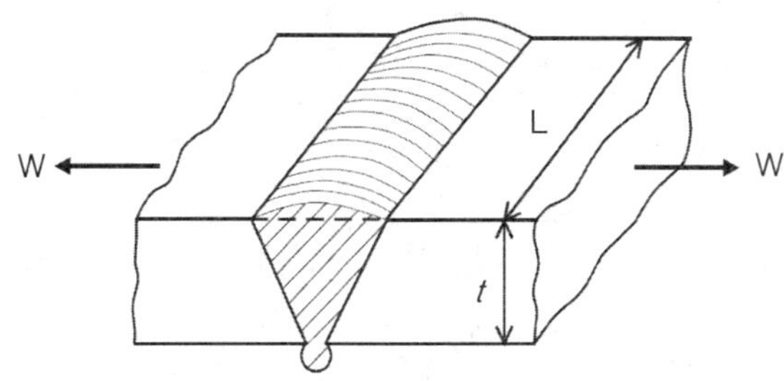

① 5000　　② 10000　　③ 15000　　④ 20000

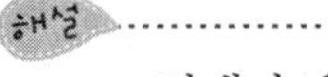

맞대기 용접에서

인장응력 $\sigma_t = \frac{W}{tl}$, $W = \sigma_t \times tl = 20(N/mm^2) \times 5mm \times 200mm = 20000N = 20kN$

 ④

55 그림과 같이 하중 P가 용접선에 평행하게 작용할 때, 용접부에 발생하는 최대 전단응력은?

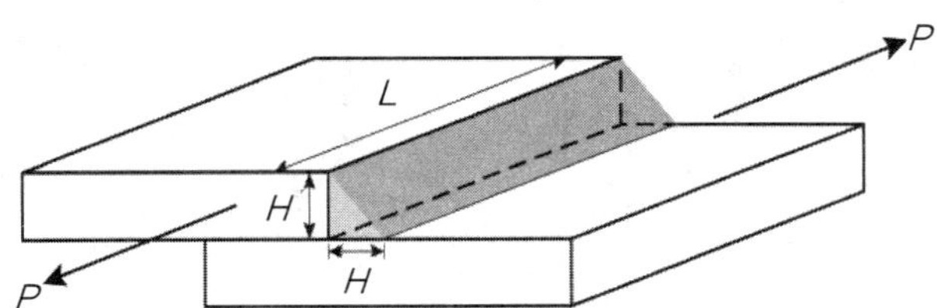

① $\sqrt{2}\frac{P}{HL}$　　② $\frac{2}{\sqrt{3}}\frac{P}{HL}$　　③ $\frac{P}{HL}$　　④ $2\frac{P}{HL}$

해설

- 측면 필렛용접 부위가 2개이면

  $\sigma = \tau = \frac{P}{2hl\cos 45°}$ (2는 면적이 2개일 때)

- 측면 필렛용접 부위가 1개이면

  $\sigma = \tau = \frac{P}{hl\cos 45°} = \frac{P}{hl \times \frac{1}{\sqrt{2}}} = \sqrt{2} \times \frac{P}{hl}$

여기서, P는 압력이 아니라 힘이다.

정답 ①

56 아래 그림은 겹치기 용접에 의한 양면 이음을 나타낸다. 작용하중 F=50000N, 용접선의 허용인장응력 50N/mm^2, t=10mm일 때, 필요한 용접선의 최소길이 l[mm]은?

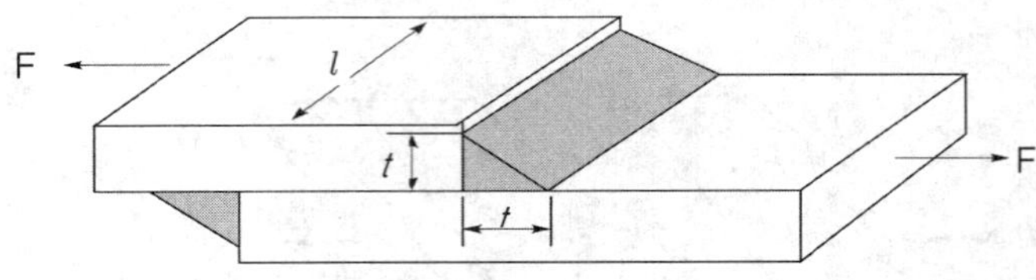

① 100 ② 71 ③ 50 ④ 36

해설

정면 필렛용접일 경우 아래와 같이 식이 유도된다.

(1) 면적이 1개일 경우 ; 이론식 수직응력$(\sigma_n) = \dfrac{P}{hl}$, 전단응력$(\tau) = \dfrac{P}{hl}$

; 경험식-주응력설을 기초로 할 경우

(인장응력:σ_t)=(전단응력:τ)=$\dfrac{2\times P\times \sin45(=0.707)}{h\times l}$

(2) 면적이 2개 일 경우 ; (인장응력:σ_t)=(전단응력:τ)=$\dfrac{2\times P\times \sin45}{2\times h\times l} = \dfrac{P\times \sin45}{h\times l}$ ...... (식 1)

여기서는 정면 필렛용접이고 면적이 2개이므로 1식을 사용한다.(h대신에 t를 대입)

$$\sigma_t = \frac{P\times 0.707}{h\times l} = \frac{50000\times 0.707}{10\times l} = 50\text{N/mm}$$

$$l = \frac{50000\times 0.707}{10\times 50} = 70.7\text{mm}$$

정답 ②

9급 공무원 기계직

기계설계

제1장 **축**

제2장 **축이음**

제3장 **구름베어링**

제4장 **미끄럼베어링**

❖ 적중예상문제

축

축의 분류

1. 축에 작용하는 하중

(1) 굽힘하중을 받는 축

① 정지차축 : 굽힘을 받으나 회전력 받지 않음

② 회전차축 : 굽힘을 받으면서 회전력 전달(비틀림도 작용)

(2) 주로 비틀림을 받는 축 : 동력전달 전동축

(3) 비틀림, 굽힘, 인장과 압축 등 2개 이상 동시에 받는 축 : 선박의 프로펠러축, 크랭크축

2. 기타 분류

① 축단면 모양에 따라 : 둥근축, 각축, 스플라인축

② 축 속의 상태에 따라 : 실축(중실축), 중공축

③ 축선에 따라 : 직선축, 크랭크축

3. 축 설계 시 고려 사항

① 작용하는 여러 하중에 충분히 견딜 수 있는 강도,

② 키 홈, 노치 등에서 발생하는 응력집중을 고려

③ 작용하는 여러 하중으로 발생하는 변형이 기준범위에 있도록 충분한 강성

⇒ 한도 내의 처짐량, 한도 내의 비틀림각이 필요

④ 진동방지에 대한 대책 강구

㉠ 위험속도 : 굽힘에 의한 가로진동, 비틀림진동에 의한 고유진동수와 크기가 같은 축의 회전수

㉡ 공진 : 고유진동수와 정수배가 되는 회전수의 겹침 ⇒ 공진발생시 축은 파괴

⑤ 고온에 사용 축은 열응력을 고려

⑥ 가혹한 조건에 사용되는 축은 부식 고려

1-2 축의 강도설계

1. 굽힘 모멘트만 작용하는 축

① 굽힘응력$(\sigma_b) = \dfrac{M}{z}$ ...... (식 1), M은 축의 굽힘모멘트, z는 축의 단면계수

② 중실축에서 축지름(d)

중실축의 단면계수$(z) = \dfrac{\pi d^3}{32}$ ...... (식 2), 2식을 1식에 대입하면

$$\sigma_b = \frac{M}{z} = \frac{M}{\frac{\pi d^3}{32}} = \frac{32M}{\pi d^3}, \rightarrow d = \sqrt[3]{\frac{32M}{\pi \sigma_b}}$$

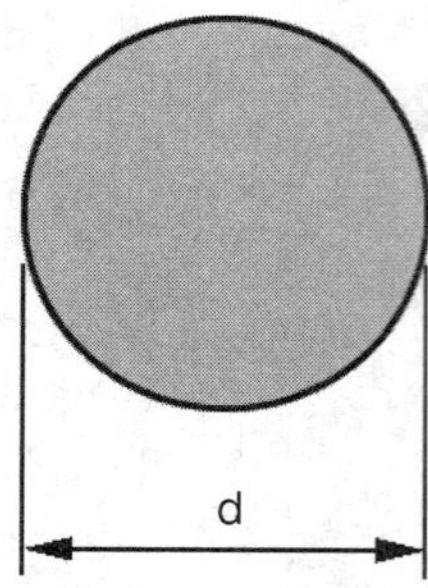

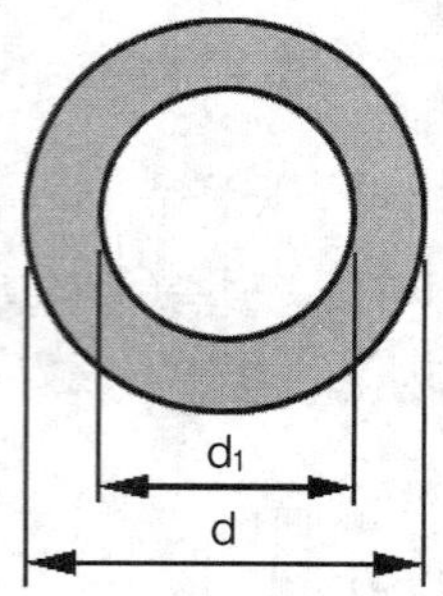

그림 3-1 중실축과 중공축

③ 중공축에서 바깥지름(d), 안지름(d_1), $\dfrac{d_1}{d} = x$라 하면

$$\text{중공축의 단면계수}(z) = \frac{\pi}{32} \times \frac{d^4 - d_1^4}{d} = \frac{\pi d^3}{32}[1 - (\frac{d_1}{d})^4] = \frac{\pi d^3}{32}(1 - x^4) \cdots\cdots (\text{식 } 3)$$

3식을 1식에 대입하면

$$\sigma_b = \frac{M}{z} = \frac{M}{\frac{\pi d^3(1-x^4)}{32}} = \frac{32M}{\pi d^3(1-x^4)} \rightarrow d = \sqrt[3]{\frac{32M}{\pi(1-x^4)\sigma_b}}$$

2. 비틀림 모멘트만 작용하는 축

① 비틀림응력$(\tau) = \frac{T}{z_p}$ …… (식 4), T는 축의 비틀림모멘트(토크), z_p는 축의 극단면계수

② 비틀림모멘트 (T) : $H = T \times w$에서 구한다.

H는 동력, w는 각속도로 $w = \frac{2\pi N}{60(s)}$, N : rpm

㉠ 동력이 마력(ps)일 경우 : 1ps = 75kgf·m/s

$T = 716200\frac{H_{ps}}{N}$, T의 단위는 kgf·mm

㉡ 동력이 kW일 경우 : 1kW = 102kgf·m/s

$T = 974000\frac{H_{kW}}{N}$, T의 단위는 kgf·mm

③ 중실축에서 축지름(d)

중실축의 극단면계수$(z_p) = \frac{\pi d^3}{16}$ …… (식 5), 5식을 4식에 대입하면

$$\tau = \frac{T}{z_p} = \frac{T}{\frac{\pi d^3}{16}} = \frac{16T}{\pi d^3}, \rightarrow d = \sqrt[3]{\frac{16T}{\pi\tau}}$$

이 식이 중실축에서 축의 지름을 구하는 식이다.

④ 중공축에서 바깥지름(d), 안지름(d_1), $\frac{d_1}{d} = x$라 하면

중공축의 극단면계수$(z_p) = \frac{\pi}{16} \times \frac{d^4 - d_1^4}{d} = \frac{\pi d^3}{16}[1 - (\frac{d_1}{d})^4] = \frac{\pi d^3}{16}(1-x^4)$ …… (식 6)

6식을 4식에 대입하면

$$\tau = \frac{T}{z_p} = \frac{T}{\frac{\pi d^3(1-x^4)}{16}} = \frac{16T}{\pi d^3(1-x^4)}, \rightarrow d = \sqrt[3]{\frac{16T}{\pi(1-x^4)\tau}}$$

이 식이 중공축에서 바깥지름을 구하는 식이다.

3. 굽힘 모멘트와 비틀림 모멘트가 동시에 작용하는 축

① 최대주응력$(\sigma_{max}) = \frac{1}{2}(\sigma_b + \sqrt{\sigma_b^2 + 4\tau^2})$

② 최대전단응력$(\tau_{max}) = \frac{1}{2}\sqrt{\sigma_b^2 + 4\tau^2}$

③ 상당굽힘모멘트$(M_e) = \sigma_{max} \times z = \frac{1}{2}(M + \sqrt{M^2 + T^2})$

④ 상당비틀림모멘트$(T_e) = \tau_{max} \times z_p = \sqrt{M^2 + T^2}$

⑤ 축의 지름을 구하는 방법은 위 1, 2와 같다. 단, $M \to M_e$, $T \to T_e$를 대입하여 구하면 된다.

$\sigma_{max} = \frac{M_e}{z}$, $\tau_{max} = \frac{T_e}{z_p}$에서 축의 지름을 구한다.

1-3 축의 강성설계

1. 비틀림 강성

(1) 비틀림각

거리가 l만큼 떨어진 2개의 단면사이에 비틀림각 $(\theta)rad$이 발생하면,

$$\theta(rad) = \frac{Tl}{GI_p}$$

여기서, T : 비틀림모멘트(토크), G : 횡탄성계수, $I_p = \frac{\pi d^4}{32}$: 극관성모멘트

(2) 바하의 축공식

위 식에서 일반적으로 전동축 비틀림각(θ)은 축 길이 $l = 1\text{m}$에 대하여 $0.25°$ 이하가 되도록 제한함 ⇒ $\frac{\theta°}{l} = \frac{0.25}{1000}$, $G = 8300\text{kgf/mm}^2$을 대입하면 다음과 같다.

① 중실축의 지름(d)

$$d = 120\sqrt[4]{\frac{H_{ps}}{N}} = 130\sqrt[4]{\frac{H_{kW}}{N}}$$, 단위는 mm이다.

② 중공축의 바깥지름(d), 안지름(d_1), $\frac{d_1}{d} = x$라 하면

$$d = 120\sqrt[4]{\frac{H_{ps}}{(1-x^4)N}} = 130\sqrt[4]{\frac{H_{kW}}{(1-x^4)N}}$$, 단위는 mm이다.

2. 굽힘 강성

축 베어링 사이의 거리를 l, 중앙에 집중하중 F 작용 시

최대처짐(δ) $= \frac{Fl^3}{48EI}$, 처짐각(β) $= \frac{Fl^2}{16EI}$

축의 길이 1m당 0.3mm 이하로 처짐이 발생하도록 제한

1-4 축의 진동

1. 비틀림 진동

① 원진동수=각속도(w) $= \frac{2\pi \mathrm{N}}{60}$(rad/s)

⇒ 위험회전속도(N_c) $= \frac{60w}{2\pi} = \frac{30}{\pi}w$(rpm)...... (식 7)

② 달리 표현하면, 비틀림축의 각속도(w) $= \sqrt{\frac{k_t}{J}}$,

여기서 k_t는 축의 비틀림 스프링상수 $k_t = \frac{T}{\theta} = \frac{GI_p}{l} = \frac{G\pi d^4}{32l}$...... (식 8)

J는 회전체 질량 극관성모멘트($\mathrm{kgf \cdot mm \cdot s^2}$)이다.

③ 8식을 7식에 대입하면

$$\text{위험회전속도}(N_c) = \frac{30}{\pi}w = \frac{30}{\pi}\sqrt{\frac{GI_p}{Jl}} = \frac{30}{\pi}\sqrt{\frac{G\pi d^4}{32lJ}} \text{ 로 유도}$$

2. 가로 진동

가로진동은 축방향의 진동이 아니고, 축의 직각방향의 진동을 말한다.

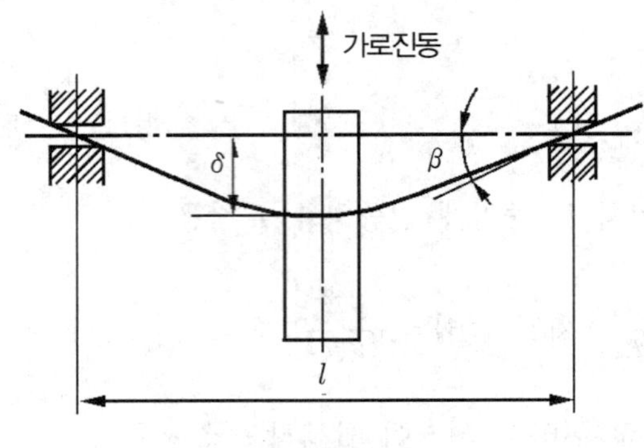

그림 3-2 가로진동계

① $\text{위험회전속도}(N_c) = \frac{60w}{2\pi} = \frac{30}{\pi}w(\text{rpm})$ ······ (식 9)

② $\text{위험각속도}(w_c) = \sqrt{\frac{k}{m}}$, 여기서 m은 질량 ⇒ $m = \frac{W(\text{무게})}{g(\text{중력가속도})}$

k는 스프링상수 $k = \frac{W(\text{무게})}{\delta(\text{처짐})}$을 대입하면, $w_c = \sqrt{\frac{k}{m}} = \sqrt{\frac{g}{\delta}}$ ······ (식 10)

③ 10식을 9식에 대입

$$\text{위험회전속도}(N_c) = \frac{30}{\pi}w = \frac{30}{\pi}\sqrt{\frac{k}{m}} = \frac{30}{\pi}\sqrt{\frac{g}{\delta}} \fallingdotseq 300\sqrt{\frac{1}{\delta(\text{cm})}}$$

위 식에서 처짐은 단위가 cm임을 명심해야 한다.

④ 여러 개의 회전체, 양단이 자유로이 지지(축의 자중 무시)

회전체의 무게 W_1, W_2...., 회전체의 설치위치에서 정적처짐 δ_1, δ_2...

$$N_c = \frac{30}{\pi}\sqrt{\frac{g(W_1\delta_1 + W_2\delta_2 + ...)}{(W_1\delta_1^2 + W_2\delta_1^2 + ...)}}$$

⑤ 던컬레이(Dunkerley)식

회전체의 무게 W_1, W_2...., 회전체 단독의 위험속도를 N_1, N_2....라 하면

$\frac{1}{N_c^2} = \frac{1}{N_0^2} + \frac{1}{N_1^2} + \frac{1}{N_2^2} + ...$ 여기서, N_0는 축 자체만의 위험속도

축이음

2-1 축이음의 분류

1. 커플링

① **고정커플링** : 일직선 상에 있는 축을 연결한 것, 볼트와 키를 사용하여 결합, 2축의 이동 없음
② **플렉시블커플링** : 2축 사이의 약간의 상호이동을 허용, 온도변화에 신축, 변형을 완화
③ **올덤커플링** : 2축이 평행, 그 축의 중심선이 약간 어긋, 각속도 변화없이 회전동력 전달
④ **유니버설조인트** : 2축이 교차, 교차각이 다소 변하더라도 자유로이 운동 전달

2. 클러치

① **맞물림클러치** : 이와 이로 맞물려 단속
② **마찰클러치** : 각 축의 마찰면을 밀어 붙여 마찰로 단속
③ **비역전클러치(원웨이클러치)** : 구동축이 피동축보다 빠르면 회전력 전달, 반대는 회전력 전달하지 않음
④ **원심클러치** : 회전의 속도가 빨라지면 원심력에 의해 원동축과 피동축을 연결

3. 축이음의 설계 시 고려 사항

(1) 커플링의 경우
① 균형이 잘 잡혀있어야 함

② 분해조립이 쉬울 것
③ 가볍고 소형일 것
④ 진동에 강할 것
⑤ 가능하면 윤활이 필요하지 않을 것
⑥ 가격이 쌀 것

(2) 클러치의 경우

① 적당한 마찰계수
② 관성이 작아야 하고, 소형, 가벼울 것
③ 마모가 있어도 적당하게 수정될 수 있는 것
④ 마찰열을 충분히 발산할 것
⑤ 원활한 단속, 단속시 작은 외력으로 작동 가능할 것
⑥ 균형상태가 좋을 것

2-2 커플링

1. 고정 커플링

(1) 원통커플링

① **머프커플링** : 주철제의 원통속에 두 축을 맞대고 키로 고정
② **마찰원통커플링** : 원통의 중심으로 부터 좌측끝과 우측끝까지 원추형으로 깍음, 이 원추에 2개의 연강제의 링으로 조인 것
③ **클램프커플링** : 2개로 분할된 원통을 양 축단에 끼우고 볼트로 죈 것
④ **반겹치기커플링** : 축단을 약간 크게 경사지게 겹쳐 키로 고정
⑤ **셀러원추커플링** : 양 축단에 내면이 원추면으로 된 바깥통을 끼움, 그 속 바깥면이 원추면으로 되어 있는 안통 2개를 축 양단에 넣어 3개 볼트로 죈 것

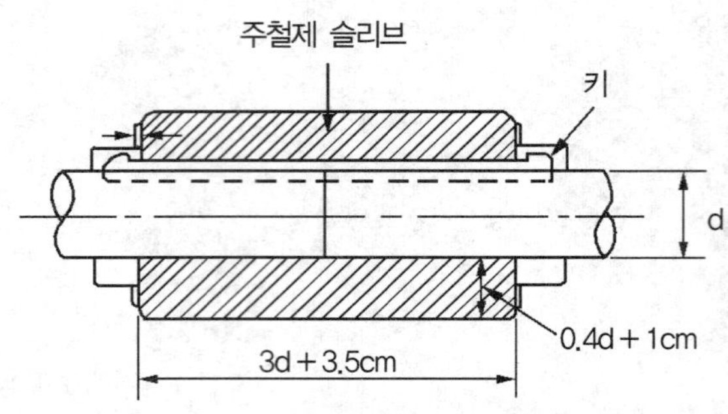

그림 3-3 원통커플링의 예(머프 커플링)

(2) 플랜지커플링

양 축단의 각각에 플랜지를 끼우고 키로 고정, 각 플랜지를 볼트로 연결, 확실한 회전력 전달, 지름 200mm까지의 축 이음에 사용

① 축의 전달토크$(T) = \tau_s \times z_p$, 여기서 τ_s는 축의 전단응력

② n개의 볼트가 갖는 전단력에 의한 전달토크$(T) = \dfrac{\pi d^2}{4} \times \tau_b \times n \times R$,

여기서 d는 볼트 직경, τ_b는 볼트 전단응력, R은 설치볼트의 피치원 반지름

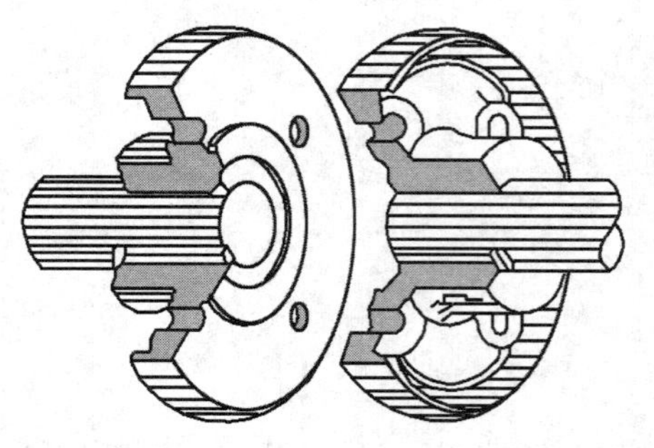

그림 3-4 플랜지 커플링

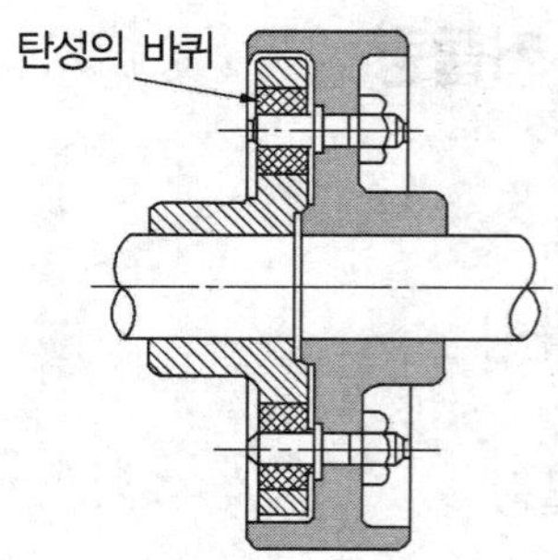

그림 3-5 플렉시블 커플링

2. 플렉시블 커플링

① 2축의 중심선이 정확히 일치하지 않을 시 사용

② 커플링부분에 고무, 가죽, 목재, 스프링 등 탄성체 삽입, 축이음의 간격을 넓힘

③ 구동축에 생기는 변동토크, 충격 진동을 완화

3. 올덤 커플링

① 2축이 평행하고 그 축의 중심선의 유치가 약간 어긋났을 시

② 각속도 없이 회전력(토크)을 전달

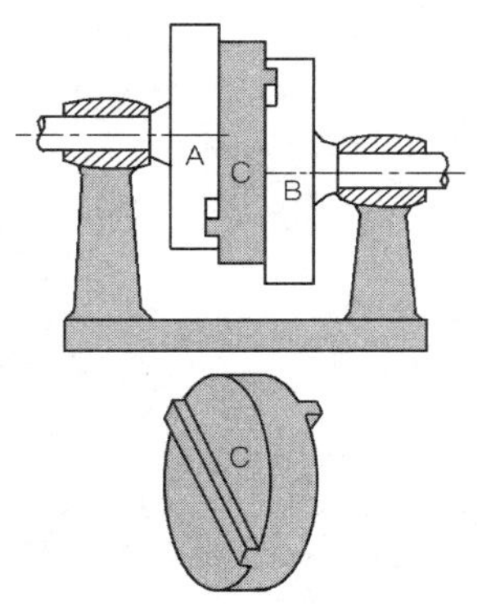

그림 3-6 올덤커플링

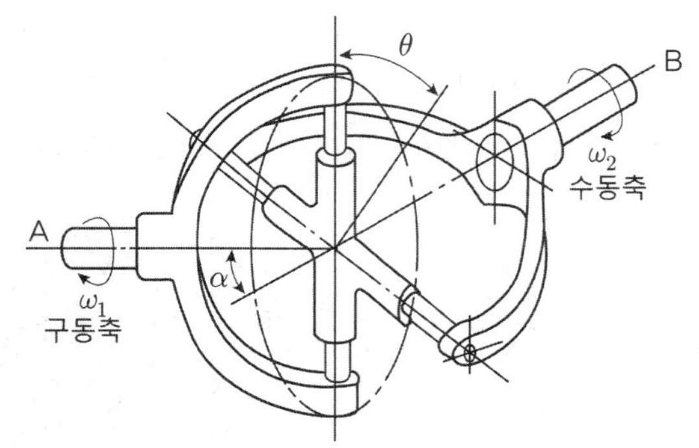

그림 3-7 유니버설 커플링

4. 유니버설 커플링

① 양축이 같은 평면 내 존재, 그 축선이 임의의 각도로 교차시 사용

② 구동축의 각속도가 일정하더라도 양 축의 교차각에 따라 피동축의 속도는 변화
⇒ 회전력(토크)도 변화

③ 각속도비

두 축의 교차각 α, 구동축의 일정한 각속도 w_1, 피동축의 각속도 w_2, 구동축 임의의 회전각 θ라 하면, $\dfrac{w_1}{w_2} = \dfrac{1-\sin^2\theta\sin^2\alpha}{\cos\alpha}$

㉠ 보통 교차각 α는 30°이하가 바람직

㉡ 각속도비는 1/4회전마다 임의의 각 θ에 따라 최소값과 최대값을 반복한다.

- 최대값 : $\theta = 0$에서 발생, $\dfrac{w_1}{w_2} = \dfrac{1-\sin^2 0\sin^2\alpha}{\cos\alpha} = \dfrac{1}{\cos\alpha}$

- 최소값 : $\theta = 90°$ 에서 발생, $\dfrac{w_1}{w_2} = \dfrac{1-\sin^2 90°\sin^2\alpha}{\cos\alpha} = \dfrac{1-\sin^2\alpha}{\cos\alpha} = \dfrac{\cos^2\alpha}{\cos\alpha} = \cos\alpha$

- cos값은 0과 1 사이이므로, 분모에 들어간 값이 최대값을 갖는다.

㉢ 각속도의 변화를 원치 않을 경우 α는 5° 이하로 제한

2-3 클러치

1. 맞물림 클러치

① 이(jaw)와 이가 맞물려 양축이 회전 ⇒ 조클러치라고 함

② 이의 종류 : 4각형, 3각형, 톱니형, 사다리형, 나선형

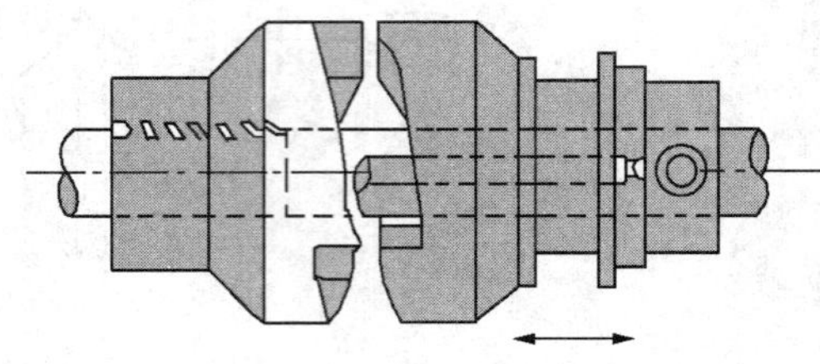

그림 3-8 물림 클러치

2. 마찰클러치

일직선상의 회전축인 구동축, 피동축 사이의 전동을 접촉면 마찰력을 이용하여 연결

(1) 원판클러치

축방향 누르는 면압(q, kgf/mm^2)가 일정하다면

① 축방향 누르는 힘$(Q) = q \times \dfrac{\pi(D_2^2 - D_1^2)}{4}$, D_1는 안지름, D_2는 바깥지름

② 전달력(접선력)$(F) = \mu \times Q$

③ 전달토크$(T) = \mu Q \times \dfrac{D_m}{2}$, 여기서 D_m은 유효직경으로 $D_m = \dfrac{D_2 + D_1}{2}$

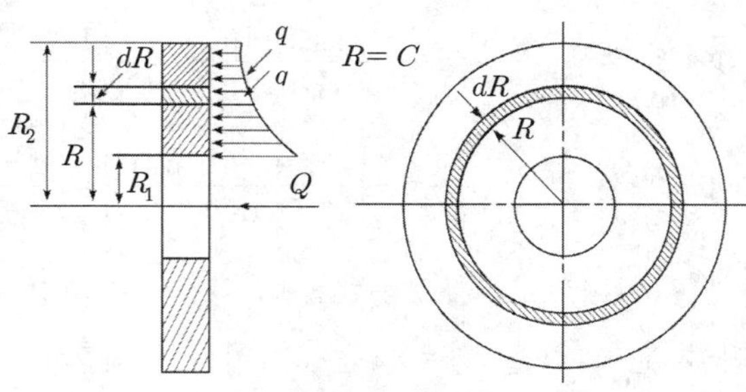

그림 3-9 원판클러치

(2) 원추클러치

① 원판클러치 보다 마찰면적이 커서 큰 토크를 전달할 수 있다.

② 전달토크$(T) = \mu' \times Q \times \frac{D_m}{2}$

여기서 $\mu' = \frac{\mu}{\sin\alpha + \mu\cos\alpha}$ 로 구한다. α는 원추면 경사각으로 $\alpha = \frac{\text{원추각}}{2}$,

Q'는 원추면에 직각으로 작용하는 힘을 말한다.

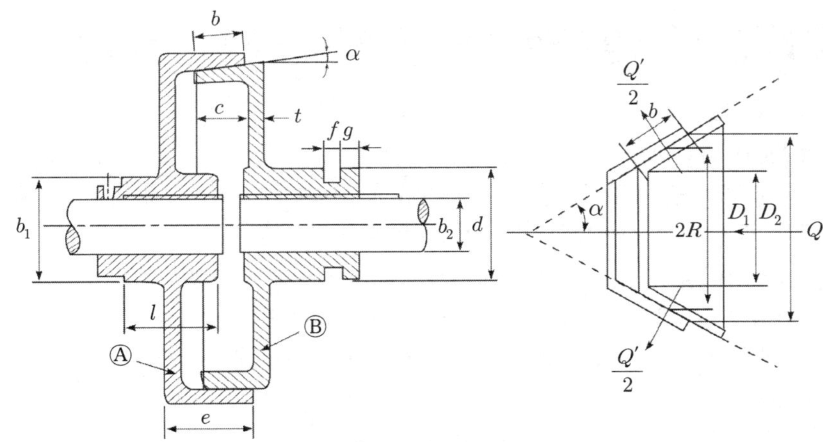

그림 3-10 원추클러치

3. 비역전 클러치와 원심 클러치

(1) 비역전 클러치(One Way clutch)

한쪽 방향만 회전력 전달, 다수의 볼(롤러)이 쐐기공간에 삽입

(2) 원심 클러치

원심력에 의하여 마찰면이 접촉 ⇒ 원동축이 회전상승하면 축을 연결, 입체 클러치와 유체 클러치가 있다.

구름베어링

CHECK POINT 베어링 개요

1. 베어링의 역할 : 회전축을 지지하면서 축하중을 받는 기계 요소
2. 접촉형식에 따른 분류
   ① 구름베어링 : 볼(점접촉) 롤러, 니들롤러(선접촉)를 구름접촉으로 바꾸어 구름마찰
   ② 미끄럼베어링 : 축과 베어링이 면접촉으로 미끄럼마찰
3. 작용하중의 방향에 따라
   ① 레이디얼베어링 : 축선에 직각으로 작용하는 하중을 지지
   ② 스러스트베어링 : 축선방향으로 작용하는 하중을 지지
4. 베어링 설계시 주의사항
   ① 마모 적고, 마찰저항 작고, 손실동력 작아야 함
   ② 베어링 사용 온도가 높지 않아야 함
   ③ 강도가 충분, 구조가 단단, 유지수리가 쉬울 것
   ④ 눌어붙음이 없을 것
   ⑤ 하중, 속도에 의해 마찰면이 파괴되지 않을 것
   ⑥ 진동에 충분히 견딜 것
   ⑦ 마찰면에 먼지, 이물질 등이 침입하지 않을 것

3-1 구름베어링의 구조와 종류

1. 구름베어링의 구조

① 내륜, 외륜, 전동체(볼, 니들), 리테이너(전동체의 적당한 간격 유지)로 구성
② 전동체에 따라 볼베어링, 롤러베어링으로 구분
③ 전동체의 열수에 따라 1열 ⇒ 단열, 2열 ⇒ 복열

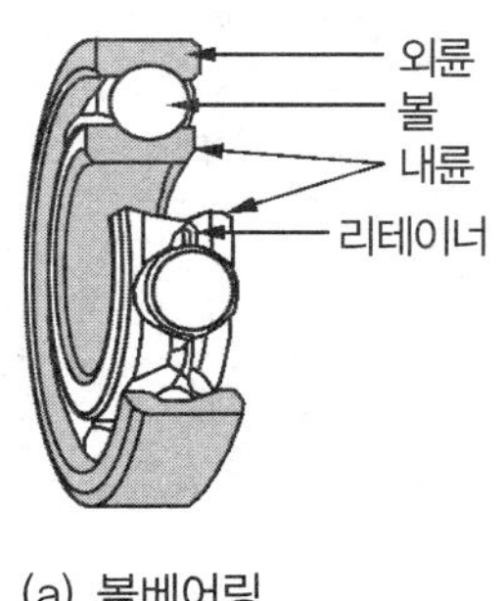

(a) 볼베어링

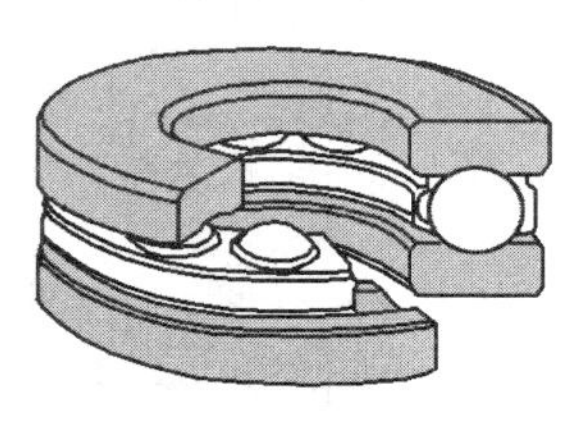

(b) 스러스트 베어링

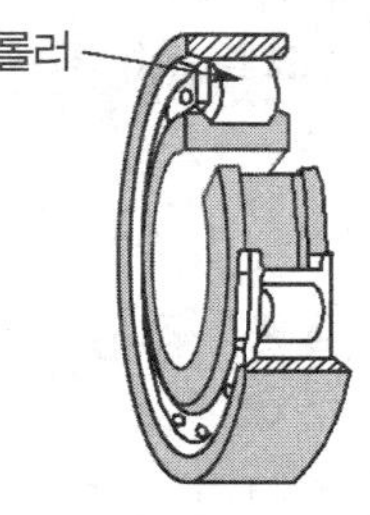

(c) 롤러베어링

그림 3-11 구름베어링

2. 구름베어링의 종류

(1) 레이디얼베어링

① 단열 레이디얼 볼 베어링 : 궤도면의 홈이 비교적 깊음, 대표적 베어링

② 단열 앵귤러 볼 베어링 : 볼과 내외륜과의 접촉점을 잇는 직선이 레이디얼 방향에 대해 어느 각도(접촉각)를 가지는 베어링.

③ 복열 레이디얼 볼 베어링 : 내륜에 복열, 외륜의 궤도면이 구면, 내륜이 기울어져도 볼 관계위치는 항상 일정=>자동조심작용 함

④ 원통 롤러 베어링 : 원통 롤러 사용, 볼베어링 보다 레이디얼 하중이 큰 곳 사용

⑤ 테이퍼 롤러 베어링 : 전동체로 테이퍼 롤러를 사용, 레이디얼 하중과 스러스트 하중(합 하중에 견딜 수 있음)

⑥ 구면 롤러 베어링 : 표면이 구면으로 된 롤러를 전동체로 사용, 자동조심작용을 함

⑦ 니들 롤러 베어링 : 지름이 2~5mm 바늘 모양의 롤러 사용

(2) 스러스트베어링

① 단열 스러스트 볼 베어링 : 스러스트 하중만을 받음, 한쪽 방향 스러스트 하중 ⇒ 단식, 양방향 스러스트 하중 ⇒ 복식

② 스러스트 구면 롤러 베어링 : 구면 롤러를 접촉각 40~50° 정도 경사시켜 배열, 자동조심작용을 함

3-2 구름베어링의 주요 치수와 표시

1. 구름베어링의 주요 치수

① 구름베어링 필요치수 : 안지름, 바깥지름, 너비(또는 높이)
② 국내 규격품의 구름베어링은 안지름을 기준
③ 같은 안지름에서 바깥지름이 클수록 무거운 하중에 견딤

2. 구름베어링의 표시

① 지름이 20mm 미만의 경우
안지름번호 00은 10mm, 01은 12mm, 02는 15mm, 03은 17mm를 나타낸다.
② 지름이 20mm 이상의 경우 ⇒ 5로 나눈 값을 안지름으로 한다.
예) 6210ZNR ⇒ 62는 형식기호(단열 깊은 홈 볼베어링)
⇒ 10은 안지름번호($10 \times 5 = 50$mm)
⇒ Z는 실드 기호(한쪽 실드)
⇒ NR은 궤도륜형상기호(중지륜붙이)

3-3 구름베어링 선정과 윤활

1. 구름베어링의 정격수명

① 기본정적 부하용량(C_o) : 최대부하를 받는 전동체와 궤도륜의 접촉부에서 발생하는 영구변형량의 합이 전동체 지름의 0.001배가 되는 정적 하중
② 기본동적 부하용량(C) : 외륜을 정지하고 내륜을 회전하여 정격수명이 100만 회전($10^6 = 500 \times 33.3 \times 60$, 33.3rpm으로 500시간의 수명)이 되는 방향과 크기가 변동되지 않는 하중 ⇒ 기본부하용량
③ 베어링 수명 : 최초의 플레킹(박리현상)을 일으킬 때까지의 총 회전수

④ 정격수명 : 여러 개의 동일 베어링을 사용, 90%의 베어링이 피로박리현상에 의한 재료 손상이 없는 총회전수

2. 구름베어링 선정

(1) 구름베어링 정격 수명(L_n) 계산

① 정격수명$(L_n) = (\frac{C}{P})^r$ (10^6회전단위)

② 여기서 C는 기본부하용량(kgf), P는 베어링하중(kgf), r은 볼베어링의 경우 3, 롤러베어링의 경우 10/3을 사용한다.

③ 하중계수(f_w)가 주워질 경우 베어링 하중은 하중계수와 이론하중(P_{th})과 곱이다.

$P = f_w \times P_{th}$

(2) 정격수명시간(L_h) 계산

① 정격수명을 회전수로 한 다음, N(rpm)으로 나누면 시간이 나온다.

② 정격수명시간$(L_h) = \frac{L_n \times 10^6}{N \times 60}$(시간, hour) ⋯⋯ (식 1) ← 회전수를 N으로 나누면 분이 나옴, 따라서 시간으로 만들기 위해 60을 나누어 줌

③ 1식에서 $10^6 = 500 \times 33.3 \times 60$이므로, 대입하면,

$$정격수명시간(L_h) = \frac{L_n \times 10^6}{N \times 60} = \frac{L_n \times 500 \times 33.3}{N}$$

$$= 500 \times (\frac{C}{P})^r \times \frac{33.3}{N}(시간)$$ ⋯⋯ (식 2)로 표시된다.

(식 1)=(식 2)이므로 어느 것을 사용해도 된다.

3. 구름베어링의 윤활

(1) 한계 dN값

① 베어링의 크기와 회전속도에 따라 적당한 윤활법 선정

② 축의 지름(d, mm)과 회전속도(N, rpm)의 곱으로 경제적 한계값 표시

③ 이 한계값을 초과하면 베어링이 녹아 붙음

(2) 밀봉장치

윤활유의 유출 방지, 먼지나 수분 침입 방지 ⇒ 펠트링, 오일실 사용

미끄럼베어링

4-1 마찰과 윤활

1. 마찰계수

수직력(W)이 작용하는 접촉면 사이를 일정한 속도로 운동하고 있을 시 마찰력(F)과 관계

$$F = \mu W,\ \mu = \frac{F}{W}$$

여기서 μ를 마찰계수라 한다. 유체윤활에서 마찰계수(μ)의 변화는 다음과 같다.

① 점도가 높아지면 마찰계수가 증가한다.
② 베어링 면의 유체 평균압력이 증가하면 마찰계수는 감소한다.
③ 회전속도가 증가하면 마찰계수가 증가한다.

2. 마찰(3가지)

① 고체마찰(건조마찰) : 접촉면 사이에 윤활제의 공급이 없는 마찰, 고체와 고체의 접촉
② 유체마찰 : 접촉면 사이에 윤활제가 두꺼운 유막을 형성, 직접적 고체 접촉이 없는 상태
③ 경계마찰 : 접촉면 사이에 아주 얇은 유막(10^{-3}mm 이하 유막) 형성
④ 불완전 윤활이 일어나는 상태 : 고하중, 저속도, 윤활유 점도 불충분, 베어링 틈새 불량, 베어링 면 거칠기 큼, 베어링 접촉이 한쪽으로 치우쳐짐

3. 점도

(1) 뉴톤의 법칙

전단응력$(\tau) = \dfrac{F}{A} = \eta\dfrac{du}{dy}$, u는 임의의 유체층 속도, y는 임의의 유체층 높이

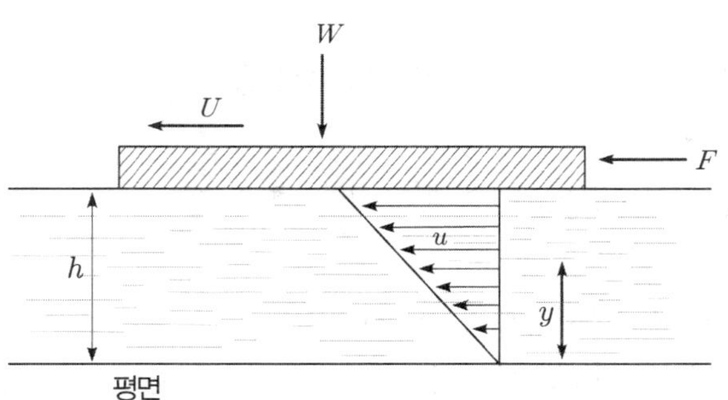

그림 3-12 유체의 흐름

(2) 넓은판, 속도변화율이 일정하다는 가정

전단응력$(\tau) = \dfrac{F}{A} = \eta\dfrac{du}{dy} = \eta\dfrac{U}{h}$, U는 평균속도, h는 유면높이

이 식에서 η가 점도계수 = 점도(끈끈함의 정도)라 함

4. 오일휩(oil whip)

(1) 정의

① 자연진동의 일종

② 미끄럼베어링 지지 축이 위험 속도의 2배 이상의 속도로 회전하면 유막의 작용으로 축이 심하게 가로 진동을 일으키는데, 이 가로진동을 말함. 한번 일어난 진동은 회전속도가 증가하여도 정지되지 않음(위험속도보다 취급이 어려움)

③ 방지법

㉠ 축의 속도(w)를 안정한계속도(w_s)보다 작게 한다.(베어링길이 짧게, 점성계수 감소, 베어링 편심률 증가)

㉡ 축의 속도(w)를 2배의 위험속도$(2w_c)$보다 작게 한다.

㉢ 원형이 아닌 단면을 가진 베어링을 사용한다.

㉣ 필매틱(filmatic) 베어링, 부동부시베어링을 사용한다.

4-2 베어링 메탈

1. 베어링메탈의 구비조건

① 하중 부담능력이 우수하고 충분한 강도와 강성을 가질 것
② 저널에 잘 융화 ⇒ 접촉성이 좋을 것
③ 마찰계수가 작을 것, 마모가 적고 내구성이 클 것
④ 피로강도가 높고, 녹아붙지 않을 것
⑤ 축 재료보다 연하면서 압축강도가 클 것
⑥ 내식성이 좋고, 제작하기 용이할 것

2. 화이트메탈(배빗메탈)

① 주석, 납, 아연 등의 연한 금속으로 한 백색 합금
② 마멸이 적고 길들임성이 좋음, 유막이 강하고 녹아붙지 않음, 제작수리가 용이, 저용융점에서 열전도 나쁘고 고온에 부적당함 ⇒ 하지만 최고의 베어링메탈
③ 주석계 화이트메탈(주석 80~90%), 안티몬 3~12%, 구리 3~7%)을 배빗메탈이라 함 ⇒ 내연기관에 사용

3. 동합금(켈밋합금)

① 동합금 : 단단, 융점 높음, 열전도 좋음, 마멸과 충격에 잘 견딤, 녹아붙는 결점
② 켈밋합금 : 구리와 납(20~30%)의 합금, 구리보다 강성 및 강도가 큼, 열전도 좋음

4. 함유소결 합금

① 분말야금에 의한 소결 합금
② 윤활유 속에 담가둠으로써 입자사이에 기름을 스며들게 함
③ 급유가 곤란하거나 전혀 급유하지 않는 베어링에 사용 ⇒ 오일리스베어링

4-3 미끄럼베어링 설계

1. 저널 베어링

(1) 베어링 압력$(p_a) = \dfrac{W}{A} = \dfrac{W}{d \times l}$,

여기서, W는 베어링면 하중, A는 하중에 대한 평면상 투상면적[축지름(d)×저널길이(l)]이다.

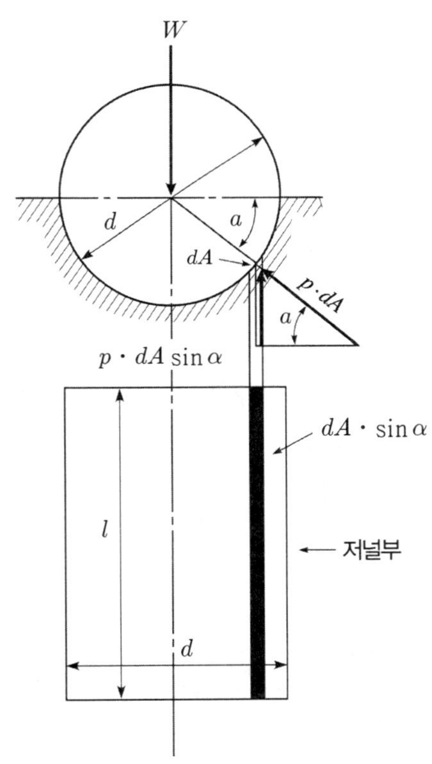

그림 3-13 베어링압력

(2) 저널의 강도

① 끝저널의 경우

굽힘모멘트$(M) = \dfrac{Wl}{2} = \sigma_b \times z = \dfrac{\pi d^3}{32}\sigma_b$ …… (식 1) ⇒ $d = \sqrt[3]{\dfrac{5.1\,Wl}{\sigma_b}}$ 구함

베어링 면하중$(W) = p_a \times A = p_a \times d \times l$ …… (식 2)

1식에 2식 대입

$$p_a l^2 = \frac{\pi}{16} d^2 \sigma_b \ , \ \frac{l}{d} = \sqrt{\frac{\pi}{16} \times \frac{\sigma_b}{p_a}}$$

② 중간저널의 경우

급힘모멘트$(M) = \dfrac{WL}{8} = \sigma_b \times z = \dfrac{\pi d^3}{32} \sigma_b$,

여기서 L은 온길이로, $L = l$(저널거리)+ 좌우측 힘 발생구간$(2l_1)$이다.

$\Rightarrow d = \sqrt[3]{\dfrac{4}{\pi} \times \dfrac{Wl}{\sigma_b}}$ 베어링 면하중(W)을 대입하면, $\dfrac{l}{d} = \sqrt{\dfrac{1}{1.91} \times \dfrac{\sigma_b}{p_a}}$ 로 유도된다.

2. 스러스트 베어링

(1) 피벗 베어링 압력

① 축면 전체 압력 작용$(p) = \dfrac{W}{\dfrac{\pi d^2}{4}}$

② 오목한 부분 외 압력$(p) = \dfrac{W}{\dfrac{\pi (d^2 - d_1^2)}{4}}$

여기서 d_1은 내경(오목한 부분 직경)

(2) 칼러 베어링 압력

칼러의 수가 n개 이면,

베어링압력$(p) = \dfrac{W}{\dfrac{\pi (d^2 - d_1^2)}{4} \times n} = \dfrac{W}{n \pi d_m h}$

여기서 d_m은 유효지름, h는 칼러높이

구름베어링과 미끄럼베어링 비교

구분	구름베어링	미끄럼베어링
하중	양방향(원주와 축방향)의 하중을 하나의 베어링으로 받을 수 있다.	양방향의 하중을 하나의 베어링으로 받을 수 없다.
모양치수	니들베어링을 제외하고 외경이 크고 너비가 작다.	외경이 작고 너비가 크다.
내충격성	약함	대체로 강함
진동소음	발생이 쉽다.	발생이 어렵다.
부착조건	끼워맞춤에 주의	구조가 간단하여 주착조건이 쉽다.
윤활조건	용이함, 그리스윤활은 윤활장치가 필요없음	주의해야 하며 윤활장치가 필요
수명	피로손상에 의해 한정	마멸에 좌우
온도	점도변화에 영향을 받지 않음	점도에 양향을 줌, 윤활유 선택에 주의
운전속도	고속회전에 부적합, 저속운전에 적당	마찰열을 잘 제거한다면 고속회전에 적당, 저속회전에 부적당
호환성	규격화되어 있어 호환성이 좋음	규격이 없고 주문생산, 호환성이 떨어짐
보수	파손되면 교환, 보수가 간단	윤활장치가 있으므로, 보수에 시간과 노력이 필요
마찰	기동마찰이 0.002-0.006으로 작고 일반적으로 마찰이 작다.	기동마찰이 0.01-0.1로 크며 마찰도 일반적으로 큰 경우가 많다.
가격	보통 고가	보통 저렴

적중예상문제

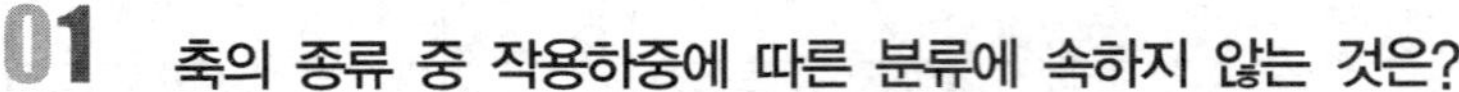

01 **축의 종류 중 작용하중에 따른 분류에 속하지 않는 것은?**

① 원형축 ② 차축
③ 전동축 ④ 스핀들축

해설

축의 단면에 따라 원형축, 각축, 스플라인축으로 나뉘고, 축에 작용하는 하중에 따라 굽힘축(정지축:토크전달하지 않음, 회전축:토크전달), 비틀림축(동력전달축), 굽힘/비틀림/인장/압축 등의 작용이 동시에 받는 축(배의 프로펠러축, 윈치의 드럼축, 크랭크 축), 작용하중에 의한 변형량이 적은 것을 요구하는 지름에 비하여 짧은 축을 스핀들 축(공작기계의 주축)이라 한다.

정답 ①

02 **직선왕복운동을 회전운동으로 변화시키는 축은?**

① 플렉시블 축 ② 직선축
③ 크랭크 축 ④ 중간축

해설

직선왕복운동을 회전운동으로 바꾸거나 회전운동을 직선왕복운동으로 바꾸는 기구를 크랭크 기구라 한다.

정답 ③

03 **1000rpm으로 2000kgf-cm의 비틀림 모멘트를 전달하는 축의 전달 동력(kW)은?**

① 2.053 ② 20.53 ③ 205.3 ④ 2053

해설

전달동력(H_p)은 회전력(T :토크)과 각속도(ω)의 곱이다.

즉, $H_p(\mathrm{kW}) = \mathrm{T}\times\omega = \mathrm{T}(\mathrm{kgf-m})\times\frac{2\pi \mathrm{N}}{60(\mathrm{s})}\times\frac{1}{102}$ 이다. $\frac{1}{102}$ 는 $1\mathrm{kW} = 102\mathrm{kgf-m/s}$ 에서 나왔다. 혹은 $H_p = T\times\omega = T(\mathrm{kgf-m})\times 9.8\times\frac{2\pi \mathrm{N}}{60(\mathrm{s})}$ 로 계산해도 된다. 여기서 9.8은 $1\mathrm{kgf} = 9.8\mathrm{N}$ 에서 나왔다. 어느 것을 사용해도 똑같다. 여기서는 아래 공식을 사용하다.

$H_p = T\times\omega = 2000\times\frac{1}{100}(\mathrm{m})\times 9.8(\mathrm{N})\times\frac{2\pi\times 1000}{60(\mathrm{s})} = 20525.075\mathrm{W} = 20.525\mathrm{kW}$ 로 계산된다.

정답 ②

04 주로 굽힘 작용을 받으면서 회전력은 거의 전달하지 않는 축으로 가장 적당한 것은?

① 차축 ② 프로펠러 샤프트
③ 기어축 ④ 공작기계의 주축

해설

차축의 경우 정지되어 있을 경우 굽힘만 받지만, 주행을 하고 있는 차축의 경우 굽힘과 비틀림을 모두 받게 된다.

정답 ①

05 굽힘과 비틀림을 동시에 받는 축으로 동력전달용으로 사용되는 축의 명칭으로 가장 적합한 것은?

① 중공축 ② 크랭크축
③ 전동축 ④ 플렉시블축

해설

전동축 : 굽힘과 비틀림을 동시에 받는 축으로 동력전달용, 중공축 : 중심이 비어 있는 축, 플렉시블 축 : 유연하게 굽혀지는 축(예로 자동차 속도계 케이블 축)

정답 ③

06 350rpm으로 70PS를 전달하는 축의 전달 토크(kgf-cm)는?

① 1432.4 ② 1948 ③ 14324 ④ 19480

해설

전달동력(H_p)은 회전력(T :토크)과 각속도(ω)의 곱이다.

즉, $H_p(ps) = T\times\omega = T(\mathrm{kgf-m})\times\dfrac{2\pi \mathrm{N}}{60(\mathrm{s})}\times\dfrac{1}{75}$ 이다. 여기서 $\dfrac{1}{75}$ 는 $1\mathrm{ps} = 75\mathrm{kgf-m/s}$ 에서 나왔다. $70\mathrm{ps} = \mathrm{T}(\mathrm{kgf-m})\times\dfrac{2\pi\times 350}{60(\mathrm{s})}\times\dfrac{1}{75}$,

$T(\mathrm{kgf-m}) = \dfrac{70\times 60\times 75}{2\pi\times 350} = 143.239\mathrm{kgf-m} = 14323.9\mathrm{kgf-cm}$ 로 계산된다.

정답 ③

07 100rpm으로 5kW를 전달하는 축에 작용하는 토크(N-m)는?

① 478 ② 578 ③ 678 ④ 778

해설

전달동력(H_p)은 회전력(T :토크)과 각속도(ω)의 곱이다.

$H_p(W) = T\times\omega = T(\mathrm{kgf-m})\times 9.8\times\dfrac{2\pi \mathrm{N}}{60(\mathrm{s})}$ 로, 여기서 9.8은 $1\mathrm{kgf} = 9.8\mathrm{N}$ 에서 나왔다.

$5000\,W = T(\mathrm{N-m})\times\dfrac{2\pi\times 100}{60(\mathrm{s})}$, $T(\mathrm{N-m}) = \dfrac{5000\times 60}{2\pi\times 100} = 477.46(\mathrm{N-m})$ 로 계산된다.

정답 ①

08 1000rpm으로 716.2kgf-cm의 비틀림 모멘트를 전달하는 회전축의 전달 마력(PS)은?

① 7.3　　② 10　　③ 1.0　　④ 0.73

전달동력(H_p)은 회전력(T :토크)과 각속도(ω)의 곱이다.

즉, $H_p(ps) = T \times \omega = T(\text{kgf}-\text{m}) \times \dfrac{2\pi \text{N}}{60(\text{s})} \times \dfrac{1}{75}$ 이다.

여기서 $\dfrac{1}{75}$ 는 $1\text{ps} = 75\text{kgf}-\text{m/s}$ 에서 나왔다.

$H_p(ps) = 716.2 \times \dfrac{1}{100} \times \dfrac{2\pi \times 1000}{60(s)} \times \dfrac{1}{75} = 10\text{ps}$ 로 계산된다.

여기서 $\dfrac{1}{100}$ 은 $1\text{cm} = \dfrac{1}{100}\text{m}$ 에서 나왔다.

정답 ②

09 차동 기어장치의 입력 동력이 1kW, 입력축 회전수를 초당 20회전이라 할 때, 입력축의 토크(N-m)는?

① 79.6　　② 7.96　　③ 39.8　　④ 3.98

전달동력(H_p)은 회전력(T :토크)과 각속도(ω)의 곱이다.

$H_p(W) = T \times \omega = T(\text{N}-\text{m}) \times \dfrac{2\pi \text{N}}{60(\text{s})}$ 로,

$1000W = T(\text{N}-\text{m}) \times \dfrac{2\pi \times 20}{1(\text{s})}$, $T(\text{N}-\text{m}) = \dfrac{1000}{2\pi \times 20} = 7.957\text{N}-\text{m}$ 로 계산된다.

정답 ②

10 축에 있어서 직경을 d, 축 재료의 전단응력을 τ라 하면, 비틀림 모멘트 T의 관계식은?

① $T = \dfrac{\pi d^2}{16} \times \tau$　　② $T = \dfrac{\pi d^3}{16} \times \tau$

③ $T = \dfrac{\pi d^2}{32} \times \tau$　　④ $T = \dfrac{\pi d^3}{32} \times \tau$

전단응력(τ)은 비틀림 모멘트(T)를 극단면계수(z_p)로 나눈값이다. 식으로 $\tau = \dfrac{T}{z_p}$ 로 표현된다.

원형축이므로 $z_p = \dfrac{I_p}{r} = \dfrac{\frac{\pi d^4}{32}}{\frac{d}{2}} = \dfrac{\pi d^3}{16}$ 이다. 그러므로 $T = \tau \times z_p = \tau \times \dfrac{\pi d^3}{16}$ 으로 유도된다.

정답 ②

11 횡만을 받는 속이 빈 차축에서 M=7500kgf−mm이고, σ_b=15kgf/mm^2 및 내외경비 x=0.5일 때 축의 내경(d_1)과 외경(d)은?

① d_1=8.8mm, d=17.8mm　　② d_1=9.6mm, d=19.2mm
③ d_1=6.7mm, d=13.4mm　　④ d_1=5.5mm, d=11.0mm

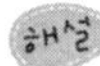

굽힘응력(σ_b)은 굽힘모멘트(M)을 단면계수(z)로 나눈값이다. 즉, $\sigma_b = \dfrac{M}{z}$로 표현된다.

여기서　중공축이므로　$z = \dfrac{I}{r} = \dfrac{\pi}{32d}(d^4 - d_1^4) = \dfrac{\pi d^3}{32}(1 - (\dfrac{d_1}{d})^4) = \dfrac{\pi \times d^3}{32}(1-(0.5)^4)$ 이다.

$x = \dfrac{d_1}{d} = 0.5$, $d_1 = 0.5d$이다. 그대로 대입하면, $15(\text{kgf/mm}^2) = \dfrac{7500(\text{kgf}-\text{mm})}{\dfrac{\pi d^3}{32}(1-0.5^4)}$,

$d = \sqrt[3]{\dfrac{7500 \times 32}{15 \times \pi \times (1-0.5^4)}} = 17.579\text{mm}$로 계산된다.

$d_1 = 0.5d$에서 $d_1 = 0.5 \times 17.579 = 8.789\text{mm}$로 계산된다.

정답 ①

12 지름이 40mm인 실축에 200rpm으로 7.5kW를 전달할 때, 생기는 전단응력(kgf/cm^2)은?

① 90　② 145　③ 180　④ 291

전달동력(H_p)은 회전력(T :토크)과 각속도(ω)의 곱이다.

즉, $H_p(\text{kW}) = T \times \omega = T(\text{kgf}-\text{m}) \times \dfrac{2\pi \text{N}}{60(\text{s})} \times \dfrac{1}{102}$이다. $\dfrac{1}{102}$는 $1\text{kW} = 102\text{kgf}-\text{m/s}$에서 나왔다. $7.5kW = T(kgf-m) \times \dfrac{2\pi \times 200}{60(s)} \times \dfrac{1}{102}$,

$T(\text{kgf}-\text{m}) = \dfrac{7.5 \times 60 \times 102}{2\pi \times 200} = 36.54\text{kgf}-\text{m} = 3654\text{kgf}-\text{cm}$로 계산된다. $\tau = \dfrac{T}{z_p}$에서

$\tau = \dfrac{3654(\text{kgf}-\text{cm})}{\dfrac{\pi \times 4^3}{16}(\text{cm}^3)} = 290.78\text{kgf/cm}^2$으로 계산된다.

정답 ④

13 지름이 10cm인 축에 6MPa의 최대 전단응력이 발생했을 때 비틀림 모멘트(N−m)는?

① 589　② 1767　③ 6280　④ 1178

해설

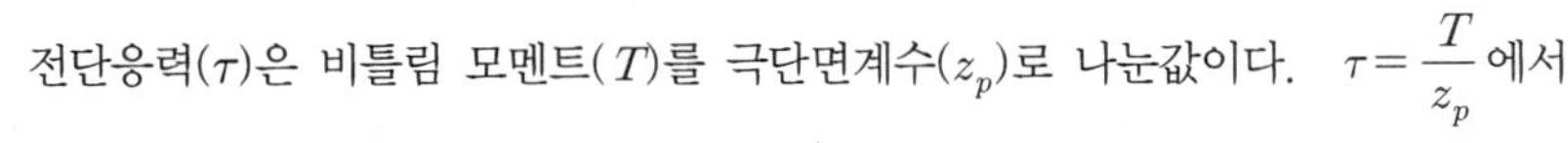
전단응력(τ)은 비틀림 모멘트(T)를 극단면계수(z_p)로 나눈값이다. $\tau = \dfrac{T}{z_p}$에서

$T = \tau \times z_p = \tau \times \dfrac{\pi d^3}{16} = 6 \times 10^6(\text{N/m}^2) \times \dfrac{\pi \times (0.1)^3}{16}(\text{m}^3) = 1178.0\text{N}-\text{m}$로 계산된다.

정답 ④

14 비틀림 모멘트만 받는 축이 1000rpm으로 회전하고 10kW를 전달할 때, 최소 허용 축 지름(mm)은? (단, 축의 허용 비틀림 응력은 4N/mm²이다.)

① 23 ② 46
③ 50 ④ 70

해설

전달동력(H_p)은 회전력(T :토크)과 각속도(ω)의 곱이다.

$H_p(W) = T \times \omega = T(\mathrm{N-m}) \times \frac{2\pi \mathrm{N}}{60(\mathrm{s})}$ 로, $10000(W) = T(\mathrm{N-m}) \times \frac{2\pi \times 1000}{60(\mathrm{s})}$,

$T = \frac{10000 \times 60}{2\pi \times 1000} = 95.49\mathrm{N-m} = 95490\mathrm{N-mm}$ 로 계산된다. $\tau = \frac{T}{z_p}$ 에서

$4(\mathrm{N/mm^2}) = \frac{95490(\mathrm{N-mm})}{\frac{\pi \times d^3}{16}(\mathrm{mm^3})}$ 에서 $d = \sqrt[3]{\frac{95490 \times 16}{\pi \times 4}} = 49.54\mathrm{mm}$ 로 계산된다.

정답 ③

15 500rpm으로 20PS를 전달시키는 보통 연강 재료인 축의 강성(stiffness)에 의한 지름으로 가장 적합한 것은?(단, 비틀림각은 1m에 0.25° 이내로 한다.)

① 35.2mm ② 42.5mm
③ 53.7mm ④ 61.4mm

해설

강성에 의한 축공식은 $\theta = I_p \times \frac{Tl}{G}$ 이다. 여기에 전단변형률($G = 8300\mathrm{kgf/mm^2}$)와 비틀림각($\theta$)의 일정한 값으로 정의하면 $d(\mathrm{mm}) = 120\sqrt[4]{\frac{\mathrm{H_p(ps)}}{\mathrm{N}}} = 130\sqrt[4]{\frac{\mathrm{H_p(kW)}}{\mathrm{N}}}$ 으로 표현된다.

$d(\mathrm{mm}) = 120\sqrt[4]{\frac{\mathrm{H_p(ps)}}{\mathrm{N}}} = 120\sqrt[4]{\frac{20(\mathrm{ps})}{500}} = 53.66\mathrm{mm}$ 으로 계산된다.

정답 ③

16 축의 처짐을 작게 하는 설계 방안에 대한 설명 중 잘못된 것은?

① 축에 설치되는 부품은 가능한 베어링에서 멀리 설치한다.
② 축에 고정되는 풀리, 기어류 및 부품들은 가급적 경량화 해야 한다.
③ 부품의 무게 중심이 기하학적인 중심과 일치하도록 균형을 이루어야 한다.
④ 고속류의 축은 부품의 불균형을 배제해야 하는 것 못지않게 축 자체의 균형이 중요하다.

해설

베어링을 멀리 두고 설치하면 축의 길이가 길어져서 축의 회전시에 진동과 처짐현상이 일어난다.

정답 ①

17 축의 설계와 관련되는 용어에서 임계속도란?

① 축이 회전 가능한 최대의 회전속도
② 축의 회전속도가 축의 공진 진동수와 일치할 때의 속도
③ 축의 이음부분이 마모되기 시작하는 때의 회전수
④ 진동 축에서 안전율이 10일 때의 회전수

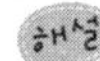

축에서 굽힘에 의한 가로진동, 비틀림진동의 고유진동수가 축의 회전수와 같은 속도를 위험속도(임계속도 : critical speed)라고 한다.

 ②

18 축의 위험속도를 피하기 위한 조치 중에서 가장 적합한 것은?

① 축의 지름을 가늘게 한다.
② 축의 지름을 크게 한다.
③ 기초 볼트의 지름을 크게 한다.
④ 케이스의 강성을 높인다.

축의 위험속도를 피하려면 축의 진동을 줄여야 하고, 축의 진동을 줄이는 방법으로는 중간베어링을 설치하거나 축의 지름을 크게 하면 된다.

 ②

19 중앙에 회전체 질량을 갖는 축에서 회전체에 의한 처짐이 0.01mm일 때, 이 축의 위험속도는?

① 4729rpm ② 9459rpm ③ 990rpm ④ 1981rpm

회전각속도(ω)는 $\frac{2\pi}{60}\times N(\text{rpm})$이므로, $\omega=\frac{2\pi N}{60}(\text{rad/s})$에서 $N(\text{rpm})=\frac{60}{2\pi}\times\omega$이므로,

위험회전수(N_c)는 $N_c(\text{rpm})=\frac{60}{2\pi}\times\omega_0$이다. 또한, $\omega_0=\sqrt{\frac{k}{m}}$ 이므로,

W(무게)$=m\times g=k\times\delta$(δ는 처짐량, k는 스프링상수)이므로 $\omega_0=\sqrt{\frac{k}{m}}=\sqrt{\frac{g}{\delta}}$ 이다.

〈방법 1〉 그러므로

$N_c(\text{rpm})=\frac{60}{2\pi}\times\omega_0=\frac{60}{2\pi}\times\sqrt{\frac{g}{\delta}}=\frac{60}{2\pi}\times\sqrt{\frac{9.8(\text{m/s}^2)}{0.01\times10^{-3}(\text{m})}}=9453.32\text{rpm}$ 으로 계산된다.

〈방법 2〉 위 식을 약간 변형시키면, $N_c(\text{rpm})=300\sqrt{\frac{1}{\delta(\text{cm})}}$ 로 유도된다.

$N_c(\text{rpm})=300\sqrt{\frac{1}{\delta(\text{cm})}}=300\sqrt{\frac{1}{0.001\text{cm}}}=9468\text{rpm}$

방법1과 방법2의 값이 비슷함을 알 수 있다.

 ②

20 **내면이 원추형인 원통에 2개의 원추키 모양의 슬릿을 가진 원추를 넣고, 3개의 볼트로 죄어 두 축을 연결하는 것은?**

① 슬리브 커플링　　② 분할 머프 커플링
③ 셀러 커플링　　④ 플랜지 커플링

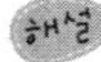

머프커플링은 고정커플링의 한 종류로 주철제의 원통속에 두축을 맞대어 맞추고 키로 고정한 것, 플랜지커플링은 양 축단에 각각 플랜지를 억지끼워맞춤으로 끼우고 키로 고정 한 것, 셀러원추커플링은 위의 개념과 같다.

정답 ③

21 **두축이 평행하고 두축의 중심선이 약간 떨어진 경우에 각속도의 변화없이 토크를 전달시키려고 할 때 사용하는 커플링은?**

① 머프 커플링　　② 플랜지 커플링
③ 올덤 커플링　　④ 유니버설 커플링

올덤커플링 : 두축이 평행하고 두축의 중심선이 약간 떨어진 경우에 각속도의 변화없이 토크를 전달시키려고 할 때 사용하는 커플링

정답 ③

22 **한 축에서 다른 축으로 운전 중 단속을 할 경우 사용되는 축 이음은?**

① 유니버설 조인트　　② 올덤 커플링
③ 물림 클러치　　④ 플렉시블 커플링

플렉시블커플링은 양 축의 중심선이 정확하게 일치하지 않을 때 사용, 올덤커플링은 2개의 축이 평행하고 그 축의 중심선의 위치가 약간 어긋났을 경우 각속도의 변화없이 토크를 전달하고자 할 때 사용, 유니버설커플링은 양축이 같은 평면내에 있고 그 축선이 어떤 각도로 교차하는 경우에 사용

정답 ③

23 **단판 마찰클러치의 접촉면 평균 지름이 80mm, 전달 토크가 494kgf-mm, 마찰계수 0.2인 경우 전달 힘(kgf)은?**

① 44.8　　② 51.8　　③ 61.8　　④ 73.8

접선력(F)는 마찰계수(μ)와 누르는힘(Q)의 곱으로, $F=\mu\times Q$이고,
전달토크(T)는 접선력(F)과 반경(r)의 곱이므로, $T=\mu Q\times r$로 표현된다.
그러므로, $Q=\dfrac{T}{\mu\times r}=\dfrac{494}{0.2\times 80}=61.75\text{kgf}$으로 계산된다.

정답 ③

24 마찰 클러치의 장점이 아닌 것은?

① 주동축의 운전 중에도 단속이 가능하다.
② 무단변속에도 적은 충격으로 단속시킬 수 있다.
③ 토크가 걸리면 미끄럼이 일어나 안전장치의 작용을 한다.
④ 클러치의 재료는 온도상승에 의한 마찰계수 변화가 커야 한다.

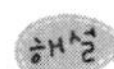

마찰클러치는 구동축과 수동축사이의 전동을 마찰력을 이용하여 양축을 연결하는 클러치로 회전 중에 단속할 수 있다. 연결시 약간의 미끄럼이 발생하지만 큰 전달토크를 전할 수 있다. 그러나, 마찰에 따른 마멸과 가열은 피할 수 없다. 클러치의 재료는 온도상승에 대한 마찰계수 변화가 작아야 항상 일정한 마찰력을 얻을 수 있다.

정답 ④

25 바깥지름 300mm, 안지름 250mm, 클러치를 미는 힘 500kgf, 마찰계수가 0.2라고 할 경우 클러치 전달토크(kgf−mm)는?

① 11390　　② 13750
③ 17530　　④ 18275

전달토크(T)는 접선력(F)와 반경(r)의 곱이므로, $T=\mu Q\times r$로 표현된다.

$T=0.2\times500\times\dfrac{D_o+D_i}{4}=0.2\times500\times\dfrac{300+250}{4}=13750\text{kgf}-\text{mm}$로 계산된다. 여기서 $\dfrac{D_o+D_i}{4}$는 유효반경이다.

정답 ②

26 유니버설 이음(universal joint)에 대한 설명으로 가장 적합한 것은?

① 2축이 평행하고 있을 때만 사용되는 커플링이다.
② 2축이 교차하고 있을 때 사용되는 커플링이다.
③ 2축이 평행하고 있을 때 사용되는 클러치이다.
④ 2축이 교차하고 있을 때 사용되는 클러치이다.

유니버설커플링은 양축이 같은 평면내에 있고 그 축선이 어떤 각도로 교차하는 경우에 사용하여 유니버설조인트(훅 조인트 혹은 자재이음)라고 하며, 전동중 양축을 맺는 각이 변화해도 무관하다. 보통 2축의 교차각이 30°이하에서 사용하며, 아주 저속인 경우는 45°까지 할 수 있다.

정답 ②

27 유니버설 조인트에 대한 설명으로 가장 적합한 것은?

① 두 축이 평행할 때 사용되는 감속장치이다.
② 두 축이 일직선상일 때 사용되는 클러치이다.
③ 두 축이 30도 이하 각도로 만나고 있을 때 사용되는 클러치의 일종이다.
④ 두 축이 30도 이하 각도로 만나고 있을 때 사용되는 커플링의 일종이다.

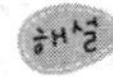

유니버설조인트는 양축이 같은 평면내에 있고 그 축선이 어떤 각도로 교차하는 경우에 사용하며, 보통 2축의 교차각이 30°이하이다.

정답 ④

28 유니버설조인트에서 두 축간 속도비는 축이 90° 회전할 때마다 어떻게 변화하는가? (단, 두 축의 교차각을 α라 한다)

① $\sin\alpha$에서 $\tan\alpha$ 사이를 변화한다.
② $\cos\alpha$에서 $\sin\alpha$ 사이를 변화한다.
③ $\cos\alpha$에서 $\dfrac{1}{\cos\alpha}$ 사이를 변화한다.
④ $\sin\alpha$에서 $\dfrac{1}{\sin\alpha}$ 사이를 변화한다.

교차각 α, $\dfrac{\omega_1}{\omega_2}=\dfrac{1-\sin^2\theta\sin^2\alpha}{\cos\alpha}$ ······(식 1) (θ는 구동축 1의 임의의 회전각)

1식에서 $\theta=0$, $\dfrac{\omega_1}{\omega_2}=\dfrac{1}{\cos\alpha}$ ······(식 2) ($\sin^2\theta$는 회전에 의해 0과 1사이의 값))

$\theta=90$, $\dfrac{\omega_1}{\omega_2}=\dfrac{1-\sin^2\alpha}{\cos\alpha}=\dfrac{\cos^2\alpha}{\cos\alpha}=\cos\alpha$ ······(식 3)

즉, 2식과 3식에 의해 최대 최소를 반복한다.

정답 ③

29 구름베어링을 미끄럼베어링과 비교한 특징으로 틀린 것은?

① 마찰이 적다.
② 시동 저항이 크다.
③ 동력을 절약할 수 있다.
④ 윤활유의 소비가 적다.

해설

베어링 형식에 따라 미끄럼접촉을 구름접촉으로 바꾸어서 마찰이 훨씬 작은 구름마찰을 하는 구름베어링과 축과 베어링이 면접촉으로 미끄럼 마찰을 하는 미끄럼베어링으로 나눈다. 구름베어링은 마찰이 적으므로 시동저항이 적다.

정답 ②

30 **구름베어링을 미끄럼베어링과 비교한 일반적인 특징으로 틀린 것은?**

① 구조가 복잡하다.
② 진동과 소음이 작다.
③ 표준형 양산품으로 호환성이 높다.
④ 기동 토크(마찰)가 작다.

해설

구름베어링은 점접촉을 행하므로, 마찰이 적지만 충격에 약하며, 미끄럼베어링에 비해 소음과 진동이 크다.

정답 ②

31 **전동축이 회전할 때 축에 직각방향으로만 힘이 작용하는 축에 사용하는 베어링으로 가장 적합한 것은?**

① 레이디얼 볼 베어링
② 원추 롤러 베어링
③ 스러스트 볼 베어링
④ 피봇 저널 베어링

해설

작용하는 힘의 방향에 따라 레이디얼베어링, 스러스트베어링으로 나누고, 레이디얼(radial)베어링은 레이디얼하중(축선에 직각방향하중)을 지지하고, 스러스트(thrust)베어링은 스러스트하중(축선방향의 하중)을 지지한다.

정답 ①

32 **축방향 하중만 작용할 때 사용하는 베어링으로 가장 적합한 것은?**

① 스러스트 볼 베어링
② 앵귤러 볼 베어링
③ 테이퍼 롤러 베어링
④ 자동조심 볼 베어링

해설

축방향의 하중이란 스러스트 하중을 말하므로, 스러스트 베어링이 답이다.

정답 ①

33 **스러스트 베어링이 아닌 것은?**

① 미첼베어링
② 피벗베어링
③ 자동조심형 베어링
④ 킹스버리베어링

해설

자동조심심형 베어링은 레이디얼베어링의 한 종류이며, 내륜이 기울어져도 보올의 관계 위치는 언제나 일정하다.

정답 ③

34 축 방향과 축 직각방향의 베어링 하중을 동시에 크게 받는 경우, 가장 적합한 구름베어링은?

① 복식 평면자리형 스러스트 볼 베어링
② 단열 깊은 홈형 볼 베어링
③ 복열 앵귤러 볼 베어링
④ 원추 롤러 베어링

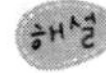

내륜, 외륜 및 테이퍼롤러의 원추 정점이 축전상의 한 점에 모이며, 롤러는 내륜의 턱에 의하여 안내된다. 그래서 레이디얼 하중과 한 방향의 스러스트 하중의 합성하중에 대한 부하능력이 크다.

 ④

35 베어링의 번호가 6008일 때, 베어링의 안지름(mm)은?

① 8 ② 20 ③ 30 ④ 40

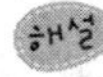

베어링번호의 60은 구름베어링의 형식기호이고, 08은 안지름값을 5로 나눈값이다. 그러므로 안지름값은 $d = 8 \times 5 = 40\text{mm}$ 로 계산된다.

 ④

36 베어링 하중 165kgf, 회전수가 300rpm인 단열 레이디얼 볼 베어링이 수명시간은?(단, 사용 베어링의 기본 부하용량은 C=1690kgf이다.)

① 29641 시간 ② 49700 시간
③ 129640 시간 ④ 59694 시간

$L = (\frac{C}{P})^3 = (\frac{1690}{165})^3 = 1074.5$ 이고, 회전수명시간(L_h)은 회전수명회전수를 N(rpm)으로 나눈 값이므로, $L_h = \frac{L \times 10^6}{N \times 60} = \frac{(\frac{C}{P})^r \times 10^6}{N \times 60}$(시간)⋯⋯(식 1)로 유도된다. 여기서 60은 시간으로 환산하는 계수이다.

1식에서 $10^6 = 500 \times 33.3 \times 60$ 이므로 대입하면,

$$L_h = 500 \times (\frac{C}{P})^r \times \frac{33.3}{N} \cdots\cdots (\text{식 } 2)$$

1식= 2식이므로 어느 것을 선택해도 답은 같다.

1식에 대입하면 $L_h = \frac{1074.5 \times 10^6}{300 \times 60} = 59694.7$(시간)으로 계산된다.

정답 ④

37 볼 베어링에서 처음 수명이 L_n 인 경우, 동일조건에서 베어링 하중만을 2배로 하면 수명은?

① $\frac{1}{2}L_n$ ② $\frac{1}{4}L_n$

③ $\frac{1}{8}L_n$ ④ $\frac{1}{16}L_n$

해설

베어링 처음수명(L_n)은 $L_n=(\frac{C}{P})^r$ 으로 C는 기본부하용량, P는 베어링 하중, r은 볼베어링이면 3이다. L_n(회전)$=(\frac{C}{P})^3$에 베어링하중(P)만 2배하므로

L(회전)$=(\frac{C}{2P})^3=\frac{1}{2^2}(\frac{C}{P})^3=\frac{1}{8}L_n$으로 유도된다.

정답 ③

38 기본 부하용량이 2400kgf인 볼베어링이 베어링 하중 200kgf를 받고, 500rpm으로 회전할 때, 이 베어링의 수명시간은?

① 57540 시간 ② 78830 시간

③ 87420 시간 ④ 98230 시간

해설

$L=(\frac{C}{P})^3=(\frac{2400}{200})^3=1728$이고, $L_h=\frac{L\times10^6(\text{시간})}{N\times60}$으로 유도된다. 여기서 60은 시간으로 환산하는 계수이다. $L_h=\frac{1728\times10^6}{500\times60}=57600$(시간)으로 계산된다.

정답 ①

39 500rpm으로 회전하고 있는 볼베어링에 500kgf의 레이디얼 하중이 작용하고 있다. 이 베어링의 기본동적 부하용량이 3000kgf일 때, 베어링의 정격수명은? (단, 하중계수는 1로 한다.)

① 6400시간 ② 7200시간

③ 8400시간 ④ 9600시간

해설

$L=(\frac{C}{P})^3=(\frac{3000}{500})^3=216$이고, $L_h=\frac{L\times10^6(\text{시간})}{N\times60}$으로 유도된다. 여기서 60은 시간으로 환산하는 계수이다. $L_h=\frac{216\times10^6}{500\times60}=7200$(시간)으로 계산된다.

정답 ②

40 구름베어링에 비교한 미끄럼베어링의 특징으로 올바른 것은?

① 지름이 크고 폭이 작다.
② 규격화 되지 않으나 제작이 용이하다.
③ 기동마찰이 적고, 온도 변화에 비교적 좋다.
④ 고속에서는 성능이 나쁘나, 저속에서는 좋다.

정답 ②

41 미끄럼베어링 재료가 구비하여야 할 성질이 아닌 것은?

① 열에 녹아 붙음이 일어나기 어려울 것.
② 마멸이 적고 면압 강도가 클 것.
③ 피로 한도가 작을 것.
④ 내식성이 높을 것.

해설

피로한도란 반복하중에 의해 견딜 수 있는 정도를 말하는데 이 한도가 작으면 반복하중을 받을 경우 미끄럼베어링은 파손되기 쉽다.

정답 ③

42 베어링에 오일실을 사용하는 가장 중요한 이유는?

① 접촉이 잘 되도록 하기 위해서
② 마찰 면이 적고 열 발산을 위하여
③ 유막이 끊기지 않도록 하기 위하여
④ 기름이 새는 것과 먼지 등의 침입을 막기 위하여

해설

오일실은 기름이 새는 것과 먼지 등의 침입을 막기 위하여 사용한다.

정답 ④

43 베어링저널의 최대하중을 P, 저널길이를 l, 지름을 d라 할 때, 베어링압력 p는?

① $p=\dfrac{P\cdot d}{l}$　② $p=\dfrac{d\cdot l}{P}$　③ $p=P\cdot d\cdot l$　④ $p=\dfrac{P}{d\cdot l}$

해설

압력(p)는 힘(혹은 무게: P)를 면적(힘에 수직인 면적: A)로 나눈 값이다.

그러므로, $p=\dfrac{F}{A}=\dfrac{F}{d\times l}$ 이다.

정답 ④

44 구름베어링과 비교한 미끄럼베어링의 장점이 아닌 것은?

① 내충격성이 크다.
② 유막에 의한 감쇠력이 우수하다.
③ 일반적으로 구조가 간단하다.
④ 표준형 양산품으로 호환성이 높다.

해설

〈구름베어링과 미끄럼베어링의 비교〉

구분	구름베어링	미끄럼베어링
하중	양방향(원주와 축방향)의 하중을 하나의 베어링으로 받을 수 있다.	양방향의 하중을 하나의 베어링으로 받을 수 없다.
모양치수	니들베어링을 제외하고 외경이 크고 너비가 작다.	외경이 작고 너비가 크다.
내충격성	약함	대체로 강함
진동소음	발생이 쉽다.	발생이 어렵다.
부착조건	끼워맞춤에 주의	구조가 간단하여 주착조건이 쉽다.
윤활조건	용이함, 그리스윤활은 윤활장치가 필요없음	주의해야 하며 윤활장치가 필요
수명	피로손상에 의해 한정	마멸에 좌우
온도	점도변화에 영향을 받지 않음	점도에 양향을 줌, 윤활유 선택에 주의
운전속도	고속회전에 부적합, 저속운전에 적당	마찰열을 잘 제거한다면 고속회전에 적당, 저속회전에 부적당
호환성	규격화되어 있어 호환성이 좋음	규격이 없고 주문생산, 호환성이 떨어짐
보수	파손되면 교환, 보수가 간단	윤활장치가 있으므로, 보수에 시간과 노력이 필요
마찰	기동마찰이 0.002-0.006으로 작고 일반적으로 마찰이 작다.	기동마찰이 0.01-0.1로 크며 마찰도 일반적으로 큰 경우가 많다.
가격	보통 고가	보통 저렴

 ④

45

허용압력·속도계수(발열계수)가 $p \cdot v = 2\mathrm{N/mm^2 \cdot m/s}$인 안지름 60mm, 길이 70mm의 중간 저널 베어링을 250rpm으로 회전하는 축에 사용하였을 경우 허용하중(N)은?

① 4583　　② 9167

③ 10695　　④ 12210

압력(p)와 속도(v)의 곱이 $p \cdot v = 2\mathrm{N/mm^2 \cdot m/s}$이므로,

$p = \dfrac{F}{d \times l} = \dfrac{F(N)}{60 \times 70(\mathrm{mm^2})}$, $v = \pi \times d \times N = \pi \times 0.06(\mathrm{m}) \times \dfrac{250}{60(\mathrm{s})}$을 각각 대입하자.

$p \cdot v = 2\mathrm{N/mm^2} \cdot \mathrm{m/s} = \dfrac{\mathrm{F}}{60 \times 70} \times \dfrac{\pi \times 0.06 \times 250}{60}$에서,

$F = \dfrac{2 \times 60 \times 70 \times 60}{\pi \times 0.06 \times 60} = 10695.21218N$으로 계산된다.

정답 ③

46

지름 50mm인 축에 폭이 150mm인 미끄럼베어링을 설치하려고 한다. 베어링이 받는 전체 하중이 1200kgf이면 베어링 압력은 몇 $\mathrm{kgf/mm^2}$인가?

① 0.16　　② 0.20

③ 0.32　　④ 0.40

압력(p)는 힘(혹은 무게: F)를 면적(힘에 수직인 면적: A)로 나눈 값이다. 그러므로

$p = \dfrac{F}{A} = \dfrac{F}{d \times l} = \dfrac{1200}{50 \times 150} = 0.16\mathrm{kgf/mm^2}$이다.

정답 ①

PART
04
동력전달
기계요소 II
－마찰 및 감아걸기－

마찰차

1-1 마찰차의 개요

1. 마찰차의 특징

① 2개의 바퀴가 서로 밀어붙여 마찰접촉(구름접촉)으로 동력 전달
② 약간의 미끄럼이 있어 일정 속도비 유지가 곤란, 전달 동력이 작다.
③ 접촉면이 매끈하여 바퀴의 위치를 이동할 수 있어 운전이 정숙, 전동 단속에 무리 없음
④ 피동 마찰차에 과부하가 생길 시 미끄럼에 의한 손상 방지
⑤ 누르는 힘(밀어붙이는 힘)이 크면 베어링부하가 커져 마찰손실이 큼, 전동효율 나빠짐

2. 마찰차의 종류

① 원통마찰차 : 2축이 평행, 마찰차가 원통형
② 홈마찰차 : 2축이 평행, 접촉면에 홈
③ 원추마찰차 : 2축이 어느 각도로 교차, 마찰차는 원추형
④ 무단변속마찰차 : 원판, 원추, 곡면 등을 이용한 무단 변속

1-2 마찰차 설계

1. 원통마찰차

(1) 회전방향과 속도비

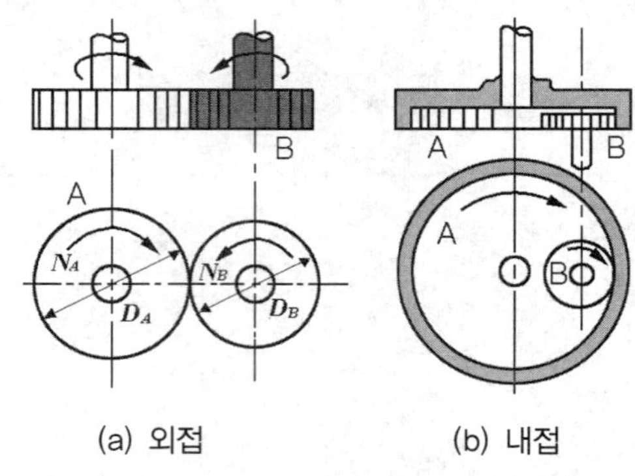

그림 4-1 원통마찰차의 접촉

마찰차의 접촉면 원주속도$(v) = \pi D_A N_A = \pi D_B N_B$ …… (식 1)

여기서, 밑에 붙은 기호A는 원동차(구동차), 기호B는 종동차(피동차)를 의미한다. 즉, D_A는 원동차의 지름을 의미한다. 따라서,

$$\text{속도비}^{1)}(i) = \frac{\text{원동차회전각속도}}{\text{종동차회전각속도}} = \frac{w_A}{w_B} = \frac{N_A}{N_B}$$

이고, 1식을 대입하면, $i = \dfrac{N_A}{N_B} = \dfrac{D_B}{D_A} = \dfrac{r_B}{r_A}$

또한, 외접하면 회전방향이 달라지며, 내접하면 회전방향이 같음을 알 수 있다.

(2) 전달동력

밀어붙이는 힘을 Q라 하면, 마찰력 F는 마찰계수 μ와 관계에서, $F = \mu Q$

$$\text{최대전달 동력}(H) = F \times v = \frac{\mu Q \times v}{75}(ps) = \frac{\mu Q \times v}{102}(kW)$$

여기서 F는 kgf, v는 m/s이다.

1) 속도비는 KBS 0102-2002에 의거 $\dfrac{\text{원동차 회전각속도}}{\text{종동차 회전각속도}}$로 개정되었다. 따라서, 주어진 문제에 별다른 조건 없이 속도비라고 물으면 이렇게 풀어야 한다. 단, 문제에 대한 조건이 원동차에 대한 종동차의 속도비라고 물으면 그 조건을 따라야 한다.

2. 홈마찰차

① 밀어붙이는 힘이 커야 큰 동력을 전달하는 원통마찰차의 경우 베어링 손실동력이 증가하므로, 이를 개선하기 위해 밀어붙이는 힘은 그대로 두고 전달동력을 크게 하도록 개량

② 접촉면을 쐐기모양의 요철부로 만들어 작음 힘을 밀어붙여도 큰 전달력 얻음

③ 밀어붙이는 힘을 Q라 하면, 경사각 α에 의한 수직력 Q'는

$$Q' = \frac{Q}{\sin\alpha + \mu\cos\alpha}$$

마찰력 $F = \mu Q' = \mu \times \dfrac{Q}{\sin\alpha + \mu\cos\alpha} = \dfrac{\mu}{\sin\alpha + \mu\cos\alpha} \times Q = \mu' Q$

여기서, $\mu' = \dfrac{\mu}{\sin\alpha + \mu\cos\alpha}$

최대전달 동력$(H) = F \times v = \dfrac{\mu' Q \times v}{75}(ps) = \dfrac{\mu' Q \times v}{102}(kW)$

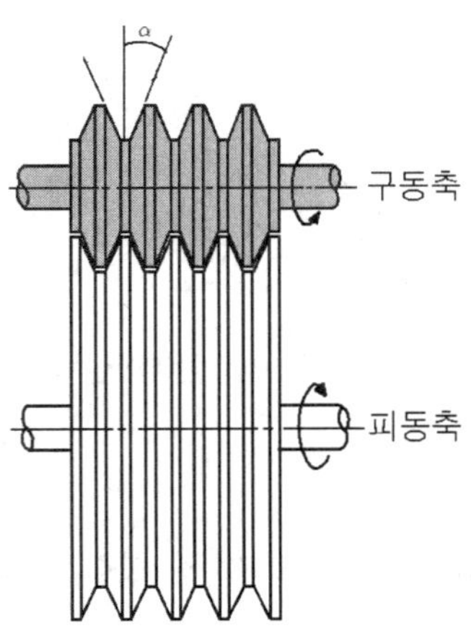

그림 4-2 홈마찰차

3. 원추마찰차

(1) 축각과 속도비

① 원동차의 원추각 α, 종동차의 원추각 β라면, 축각$(\theta) = \alpha + \beta$가 된다.

② 속도비$(i) = \dfrac{\text{원동차 회전각속도}}{\text{종동차 회전각속도}} = \dfrac{w_A}{w_B} = \dfrac{N_A}{N_B} = \dfrac{D_B}{D_A} = \dfrac{\sin\beta}{\sin\alpha}$

$i = \dfrac{\sin\beta}{\sin(\theta - \beta)} = \dfrac{\tan\beta}{\sin\theta - \cos\theta\tan\beta}$ (sin합차공식에 의거)

$$\tan\alpha = \frac{\sin\theta}{\frac{N_A}{N_B} + \cos\theta}, \quad \tan\beta = \frac{\sin\theta}{\frac{N_B}{N_A} + \cos\theta}$$

만일, 축각$(\theta) = 90°$일 경우, $\tan\beta = \frac{N_A}{N_B} = i$, $\tan\alpha = \frac{N_B}{N_A} = \frac{1}{i}$

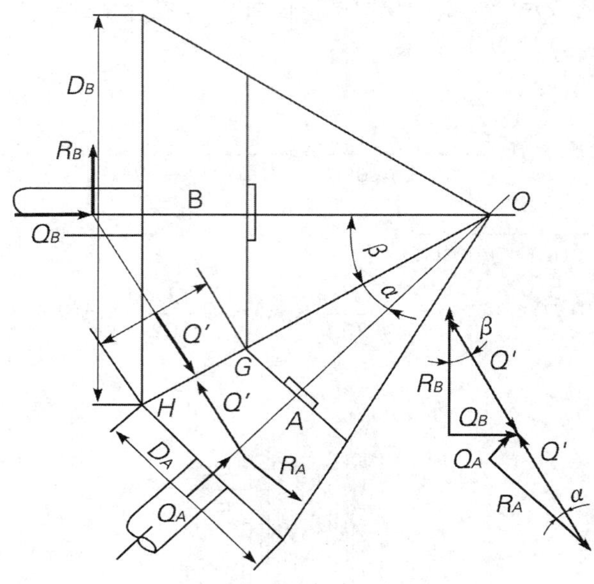

그림 4-3 **원추마찰차**

(2) 전달동력

밀어붙이는 힘을 Q_A, Q_B라 하면, 접촉면에 의한 수직력 Q'는

$$Q' = \frac{Q_A}{\sin\alpha} = \frac{Q_B}{\sin\beta}$$

$$\text{마찰력} F = \mu Q' = \mu \times \frac{Q}{\sin\alpha} = \mu \times \frac{Q}{\sin\beta}$$

$$\text{최대전달 동력}(H) = F \times v = \frac{\mu Q' \times v}{75}(ps) = \frac{\mu Q' \times v}{102}(\mathrm{kW})$$

(3) 베어링 작용 하중

밀어붙이는 힘 Q_A, Q_B에 대한 분력을 R_A, R_B라 하면,

$R_A = \frac{Q_A}{\tan\alpha}$, $R_B = \frac{Q_B}{\tan\beta}$ 이고, 이 분력은 베어링의 횡하중으로 작용한다.

만일, 축각$(\theta) = 90°$ 일 경우

$R_A = Q_B$, $R_B = Q_A$ 가 된다.

4. 무단변속마찰차

① 어느 범위 내에서 연속적인 속도비 구현

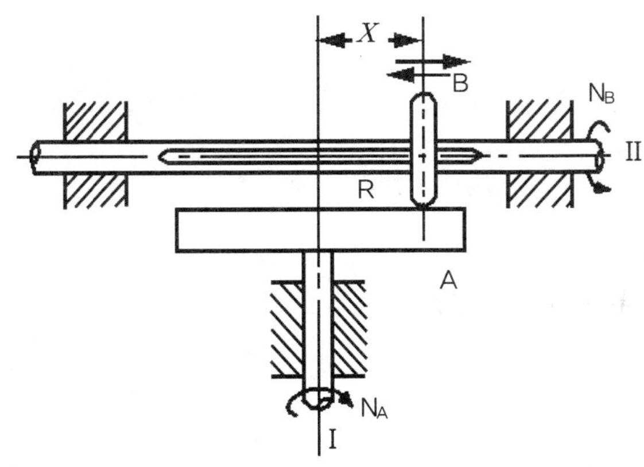

그림 4-4 원판무단변속

② 속도비

원판차 A를 고정, II축의 마찰차 B를 A의 중심에서 임의의 거리 x라 하면

$$속도비(i) = \frac{원동차회전각속도}{종동차회전각속도} = \frac{w_A}{w_B} = \frac{N_A}{N_B} = \frac{R_B}{x}$$

벨 트

2-1 감아걸기 전동의 개요

1. 감아걸기 전동의 특징

① 축간거리가 클 경우 감아걸기(간접 동력전달)
② 고속 고부하의 경우 미끄럼으로 인한 일정 속도비 전달 불가
③ 회전 충격 흡수가 가능
④ 부하가 커지면 미끄러져 기계 무리가 적음

2. 감아걸기 전동의 범위

<table>
<tr><th colspan="2" rowspan="2">벨트/체인</th><th rowspan="2">축간거리 (m)</th><th colspan="2">회전비</th><th colspan="2">벨트/체인속도(m/s)</th></tr>
<tr><th>보통</th><th>최대</th><th>보통</th><th>최대</th></tr>
<tr><td colspan="2">① 평벨트</td><td>10이하</td><td>1:1~6</td><td>1:15</td><td>10~30</td><td>50</td></tr>
<tr><td colspan="2">② V벨트</td><td>5이하</td><td>1:1~7</td><td>1:10</td><td>10~18</td><td>25</td></tr>
<tr><td colspan="2">③ 로프</td><td>10~25</td><td>1:1~2</td><td>1:5</td><td>15~25</td><td>30</td></tr>
<tr><td rowspan="2">④ 체인</td><td>롤러</td><td>4이하</td><td>1:1~7</td><td>1:10</td><td>4이하</td><td>10</td></tr>
<tr><td>사일런트</td><td>4이하</td><td>1:1~8</td><td>1:10</td><td>8이하</td><td>10</td></tr>
</table>

2-2 평벨트

1. 평벨트 종류

① **가죽벨트** : 소 가죽을 연하게 처리, 여러 겹(ply) 겹쳐 사용

② **직물벨트** : 무명, 마, 합성섬유 등과 같은 직물로 이음매 없이 구성, 가죽벨트 보다 인장강도 크나, 유연성 나빠 풀리와 접촉이 떨어져 전동능력이 낮음 ⇒ 가벼워 고속회전에 적합

③ **고무벨트** : 직물벨트에 고무를 포게 붙여 만듬. 유연하고 풀리에 잘 접촉, 미끄럼이 적고 수명이 김. 습기에 잘 견디고 먼지 등에 의한 손상이 없다. 빛, 기름, 열에 약함

④ **강벨트** : 냉간 압연한 얇은 강판을 사용. 가죽벨트와 같은 동력 전달시 1/5너비 필요

⑤ **타이밍벨트** : 미끄럼을 완전히 없애기 위해 접촉면을 치형 붙임, 강성 코드를 사용하여 늘어남을 방지 ⇒ 미끄럼 크리프가 거의 없고 속도변화가 거의 없다. 굽힘저항이 작아 작은 풀리에도 사용, 저속 및 고속에서 원활한 운전

2. 벨트 이음

① 종류 : 접착제(아교)로 잇는 법, 철사나 가죽끈으로 잇는 법, 이음쇠(벨트레이싱, 앨리케이터)를 사용하는 법

② 벨트이음면 작용힘 : 벨트 유효장력(F_e), 벨트의 이음각을 α라 하면,

㉠ 이음면 수평방향의 힘$(F_x) = F_e \times \sin\alpha$

㉡ 이음면 수직방향의 힘$(F_y) = F_e \times \cos\alpha$

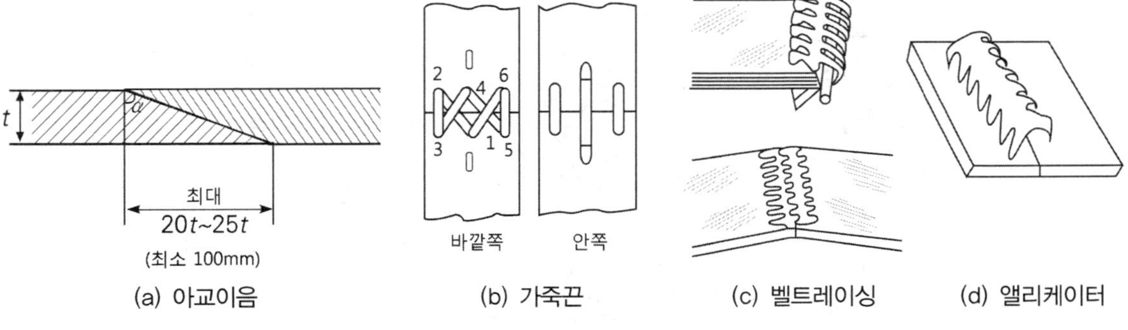

그림 4-5 벨트 이음

3. 벨트 풀리

(1) 벨트 풀리의 구성

① 림(rim) : 풀리 둘레(얇은 살의 바퀴 둘레)

② 보스(boss) : 축 구멍을 구성하는 중앙부분

③ 아암(arm) : 림과 보스 부분을 연결하는 막대부분(판을 사용할 수 있음)

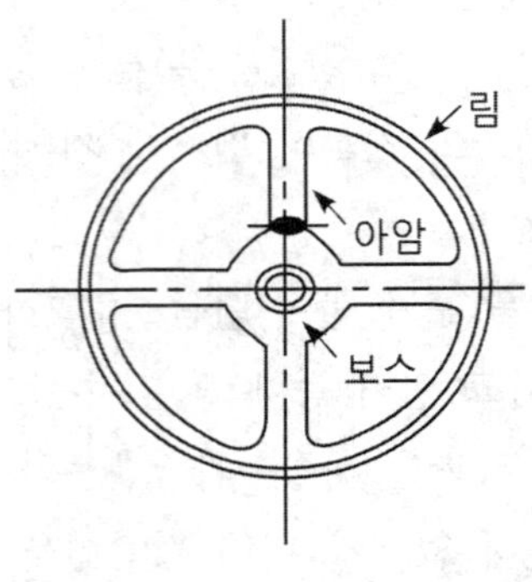

그림 4-6 벨트 풀리

(2) 풀리 재료

① 주철 : 3개 부분을 일체로 만든 것 사용 ⇒ 일체풀리

② 주강 : 원주속도 30m/s 이상시 사용 ⇒ 분할풀리

4. 벨트 길이와 속도비

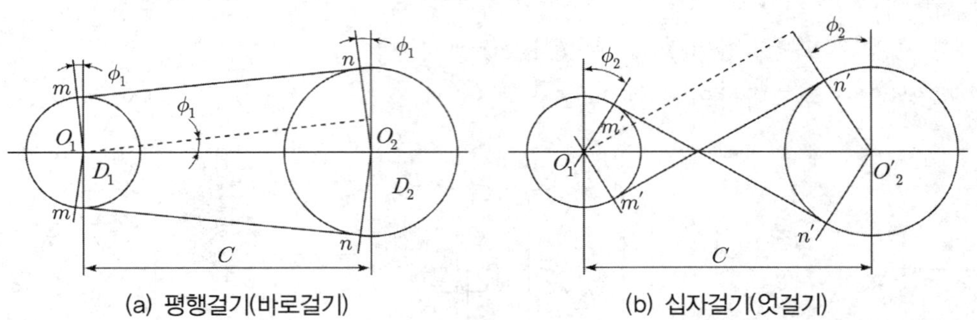

(a) 평행걸기(바로걸기)

(b) 십자걸기(엇걸기)

그림 4-7 벨트 길이

$$속도비(i) = \frac{w_A}{w_B} = \frac{N_A}{N_B} = \frac{D_B}{D_A} = \frac{D_B + t}{D_A + t}$$

(2) 벨트 이상 현상

① 크리핑(creeping) : 벨트와 림의 속도차에 의해 벨트가 림 면을 기어가는 현상

② 플래핑(flapping) : 축간거리가 길어져 고속 벨트 전동시 벨트가 파닥파닥 소리를 내면서 파도치는 현상

(3) 벨트 길이(L)

① 평행걸기(바로걸기)

$$L_p = 2C + \frac{\pi}{2}(D_A + D_B) + \frac{(D_B - D_A)^2}{4C}$$ 여기서, C는 축간거리

② 십자걸기(엇걸기)

$$L_x = 2C + \frac{\pi}{2}(D_A + D_B) + \frac{(D_B + D_A)^2}{4C}$$

(4) 접촉각(θ)

① 평행걸기(ϕ_1) $= \dfrac{D_B - D_A}{2C}$

② 십자걸기(ϕ_2) $= \dfrac{D_B + D_A}{2C}$

(5) 비교

① 평행걸기 : 접촉각이 작다. 원동차와 종동차의 회전방향이 같다.

② 십자걸기 : 접촉각이 크다. 원동차와 종동차의 회전방향이 반대. 벨트 비틀림에 의한 이상방지를 위해 축간거리를 벨트너비의 20배 이상으로 함.

5. 전달동력

(1) 벨트 장력

① 초기장력(F_0) : 벨트를 풀리에 걸 때 약간의 인장력(처음 전동에 마찰을 얻기 위함)

② 유효장력(F_e) : 풀리를 돌리기 위해 풀리원주에 작용하는 유효전달력

$$F_e = F_t(\text{긴장력}) - F_s(\text{이완력})$$

③ 장력비($e^{\mu\theta}$) $= \dfrac{F_t(\text{긴장력})}{F_s(\text{이완력})}$

④ 긴장력$(F_t) = \frac{e^{\mu\theta}}{e^{\mu\theta}-1}F_e + \frac{wv^2}{g}$

⑤ 이완력$(F_s) = \frac{1}{e^{\mu\theta}-1}F_e + \frac{wv^2}{g}$

⑥ 원주속도가 10m/s 이하일 경우 원심력$(\frac{wv^2}{g})$은 무시해도 됨$(\frac{wv^2}{g}=0)$

따라서 ④와 ⑤는 $F_t = \frac{e^{\mu\theta}}{e^{\mu\theta}-1}F_e$, $F_s = \frac{1}{e^{\mu\theta}-1}F_e$로 변화

그러므로, 유효장력$(F_e) = \frac{e^{\mu\theta}-1}{e^{\mu\theta}}F_t = (e^{\mu\theta}-1)F_s$ …… (식 1)

따라서, 유효장력은 1식과 같이 간단히 표현된다.

(2) 전달동력(H)

① 원주속도가 10m/s 이하일 경우

$$H = \frac{F_e \times v}{75} = \frac{F_t(e^{\mu\theta}-1)}{e^{\mu\theta}} \times \frac{v}{75} = F_s(e^{\mu\theta}-1) \times \frac{v}{75}$$

② 원주속도가 10m/s 초과일 경우

$$H = \frac{F_e \times v}{75} = (F_t - \frac{wv^2}{g})\frac{(e^{\mu\theta}-1)}{e^{\mu\theta}} \times \frac{v}{75} = (F_s - \frac{wv^2}{g})(e^{\mu\theta}-1) \times \frac{v}{75}$$

6. 벨트의 치수 설계

① 변형률$(\epsilon) \fallingdotseq \frac{h}{D}$ 여기서, D는 풀리 지름, h는 벨트의 두께

② 벨트 굽힘응력$(\sigma_b) = E \times \epsilon = E \times \frac{h}{D}$

③ 벨트 인장력에 의한 인장응력$(\sigma_t) = \frac{F_t}{bh}$ 여기서, b는 벨트너비

④ 벨트에 생기는 응력$(\sigma) = \sigma_b + \sigma_t = \frac{hE}{D} + \frac{F_t}{bh}$ …… (식 2)

2식에서 $\frac{h}{D}$가 아주 작다고 가정하면 $(\sigma) = \frac{F_t}{bh} \Rightarrow b = \frac{F_t}{\sigma h}$

2-3 V벨트

1. V벨트 전동 특징

① 사다리꼴 단면, 이음매가 없는 벨트
② V풀리의 쐐기작용에 의해 마찰력 증대 ⇒ 작은 장력으로 큰 회전력 전달
③ 축간거리 5m까지 사용, 협소한 곳에 설치 가능
④ 평벨트에 비해 조용하고 충격완화 작용 가능
⑤ 미끄럼이 적어 높은 속도비 얻음(1:7~10), 원주속도 25m/s까지 고속운전 가능
⑥ 전동효율이 96~99% 정도, 장력이 작아 베어링 하중부담이 적음
⑦ 같은 방향의 회전에만 이용, 그 길이 조정이 없음 ⇒ 장력조정장치 필요(혹은 축이동 구조)

2. V벨트와 풀리

(1) 벨트

① 바깥쪽과 안쪽은 늘어나고 줄어드는 고무층
② 중간(신축이 없는 곳)은 강력하고 신장이 적은 벨트의 항장체로 강력인견 로프나 합성 섬유로프로 되어 있고, 외부는 고무를 입힌 면포로 피복
③ 벨트 종류 : M, A, B, C, D, E 등 6종류, 동력전달용으로는 M을 제외한 5종류

(2) 풀리

① 풀리 림 위에 V홈
② 홈의 각도와 모양을 정확히 가공, 홈 표면은 매끈하게 다듬질
③ 굽힘을 고려해서 피치원이 큰 것이 좋다.
④ 작은 풀리는 홈의 각도를 작게 한다.

3. V벨트 전달동력

(1) 접촉면에 작용힘

벨트장력에 의한 벨트홈 속으로 밀어붙이는 힘(Q), 접촉면 반력(Q'), 홈각 α라 하면

$$Q' = \frac{Q}{2(\sin\frac{\alpha}{2} + \mu\cos\frac{\alpha}{2})}$$

$$\text{회전힘}(F) = 2 \times \mu Q' = 2 \times \frac{\mu Q}{2(\sin\frac{\alpha}{2} + \mu\cos\frac{\alpha}{2})} = \frac{\mu}{\sin\frac{\alpha}{2} + \mu\cos\frac{\alpha}{2}} Q = \mu' Q$$

여기서 $\mu' = \frac{\mu}{\sin\frac{\alpha}{2} + \mu\cos\frac{\alpha}{2}}$ 이다.

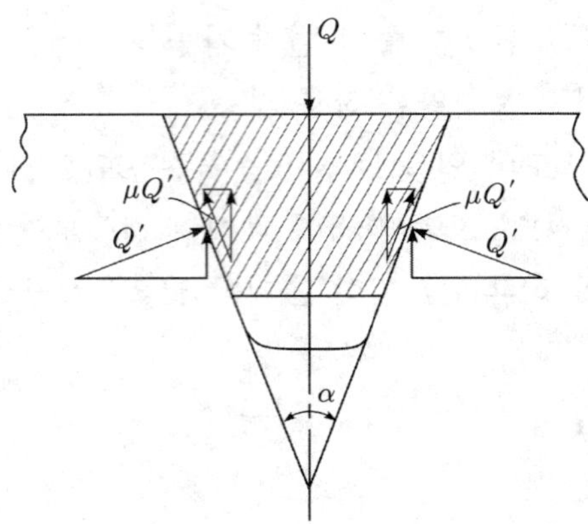

그림 4-8 **벨트 접촉면 힘**

(2) 전달동력(H_{ps})

벨트의 수를 n이라 하면,

① 원주속도가 10m/s 이하일 경우

$$H = \frac{nF_t(e^{\mu'\theta} - 1)}{e^{\mu'\theta}} \times \frac{v}{75} = nF_s(e^{\mu'\theta} - 1) \times \frac{v}{75}$$

② 원주속도가 10m/s 초과일 경우

$$H = n(F_t - \frac{wv^2}{g})\frac{(e^{\mu'\theta} - 1)}{e^{\mu'\theta}} \times \frac{v}{75} = n(F_s - \frac{wv^2}{g})(e^{\mu'\theta} - 1) \times \frac{v}{75}$$

체인 · 로프

3-1 체인전동

1. 체인전동장치 특징

① 벨트나 로프보다 전동효율이 높다.(95% 이상)
② 미끄럼 없는 일정한 속도비
③ 초기장력이 필요없음 ⇒ 초기 베어링 하중이 없음
④ 접촉각은 90°이상, 축간거리도 비교적 짧게 잡을 수 있음
⑤ 체인의 탄성으로 충격하중 흡수
⑥ 다축 전동이 가능, 수리/유지가 용이 ⇒ 수명이 길다.
⑦ 40m이상의 축간거리 전동과 고속전동은 곤란함
⑧ 전달축은 서로 평행
⑨ 소음과 진동 발생

2. 롤러체인 설계

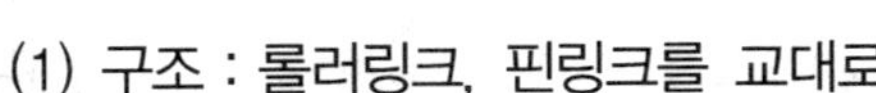
(1) 구조 : 롤러링크, 핀링크를 교대로 연결

① 롤러링크 : 롤러링크판에 부시를 고정, 부시 바깥쪽에 회전 롤러 끼움
② 핀링크 : 핀링크판에 핀을 고정

(2) 속도비$(i) = \dfrac{w_A}{w_B} = \dfrac{N_A}{N_B} = \dfrac{Z_B}{Z_A}$ 여기서 Z는 스프로킷의 잇수

(3) 체인길이 $(L) = 2C + \frac{\pi}{2}(D_A + D_B) + \frac{(D_B - D_A)^2}{4C}$ 원주$\pi D = Z \times p$(피치)이므로,

$$= 2C + \frac{(Z_A + Z_B)p}{2} + \frac{(Z_B - Z_A)^2 p^2}{4C\pi^2}$$

(4) 체인의 속도$(v_m) = \frac{p \times Z \times N}{1000 \times 60}(m/s) = \frac{\pi \times D_p \times N}{1000 \times 60}(m/s)$, 여기서 D_p는 피치원지름

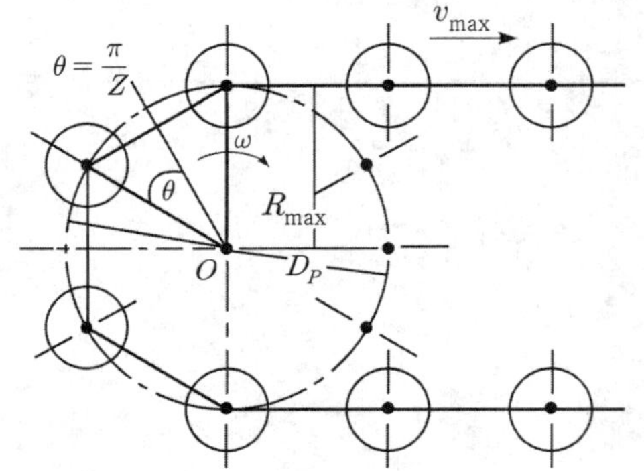

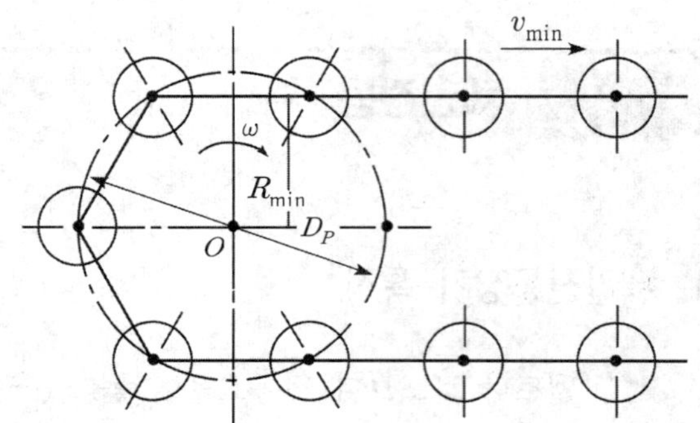

그림 4-9 체인의 속도 변동

① 최고속도$(v_{max}) = R_{max} \times w = \frac{D_p}{2} \times \frac{2\pi N}{60(s)}$(mm/s)

② 최저속도$(v_{min}) = R_{min} \times w = (\frac{D_p}{2} \times \cos\frac{\pi}{Z}) \times \frac{2\pi N}{60(s)}$(mm/s)

여기서, 각도 $\frac{\pi}{Z}$는 360°를 $2Z$개로 나눈값이다.

③ 속도변동률$(\epsilon_v) = \frac{v_{max} - v_{min}}{v_{max}} \times 100 = (1 - \cos\frac{\pi}{Z}) \times 100(\%)$

(5) 스프로킷 휠

① 스프로킷 휠 잇수는 10~70개, 잇수가 작으면 체인의 굴곡각도가 커져 원활한 운전이 어렵고, 진동을 발생 ⇒ 수명 단축

② 마모가 균일하게 일어나도록 홀수 개로 선택

③ 이의 재료는 인성, 내마모성을 동시 필요, 표면경화 열처리

3. 사일런트 체인

(1) 사일런트 체인 특징

① 롤러체인은 늘러나 물림상태가 나빠지고 소음 발생하지만, 사일런트 체인은 이런 결점을 수정하고, 고속에서도 정숙/원활한 운전

② 스프로킷휠 이와 접촉되는 면적이 크게 되어 운전이 원활, 전동효율이 98% 이상

③ 모양과 치수의 높은 정밀도 요구, 공작이 어려워 가격이 비싸다.

(2) 사일런트 체인 구조

① 요철의 양쪽에 3각형 다리를 가지는 강판을 연결

② 전동마력에 따라 링크를 가로로 몇 줄을 결정하여 나열(적당한 너비를 갖춤)

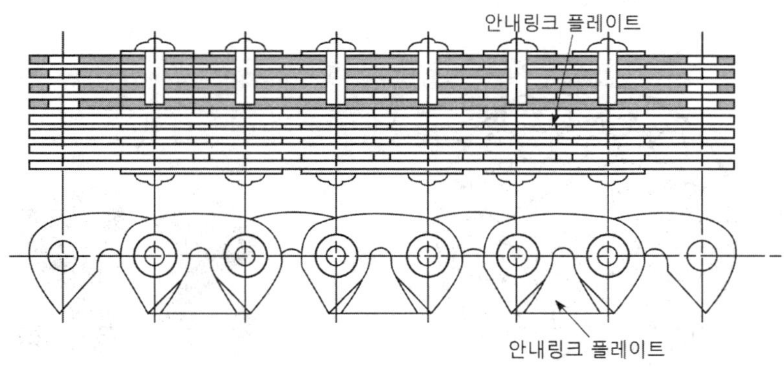

그림 4-10 **사일런트 체인**

3-2 로프전동

1. 로프전동 특징과 종류

(1) 로프전동 특징

① 목면, 마, 강선 등으로 로프 만듬, 로프를 홈이 있는 로프풀리에 감아 걸어서 회전을 전달

② 큰 동력 전달에 유리

③ 축간거리가 길어도 됨(와이어로프 축간거리 : 50~100m, 섬유로프 축간거리 : 10~30m)

④ 한 원동풀리에 여러 종동풀리 사용 가능
⑤ 벨트에 비해 미끄럼이 적고, 고속운전에 적합
⑥ 전동경로가 직선이 아닌 경우에도 사용 가능
⑦ 장치가 복잡 ⇒ 로프 벗기기 힘듬, 조정이 어렵고 절단시 수리가 어려움
⑧ 미끄럼은 적으나 전동이 불확실

(2) 로프 종류(로프 크기는 외접원의 지름으로 표시)

① 섬유로프 : 섬유로 만든 실을 꼬아서 작은 스트랜드(strand) 만들고, 3~4개의 스트랜드를 꼬아서 로프 만듦, 전동용으로 사용
② 와이어로프 : 강선(소선을 열처리하여 몇 번이고 다이를 통과시킨 후 아연도금)을 꼬아서 만듦. 크레인과 윈치 같은 중량물 운반용으로 사용
③ 꼬는 방법 : 오른나사와 같은 방향(Z꼬임) : 많이 사용, 왼나사와 같은 방향(S꼬임)

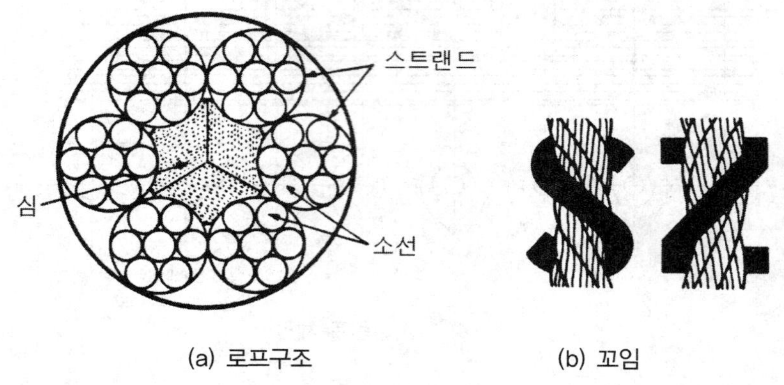

(a) 로프구조 (b) 꼬임

그림 4-11 로프구조와 꼬임

2. 로프 풀리와 감는법

(1) 로프 풀리

① 로프 풀리를 시이브(sheave)라고도 함
② 바깥둘레에 홈이 설치

(2) 로프 감는법

① 병렬식 : 2개 로프 풀리 사이에 서로 독립한 로프를 병렬로 여러 개 감아 거는 방식, 각 로프의 장력이 고르지 못함, 이음매에 의한 진동이 큼, 하중이 각 로프에 고르게 분배되어 로프 하나가 전단되어도 전동이 가능

② 연속식 : 하나의 긴 로프를 양 로프 풀리에 여러 번 감아 거는 방식, 운전중 진동 적고 장력 조절이 쉬움, 로프 한 곳이 절단되면 운전 불가능

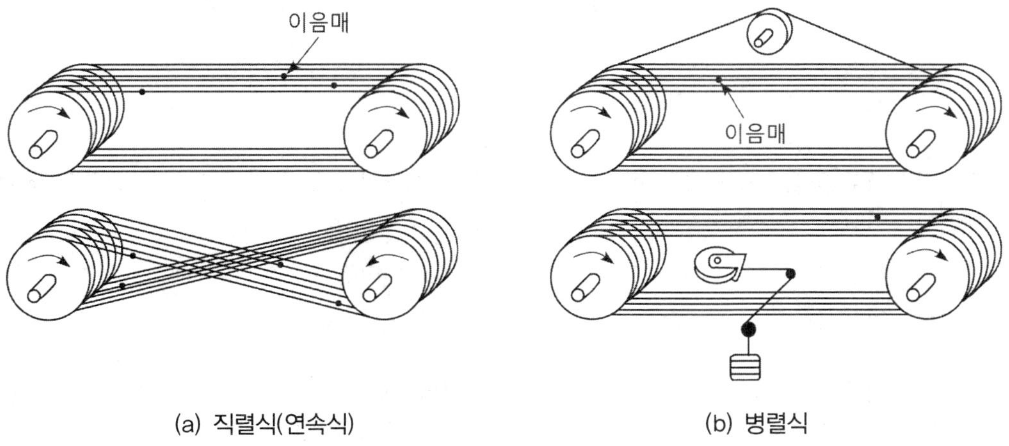

그림 4-12 로프 감는 방식

3. 로프 응력과 길이

① 인장응력$(\sigma_t) = \dfrac{F_t}{\dfrac{\pi d^2}{4} \times n}$ (F_t는 로프 인장력, d는 로프 소선지름, n은 소선의 수)

② 굽힘응력$(\sigma_b) = \dfrac{M}{z} = E \times \dfrac{d}{D}$ (D는 풀리 피치원 지름)

실제로 위식에 수정계수 C를 곱함, $\sigma_b = C \times \dfrac{Ed}{D}$

수정계수 C는 로프의 재료와 꼬는 방법에 따라 다르나 보통 3/8을 사용

③ 원심응력$(\sigma_f) = \dfrac{\text{원심력}}{\text{단면적}} = \dfrac{w}{n\dfrac{\pi d^2}{4}} \times \dfrac{v^2}{g}$

④ 로프 길이$(L_t) \fallingdotseq \pi D + 2l(1 + \dfrac{8}{3} \times \dfrac{h^2}{l^2})$

여기서, l은 축간거리, h는 처짐량이다.

적중예상문제

01 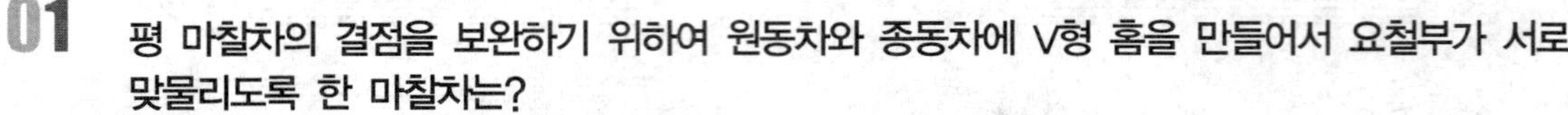
평 마찰차의 결점을 보완하기 위하여 원동차와 종동차에 V형 홈을 만들어서 요철부가 서로 맞물리도록 한 마찰차는?

① 원판 마찰차　　② 크라운 마찰차
③ 원추 마찰차　　④ 홈 마찰차

마찰차에는 원통마찰차, 홈마찰차, 원추마찰차, 무단변속마찰차로 나누는데, 원통마찰차는 두축이 평행하고 바퀴는 원통형이다. 홈마찰차는 두축이 평행하고 접촉면에 V홈이 있다. 원추마찰차는 두축이 어느 각도로 만나며 바퀴는 원추형이다. 홈마찰차는 밀어붙이는 힘을 증가시키지 않고 전달동력을 크게 하도록 개량한 것이다.

 ④

02 **원통마찰차 전동장치에서 원동차 지름이 180mm이고 속도비가 3일 때 두 축의 중심거리는?**

① 120mm　　② 180mm　　③ 360mm　　④ 420mm

속도비(i)는 피동회전수(N_b)에 대한 구동회전수(N_a)의 값을 말한다. 또한 속도비는 잇수(기어비=직경비)에 반비례하므로, $i = \dfrac{N_a}{N_b} = \dfrac{Z_b}{Z_a} = \dfrac{D_b}{D_a}$ 으로 표현된다. $i = 3 = \dfrac{D_b}{180}$ 에서 $D_b = 3 \times 180 = 540\text{mm}$ 으로 계산된다.

축간거리(L)은 $L = \dfrac{D_a + D_b}{2} = \dfrac{180 + 540}{2} = 360\text{mm}$ 로 계산된다.

 ③

03 **원동차의 지름이 125mm이고, 종동차의 지름은 350mm인 원통 마찰 전동장치에서 접촉면의 마찰계수가 0.2일 때, 200kgf의 힘으로 서로 밀어 붙일 경우 최대 전달토크(kgf-mm)는?**

① 3500　　② 7000　　③ 14000　　④ 28000

접선력(F)는 마찰계수(μ)와 누르는힘(Q)의 곱으로, $F = \mu \times Q$이고,
전달토크(T)는 접선력(F)와 반경(r)의 곱이므로, $T = \mu Q \times r$로 표현된다.

$T = \mu Q \times r = 0.2 \times 200 \times \dfrac{350}{2} = 7000\text{kgf} - \text{m}$ 로 계산된다.

 ②

04 10m/s 의 속도로 회전하는 원통 마찰차의 두 차를 밀어주는 힘이 74kgf, 접촉면의 마찰계수가 μ_{max}= 0.2 일 때, 전달 동력(kW)은?

① 0.85 ② 1.20
③ 1.45 ④ 1.80

해설

접선력(F)는 마찰계수(μ)와 누르는힘(Q)의 곱으로, $F=\mu\times Q=0.2\times 74=14.8\text{kgf}$이다. $H_p=F\times v$에서, $H_p=14.8(\text{kgf})\times 10(\text{m/s})\times\frac{1}{102}=1.4509\text{kW}$로 계산된다. 여기서 $\frac{1}{102}$는 $102\text{kgf}-\text{m/s}=1\text{kW}$에서 나왔다.

정답 ③

05 원추 접촉면의 평균지름이 500mm, 마찰면의 폭이 40mm, 원추 접촉면 허용압력이 0.8kgf/cm^2, 회전수는 1,000rpm이고, 접촉면의 마찰계수가 0.3인 원추 클러치의 전달동력(kW)은?

① 38.7 ② 52.6
③ 77.4 ④ 105.2

해설

누르는힘(Q)는 $Q=P\times A=P\times(\pi D\times b)=0.8(\text{kgf/cm}^2)\times\pi\times 50(\text{cm})\times(4\text{cm})$이므로,
접선력(F)는 마찰계수(μ)와 누르는힘(F)의 곱으로,
$F=\mu\times Q=0.3\times 0.8\times\pi\times 50\times 4=150.7964\text{kgf}$으로 계산된다.
$H_p=F\times v=F\times\pi DN=150.8(\text{kgf})\times\pi\times 0.5(\text{m})\times\frac{1000}{60(\text{s})}\times\frac{1}{102}=38.7\text{kW}$로 계산된다.
여기서 $\frac{1}{102}$는 $102\text{kgf}-\text{m/s}=1\text{kW}$에서 나왔다.

정답 ①

06 원동차 지름이 200mm, 종동차 지름이 350mm의 원통마찰차에서, 원동차가 12분간에 630회전할 때, 종동차의 20분간 회전수는?

① 300 ② 400
③ 500 ④ 600

해설

속도비(i)는 피동회전수(N_b)에 대한 구동회전수(N_a)의 값을 말한다. 또한 속도비는 잇수(기어비=직경비)에 반비례하므로, $i=\frac{N_a}{N_b}=\frac{D_b}{D_a}$으로 표현된다. $i=\frac{\frac{630}{13(\text{min})}}{\frac{N_b}{20(\text{min})}}=\frac{350}{200}$에서

$N_b=\frac{200}{350}\times\frac{630\times 20}{12}=600$으로 계산된다.

정답 ④

07 두 축간거리가 200mm, 속도비가 1/3인 외접원뿔 마찰차에서, 지름이 작은 마찰차의 지름(mm)은?

① 100　　② 155

③ 200　　④ 300

속도비(i)는 피동회전수(N_b)에 대한 구동회전수(N_a)의 값을 말한다. 또한 속도비는 잇수(기어비=직경비)에 반비례하므로, $i=\dfrac{N_a}{N_b}=\dfrac{D_b}{D_a}$으로 표현된다. $i=\dfrac{N_a}{N_b}=\dfrac{1}{3}=\dfrac{D_b}{D_a}$에서 $D_a=3D_b$이므로, 축간거리(L)은 $L=\dfrac{3D_b+D_b}{2}=\dfrac{4D_b}{2}=200\text{mm}$로 $D_b=100\text{mm}$로 계산된다.

$D_a=3D_b=3\times100=300\text{mm}$이다.

정답 ①

08 벨트전동장치에 대한 설명으로 옳지 않은 것은?

① 벨트와 풀리 사이의 마찰력에 의해 동력을 전달한다.

② 비교적 정숙한 운전이 가능하다.

③ 작은 크기의 토크를 전달하는 데 쓰인다.

④ 정확하고 일정한 속도비를 얻을 수 있다.

해설

벨트전동은 벨트와 풀리사이의 마찰력에 의해서 운동을 전달하므로, 약간의 미끄럼을 수반하여 기어와 같이 정확하고 일정한 속도비를 얻기 어렵다. 그러나, 어느 정도의 충격을 흡수하고, 부하가 커지면 미끄러져서 기계에 무리를 작게 주고, 비교적 정숙한 운동을 행한다.

정답 ④

09 평 벨트 전동과 비교했을 때 V벨트 전동의 특징이 아닌 것은?

① 속도비를 크게 할 수 있다.

② 벨트가 끊어졌을 때 쉽게 접합할 수 있다.

③ 미끄럼이 적고 효율이 좋다.

④ 주행상태가 원활하고 정숙하다.

해설

V벨트 전동은 쐐기작용(V홈)으로 마찰력을 증대시키도록 되어 있으며, 비교적 작은 장력으로 큰 회전력을 얻을 수 있다. 또한 양축간 거리가 5m이내의 협소한 장소에 설치가 가능하고 평벨트에 비해 조용하고 충격완화작용, 미끄럼이 작어 높은 속도비를 얻을 수 있고, 고속운전도 가능, 전동효율이 높으며 베어링의 하중 부담이 적다. 평벨트나 V벨트나 모두 끊어지면 접합하지 않고 교환한다.

정답 ②

10 평 벨트와 비교한 V벨트 전동장치에 대한 특징 설명으로 틀린 것은?

① 이음매가 없어 운전이 정숙하다.
② 지름이 작은 풀리의 사용이 가능하다.
③ 미끄럼이 적어 작은 장력으로 큰 회전력을 전달할 수 있다.
④ 설치 면적이 크므로, 사용이 불편하나 정확하고 일정한 속도비를 얻을 수 있다.

V벨트 전동은 이음매가 없어 운전이 정숙하다. 그러나, 마찰력으로 운동을 전달하므로 미끄럼은 발생한다. 즉, 평벨트보다 나은 전동효율을 가져오지만, 일정한 속도비는 얻기 어렵다.

 ④

11 평벨트 풀리와 벨트와의 접촉면 중앙을 약간 높게 하는 이유는?

① 강도를 크게 하기 위하여
② 외간상 보기 좋게 하기 위하여
③ 축간 거리를 맞추기 위하여
④ 벨트의 벗겨짐을 방지하기 위하여

중앙부분을 약간 높게 하면 벨트의 벗겨짐을 방지할 뿐 아니라 벨트의 누름현상을 증가시켜 마찰 전달효율을 높인다.

 ④

12 원동차 지름이 24cm, 회전수가 200rpm이고 종동차 지름이 36cm일 때, 벨트와 풀리의 미끄럼을 2%로 하면 종동차의 회전수(rpm)는?

① 127　　② 131
③ 138　　④ 142

속도비(i)는 피동회전수(N_b)에 대한 구동회전수(N_a)의 값을 말한다. 또한 속도비는

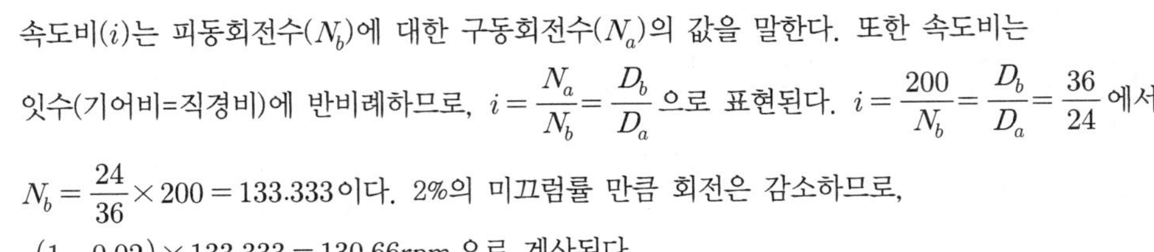

잇수(기어비=직경비)에 반비례하므로, $i=\dfrac{N_a}{N_b}=\dfrac{D_b}{D_a}$ 으로 표현된다. $i=\dfrac{200}{N_b}=\dfrac{D_b}{D_a}=\dfrac{36}{24}$ 에서

$N_b=\dfrac{24}{36}\times 200=133.333$ 이다. 2%의 미끄럼률 만큼 회전은 감소하므로,

$(1-0.02)\times 133.333=130.66\text{rpm}$ 으로 계산된다.

 ②

13 3kW, 1800rpm인 전동기로 300rpm인 펌프를 회전시킬 경우, 두 축간 거리가 600mm인 V벨트 전동장치에서 원동풀리의 지름이 120mm일 때 펌프에 설치하는 종동풀리의 지름은?

① 360mm　　② 480mm

③ 720mm　　④ 900mm

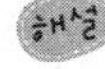

속도비(i)는 피동회전수(N_b)에 대한 구동회전수(N_a)의 값을 말한다. 또한 속도비는 잇수(기어비=직경비)에 반비례하므로, $i=\frac{N_a}{N_b}=\frac{D_b}{D_a}$으로 표현된다. $i=\frac{1800}{300}=\frac{D_b}{D_a}=\frac{D_b}{120}$에서 $D_b=120\times\frac{1800}{300}=720\text{mm}$로 계산된다.

 ③

14 직경 300mm의 V벨트 풀리가 300rpm으로 회전하고 있을 때, V벨트의 속도(m/s)는?

① 3.5　　② 4.7

③ 2.1　　④ 5.5

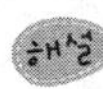

$v=\pi DN$에서 $v=\pi\times 0.3(\text{m})\times\frac{300}{60(\text{s})}=4.71238\text{m/s}$로 계산된다.

정답 ②

15 평벨트의 십자걸기(엇걸기)를 할 때, 벨트의 길이는? (단, C는 벨트의 중심거리, D_1, D_2 는 두 풀리의 지름)

① $L\fallingdotseq 2C+\frac{\pi}{2}(D_2+D_1)+\frac{(D_2-D_1)^2}{4C}$

② $L\fallingdotseq 2C+\frac{\pi}{2}(D_2+D_1)+\frac{(D_2+D_1)^2}{4C}$

③ $L\fallingdotseq 2C+\frac{\pi}{2}(D_2-D_1)+\frac{(D_2+D_1)^2}{4C}$

④ $L\fallingdotseq 2C+\frac{\pi}{2}(D_2-D_1)+\frac{(D_2-D_1)^2}{4C}$

십자걸기를 하면 $\frac{(D_2+D_1)^2}{4C}$만큼 벨트의 길이가 커지고, 평행걸기를 하면 $\frac{(D_2-D_1)^2}{4C}$만큼 커진다.

정답 ②

16 벨트 풀리의 지름이 D_1=100mm, D_2=200mm이고, 축간거리가 400mm일 때, 십자걸이의 벨트 길이(mm)는?

① 877.5 ② 927.5
③ 1277.5 ④ 1327.5

해설

십자걸이이므로 $L \fallingdotseq 2C + \frac{\pi}{2}(D_2 + D_1) + \frac{(D_2 + D_1)^2}{4C}$ 에 대입한다.

$L \fallingdotseq 2 \times 400 + \frac{\pi}{2}(100 + 200) + \frac{(100+200)^2}{4 \times 400} = 1327.48888\text{mm}$ 로 계산된다.

정답 ④

17 벨트 풀리의 지름이 각각 300mm, 250mm이고, 중심거리가 2000mm일 때, 바로 걸기방식에서의 벨트 길이(cm)는?

① 386.52 ② 486.43
③ 345.54 ④ 445.77

해설

평행걸이이므로, $L \fallingdotseq 2C + \frac{\pi}{2}(D_2 + D_1) + \frac{(D_2 - D_1)^2}{4C}$ 에 대입한다.

$L \fallingdotseq 2 \times 2000 + \frac{\pi}{2}(300 + 250) + \frac{(300-250)^2}{4 \times 2000} = 4864.25\text{mm}$ 로 계산된다.

정답 ②

18 벨트 전동장치에 있어서 유효장력이 300kgf이고, 인장측의 장력이 이완측의 2.5배일 경우 인장측의 장력(kgf)은?

① 150 ② 200
③ 500 ④ 750

해설

유효장력(F)는 긴장력(F_1)에서 이완력(F_2)의 차를 말하므로,

$F = F_1 - F_2$이고, $\frac{F_1}{F_2} = 2.5$에서 $F_1 = 2.5F_2$, $F = F_1 - F_2 = 2.5F_2 - F_2 = 1.5F_2 = 300\text{kgf}$으로

$F_2 = \frac{300}{1.5} = 200\text{kgf}$이고, $F_1 = 2.5F_2 = 2.5 \times 200 = 500\text{kgf}$으로 계산된다.

정답 ③

19 **2m/s로 4ps를 전달하는 벨트 전동장치에서, 필요한 벨트의 유효장력(kgf)은? (단, 원심력은 고려하지 않는다.)**

① 50 ② 100 ③ 150 ④ 200

해설

유효장력(F)는 긴장력(F_1)에서 이완력(F_2)의 차를 말하므로, $F=F_1-F_2$이고,

$H_p=F(\text{유효장력})\times v$이므로, $4\text{ps}=\text{F}(\text{kgf})\times 2(\text{m/s})\times \frac{1}{75}$에서

$F=\frac{4\times 75}{2}=150\text{kgf}$이다. (원심력을 고려하지 않을 경우이다.)

정답 ③

20 **평벨트 전동장치에서 벨트의 원주속도가 10m/sec, 긴장측 장력이 F_1=150kgf, 이완측 장력이 F_2=30kgf일 때, 유효장력은?**

① 30kgf ② 120kgf ③ 150kgf ④ 180kgf

해설

유효장력(F)는 긴장력(F_1)에서 이완력(F_2)의 차를 말하므로,
$F=F_1-F_2=150-30=120\text{kgf}$로 계산된다.

정답 ③

21 **평벨트 전동장치에서 긴장측 장력 F_1이 이완측 장력 F_2의 2배인 경우, 긴장측의 장력을 150kgf이라 하면 유효장력(kgf)은?**

① 75 ② 80 ③ 50 ④ 300

해설

$\frac{F_1}{F_2}=2$, $F_1=2F_2=150$이고, $F_2=\frac{150}{2}=75\text{kgf}$으로 계산된다.

정답 ①

22 **4m/sec의 속도로 회전하는 평벨트의 긴장측의 장력을 114kgf, 이완측 장력을 45kgf이라 하면 전달 동력(PS)은?**

① 2.7 ② 3.7 ③ 4.5 ④ 6.1

해설

유효장력(F)는 긴장력(F_1)에서 이완력(F_2)의 차를 말하므로,
$F=F_1-F_2=114-45=69\text{kgf}$이다.

$H_p=F\times v$이므로, $H_p=69(\text{kgf})\times 4(\text{m/s})\times\frac{1}{75}=3.68\text{ps}$로 계산된다. 여기서 $\frac{1}{75}$는 $75\text{kgf}-\text{m/s}=1\text{ps}$에서 나왔다.

정답 ②

23 5m/sec의 속도로 동력을 전달하는 벨트의 긴장측 장력이 135kgf, 이완측 장력이 55kgf일 때 전달하고 있는 동력(kW)은?

① 3.9　　② 5.3
③ 6.2　　④ 9.0

해설

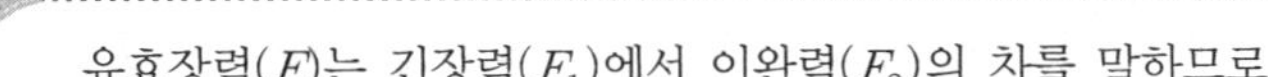

유효장력(F)는 긴장력(F_1)에서 이완력(F_2)의 차를 말하므로,
$F = F_1 - F_2 = 135 - 55 = 80\text{kgf}$으로 계산된다.
$H_p = F(\text{유효장력}) \times v$이므로,
$H_p(W) = F(\text{kgf}) \times 9.8 \times 2(\text{m/s}) = 80 \times 9.8 \times 2(\text{N}-\text{m/s}) = 3921.5\text{W} = 3.9215\text{kW}$이다.

정답 ①

24 벨트 전동장치에서 유효장력을 F라 할 때, 벨트에 작용하는 초기장력은 대략 F의 몇 배인가? (단, 장력비 $e^{\mu\theta} = 2$이고 초기 장력은 긴장측 장력에 이완측 장력을 합산한 값의 반으로 한다.)

① 1.25F　　② 1.5F
③ 1.75F　　④ 2F

해설

유효장력을 (F)라 하면, 긴장력(F_1)는 $F_1 = \frac{e^{\mu\theta}}{e^{\mu\theta}-1}F = \frac{2}{2-1}F = 2F$이고,

이완력(F_2)는 $F_2 = \frac{1}{e^{\mu\theta}-1}F = \frac{1}{2-1}F = F$이다.

초기장력(F_p)는 $F_p = \frac{F_1+F_2}{2} = \frac{2F+F}{2} = 1.5F$

정답 ②

25 V벨트의 속도를 5m/s로 하여 20kW를 전달하려면 인장측의 장력(kgf)은?(단, 인장축의 장력은 이완측의 장력의 2배이다.)

① 408　　② 816
③ 1124　　④ 1632

해설

$H_p = F(\text{유효장력}) \times v$이므로, $H_p(W) = F(\text{kgf}) \times 9.8 \times 5(\text{m/s}) = 20000\text{W}$, (여기서 9.8은 $1\text{kgf} = 9.8\text{N}$에서 나옴) $F = \frac{20000}{9.8 \times 5} = 408\text{kgf}$이다. 유효장력($F$)는 긴장력($F_1$)에서 이완력($F_2$)의 차를 말하므로, $F = F_1 - F_2$, $\frac{F_1}{F_2} = 2$에서, $F = 2F_2 - F_2 = F_2 = 408\text{kgf}$이므로, $F_1 = 2F_2 = 2 \times 408 = 816\text{kgf}$으로 계산된다.

정답 ②

26 체인 전동 장치의 특징으로 틀린 것은?

① 속도비가 정확하다. ② 큰 동력을 고효율로 전달한다.
③ 내열·내습·내유성이 있다. ④ 고속 회전에 적당하다.

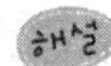

체인전동의 장점은 미끄럼이 없는 일정한 속도비, 초기장력이 필요 없고, 정지시에도 베어링에 하중이 가해지지 않으며, 접촉각이 90도 이상이면 되고, 축간거리도 비교적 짧게 잡을 수 있다. 또한 체인의 탄성으로 충격흡수가 가능, 다축전동이 가능, 유지 및 수리가 용이해서 수명이 길고, 큰 동력을 전달할 수 있으며 전동효율이 95%이상이다. 단점으로는 축간거리가 40m 이상에는 곤란하고, 고속전동이 곤란, 양축이 평행해야만 하며, 진동과 소음이 나기 쉽다.

정답 ④

27 체인의 원동차 잇수(Z_1)가 30개, 회전수(N_1) 300rpm이고, 종동차 잇수(Z_2)가 20개일 때 종동차의 회전수(N_2)와 종동차의 속도(V_2)는? (단, 종동차의 피치는 15 mm이다.)

① N_2=450rpm, V_2=2.25m/s ② N_2=400rpm, V_2=2m/s
③ N_2=450rpm, V_2=2.75m/s ④ N_2=400rpm, V_2=2.5m/s

속도비(i)는 피동회전수(N_b)에 대한 구동회전수(N_a)의 값을 말한다. 또한 속도비는 잇수(기어비=직경비)에 반비례하므로, $i=\dfrac{N_a}{N_b}=\dfrac{D_b}{D_a}=\dfrac{Z_b}{Z_a}$으로 표현된다.

$i=\dfrac{300}{N_b}=\dfrac{Z_b}{Z_a}=\dfrac{20}{30}$에서 $N_b=300\times\dfrac{30}{20}=450$로 계산된다. $\dfrac{\pi D}{Z}=p$에서 $D=\dfrac{p}{\pi}\times Z$이므로,

$V_b=\pi D_b N_b=p\times Z_b\times N_b=15(\text{mm})\times\dfrac{1}{1000}\times 20\times\dfrac{450}{60(\text{s})}=2.25\text{m/s}$로 계산된다. 여기서 $\dfrac{1}{1000}$는 $1\text{m}=1000\text{mm}$에서 나왔다.

정답 ①

28 체인의 평균속도가 3m/s, 전달 동력이 6kW일 때, 체인에 걸리는 하중(kgf)은?

① 18 ② 54
③ 108 ④ 204

$H_p=F(\text{유효장력})\times v$이므로, $H_p(W)=F(N)\times 3(\text{m/s})=6000\text{W}$에서

$F=\dfrac{6000}{3}=2000N$이다. $2000N=\dfrac{2000}{9.8}\text{kgf}=204\text{kgf}$으로 계산된다.

정답 ④

29 호칭번호 100번의 롤러 체인용 스프로킷 휠에서 잇수 40일 때, 피치원 지름(mm)은 ? (단, 호칭번호 100번 체인의 피치는 31.75mm이다.)

① 404.67　② 304.67

③ 454.54　④ 354.54

$\frac{\pi D}{Z} = p$에서 $D = \frac{p}{\pi} \times Z$이므로, $D = \frac{31.75}{\pi} \times 40 = 404.25\text{mm}$로 계산된다.

정답 ①

30 롤러체인전동에서 체인과 맞물려 있는 스프로킷 휠(잇수:Z)의 회전반지름은 체인 회전에 따라 주기적으로 변동한다. 각 속도가 일정할 때 이러한 회전반지름의 변동으로 인한 체인의 속도변동률($(v_{max} - v_{min})/v_{max}$은? (단, 여기서 v_{max}와 v_{min}은 각각 체인의 최대, 최소 속도이다.)

① $1 - \sin\frac{2\pi}{Z}$　② $1 - \cos\frac{2\pi}{Z}$

③ $1 - \sin\frac{\pi}{Z}$　④ $1 - \cos\frac{\pi}{Z}$

스프로킷휠이 최상(세로로 일직선에 위치)에 있을 때 $v_{max} = \frac{D_1(\text{피치원지름})}{2} \times \omega$ (최대반지름)

스프로킷휠이 α각에 있을 때 $v_{min} = \frac{D_1(\text{피치원지름})}{2} cos(\frac{180}{Z}) \times \omega$ (최소반지름)

여기서 $\frac{180}{Z}$는 스프로킷휠 돌기부 각각의 각도(1/2 각)이다.

속도변동률$= \frac{v_{max} - v_{min}}{v_{max}} = 1 - \frac{v_{min}}{v_{max}} = 1 - \cos(\frac{\pi}{Z})$

정답 ④

9급 공무원 기계직

기계설계

기어의 기초

기어의 종류

1. 두 축의 상대 위치에 의한 분류

(1) 두 축이 평행

① 스퍼기어 : 이끝이 직선, 축에 평행한 원통기어

② 랙 : 원통기어에서 피치 원통의 반지름을 무한대로 한 기어

③ 헬리컬기어 : 이끝이 헬리컬 선을 가진 원통기어

④ 더블헬리컬기어 : 양쪽에서 나선형으로 된 기어를 조합한 것

⑤ 내접기어 : 원통(원추)의 안쪽에 이가 만들어져 있는 기어

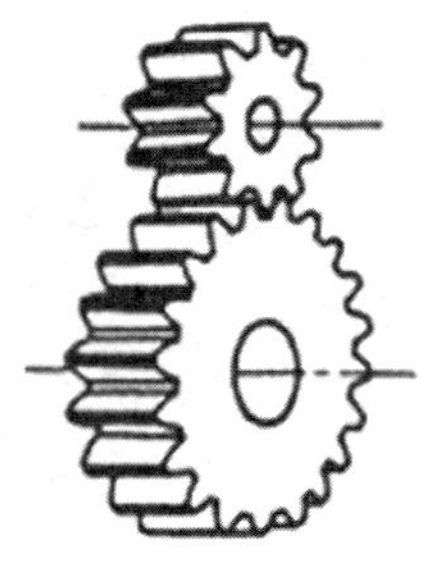

(a) 평기어

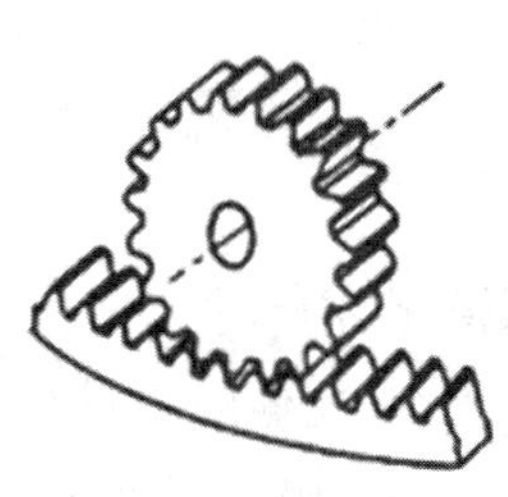

(b) 내접기어

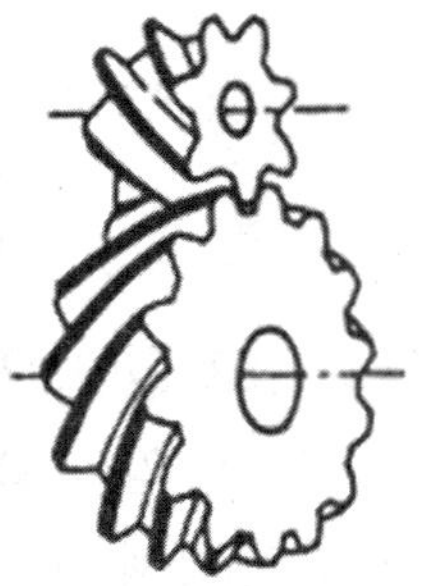

(c) 헬리컬기어

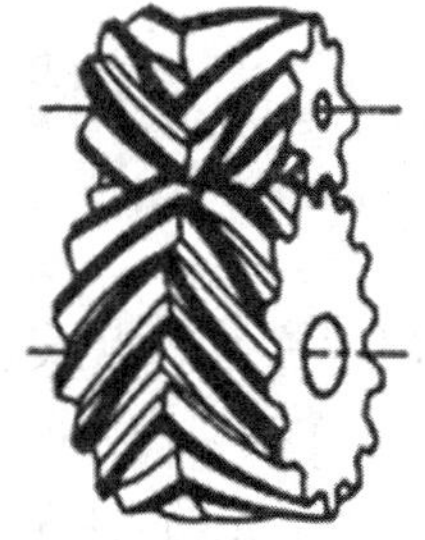

(d) 더블헬리컬기어

그림 5-1 두 축 평행 기어

(2) 두 축이 교차(임의의 각도로 만날 경우)

① 베벨기어 : 교차되는 두 축간에 운동을 전달하는 원추형 기어

② 마이터기어 : 직각인 두 축간에 운동 전달, 잇수가 같은 한쌍의 베벨기어

③ 앵귤러베벨기어 : 직각이 아닌 두 축간에 운동 전달

④ 크라운기어 : 피치면이 평면인 베벨기어(기어의 랙에 해당)

⑤ 헬리컬베벨기어 : 이끝이 헬리컬된 베벨기어

⑥ 스파이럴베벨기어 : 크라운기어의 이끝이 곡선으로 된 기어

⑦ 제로울베벨기어 : 나선각이 0인 한쌍의 스파이럴 베벨기어

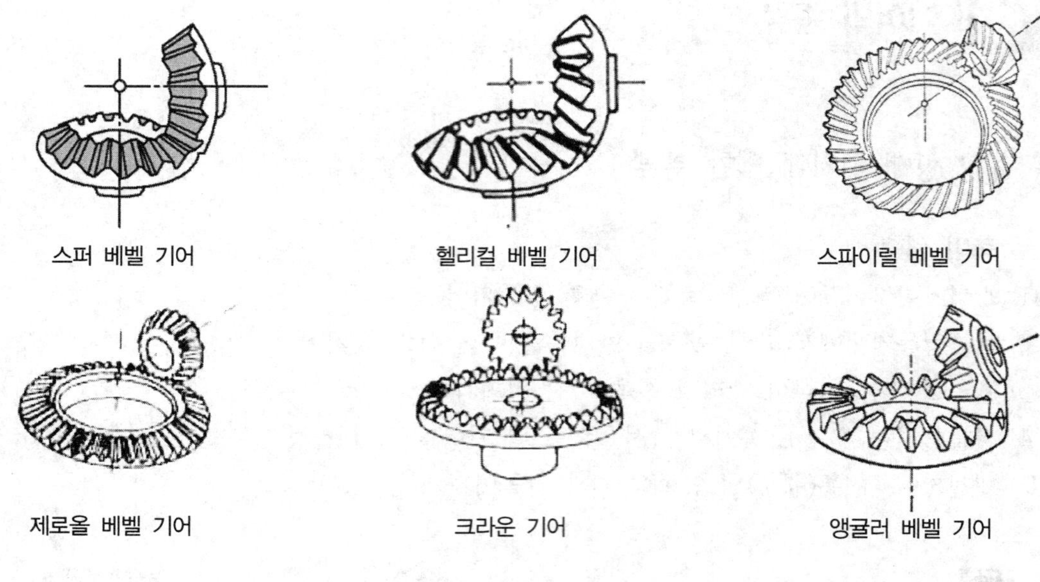

그림 5-2 두 축 교차 기어

(3) 두 축이 어긋남(만나지도 않고 평행하지도 않을 경우)

① 나사기어 : 헬리컬기어의 한 쌍을 스큐 축 사이의 운동전달에 이용

② 하이포이드기어 : 스큐 축 간에 운동을 전달하는 원추형 기어

③ 웜과 웜휠 : 한줄 또는 그 이상의 줄수를 가진 나사모양 기어(웜), 웜과 물리는 기어(웜휠)

④ 장고형 웜기어 : 장고형태의 웜과 웜기어

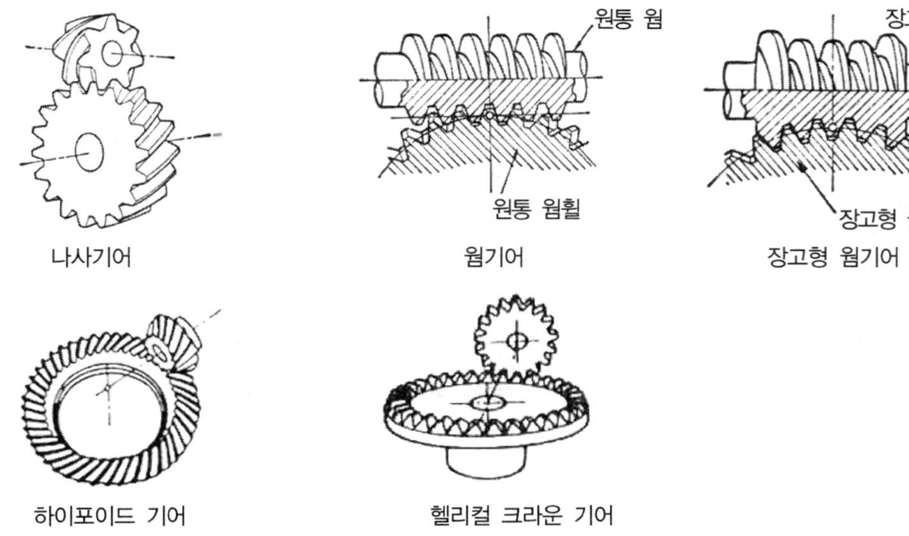

그림 5-3 두 축 어긋 기어

2. 기어의 크기(바깥지름)에 의한 분류

① 극대형기어 : 1000mm 이상
② 대형기어 : 250~1000mm
③ 중형기어 : 40~250mm
④ 소형기어 : 10~40mm
⑤ 극소형기어 : 10mm이하

3. 치형 가공방법에 의한 분류

(1) 성형치절기어

① 밀링 머신으로 깎아낸 조합기어
② 이의 형체 계산하여 이의 모양과 같은 판자 게이지를 만들고, 이 게이지에 맞춘 바이트 (세이퍼와 같은 공작기계)로 절삭
③ 하급기어에 사용, 정밀도가 떨어짐

(2) 창성치절기어

① 커터와 기어(공작물)과의 상관운동에 의해 이를 절삭
② 호브, 피니언 커터, 랙형 커터 등의 전문 기계로 절삭

③ 정밀도가 높고 다량생산

1-2 치형곡선

1. 기구학적 조건

① 두 기어의 회전중심 O_1, O_2으로 회전, 미끄럼접촉

② 접촉점에서 각 기어의 접선 방향의 속도차(미끄럼속도) 있지만, 두 치형은 서로 떨어져도 안 되고 파고 들어가도 안되므로 법선 방향의 속도는 같아야 한다.

③ 선분$\overline{O_1 O_2}$를 일정비(w_2/w_1)로 배분하는 점 ⇒ 피치점

④ 피치원 : 기어의 회전중심 O_1, O_2으로 하고, 피치점을 통과하는 원

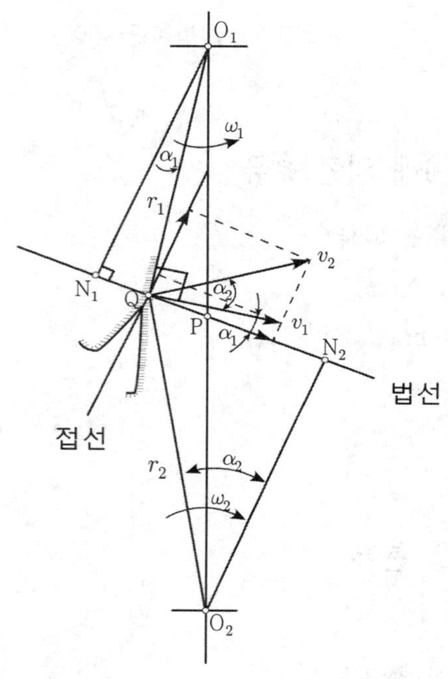

그림 5-4 치형곡선

2. 사이클로이드 치형

① 사이클로이드 치형 : 고정된 하나의 원둘레 위(아래)를 하나의 원이 미끄럼 없이 굴러갈 때 원주 위의 한 점이 그리는 곡선

② 에피사이클로이드 치형 : 그 고정원(구름원)의 원둘레 위의 한 점이 그리는 곡선

③ 하이포사이클로이드 치형 : 그 고정원(구름원)의 원둘레 아래의 한 점이 그리는 곡선

④ 고정된 원이 피치원, 기어치형은 에피사이클로이드와 하이포사이클로이드 조합

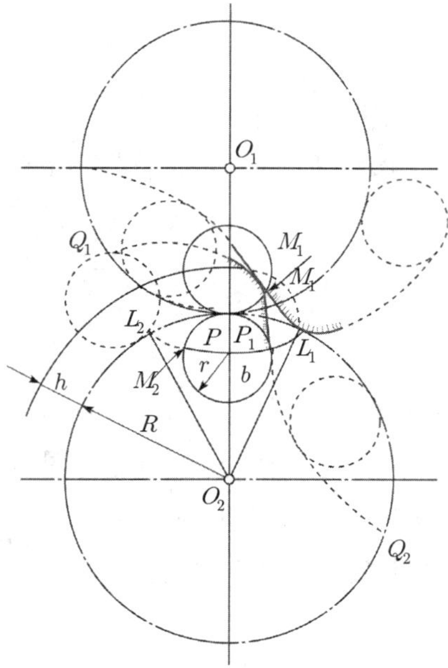

그림 5-5 사이클로이드 치형

3. 인벌류트 치형

① 인벌류트 치형 : 반지름 R_g의 기초원 위의 한 점 Q_1에서 임의의 점 T를 중심으로 실이 풀려나간 곡선 $\widehat{Q_1Q_2}$

② $inv\alpha$(인벌류트 함수) : $\phi = \tan\alpha - \alpha$

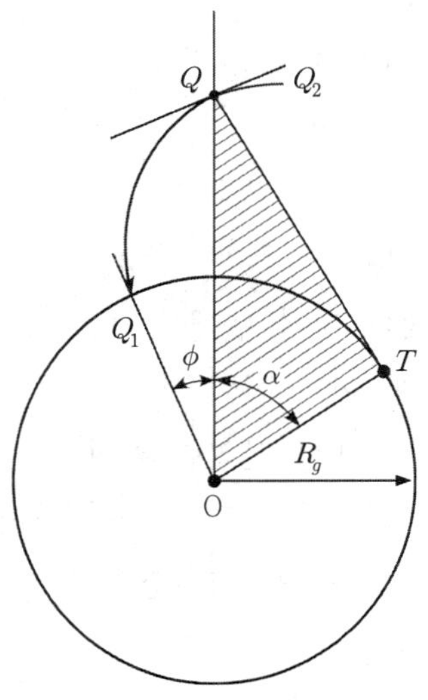

그림 5-6 인벌류트 치형

4. 사이클로이드와 인벌류트 치형 비교

(1) 사이클로이드 치형

① 이끝면, 이뿌리면의 치형곡선이 서로 다른 곡선
② 중심거리의 오차로 피치점끼리 서로 접하지 않으면 원활한 전동과 일정 속도비 못 얻음
③ 미끄럼률이 균일 : 마멸이 균일, 오차가 적어 부하가 작고 정밀을 요하는 곳(시계, 계기)

(2) 인벌류트 치형

① 전체가 단일 곡선계
② 랙의 치형이 직선 : 랙커터에 의한 창성절삭으로 정확한 치형을 쉽게 얻음
③ 중심거리가 변하면 압력각은 변하나 속도비는 변하지 않으므로, 조립시 중심거리에 약간의 오차가 있어도 속도비를 정확히 유지
④ 모듈과 압력각이 같으면 어떤 기어라도 물고 회전

1-3 기어 각부 명칭과 이의 크기

1. 기어 각부 명칭

① 이끝높이 : 피치원에서 이끝까지 높이
② 이뿌리높이 : 이뿌리에서 피치원까지 높이
③ 온 이높이= 이끝높이 + 이뿌리높이
④ 이끝원 : 이끝을 연결한 원
⑤ 이뿌리원 : 이뿌리를 연결한 원
⑥ 이두께 : 피치원을 따라 측정한 이의 두께
⑦ 이너비 : 축선방향으로 측정한 이의 길이
⑧ 원주피치 : 피치원의 원둘레 상에서 인접한 이와 이 사이의 원호길이
⑨ 백래시 : 한 쌍의 이가 물고 회전시 이면과 이면 사이의 틈새
⑩ 이끝틈새 : 한 쌍의 이가 물고 회전시 이끝면과 이뿌리면 사이의 틈새

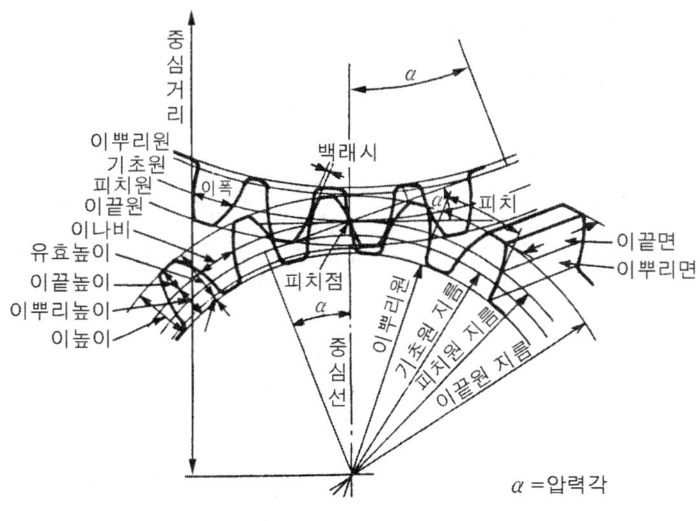

그림 5-7 기어 각부 명칭

2. 이의 크기

① 원주피치$(p) = \dfrac{\pi D}{Z} = \pi m$,D 는 피치원지름, Z는 잇수, m은 모듈

② 모듈$(m) = \dfrac{D}{Z} = \dfrac{p}{\pi}$

③ 지름피치$(p_d) = \dfrac{Z}{D(\text{인치})} = \dfrac{\pi}{p(\text{인치})}$

지름피치는 모듈의 역수로 표시되나, 지름피치의 단위가 인치이므로 숫자로 모듈의 역수라고 할 수 없다. 따라서, 지름피치$(p_d) = \dfrac{25.4}{m}$로 나타낸다.

1-4 기어의 성능

1. 물림률

① 압력각(α) : 피치점에서 접선(작용선)과 수직선이 이루는 각

그림에서 작용선$(\overline{N_1N_2})$ 위의 피치점P에서 작용선과 $\overline{O_1O_2}$에 수직선 사이 각

② 물림길이(l) : 각각 기어의 이끝원과 작용선의 교점을 a, b라 할 때 $\overline{aPb}$

③ 법선피치(p_n) : 작용선 방향의 피치

④ 물림률$(\epsilon) = \dfrac{\text{물림길이}(l)}{\text{법선피치}(p_n)}$

⑤ 물림률의 값은 압력각이 클수록, 잇수가 적을수록 작아진다. 잇수가 적고 압력각이 적으면 언더컷이 켜진다. 언더컷이 생기지 않는 범위에서 압력각이 작을수록 물림률이 좋다.

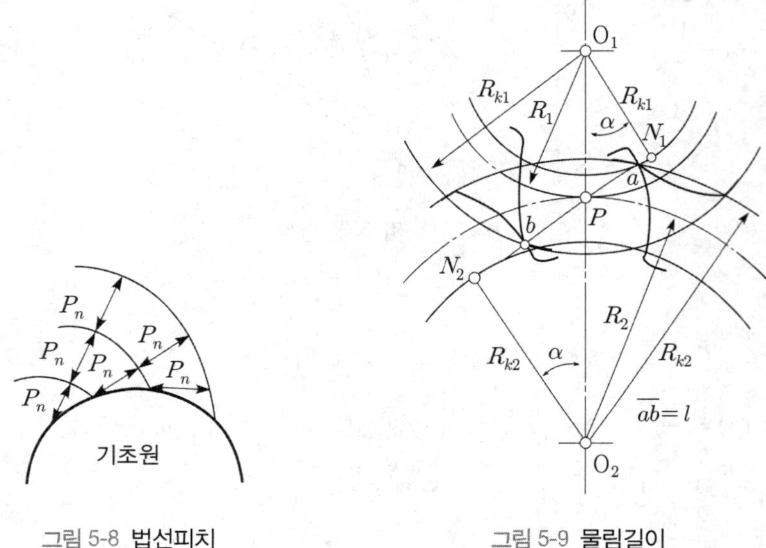

그림 5-8 법선피치

그림 5-9 물림길이

2. 이의 간섭과 언더컷

(1) 이의 간섭

이끝높이를 크게 하면 기어의 이끝이 피니언의 이뿌리를 파고 드는 현상

(2) 언더컷

① 이의 간섭이 일어나면 기어의 이뿌리를 깎아내어 이뿌리가 가느다랗게 되는 현상

② 언더컷 방지법

㉠ 이의 높이를 줄여 압력각을 증가

㉡ 작은 기어(피니언)의 잇수를 증가

㉢ 두 기어의 잇수비를 작게 한다.

㉣ 전위 기어를 사용한다.

㉤ 언더컷 한계잇수 이상으로 제작한다.

(3) 언더컷 한계잇수

① 언더컷이 일어나지 않는 한계잇수

② 한계잇수$(Z_g) = \dfrac{2}{\sin^2\alpha} \leq Z$(제작잇수)

3. 미끄럼률

① 두 기어가 물려 돌아갈 경우 기어의 미소 회전각에 대한 미소 변위 ds_1, ds_2라면

$$\text{미끄럼률}(\epsilon) = \frac{ds_2 - ds_1}{ds_1} \text{ 혹은 } (\epsilon) = \frac{ds_1 - ds_2}{ds_2}$$

② 두 기어가 물려 돌아갈 경우 피치원(피치점)은 구름접촉, 다른 점은 구름접촉과 미끄럼 접촉

③ 미끄럼접촉으로 마찰생성, 동력손실, 전달효율 감소

④ 미끄럼의 크기는 치형과 잇면의 접촉 위치에 따라 다름(인벌류트치형의 경우 이끝이나 이뿌리에 가까울수록 미끄럼률이 커지며, 사이클로이드치형의 경우 비교적 고르게 분포)

4. 백래시

① 백래시 : 한 쌍의 이가 물고 회전시 이면과 이면 사이의 틈새(이두께와 이홈 사이의 틈새)

② 백래시를 두는 이유 : 윤활유의 유막두께, 기어의 치수오차, 중심거리 변동, 열팽창, 부하에 따른 이의 변형 등으로 백래시가 없으면 원활한 전동이 불가

③ 백래시를 두는 방법

㉠ 중심거리를 반지름 방향으로 크게 한다.

㉡ 기어의 이두께를 작게 한다.(속도비가 클 경우 큰 기어의 이두께만 얇게, 속도비가 1에 가까울 경우 물림 2개 기어 이두께를 얇게)

스퍼기어

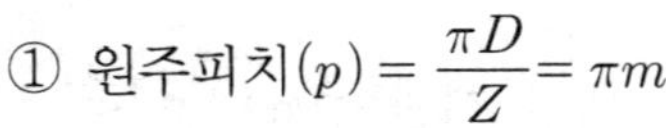

표준치차

1. 정의

① 표준치차 : 피치점에서 서로 구름운동을 할 시 이두께가 원주 피치의 1/2인 기어

② 기준치형 : 피치원을 따라 측정한 이두께가 원주 피치의 1/2과 같은 치형

③ 기준랙 : 기준치형에서 피치원의 지름을 무한대로 한 랙

2. 표준스퍼기어의 치수

① 원주피치$(p) = \frac{\pi D}{Z} = \pi m$

② 모듈$(m) = \frac{D}{Z} = \frac{p}{m}$

③ 피치원의 지름$(D) = mZ$

④ 기초원의 지름$(D_g) = D\cos\alpha = mZ\cos\alpha$, α는 압력각

⑤ 바깥지름$(D_0) = D + 2h_k = mZ + 2m = m(Z+2)$

⑥ 이끝높이$(h_k) = m$

⑦ 이뿌리높이$(h_f) = h_k + c_k \geq 1.25\text{m}$

⑧ 온 이높이(h) = 이끝높이(h_k) + 이뿌리높이$(h_f) \geq 2.25\text{m}$

⑨ 중심거리$(C) = \frac{D_1 + D_2}{2} = \frac{m(Z_1 + Z_2)}{2}$

⑩ 이두께$(t) = \frac{p}{2} = \frac{m\pi}{2}$

2-2 전위치차

1. 전위치차와 전위계수

① 전위치차 : 공구랙의 기준피치선을 기어의 피치원으로부터 어느 거리(mx/모듈×전위계수)만큼 이동 창성절삭한 기어

② 전위량 : 모듈×전위계수(mx)

③ 전위계수 : 전위량을 모듈로 나눈값($\frac{mx}{m}=x$) 즉, x를 말한다.

④ 인벌류트 치형의 전위치차의 경우

㉠ 기초원의 지름$(D_g)=D\cos\alpha=mZ\cos\alpha$

㉡ 기준피치원 위의 법선피치$(p_n)=p\times\cos\alpha=\pi m cos\alpha$

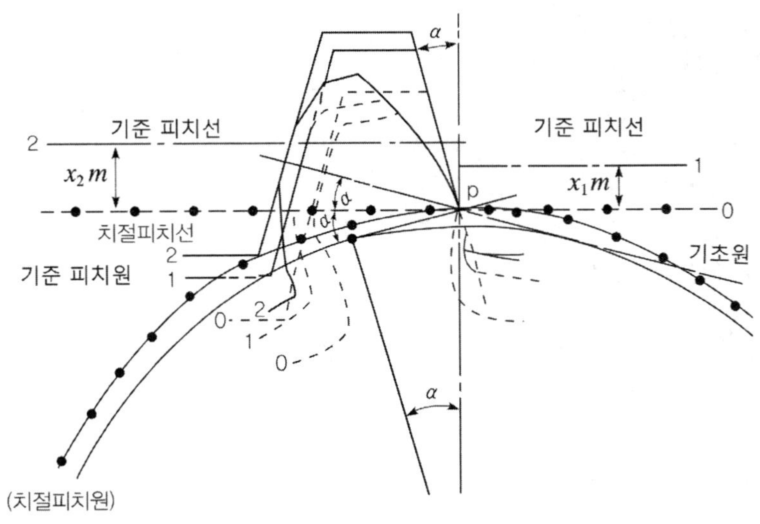

그림 5-10 전위치차

2. 전위치차설계

① 백래시 없을 시 전위치차 물림방정식

$inv\alpha_b=2\tan\alpha\times\frac{x_1+x_2}{Z_1+Z_2}+inv\alpha$, α_b는 물림압력각, α는 공구압력각

② 중심거리

$$C=(\frac{Z_1+Z_2}{2}+y)m+c_r$$

c_r은 반지름방향 백래시, y는 중심거리 증가 계수 ⇒ $y=\frac{Z_1+Z_2}{2}(\frac{\cos\alpha_b}{\cos\alpha}-1)$

③ 기초원의 지름$(D_g)=D\cos\alpha=mZ\cos\alpha$

④ 바깥지름$(D_0)=m(Z+2)+2xm$

⑤ 온 이높이$(h)=(2m+c_k)-(x_1+x_2-y)m$

⑥ 전위치차 설계 순서 : (α, Z_1, Z_2)가 주어짐, 전위계수(x_1, x_2)를 선택, 물림압력각(α_b)를 위 식에서 계산, 중심거리증가계수(y) 계산, 중심거리 산출

3. 언더컷 방지를 위한 전위계수

(1) 압력각(α)이 14.5°일 경우

① 이론식 : $x\geq 1-\frac{Z}{32}$

② 실용적 식 : $x\geq\frac{26-Z}{32}$

(2) 압력각(α)이 20°일 경우

① 이론식 : $x\geq 1-\frac{Z}{17}$

② 실용적 식 : $x\geq\frac{14-Z}{17}$

2-3 스퍼기어 강도설계

1. 동력전달시 기어의 파손

① 기어파손 = 이의 파괴 + 잇면 손상

② 이의 파괴 : 과대 하중에 의해 단시간 발생, 이뿌리부에서 발생

③ 잇면 손상 : 점부식(pitting), 스코어링(scoring)

㉠ 점부식 : 피로에 의해서 피치점 부근에 발생

㉡ 스코링 : 잇면 사이 미끄럼에 의한 피로박리와 융착현상(고속고부하의 경우 잇면 압력이 높아져 잇면 사이의 유막파괴 ⇒ 금속간 마찰 ⇒ 잇면 순간온도 상승 ⇒ 잇면 융착=손상으로 이어지는 열적손상)

④ 강도설계시 주 검토 강도

㉠ 표면경화를 한 취성재료 이 : 굽힘강도

㉡ 장기간 계속 운전 취성재료 이 : 면압강도

㉢ 고속고부하 : 스코링 강도

2. 굽힘강도

(1) 굽힘강도 결정 조건

① 물림률을 1로 가정, 전달토크에 의한 전체 하중이 1개 이에 작용

② 전체 하중은 이 끝에 작용

③ 이의 모양은 이뿌리 곡선에 내접하는 포물선을 가로 단면으로 하는 균일강도 외팔보

(2) 기어의 전달력(P) : 접선력(힘)

$$P = \sigma_b \times b \times \frac{\cos\alpha}{\cos\beta} \times \frac{S^2}{6l} = \sigma_b bm \times \left(\frac{S^2}{6lm} \cdot \frac{\cos\alpha}{\cos\beta}\right) = \sigma_b bm \times y \quad \cdots\cdots \text{(식 1)}$$

σ_b는 굽힘응력, b는 이너비, α는 압력각, $\beta(=\alpha+\phi)$는 압력각+인벌류트함수각, S는 이뿌리 두께, l은 이뿌리에서 작용점까지 길이, y는 치형계수(강도계수)

(3) 실제 적용 식

$$P = \frac{f_v}{f_s \times f_w} \times \sigma_b bmy$$

f_v는 속도계수, f_s는 이뿌리의 형상계수, f_w는 충격계수

1식의 경우, 실제 이뿌리에 응력집중, 운전중 전달력(P)의 오차, 기어 이와 축의 굽힘에 의한 변동, 속도가 빠를수록 충격적임

3. 면압강도

(1) 기어의 전달력(P) : 접선력(힘)

$$P = f_v \times k \times m \times b \times \frac{2Z_1Z_2}{Z_1 + Z_2}$$, f_v는 속도계수, k는 비응력계수 , b는 이너비

(2) 비응력계수(접촉면 응력계수 : k)

$$k = \frac{\sigma_c^2 \times \sin 2\alpha}{2.8}\left(\frac{1}{E_1} + \frac{1}{E_2}\right)$$, σ_c는 최대 접촉응력, E는 종탄성계수

4. 스코링강도

① 스코링 영향인자 : 하중과 운전조건, 윤활유의 성질, 기어의 제원, 기어의 재료, 윤활방법, 기어의 정밀도

② 스코링 방지법

㉠ 압력속도계수(pv)를 제한한다.

㉡ 잇면의 최고온도를 제한한다.

2-4 치차열

1. 치차열과 치차장치

① 치차열 : 기어를 서로 물려 회전을 전달하는 기어 들

② 치차장치 : 치차열을 이용한 장치

2. 치차장치속도비

(1) 1단 치차

① A와 B 사이의 속도비

$$i_{AB} = \frac{\text{구동회전수}}{\text{피동회전수}} = \frac{N_A}{N_B} = \frac{\text{피동잇수}}{\text{구동잇수}} = \frac{Z_B}{Z_A}$$

② B와 C 사이의 속도비

$$i_{BC} = \frac{\text{구동회전수}}{\text{피동회전수}} = \frac{N_B}{N_C} = \frac{\text{피동잇수}}{\text{구동잇수}} = \frac{Z_C}{Z_B}$$

③ A와 C 사이의 속도비

$$i_{AC} = i_{AB} \times i_{BC} = \frac{Z_B}{Z_A} \times \frac{Z_C}{Z_B} = \frac{Z_C}{Z_A}$$

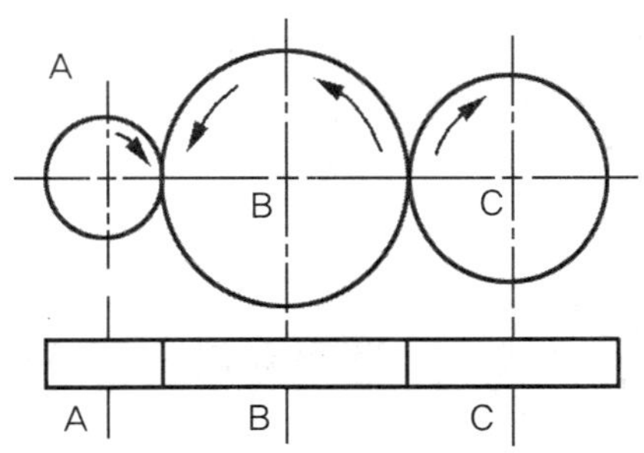

그림 5-11 1단 치차

(2) 2단 치차

① A와 B 사이의 속도비

$$i_{AB} = \frac{\text{구동회전수}}{\text{피동회전수}} = \frac{N_A}{N_B} = \frac{\text{피동잇수}}{\text{구동잇수}} = \frac{Z_B}{Z_A}$$

② C와 D 사이의 속도비

$$i_{CD} = \frac{\text{구동회전수}}{\text{피동회전수}} = \frac{N_C}{N_D} = \frac{\text{피동잇수}}{\text{구동잇수}} = \frac{Z_D}{Z_C}$$

③ A와 D 사이의 속도비

$$i_{AD} = i_{AB} \times i_{CD} = \frac{Z_B}{Z_A} \times \frac{Z_D}{Z_C} = \frac{Z_B \times Z_D}{Z_A \times Z_C} = \frac{\text{피동차 잇수 곱}}{\text{구동차 잇수 곱}}$$

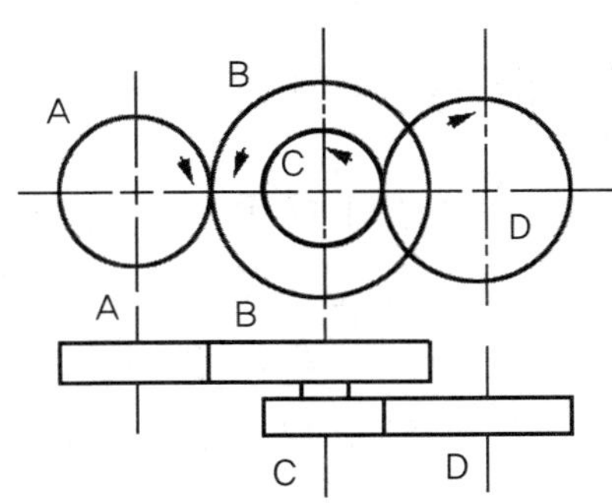

그림 5-12 2단 치차

헬리컬기어

3-1 헬리컬기어의 개요

1. 개념

① 헬리컬기어 : 원통면 위 잇줄이 나선을 이루는 기어
② 나선각(비틀림각) : 잇줄이 축선과 이루는 각

2. 헬리컬기어의 특징

① 한쌍의 기어가 물리면 점접촉 ⇒ 선접촉 ⇒ 점접촉으로 끝나 전체 탄성의 변화가 완만하고 원활하여 소음과 진동이 적다.(스퍼기어의 경우 선접촉시작, 선접촉으로 갑작기 끝나 소음과 진동이 생김)
② 물림길이가 길고 이의 강도에서 유리
③ 잇수가 작은 기어에도 사용가능 ⇒ 큰 속도비를 얻을 수 있음(속도비 1:10~15)
④ 스퍼기어보다 효율이 좋음(95~98%)
⑤ 매우 큰 동력전달이나 고속전동의 경우 스러스트가 없어지는 더블 헬리컬기어가 유리

3. 치형방식

(1) 치형방식 2가지

① 축직각 방식 : 축에 직각인 단면의 치형
② 치직각 방식 : 이와 직각인 단면의 치형

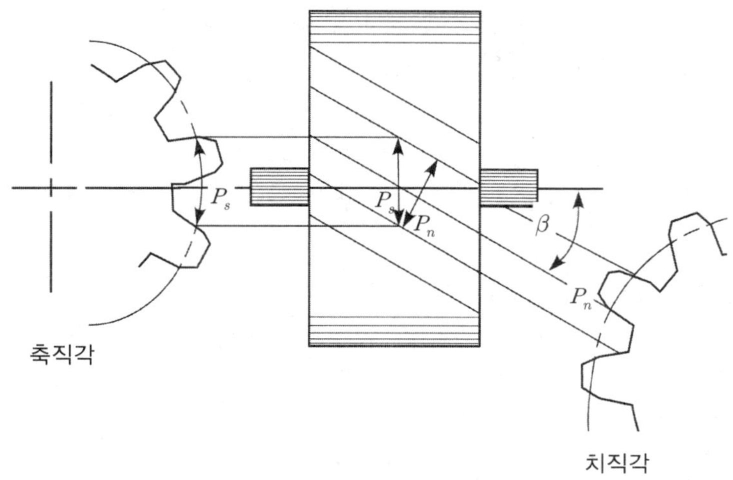

그림 5-13 치형 방식

(2) 피치 관계

p_n(치직각피치) $= p_s$(축직각피치) $\times \cos\beta$, β는 비틀림각

(3) 모듈 관계

$$m_n = \frac{p_n}{\pi} = \frac{p_s \cos\beta}{\pi} = m_s \cos\beta$$

(4) 피치원의 지름(D_s)

$$D_s = m_s \times Z_s = \frac{m_n Z_s}{\cos\beta}$$

(5) 바깥지름(D_0)

$$D_0 = D_s + 2m_n = (\frac{Z_s}{\cos\beta} + 2)m_n$$

(6) 중심거리(C)

$$C = \frac{D_{s1} + D_{s2}}{2} = \frac{(Z_{s1} + Z_{s2})m_s}{2} = \frac{(Z_{s1} + Z_{s2})}{2} \times \frac{m_n}{\cos\beta}$$

3-2 상당스퍼기어와 강도설계

1. 헬리컬기어의 상당스퍼기어

(1) 상당스퍼기어의 피치원지름(D_e)

$$D_e = 2R_e = \frac{D_s}{\cos^2\beta}$$

(2) 상당스퍼기어의 잇수(Z_e)

$$(Z_e) = \frac{D_e}{m_n} = \frac{D_s}{m_n\cos^2\beta} = \frac{m_n Z_s}{\cos\beta} \times \frac{1}{m_n\cos^2\beta} = \frac{Z_s}{\cos^3\beta}$$

2. 헬리컬기어 강도설계

(1) 굽힘강도

$$P = f_v \sigma_b b \times m_n \times y_e$$

치형계수 y_e는 치직각 압력각과 상당잇수에 의하여 결정됨

(2) 면압강도

$$P = f_v \times \frac{C_w}{\cos^2\beta} \times kbm_s \times \frac{2Z_{s1}Z_{s2}}{Z_{s1} + Z_{s2}}$$

C_w는 공구정밀도를 고려한 계수로서 보통치차에서는 0.75로 잡는다.

베벨기어, 웜기어

베벨기어

1. 베벨기어 치수

① 상당스퍼기어의 잇수$(Z_e) = \dfrac{Z}{\cos\delta}$, δ는 원추정각의 1/2인 원추각

② 축각$(\theta) = \delta_1 + \delta_2$

③ 속도비$(i) = \dfrac{N_1}{N_2} = \dfrac{D_2}{D_1} = \dfrac{Z_2}{Z_1} = \dfrac{\sin\delta_2}{\sin\delta_1}$

2. 베벨기어 강도설계

① 외단부를 기준으로 한 굽힘강도

$P = f_v \sigma_b b m y_e \times \dfrac{L-b}{L}$, $\dfrac{L-b}{L}$은 베벨기어의 수정계수,

L은 원추 꼭지점에서 작용 이면까지 거리를 말한다.

② 이너비의 중앙부를 기준으로 한 굽힘강도

$P = f_v \sigma_b b m y_e$

③ 면압강도

$P = 1.67 \times b\sqrt{D} \times f_m \times f_s$, f_m은 재료계수, f_s는 사용기계계수

4-2 웜기어

1. 웜기어의 개요

(1) 개념

나사기어의 일종, 같은 평면위에 있지 않는 두 축 사이의 회전을 전달하는 기어, 웜(피니언 기어)과 웜휠(피니언에 의해 임의의 각도 회전 기어)로 구성

(2) 장점

① 큰 감속비(1 : 10~100) ⇒ 전동효율이 낮아지는 단점 발생
② 부하용량이 크다.
③ 역전방지
④ 소음과 진동이 적다.

(3) 단점

① 잇명의 미끄럼이 크면서 진입각이 작으면 효율이 저하
② 웜휠 제작시 특수공구 필요, 정밀도 측정이 곤란
③ 웜휠의 재질이 중요하며, 가격이 비싸다.
④ 잇면 사이 조정이 필요, 웜과 웜휠에 스러스트 하중 발생

2. 웜기어 설계

(1) 리드와 감속비

① 웜의 리드$(l) = \pi D_p \times \tan\alpha$, D_p는 웜(피니언)의 피치원지름, α는 나선각(리드각)

② 속도비$(i) = \dfrac{\text{웜의 회전수}}{\text{웜휠의 회전수}} = \dfrac{\text{웜의 회전각}}{\text{웜휠의 회전각}} = \dfrac{N_p}{N_g} = \dfrac{\text{웜휠의 잇수}}{\text{웜의 줄수}} = \dfrac{Z_g}{Z_p}$

(2) 강도설계

① 웜휠의 굽힘강도 : $P = f_v \sigma_b p_n b y$, p_n은 치직각 피치
② 웜휠의 면압강도 : $P = f_v \phi D_g \times B_e \times K$, ϕ는 웜휠의 리드각 계수, D_g는 웜휠의 피치원지름, B_e는 유효이너비, K는 내마멸계수이다.

적중예상문제

01 **평행한 2축 사이에 회전운동을 전달하고, 기어 이의 줄이 축에 평행한 기어는?**

① 스퍼기어(spur gear) ② 헬리컬기어(helical gear)
③ 베벨기어(bevel gear) ④ 웜기어(worm and worm wheel)

해설 스퍼기어는 2축이 평행일 때 사용하며, 이끝이 직선이고 축에 평행한 원통 기어를 말한다.

정답 ①

02 **2축의 상대 위치가 평행이 아닌 것은?**

① 스퍼기어 ② 베벨기어
③ 래크 ④ 헬리컬기어

해설 베벨기어는 2축이 어느 각도로 만날 때 사용하며, 교차되는 두 축 간에 운동을 전달하는 원추형 기어이다.

정답 ②

03 **두 축이 교차하는 경우에 사용하는 기어는?**

① 스퍼기어 ② 베벨기어
③ 헬리컬기어 ④ 웜기어

해설 2축이 교차하는 경우에 사용하는 기어로는 베벨기어, 마이터기어, 앵귤러베벨기어, 크라운기어, 스파이럴 베벨기어 등이 있다.

정답 ②

04 **회전운동을 직선운동으로 바꿀 때 쓰이는 기어는?**

① 베벨기어 ② 랙과 피니언
③ 헬리컬기어 ④ 웜과 웜휠

해설 피니언의 회전운동의 방향에 의해 랙이 좌우로 움직일 수 있는 기어이다. 보통 자동차의 조향장치와 차동장치에 응용되어 있다.

정답 ②

05 두 축이 만나지도 않고, 평행하지도 않는 기어는?

① 웜과 웜휠　② 베벨기어
③ 헬리컬기어　④ 스퍼기어

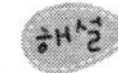

두축이 만나지도 않고 평행하지도 않은 경우에 사용하는 기어는 스큐우 기어, 나사기어, 하이포이드 기어, 페이스기어, 웜기어 등이 있다.

정답 ①

06 한 쌍의 기어가 서로 물릴 때, 서로 접하는 부분의 궤적은?

① 피치원　② 모듈
③ 원주피치　④ 지름피치

기어의 중심을 중심으로 하고 피치점을 통과하는 원을 피치원이라 한다. 피치원은 기어전동을 기하학적으로 똑같은 미끄럼 없는 마찰 전동으로 바꾸어 놓은 마찰원이다.

정답 ①

07 피치원의 둘레를 잇수로 나눈 값은?

① 원주피치　② 모듈
③ 지름피치　④ 물림 길이

피치원의 원둘레를 잇수로 나눈 것을 원주피치(p)라 한다. 식으로 표현하면 $p = \frac{\pi D}{Z}$ 로 나타난다.

정답 ①

08 기어의 각 부 명칭에 대한 설명 중 틀린 것은?

① 피니언 : 서로 물리는 2개의 기어 중 작은 것
② 원주 피치 : 피치 원주에서 측정한 하나의 이에서 다음 이까지의 거리
③ 모듈 : 피치원 지름을 잇수로 나눈 값
④ 지름 피치 : 기어의 잇수를 이뿌리원으로 나눈 값

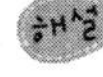

잇수를 인치로 표시된 피치원의 지름으로 나눈값을 지름피치(p_d)이다. 식으로 표현하면 $p_d = \frac{Z}{D(\text{인치})} = \frac{\pi}{p(\text{인치})} = \frac{25.4(\text{mm})}{\text{m}}$ 으로 나타난다.

정답 ④

09 기어 물림에서 이의 간섭을 방지하는 방법으로 적당하지 못한 것은?

① 이의 높이(어덴덤)를 줄인다.
② 압력각을 20°이상으로 크게 한다.
③ 치형의 이끝면을 깎아낸다.
④ 피니언의 반지름 방향의 이뿌리 면을 높인다.

이의 간섭이란 이끝 높이를 크게 잡으면 기어의 이끝이 피니언의 이 뿌리를 파고 들어가는 현상을 말한다. 이런 이의 간섭이 일어나면 이뿌리를 깎아 내어 가느다랗게 되는데 이를 언더컷라 한다. 언더컷을 줄이는 방법은 이의 높이를 줄여 압력각을 증가, 작은 기어의 잇수를 증가, 두 기어의 잇수비를 작게, 전위기어를 사용, 언더컷 한계잇수 이상으로 제작한다.

정답 ④

10 기어에서 언더컷 현상이 일어나는 원인은?

① 잇수비가 아주 클 때　② 잇수가 많을 때
③ 이 끝이 둥글 때　④ 이 끝 높이가 낮을 때

언터컷이 일어나면 이의 강도가 떨어지고 물림길이가 감소, 물림률이 저하하여 기어의 성능이 떨어진다. 보통 피니언의 잇수가 적을 때, 잇수비가 클 때 많이 생긴다.

정답 ①

11 기초원 지름이 150[mm], 잇수 30, 압력각 20°인 인벌류트 스퍼기어에서 물림길이가 7π[mm]라면, 이 기어의 물림률은?

① 1.0　② 2.0　③ 1.4　④ 2.5

이뿌리원$(D_g) = D \times \cos\alpha$, 여기서 α는 압력각을 의미한다.

따라서, $D = \dfrac{D_g}{\cos\alpha}$ ...... (식 1), 1식을 모듈식에 대입하면 $p = \dfrac{\pi D}{Z} = \dfrac{\pi D_g}{\cos\alpha \times Z}$ ...... (식 2)

인볼류트치형에서 법선피치$(p_n) = p \times \cos\alpha$ ...... (식 3)

2식을 3식에 대입하면, $p_n = p \times \cos\alpha = \dfrac{\pi D_g}{\cos\alpha \times Z} \times \cos\alpha = \dfrac{\pi D_g}{Z}$ ...... (식 4)

기어물림률(ϵ)은 $\epsilon = \dfrac{l(\text{물림길이})}{p_n(\text{법선피치})}$ ...... (식 5)

5식에 4식을 대입, $l = 7\pi$ 대입

$\epsilon = \dfrac{l}{p_n} = \dfrac{l}{\dfrac{\pi D_g}{Z}} = \dfrac{l \times Z}{\pi D_g} = \dfrac{7\pi \times 30}{\pi \times 150} = \dfrac{7}{5} = 1.4$로 계산된다.

정답 ③

12 표준 스퍼기어에서 모듈이 3일 때, 기어의 원주피치(mm)는?

① 구할 수 없음　　② 3.14
③ 6.28　　④ 9.42

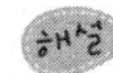

피치(p)는 기어이와 옆기어 사이의 거리를 말하므로, 원주(πD)에 기어수(Z)로 나눈 값이다.

즉, $p=\frac{\pi D}{Z}$ 이므로, $\frac{D}{Z}=m$ (m : 모듈)을 대입하면 $p=\pi m$ 으로 표현된다.

$p=\pi m=\pi\times 3=9.42\text{mm}$ 로 계산된다.

정답 ④

13 표준 스퍼기어에서 모듈이 10이고, 피치원 지름이 160mm일 때, 잇수는?

① 32　　② 16
③ 10　　④ 5

$\frac{D}{Z}=m$ (m : 모듈)에 대입하면 $Z=\frac{D}{m}=\frac{160\text{mm}}{10}=16$개로 계산된다.

정답 ②

14 기어 잇수 25개, 피치원의 지름 75 mm인 표준 스퍼기어의 모듈은?

① 3　　② 9.42
③ 8.5　　④ 6

$m=\frac{D}{Z}=\frac{75}{25}=3$ 으로 계산된다.

정답 ①

15 모듈이 5, 압력각은 15˚ , 잇수가 19개인 표준 평기어의바깥 지름(mm)은?

① 52.5　　② 54.35
③ 105　　④ 108.70

해설

바깥지름(D_o)는 $D_o=D+2h_k$의 관계가 있고, 이끝높이(h_k)는 $h_k=m$ 이므로,

$\frac{D}{Z}=m$ 에서 $D=mZ=5\times 19=95\text{mm}$ 를 대입하면,

$D_o=D+2h_k=95+2\times 5=105\text{mm}$ 로 계산된다.

정답 ③

16 잇수 Z=24, 모듈=2의 표준기어가 있다. 피치원의 반지름 R은?

① 52 ② 12 ③ 48 ④ 24

해설

$m=\frac{D}{Z}$에서 $D=m\times Z=2\times 24=48\text{mm}$, $R=\frac{D}{2}=\frac{48}{2}=24\text{mm}$로 계산된다.

정답 ④

17 피치원 지름이 40mm, 잇수가 20인 표준 스퍼기어의 이끝 높이(mm)는?

① 0.64 ② 2 ③ 3.14 ④ 6.28

해설

이끝높이(h_k)는 $h_k=m$이므로, $m=\frac{D}{Z}=\frac{40}{20}=2$로 계산되어 $h_k=m=2\text{mm}$이다.

정답 ②

18 모듈이 4, Z_a=38, Z_b=79개인 한쌍의 외접 표준 스퍼기어의 축간 거리(mm)는?

① 144 ② 230 ③ 316 ④ 460

해설

$\frac{D}{Z}=m$(m:모듈)에서 $D_a=m\times Z_a=4\times 38=152\text{mm}$, $D_b=m\times Z_b=4\times 79=316\text{mm}$이므로,

축간거리(L)은 $L=\frac{D_a+D_b}{2}=\frac{152+316}{2}=234\text{mm}$로 계산된다.

정답 ②

19 스퍼기어의 원동축 피니언이 300rpm으로 잇수가 20개 일 때, 100rpm으로 감속하려면 종동축 기어의 잇수는?

① 30개 ② 40개
③ 60개 ④ 80개

해설

속도비(i)는 피동회전수(N_b)에 대한 구동회전수(N_a)의 값을 말한다. 또한 속도비는

잇수(기어비)에 반비례하므로, $i=\frac{N_a}{N_b}=\frac{Z_b}{Z_a}$으로 표현된다.

$i=\frac{300}{100}=\frac{Z_b}{20}$에서 $Z_b=20\times\frac{300}{100}=60$으로 계산된다.

정답 ③

20 외접한 한 쌍의 표준평치차의 중심거리가 100mm이고, 한쪽 기어의 피치원 지름이 80mm일 때, 상대기어의 피치원 지름은?

① 40mm ② 90mm ③ 120mm ④ 160mm

해설

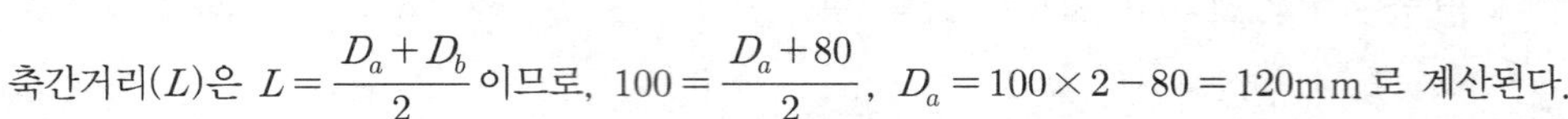

축간거리(L)은 $L = \dfrac{D_a + D_b}{2}$ 이므로, $100 = \dfrac{D_a + 80}{2}$, $D_a = 100 \times 2 - 80 = 120\text{mm}$ 로 계산된다.

정답 ③

21 모듈이 8인 외접한 한쌍의 표준 평기어의 잇수가 각각 70, 98일 때, 중심거리(mm)는?

① 560 ② 672 ③ 782 ④ 1344

해설

$\dfrac{D}{Z} = m$ (m : 모듈)에서 $D_a = m \times Z_a = 8 \times 70 = 560\text{mm}$, $D_b = m \times Z_b = 8 \times 98 = 784\text{mm}$ 이므로, 축간거리(L)은 $L = \dfrac{D_a + D_b}{2} = \dfrac{560 + 784}{2} = 672\text{mm}$ 로 계산된다.

정답 ②

22 전위기어를 사용하는 이유 설명으로 틀린 것은?

① 언더컷을 피하려고 할 때
② 이의 강도를 개선하려고 할 때
③ 중심거리를 변화시키려고 할 때
④ 축방향의 하중을 제거하려고 할 때

해설

전위기어는 설계 계산상 표준기어보다 다소 복잡한 단점이 있으나 중심거리를 자유롭게, 언더컷을 방지, 이의 강도를 개선할 수 있는 장점이 있다.

정답 ④

23 압력각이 20°인 표준 스퍼기어에서 랙(rack)과 맞물리는 피니언(pinion)의 잇수를 설계할 때 언더컷을 방지하기 위한 이론적인 최소 잇수는? (단, sin20°=0.34, cos20°=0.94, tan20°=0.36로 한다)

① 18 ② 24 ③ 32 ④ 48

해설

한계치수(Z_g)를 구하기 위해 $Z_g \geq \dfrac{2}{\sin^2\alpha}$ …… (식 1)

압력각 α가 20도일 때, $Z_g \geq \dfrac{2}{\sin^2\alpha} = \dfrac{2}{0.34^2} = 17.301$ 그러므로, 18이 된다.

정답 ①

24

그림과 같은 기어열에서 각 기어의 잇수가 Z_1=40, Z_2=20, Z_3=40일 때 O_1기어를 시계방향으로 1회전시켰다면, O_3기어의 회전방향과 회전수는?

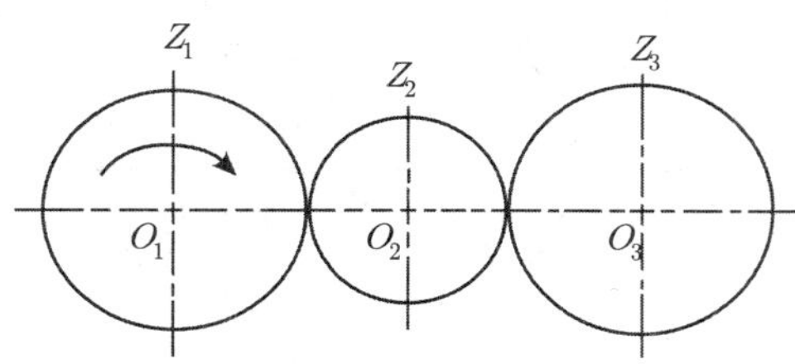

① 시계 방향으로 1회전
② 시계 방향으로 2회전
③ 시계 반대방향으로 1회전
④ 시계 반대방향으로 2회전

Z_1이 우회전하면, Z_2는 좌회전, Z_3은 우회전한다.

속도비(i)는 피동회전수(N_b)에 대한 구동회전수(N_a)의 값을 말한다. 또한 속도비는 잇수(기어비=직경비)에 반비례하므로, $i=\dfrac{N_a}{N_b}=\dfrac{Z_b}{Z_a}=\dfrac{D_b}{D_a}$ 으로 표현된다.

구동잇수(Z_a)는 $Z_a=Z_1\times Z_2$, 피동잇수(Z_b)는 $Z_b=Z_2\times Z_3$이므로,

$i=\dfrac{N_a(=N_1)}{N_b(=N_3)}=\dfrac{1}{N_3}=\dfrac{Z_b}{Z_a}=\dfrac{Z_2\times Z_3}{Z_1\times Z_2}=\dfrac{Z_3}{Z_1}=\dfrac{40}{40}=1$에서 $N_3=1\times1=1$로 계산된다.

정답 ①

25

2단 기어열에서 각 기어의 잇수를 $Z_1=20$, $Z_2=85$, $Z_3=25$, $Z_4=100$이면 회전 속도비(N_1 : N_4)는?

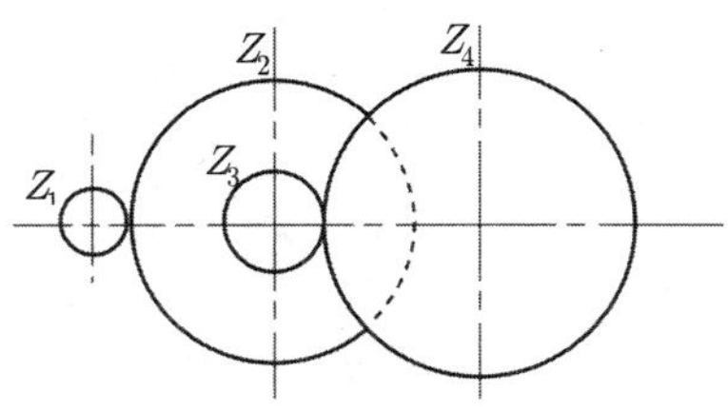

① 17 : 1　② 15 : 1　③ 13 : 1　④ 10 : 1

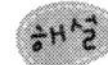

속도비(i)는 피동회전수(N_b)에 대한 구동회전수(N_a)의 값을 말한다. 또한 속도비는 잇수(기어비=직경비)에 반비례하므로, $i=\dfrac{N_a}{N_b}=\dfrac{Z_b}{Z_a}=\dfrac{Db}{D_a}$ 으로 표현된다. 구동잇수(Z_a)는 $Z_a=Z_1\times Z_3=20\times25$, 피동잇수($Z_b$)는 $Z_b=Z_2\times Z_4=85\times100$이므로,

$i=\dfrac{Z_b}{Z_a}=\dfrac{85\times100}{20\times25}=\dfrac{17}{1}$로 계산된다.

정답 ①

26 기어전동장치에서 기어수가 Z_1=30, Z_2=40, Z_3=20, Z_4=30인 경우, Ⅰ축이 300rpm으로 우회전하면 Ⅲ축의 회전수와 회전방향은?

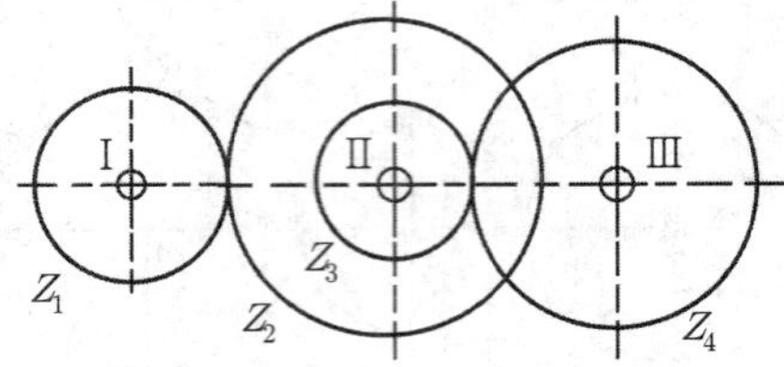

① 300 우회전 ② 300 좌회전 ③ 150 우회전 ④ 150 좌회전

Z1이 우회전하면, Z2는 좌회전, Z3는 좌회전, Z4는 우회전한다.
속도비(i)는 피동회전수(N_a)에 대한 구동회전수(N_b)의 값을 말한다. 또한 속도비는 잇수(기어비=직경비)에 반비례하므로, $i=\dfrac{N_a}{N_b}=\dfrac{Z_b}{Z_a}=\dfrac{D_b}{D_a}$으로 표현된다. 구동잇수($Z_a$)는 $Z_a=Z_1\times Z_3=30\times 20=600$, 피동잇수($Z_b$)는 $Z_b=Z_2\times Z_4=40\times 30=1200$이므로,

$i=\dfrac{N_a(=N_1)}{N_b(=N_4)}=\dfrac{Z_b}{Z_a}=\dfrac{1200}{6}=2$에서 $N_4=\dfrac{1}{2}\times N_1=\dfrac{1}{2}\times 300=150$으로 계산된다.

 ③

27 4개의 기어로 1200rpm을 100rpm으로 감속하려 한다. 이 감속기의 잇수가 Z_1=20, Z_2=80, Z_3=20일 경우에 Z_4 잇수는?

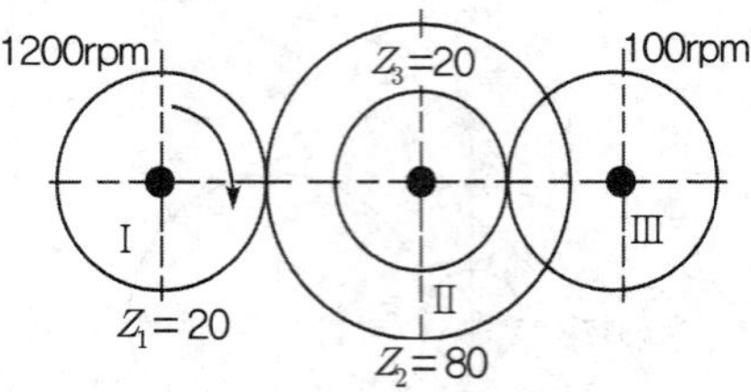

① 20개 ② 40개 ③ 60개 ④ 80개

속도비(i)는 피동회전수(N_a)에 대한 구동회전수(N_a)의 값을 말한다. 또한 속도비는 잇수(기어비=직경비)에 반비례하므로, $i=\dfrac{N_a}{N_b}=\dfrac{Z_b}{Z_a}=\dfrac{D_b}{D_a}$으로 표현된다.

구동잇수(Z_a)는 $Z_a=Z_1\times Z_3=20\times 20=400$, 피동잇수($Z_b$)는 $Z_b=Z_2\times Z_4=80\times Z_4$이므로,

$i=\dfrac{N_a(=N_1)}{N_b(=N_4)}=\dfrac{1200}{100}=\dfrac{Z_b}{Z_a}=\dfrac{80\times Z_4}{20\times 20}$에서 $Z_4=\dfrac{20\times 20}{80}\times 12=60$으로 계산된다.

정답 ③

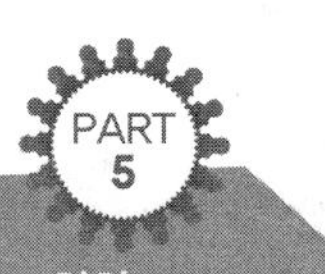

28 헬리컬기어의 치직각 모듈 m=4이고, 잇수 Z=70일 때, 피치원의 직경(mm)은?(단, 비틀림각 $\beta = 30°$ 이다.)

① 280.00 ② 288.73 ③ 323.32 ④ 560.65

해설

헬리컬기어의 치직각 직경(D_n)은 $D_n = D_s\cos\beta$, 치직각모듈(m_n)은

$m_n = \dfrac{D_n}{\pi} = \dfrac{D_s\cos\beta}{\pi} = \dfrac{D_s}{\pi} \times \cos\beta = m_s \times \cos\beta$이다.

또한 $D_s = m_s \times Z_s = \dfrac{m_n}{\cos\beta} \times Z_s = \dfrac{4}{\cos 30} \times 70 = 323.316$으로 계산된다.

정답 ③

29 비틀림 각이 20° 인 한 쌍의 헬리컬기어에서 잇수가 각각 40과 80이고, 치직각 모듈이 5일 때 중심거리(mm)는?

① 281.91mm ② 300.00mm ③ 315.45mm ④ 339.74mm

해설

헬리컬기어의 치직각 직경(D_n)은 $D_n = D_s\cos\beta$, 치직각모듈(m_n)은

$m_n = \dfrac{D_n}{\pi} = \dfrac{D_s\cos\beta}{\pi} = \dfrac{D_s}{\pi} \times \cos\beta = m_s \times \cos\beta$이므로, $m_s = \dfrac{m_n}{\cos\beta}$이다. 그래서

$D_s = m_s \times Z_s = \dfrac{m_n}{\cos\beta} \times Z_s$로 유도되므로,

$D_{as} = m_s \times Z_{as} = \dfrac{m_n}{\cos\beta} \times Z_{as} = \dfrac{5}{\cos 20} \times 40 = 212.835\text{mm}$ 이고,

$D_{bs} = m_s \times Z_{bs} = \dfrac{m_n}{\cos\beta} \times Z_{bs} = \dfrac{5}{\cos 20} \times 80 = 425.67\text{mm}$ 이므로,

축간거리(L)은 $L = \dfrac{D_{as} + D_{bs}}{2} = \dfrac{212.83 + 425.67}{2} = 319.25\text{mm}$로 계산된다.

정답 ③

30 베벨기어 잇수가 24개인 원추각이 60°이다. 상당스퍼기어의 잇수는?

① 32 ② 40 ③ 48 ④ 56

해설

원추각이 60°이므로, 반 원추각 $\delta = \dfrac{60}{2} = 30°$

상당스퍼기어의 잇수(Z_e) $= \dfrac{Z}{\cos\delta} = \dfrac{24}{\cos 30°} = \dfrac{24}{\frac{1}{2}} = 48$로 계산된다.

정답 ③

31 베벨기어 원동차의 원추각이 90°, 종동차의 원추각이 60°일 경우, 속도비는?

① 1 : 1　　② $1 : \frac{1}{\sqrt{2}}$　　③ 1 : 2　　④ $1 : \sqrt{3}$

해설

원동차의 원추각은 90°이므로, 반 원추각$\delta_1 = \frac{90}{2} = 40°$

종동차의 원추각은 60°이므로, 반 원추각$\delta_2 = \frac{60}{2} = 30°$

따라서, 속도비$(i) = \frac{N_1}{N_2} = \frac{\sin\delta_2}{\sin\delta_1} = \frac{\sin 30°}{\sin 45°} = \frac{\frac{1}{2}}{\frac{\sqrt{2}}{2}} = \frac{1}{\sqrt{2}}$ 로 계산된다.

정답 ②

32 웜기어(worm gear)감속장치의 장점이 아닌 것은?

① 큰 감속비를 얻을 수 있다.
② 소음과 진동이 적다.
③ 역전방지를 할 수 있다.
④ 추력 하중이 생기지 않고 효율이 좋다.

해설

웜기어의 장점으로는 큰 감속비를 얻음, 부하용량이 큼, 역전장지, 소음과 진동이 적음 등이다. 단점으로는 웜과 웜휠에 스러스트 하중이 생기고, 잇면의 맞부딪침이 있으므로 조정이 필요, 웜휠의 가격이 비싸고, 웜휠의 제작이 어렵다.

정답 ④

33 회전수 1500rpm인 3줄 웜이 잇수 30개인 웜휠에 물려 돌고 있다면, 웜휠의 회전수는?

① 50rpm　　② 150rpm　　③ 180rpm　　④ 280rpm

속도비(i)는 피동속도(N_b)에 대한 구동속도(N_a)의 값을 말한다. 또한 속도비는

잇수(기어비=직경비)에 반비례하므로, $i = \frac{N_a}{N_b} = \frac{Z_b}{Z_a}$ 으로 표현된다. $i = \frac{1500}{N_b} = \frac{30}{3} = \frac{10}{1}$ 에서

$N_b = \frac{1}{10} \times 1500 = 150$ 으로 계산된다.

정답 ②

34 웜기어 장치에서 웜의 리드각(γ)에 대한 식으로 옳은 것은?

① $\tan\gamma = \dfrac{\text{웜의 리드}}{\pi \times \text{웜의 바깥지름}}$

② $\tan\gamma = \dfrac{\text{웜의 리드}}{\pi \times \text{웜의 피치원지름}}$

③ $\tan\gamma = \dfrac{\text{웜의 피치원지름}}{\pi \times \text{웜의 리드}}$

④ $\tan\gamma = \dfrac{\text{웜의 바깥지름}}{\pi \times \text{웜의 리드}}$

해설

웜기어란 웜과 웜휠을 말한다. 웜기어에서 웜리드각(β)이란 $\tan\beta = \dfrac{l(\text{리드})}{\pi D_1}$

여기서, D1은 웜의 피치원 지름이다.

 ②

9급 공무원 기계직

기계설계

PART 06 동력제어 기계요소

브레이크

브레이크 개요

1. 브레이크란?

① 운동부분의 에너지를 흡수하여 그 운동을 정지 혹은 속도 조절하는 기계요소
② 축의 회전 운동에너지를 마찰로 열에너지로 변환 ⇒ 마찰브레이크(브레이크의 대부분)
③ 클러치와 종류 및 구조면에서 동일 ⇒ 기능이 반대

2. 작동방향에 따른 브레이크 분류

① 반지름방향 작동 브레이크 : 블록브레이크, 밴드브레이크
② 축방향 작동 브레이크 : 원판(디스크)브레이크, 원뿔브레이크

블록브레이크

1. 단식 블록브레이크

(1) 계산식 세우는 방법

① 힌지의 지점을 확인하고, 각 힘이 작용하는 위치와 거리를 확인한다.

② 회전방향(블록 진행방향)으로 마찰력(=접선력=제동력=$P=\mu Q$)을 표시한다.

③ 힌지점을 중심으로 $\sum T=0$(모든 회전력의 합은 '0'이다)을 적용하여 식을 세운다. 시계방향의 회전력을 (+), 반시계방향의 회전력을 (-)로 한다.

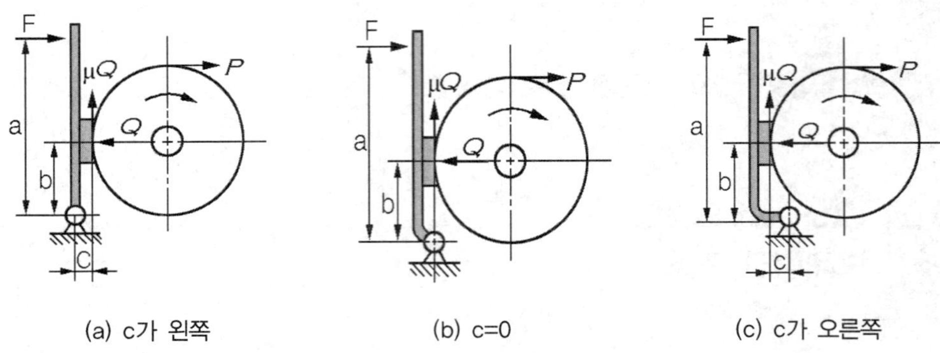

그림 6-1 단식블록브레이크 종류

여기서, Q는 드럼과 블록사이를 밀어붙이는 힘(kgf), D는 브레이크 드럼의 직경(mm), T는 제동토크(kgf·m)로 접선력(= 마찰력 = 제동력 = $P=\mu Q$)과 반지름의 곱이다. 즉, $T=P\times\frac{D}{2}=\mu Q\times\frac{D}{2}$으로 표현된다.

μ는 드럼과 블록사이의 마찰계수이고, a, b, c는 힘이 작용하는 위치의 거리이다.

(2) C〉0 경우(블록 마찰지점에서 수직선의 왼쪽에 힌지가 존재)

① 우회전의 경우

㉠ 제동력(μQ)을 우회전에 맞게 표시(반시계방향의 회전력으로 작용)

㉡ 힌지점을 중심으로 $\sum T=0$을 적용

$$\Rightarrow +Fa-Qb-\mu Q\times c=0,\ F=\frac{Q}{a}(b+\mu c)$$

② 좌회전의 경우

㉠ 제동력(μQ)을 좌회전에 맞게 표시(시계방향의 회전력으로 작용)

㉡ 힌지점을 중심으로 $\sum T=0$을 적용

$$\Rightarrow +Fa-Qb+\mu Q\times c=0,\ F=\frac{Q}{a}(b-\mu c)$$

(3) C=0 경우 : (블록 마찰지점에서 수직선과 힌지가 같은 위치)

따라서 우회전과 좌회전의 레버 작용힘(F)은 동일하다.

① 우회전의 경우

㉠ 제동력(μQ)을 우회전에 맞게 표시

㉡ 힌지점을 중심으로 $\sum T=0$을 적용

$\Rightarrow +Fa-Qb-\mu Q\times 0=0,\ F=\dfrac{Q}{a}b$

② 좌회전의 경우

㉠ 제동력(μQ)을 좌회전에 맞게 표시

㉡ 힌지점을 중심으로 $\sum T=0$을 적용

$\Rightarrow +Fa-Qb+\mu Q\times 0=0,\ F=\dfrac{Q}{a}b$

(4) C<0 경우(블록 마찰지점에서 수직선의 오른쪽에 힌지가 존재)

① 우회전의 경우

㉠ 제동력(μQ)을 우회전에 맞게 표시(시계방향의 회전력으로 작용)

㉡ 힌지점을 중심으로 $\sum T=0$을 적용

$\Rightarrow +Fa-Qb+\mu Q\times c=0,\ F=\dfrac{Q}{a}(b-\mu c)$

② 좌회전의 경우

㉠ 제동력(μQ)을 좌회전에 맞게 표시(반시계방향의 회전력으로 작용)

㉡ 힌지점을 중심으로 $\sum T=0$을 적용

$\Rightarrow +Fa-Qb-\mu Q\times c=0,\ F=\dfrac{Q}{a}(b+\mu c)$

(5) 자동브레이크 경우

① C>0 경우 좌회전, C〈0 경우 우회전을 행하면, 레버의 작용힘 $F=\dfrac{Q}{a}(b-\mu c)$이다.

만일, $b-\mu c\le 0$이면, 즉 c가 b에 비해 상당히 커지면 $F\le 0$이 된다.

② 레버에 힘을 주지 않더라도 $b-\mu c\le 0$의 경우 자동브레이크가 걸린다.

(6) V블록 브레이크

① 마찰면을 크게(쐐기모양으로) 한 브레이크

② 제동력$(P)=2\times\mu Q'=2\times\mu\times\dfrac{Q}{2(\sin\frac{\alpha}{2}+\mu\cos\frac{\alpha}{2})}=\dfrac{\mu}{\sin\frac{\alpha}{2}+\mu\cos\frac{\alpha}{2}}\cdot Q=\mu' Q$

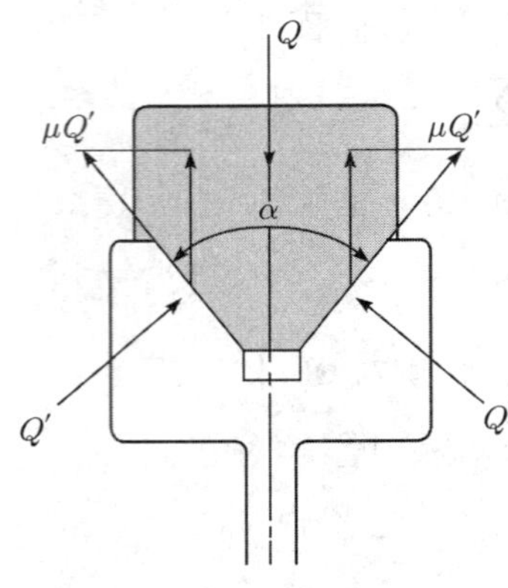

그림 6-2 V홈 블록브레이크

2. 복식 블록브레이크

① 축에 대해서 대칭으로 2개의 블록이 드럼을 밀어붙이는 브레이크

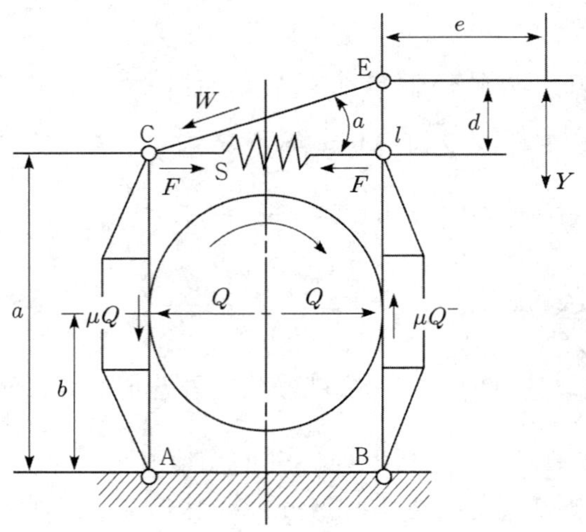

그림 6-3 복식 블록브레이크

② 힌지점과 블록 마찰점이 동일하므로, 제동력$(P) = 2 \times \mu Q$

③ 제동토크$(T) = P \times \dfrac{D}{2} = 2\mu Q \times \dfrac{D}{2}$

④ 스프링힘을 F, 전자석의 힘을 Y라 하면

힌지점을 중심으로 $\sum T = 0$을 적용, $Fa = Qb$, $F = \dfrac{Qb}{a}$

지점 E를 중심으로 $\sum T=0$을 적용, $Fd=Ye$, $Y=\frac{Fd}{e}=\frac{Qbd}{ae}$ …… (식 1)

1식에서 $Q=Y\frac{ae}{bd}$ 이므로, 제동력을 구해보자.

⑤ 제동력$(P)=2\mu Q=2\mu Y\frac{ae}{bd}$

3. 내부 확장 브레이크

① 2개의 긴 브레이크블록(슈 및 라이닝)이 브레이크 드럼의 안쪽에 존재, 유압에 의한 피스톤의 양쪽 움직임으로 블록을 바깥으로 확장하여 드럼과 마찰

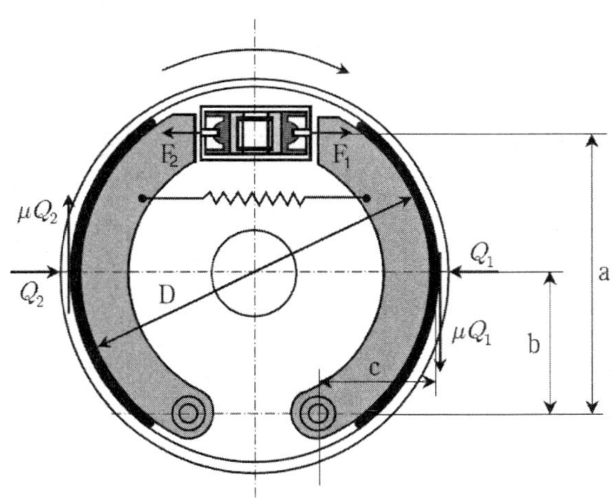

그림 6-4 내부 확장 브레이크

② 우회전 제동력$(P)=\mu Q_1+\mu Q_2=\frac{\mu F_1 a}{b-\mu c}+\frac{\mu F_2 a}{b+\mu c}$

③ 좌회전 제동력$(P)=\mu Q_1+\mu Q_2=\frac{\mu F_1 a}{b+\mu c}+\frac{\mu F_2 a}{b-\mu c}$

4. 블록브레이크 성능

① 블록 면압

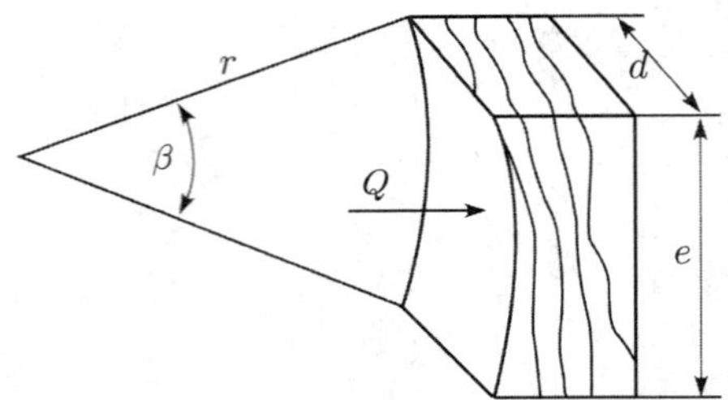

그림 6-5 **브레이크 블록**

블록과 드럼사이의 브레이크 압력$(p) = \dfrac{Q}{A} = \dfrac{Q}{de}$

② 브레이크 동력$(H_{ps}) = \dfrac{\text{제동력} \times \text{속도}}{75} = \dfrac{Pv}{75} = \dfrac{\mu Qv}{75} = \dfrac{\mu pvA}{75}$ ...... (식 1)

③ 브레이크 용량$(\mu pv) = \dfrac{H_{ps} \times 75}{A}$,

브레이크 용량은 단위면적당 발열량을 표시한다.

1-3 밴드 브레이크

1. 밴드브레이크 역학

① 브레이크 드럼의 외주에 강제 밴드를 감아 장력을 줌으로서 마찰 제동

② 밴드 양쪽 끝의 장력을 T_1, T_2라 하면, 제동력$(P) = \dfrac{2T}{D} = T_1 - T_2 =$ 유효장력

③ 장력비 $= \dfrac{T_1(\text{긴장력})}{T_2(\text{이완력})} = e^{\mu\theta}$

④ 긴장력$(T_1) = P\dfrac{e^{\mu\theta}}{e^{\mu\theta} - 1}$

2. 밴드브레이크 제동력

회전방향에 따라 T_1과 T_2의 위치가 바뀜을 기억한다.

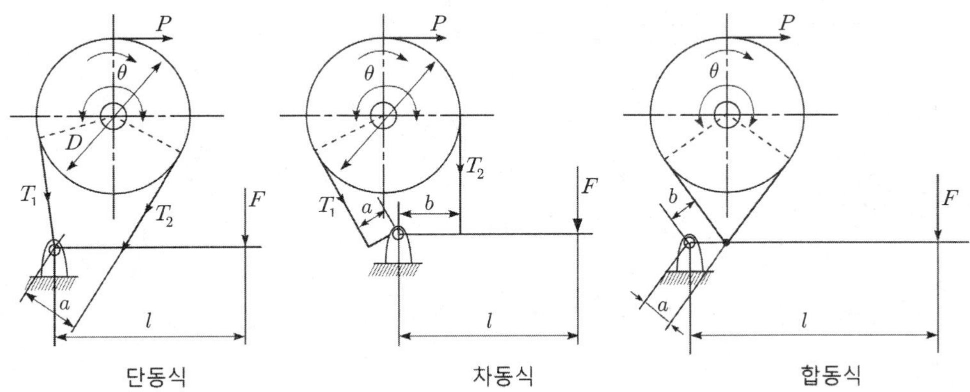

그림 6-6 밴드브레이크

(1) 단동식

① 우회전의 경우

$$Fl = T_2 a \ , \ F = \frac{a}{l} T_2 = P\frac{a}{l} \times \frac{1}{e^{\mu\theta} - 1}$$

② 좌회전의 경우

$$Fl = T_1 a \ , \ F = \frac{a}{l} T_1 = P\frac{a}{l} \times \frac{e^{\mu\theta}}{e^{\mu\theta} - 1}$$

따라서, 레버 조작력을 작게 하려면, 긴장측을 고정해야 한다.

(2) 차동식

① 우회전의 경우

$$Fl = T_2 b - T_1 a \ , \ F = \frac{P(b - ae^{\mu\theta})}{l(e^{\mu\theta} - 1)}$$

② 좌회전의 경우

$$Fl = T_1 b - T_2 a \ , \ F = \frac{P(be^{\mu\theta} - a)}{l(e^{\mu\theta} - 1)}$$

(3) 합동식

① 우회전의 경우($T_1 > T_2$)

$$Fl = T_2 a + T_1 b \ , \ F = \frac{P(a + be^{\mu\theta})}{l(e^{\mu\theta} - 1)}$$

② 좌회전의 경우

$$Fl = T_1 b + T_2 a \ , \ F = \frac{P(ae^{\mu\theta} + b)}{l(e^{\mu\theta} - 1)}$$

만일, $a = b$이면 $F = \frac{Pa(e^{\mu\theta} + 1)}{l(e^{\mu\theta} - 1)}$로 나타낼 수 있다.

플라이휠

1. 플라이휠의 특징

① 그 자체가 가지고 있는 큰 관성모멘트를 이용

② 운동에너지 흡수, 저축, 방출을 적절히 행함 ⇒ 큰 각속도 변동이 일어나지 않음

2. 플라이휠의 역학

① 각속도 변동계수$(\delta) = \dfrac{w_1 - w_2}{w}$

평균각속도를 w, 최대각속도를 w_1, 최소각속도를 w_2이다.

② 에너지 변동량$(\triangle E) = \dfrac{I(w_1^2 - w_2^2)}{2}$, I는 관성모멘트이다.

③ 원주방향 인장응력$(\sigma_t) = \dfrac{r^2 w^2 \gamma}{g} = \dfrac{v^2 \gamma}{g}$, 속도$v = rw$, γ는 플라이휠의 비중량

제3장 스프링

3-1 스프링의 특성과 종류

1. 스프링의 특성

① 스프링 작용 하중을 W, 이때 변형된 량이 δ라면, 스프링상수$(k) = \frac{W}{\delta}$

만일, 스프링상수 k_1, k_2의 두 개를 접속시 스프링상수 k는

㉠ 병렬의 경우 스프링상수(k_p) : $k_p = k_1 + k_2$

㉡ 직렬의 경우 스프링상수(k_s) : $\frac{1}{k_s} = \frac{1}{k_1} + \frac{1}{k_2}$

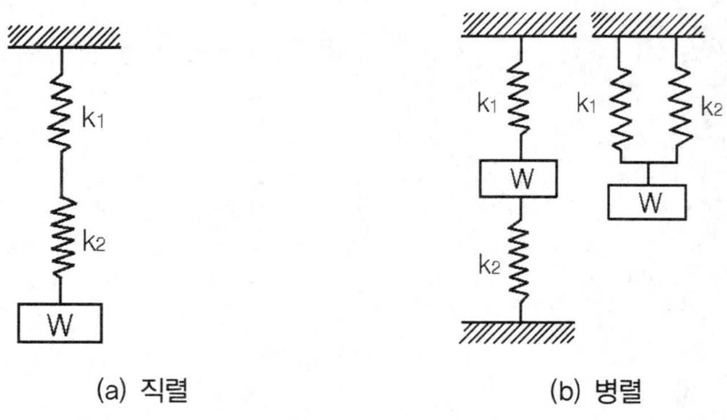

(a) 직렬　　(b) 병렬

그림 6-7 스프링 연결

② 선형스프링의 경우, 스프링에 행해진 일량$(U) = \frac{1}{2}W\delta = \frac{1}{2}k\delta^2$

③ 스프링의 용도

㉠ 진동에너지, 충격에너지 흡수

㉡ 에너지를 저축해 둔 다음 동력으로 사용

㉢ 선형스프링의 특성 이용 ⇒ 힘의 측정에 사용

㉣ 복원성질을 이용 ⇒ 힘을 가함

2. 모양에 의한 스프링의 종류

① 코일스프링 : 모양에 따라 원통형, 원추형, 장고형, 드럼형, 용도에 따라 인장코일스프링, 압축코일스프링(전단응력작용), 비틀림 코일스프링(굽힘응력작용), 제작비가 싸다. 기능이 확실하고 가볍고 작게 만들 수 있다.

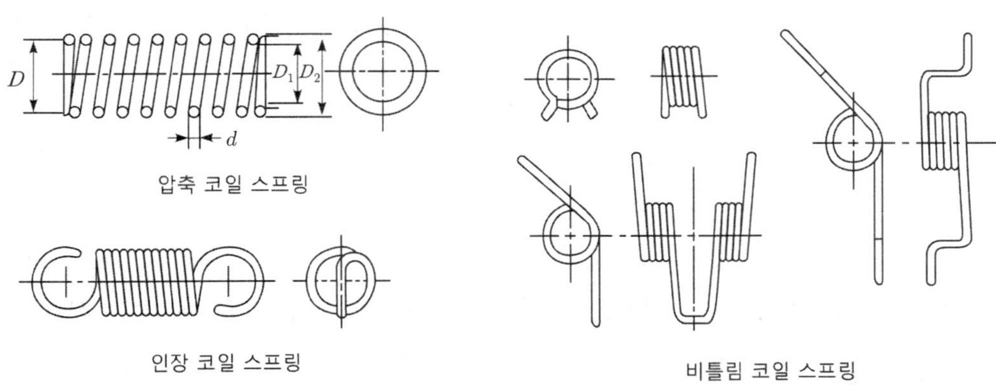

그림 6-8 **코일스프링**

② 스파이럴 스프링

③ 토션바 : 강재의 비틀림을 이용, 큰 에너지를 저축, 가볍고 간단한 모양, 스프링 특성이 이론과 잘 일치, 부착부의 가공이 복잡

④ 판스프링 : 너비가 좁고 긴 얇은 판을 보처럼 하중지지, 에너지 흡수능력이 크고, 스프링작용 이외의 구조물 기능을 겸함, 제조가공이 쉬움

⑤ 와이어스프링 : 선재를 여러 가지 모양으로 감거나 굽힌 것

⑥ 접시스프링 : 중앙에 구멍이 있는 원판을 원추형으로 성형 ⇒ 상하 하중 작용

3-2 코일 스프링

1. 원통코일 스프링

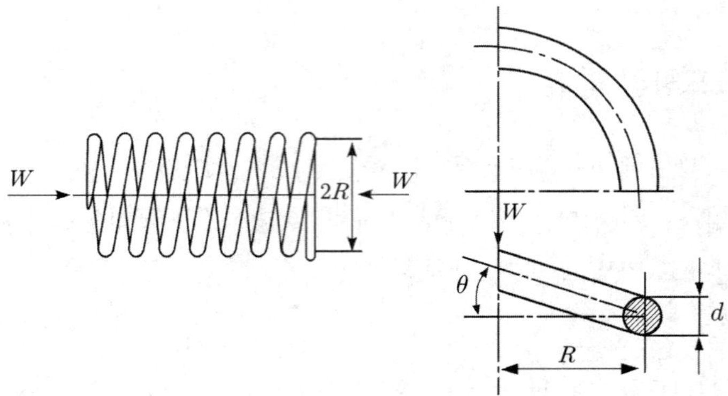

그림 6-9 압축코일 스프링

① 토크$(T) = W \times R = z_p \times \tau = \dfrac{\pi d^3}{16}\tau$

여기서 W는 스프링의 축방향 하중, D는 스프링 평균지름(R은 반지름), d는 소선지름

② 전단응력$(\tau) = \dfrac{16WR}{\pi d^3} = \dfrac{8WD}{\pi d^3} = \dfrac{8C}{\pi d^2}W = \dfrac{8C^3}{\pi D^2}W$ ······ (식 1)

스프링지수$(C) = \dfrac{D}{d} = \dfrac{2R}{d}$이다. 1식에서 수정계수$K$로 보정하면

전단응력$(\tau) = K\dfrac{16WR}{\pi d^3} = K\dfrac{8WD}{\pi d^3} = K\dfrac{8C}{\pi d^2}W = K\dfrac{8C^3}{\pi D^2}W$

③ 처짐(δ) 구하기

㉠ 비틀림각$(\theta) = \dfrac{Tl}{GI_p}$, 소선의 유효길이$(l) = \pi Dn$ (n은 감긴 횟수), $T = WR$

㉡ 처짐$(\delta) = R\theta = \dfrac{D}{2} \times \dfrac{WR\pi Dn}{GI_p} = \dfrac{n\pi D^3 W}{4GI_p} = \dfrac{64nWR^3}{Gd^4} = \dfrac{8nWD^3}{Gd^4}$

④ 스프링상수$(k) = \dfrac{W}{\delta} = \dfrac{Gd^4}{8nD^3}$

⑤ 저축 에너지$(U) = \dfrac{1}{2}W\delta = \dfrac{32nR^3W^2}{Gd^4}$

2. 원추코일 스프링

① 전단응력(τ) $= K\dfrac{16\,WR_2}{\pi d^3}$, R_2는 코일의 최대 평균지름

② 처짐(δ) $= \displaystyle\int d\delta = \frac{16\,Wn}{Gd^4}(R_1^2 + R_2^2)(R_1 + R_2)$

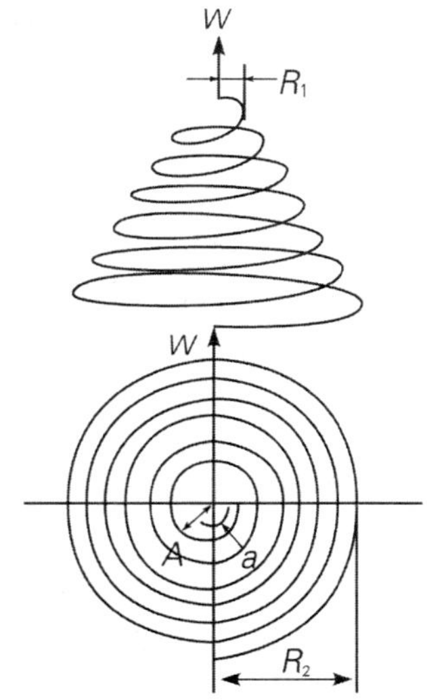

그림 6-10 **원추코일 스프링**

3. 서징

① 자동차의 밸브스프링과 같이 밸브스프링에 반복하중이 빠르게 작용하면, 반복 속도가 스프링의 고유진동수에 가깝거나 정수배가 되면 공진 발생 ⇒ 이 공진현상을 서어징이라 함

② 스프링은 기능을 상실, 큰 반복응력을 받아 피로 파괴

3-3 토션 바

1. 토션 바 특징

① 막대의 한 끝을 고정, 다른 끝을 비틀 때 생기는 비틀림 변형 이용
② 단위 체적당 저축되는 탄성에너지가 크고 가벼움
③ 모양이 간단, 좁은 곳에 설치 가능
④ 스프링 특성의 계산값(이론값)이 잘 맞음
⑤ 재료을 엄선해야 함, 끝부분(부착부)의 가공이 어렵다.
⑥ 비용이 들고, 부착(설치) 비용이 많이 든다.

2. 토션바 설계

① 최대전단응력과 비틀림각
원형단면의 경우만을 생각하자.

㉠ 최대전단응력($\tau_{\max}$) $= \dfrac{T}{z_p} = \dfrac{16T}{\pi d^3} = \dfrac{\theta d G}{2L}$ (여기서, $\theta = \dfrac{TL}{GI_p} = \dfrac{TL}{Gz_p \times \dfrac{d}{2}} = \dfrac{T}{z_p} \times \dfrac{2L}{Gd}$)

㉡ 비틀림각(θ) $= \dfrac{TL}{GI_p} = \dfrac{2\tau L}{dG}$

여기서 L은 토션바의 길이, d는 실축 지름이다.

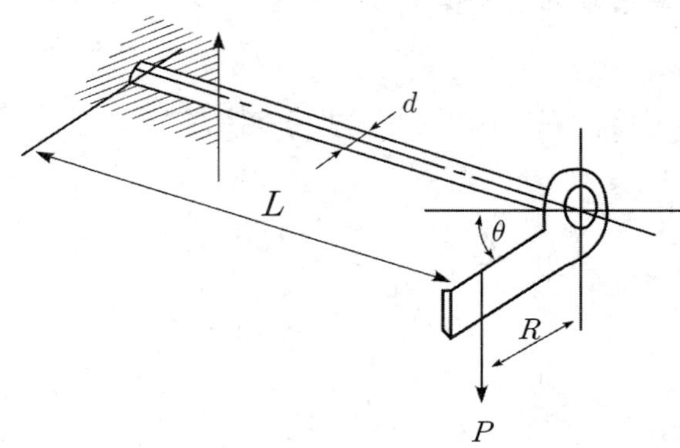

그림 6-11 토션바

② 스프링상수$(k) = \dfrac{T}{\theta} = \dfrac{\pi d^4 G}{32L}$

③ 탄성에너지$(U) = \dfrac{1}{2}T\theta = \dfrac{1}{2}T \times \dfrac{32TL}{\pi d^4 G} = \dfrac{16T^2 L}{\pi d^4 G}$ …… (식 1)

④ 단위체적당 탄성에너지(u)

㉠ 토션바의 부피$(V) = \dfrac{\pi d^2}{4}L$

㉡ 단위체적당 탄성에너지$(u) = \dfrac{U}{V} = \dfrac{64T^2}{\pi^2 d^6 G} = (\dfrac{16T}{\pi d^2})^2 \times \dfrac{1}{4G} = \dfrac{\tau^2}{4G}$

 3-4 판스프링

1. 판스프링 특징

① 차량이나 철도차량에서 차체 구조의 일부를 겸하므로 차체를 단순화한다.

② 판 사이의 마찰이 감쇠력으로 작용한다. ⇒ 진동시 유효한 작용

③ 판스프링 한 장이 절손되더라도 그것을 바꿔서 재사용이 가능

2. 단판스프링(외팔보)

(1) 직사각형 단면

외팔보로 가정, 외팔보 길이를 l, 단면의 너비 b, 두께 h, 자유단(끝)에 하중 W가 작용한다면, 관성모멘트 $I = \dfrac{bh^3}{12}$, 단면계수$z = \dfrac{bh^2}{6}$ 이므로

① 처짐$(\delta) = \dfrac{Wl^3}{3EI} = \dfrac{4Wl^3}{Ebh^3}$

② 스프링상수$(k) = \dfrac{W}{\delta} = \dfrac{3EI}{l^3} = \dfrac{Ebh^3}{4l^3}$

③ 최대응력$(\sigma_{max}) = \dfrac{Wl}{z} = \dfrac{6Wl}{bh^2}$

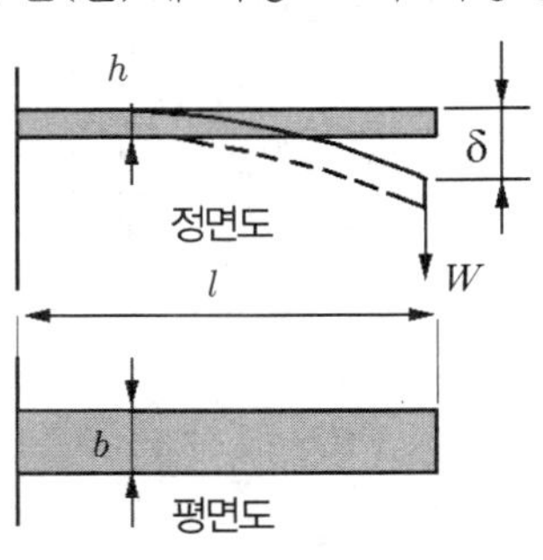

그림 6-12 단일판 스프링

(2) 사다리꼴 단면

외팔보로 가정, 외팔보 길이를 l, 단면의 너비 b, b_0, 두께 h, 자유단(끝)에 하중P가 작용한다면, 관성모멘트$I = \dfrac{b_0 h^3}{12}$ 이므로

① 처짐$(\delta) = \phi \dfrac{Wl^3}{3EI}$, 여기서 ϕ는 형상 수정계수이다.

② 스프링상수$(k) = \dfrac{W}{\delta} = \dfrac{3EI}{\phi l^3}$

③ 최대응력$(\sigma_{\max}) = \dfrac{Wl}{z} = \dfrac{6Wl}{b_0 h^2}$

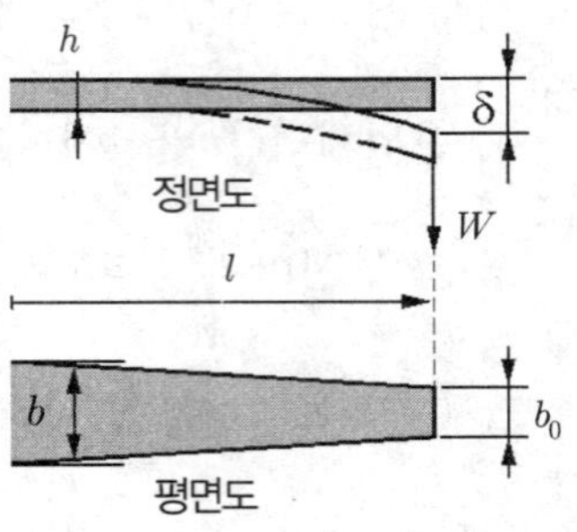

그림 6-13 사다리꼴 스프링

3. 겹판스프링

(1) 외팔보 겹판스프링

겹치는 판의 너비를 b, 판의 장수를 $n \Rightarrow b_0 = nb$

① 처짐$(\delta) = \dfrac{6Wl^3}{nbh^3 E}$

② 응력$(\sigma) = \dfrac{6Wl}{nbh^2}$

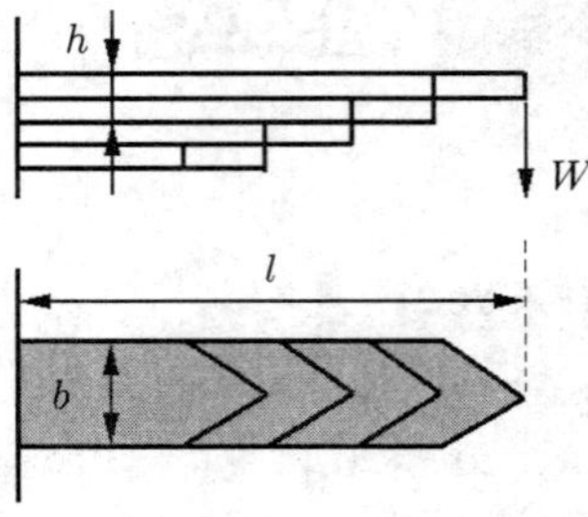

그림 6-14 외팔보 겹판스프링

(2) 양단지지 겹판스프링

위 ①, ②에 $l \to \dfrac{l}{2}$, $W \to \dfrac{W}{2}$를 대입하면 된다.

① 처짐$(\delta) = \dfrac{3Wl^3}{8nbh^3 E}$

② 응력$(\sigma) = \dfrac{3Wl}{2nbh^2}$

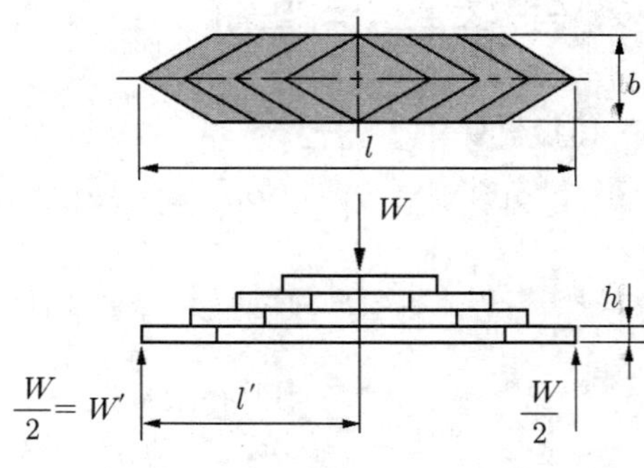

그림 6-15 양단지지 겹판스프링

3-5 접시스프링과 고무스프링

1. 접시스프링

(1) 접시스프링 특징

① 중앙에 구멍이 있는 원판을 원추형으로 성형 ⇒ 상하 하중 작용
② 좁은 공간에 비교적 큰 부하용량을 가짐
③ 두께와 높이를 적당히 선정 ⇒ 이용범위가 넓은 비선형 스프링을 얻음

(2) 직렬과 병렬

① 직렬 : 접시의 방향이 다를 경우
② 병렬 : 접시의 방향이 같을 경우

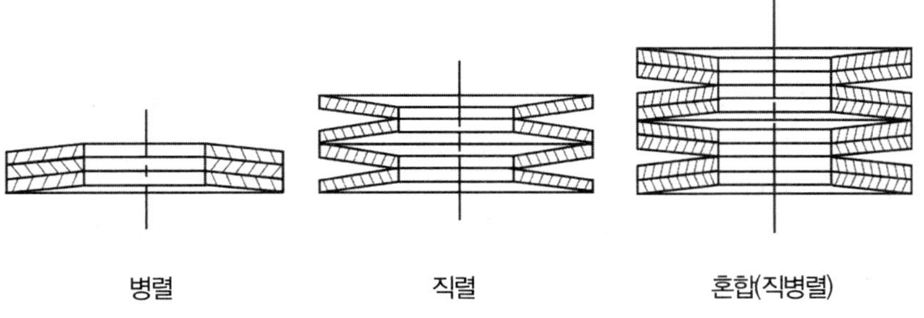

그림 6-16 접시스프링 직렬과 병렬

2. 고무스프링

(1) 고무스프링 특징

① 고무스프링 한 개로 여러 축의 스프링작용을 동시에 행함 ⇒ 스프링상수 선택도 자유
② 모양을 자유로 선택 ⇒ 여러 가지 용도로 이용가능, 금속과의 접착이 강함
③ 소형, 경량 제작 가능
④ 고무 스프링 내부 마찰로 감쇠력 얻음
⑤ 고주파진동의 절연이 좋음 ⇒ 방진효과 우수
⑥ 노화현상이 있고, 내유성(기름에 견디는 성질)이 낮음 ⇒ 합성고무를 사용해야 함
⑦ 인장력에 약하여 인장하중을 피해야 한다.
⑧ 직사광선이나 오존을 피하는 것이 좋다. 적당온도는 0~70℃

(2) 고무스프링 모양

① 압축형 : 압축받고 항상 수직으로 큰 하중 작용시

② 전단형 : 전단력을 받고 수직방향으로 연하게 지지하는 경우

③ 복합형 : 압축과 전단을 받고, 2축(3축) 방향의 스프링상수를 고를 시

④ 비틀림형 : 외부 4각 케이스에 내부 4각 막대 사이에 고무 삽입 ⇒ 내외부의 고무 탄성 이용

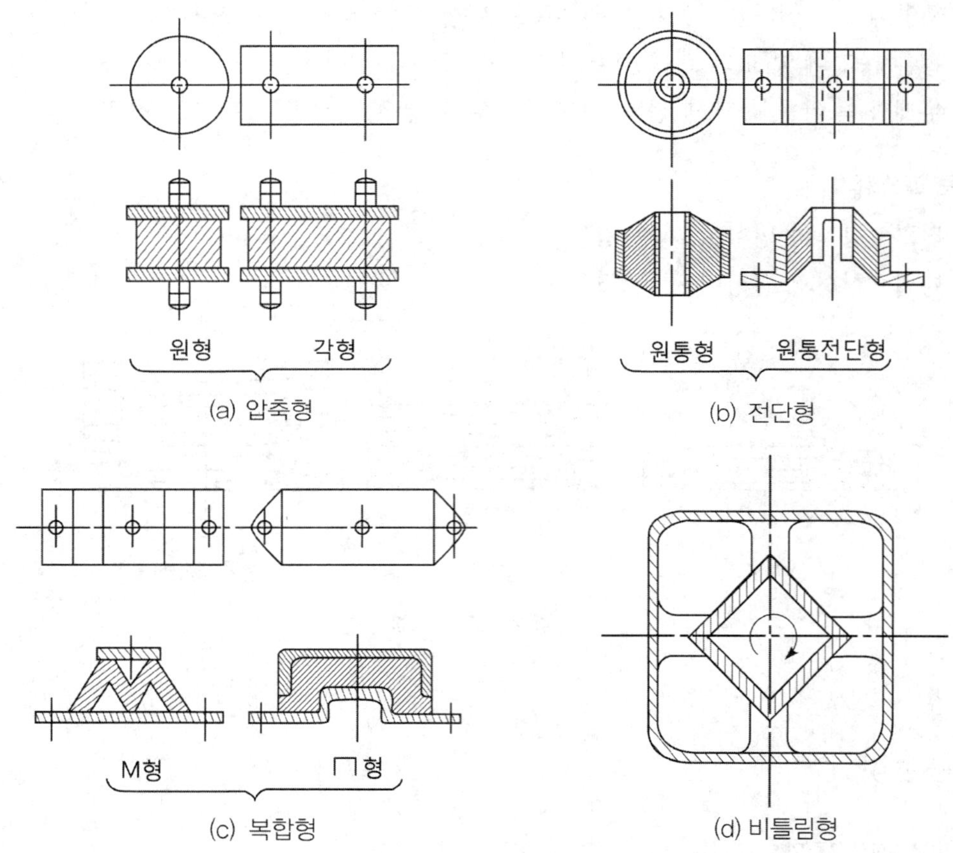

그림 6-17 **고무스프링**

적중예상문제

01 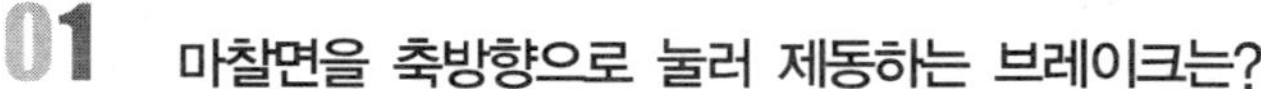
마찰면을 축방향으로 눌러 제동하는 브레이크는?

① 밴드 브레이크(band brake)　　② 원심 브레이크(centrifugal brake)
③ 원판 브레이크(disk brake)　　④ 블록 브레이크(block brake)

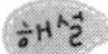

브레이크에는 블록브레이크, 밴드브레이크, 축압브레이크, 자동하중 브레이크 등이 있으며, 블록브레이크는 회전하는 드럼에 블록으로 제동, 밴드브레이크는 외주에 강제밴드를 감고 밴드에 장력을 주어 밴드와 브레이크드럼 사이의 마찰에 의해 제동, 축압브레이크는 브레이크 축방향으로 스러스트를 주어 그 마찰력으로 제동한다. 축압브레이크의 종류로는 원판브레이크, 원추브레이크가 있다.

정답 ③

02 자동 하중 브레이크라고 하는 것은?

① 원판 브레이크　　② 원추 브레이크
③ 웜 브레이크　　④ 포올 브레이크

자동하중브레이크란 큰 하중을 감아 올릴 때는 브레이크 작용을 하지 않고 클러치로써 작용하며, 하중을 내릴 때는 브레이크로써 작용하여 하중의 속도을 조정, 정지시키는데 사용한다. 웜브레이크, 나사브레이크, 캠브레이크, 원심브레이크, 전자기브레이크 등이 있다.

정답 ③

03 중량 3ton의 자동차가 시속 30km로 달리다가 브레이크를 걸기 시작하여 8.8m후에 정지하였다. 베어링 등 다른 마찰을 무시한다면 브레이크에 발생하는 열량(kcal)은?(단, 바퀴와 도로와의 마찰계수는 0.4이다.)

① 105.6　　② 78.2　　③ 42.8　　④ 24.7

마찰력(F)는 마찰계수(μ)와 누르는힘(Q)의 곱이다. 즉, $F=\mu\times Q=0.4\times 3000=1200\text{kgf}$으로 계산된다. 마찰에너지($E$)는 $E=F\times L$(거리)이므로,

$E=F\times L=1200(\text{kgf})\times 8.8(\text{m})=10560\text{kgf}-\text{m}=\dfrac{10560}{427}\text{kcal}=24.73\text{kcal}$로 계산된다.

여기서 $\dfrac{1}{427}$는 $1\text{kcal}=427\text{kgf}-\text{m}$에서 나왔다.

정답 ④

04 그림과 같은 블록 브레이크에서 드럼 축의 레버를 누르는 힘 F를 우회전할 때는 F_1, 좌회전할 때는 F_2라고 하면, F_1/F_2의 값은?

① 1
② 1.5
③ 2
④ 2.5

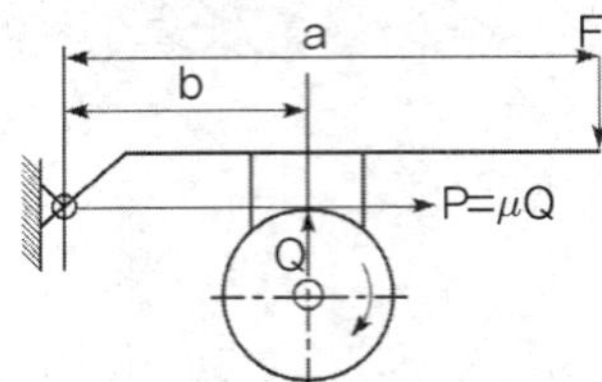

해설

마찰지점과 레버의 지점이 같으므로, 토크가 같다는 원리를 이용하여

$F\times a - Q\times b = 0$, $F=\dfrac{Q\times b}{a}$ 로 좌회전과 우회전의 제동력은 같다.

정답 ①

05 그림과 같은 단식블록 브레이크에서 가해지는 힘 F는?(단, W는 브레이크 드럼과 브레이크 블록 사이에 작용하는 힘, μ 는 마찰계수, f는 마찰력이다.)

① $F=\dfrac{\mu W l_2}{l_1}$

② $F=\dfrac{W l_1}{l_2}$

③ $F=\dfrac{W l_2}{l_1}$

④ $F=\dfrac{\mu W l_1}{l_2}$

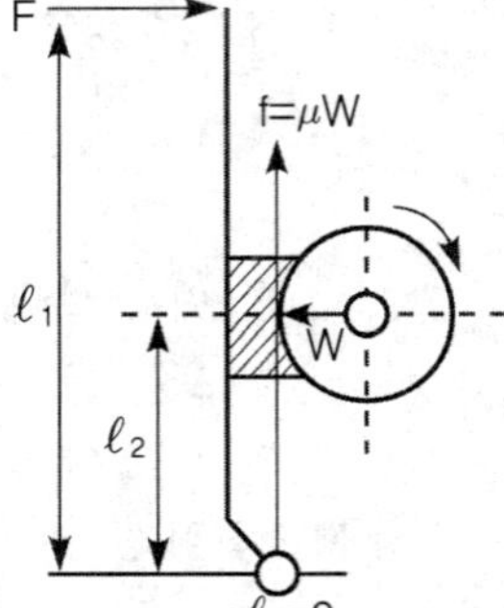

해설

마찰지점과 래버의 지점이 같으므로, 토크가 같다는 원리를 이용하여

$F\times l_1 - W\times l_2 = 0$, $F=\dfrac{W\times l_2}{l_1}$ 으로 계산된다.

정답 ③

06 블록 브레이크 드럼 직경이 D=400mm이고 단식 브레이크 블록을 밀어붙이는 힘이 Q=150kgf일 때, 마찰계수가 μ =0.3이면 제동 토크(kgf-mm)는?

① 2500 ② 4500 ③ 7500 ④ 9000

해설

마찰력(F)는 마찰계수(μ)와 누르는힘(Q)의 곱이다.
즉, $F=\mu\times Q=0.3\times 150=45\text{kgf}$ 으로 계산된다.

$T=F\times r=45(\text{kgf})\times\dfrac{400}{2}(\text{mm})=9000\text{kgf}-\text{mm}$ 로 계산된다.

정답 ④

07 그림과 같이 브레이크 축에 6667kgf-mm의 토크가 작용하고 있을 때, 레버에 15kgf의 힘을 가하여 제동하려면 브레이크 축의 지름 D는?(단, 접촉면 마찰계수는 μ=0.3이다)

① 98mm
② 225mm
③ 198mm
④ 327mm

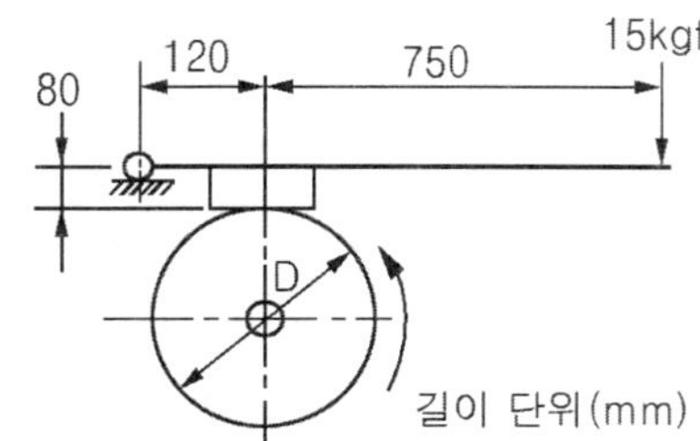

해설

레버의 지점이 패드 접촉면의 왼쪽에 있으면서 좌회전하므로 제동력(μQ)는 시계방향임. 시계방향을 (+), 반시계 (-)라면 $\sum T=0$, 힌지를 중심으로 회전하는 모멘트의 합은 0이다.

$\sum T=+F\times a-Q\times b+\mu Q\times c=0$, 따라서, 레버를 미는힘($F$)는 $F=\dfrac{Q}{a}(b-\mu c)$로 구한다.

$15=\dfrac{Q}{870}(120-0.3\times 80)$에서 $Q=\dfrac{15\times 870}{120-0.3\times 80}=135.9375\text{kgf}$이다.

$T=P\times r=\mu Q\times r=\mu Q\times \dfrac{D}{2}$이므로, $D=\dfrac{2\times T}{\mu Q}=\dfrac{2\times 6667}{0.3\times 135.9375}\fallingdotseq 327\text{mm}$로 계산된다.

정답 ③

08 스프링의 평균지름(D)를 소선의 지름(d)으로 나눈 비는?

① 스프링상수
② 스프링 지수
③ 스프링의 종회비
④ 코일의 유효 감김수

해설

스프링 소재의 직경(d)로 스프링의 평균 지름(D)를 나눈값을 스프링지수(C)라 한다. 수식으로 표현하면 $\dfrac{D}{d}=\dfrac{2R}{d}=C$라 한다.

정답 ②

09 스프링의 일반적인 용도 설명으로 잘못된 것은?

① 진동 또는 충격 에너지를 흡수한다.
② 운동에너지를 열에너지로 소비한다.
③ 에너지를 저축하여 놓고 이것을 동력원으로 사용한다.
④ 하중 및 힘의 측정에 사용한다.

해설

용도로는 진동과 충격에너지를 흡수, 에너지를 저축하여 놓고 이를 동력원으로 사용 가능, 복원하려는 성질을 이용하여 힘을 주는데 사용, 선형스프링의 특성을 이용하여 힘의 측정에 이용된다. 운동에너지를 열에너지로 소비하는 것은 브레이크 장치이다.

정답 ②

10 스프링에 작용하는 진동수가 스프링의 고유진동수와 같거나 공진하는 현상은?

① 스프링의 완화 현상 ② 스프링의 지수 현상
③ 스프링의 피로 현상 ④ 스프링의 서징 현상

정답 ④

11 코일 스프링의 단위 체적당 흡수되는 에너지를 크게 하는 방법으로 가장 적합한 것은?

① 전단 응력 τ을 작게 한다. ② 와알의 응력 수정계수 K를 작게 한다.
③ 스프링 지수 C를 작게 한다. ④ 소선의 횡탄성계수 G를 크게 한다.

해설

처짐(δ)의 경우 스프링에 저축되는 에너지(U)는 $U=\frac{W\delta}{2}=\frac{V\tau_2}{4K^2G}$ 으로 표시되므로, 단위체적당 흡수되는 에너지를 크게 하려면 좋은 재료를 사용하여 전단력(τ)를 크게 하고, 응력수정계수(K)를 작게 즉, 스프링지수를 크게 해야 한다.(응력수정계수와 스프링지수는 대체로 반비례함)

정답 ②

12 코일 스프링에 관한 일반적인 특징 설명으로 틀린 것은?

① 압축 스프링의 단면은 원형과 각형이 있다.
② 제작이 쉽고 가격이 싸며, 형태와 단면의 형상에 따라 여러 가지로 분류된다.
③ 인장스프링은 양단에 훅을 만들어 사용하며, 하중이 작용하지 않을 경우 코일이 밀착될 수 있다.
④ 여러 장의 판을 맞대어 사용하며, 하중은 상하방향으로 작용하여 판의 마찰에 의해 변화하기 쉽다.

해설

여러 장의 판을 맞대어 사용하는 스프링은 겹판스프링이다. 모양에 따른 스프링의 종류에는 코일스프링, 스파이럴 스프링, 토오션 바, 판스프링, 와이어 스프링, 접시스프링 등이 있다.

정답 ④

13 스프링상수가 5kgf/cm 인 코일 스프링에 30kgf 의 하중을 작용시키면 처짐(mm)은?

① 10 ② 30 ③ 60 ④ 90

해설

스프링장력(W)는 스프링상수(k)와 처짐(δ)의 곱이다.

즉 $W=k\times\delta=5(\text{kgf/cm})\times\delta(\text{cm})=30\text{kgf}$ 에서 $\delta=\frac{30}{5}=6\text{cm}=60\text{mm}$ 로 계산된다.

정답 ③

14 동일 규격의 인장코일 스프링에서 유효권수 만을 2배로 하면 같은 조건의 하중에 대하여 처음 처짐량 δ 에 비교한 유효권수 만을 2배로 한 스프링의 처짐량은?

① $\frac{1}{2}\delta$ ② δ

③ 2δ ④ 4δ

해설

처짐(δ)는 $\delta = \frac{n\pi D^3 W}{4GI_p} = \frac{64nWR^3}{Gd^4} = \frac{8nWD^3}{Gd^4}$ 이다.

여기서 n은 감김수, D는 코일스프링의 평균지름, d는 소선지름을 뜻한다.
즉, 처짐은 권수(감김수)에 비례한다. 그러므로 권수를 2배하면 처짐량은 2배로 증가한다.

정답 ③

15 인장 코일스프링에서 500N의 하중이 작용할 때 늘어난 길이가 80mm일 경우 유효 권수는?(단, 소선 지름 d=8mm, 코일 스프링의 평균지름 D=64mm, 전단탄성계수는 $G=8\times10^4 N/mm^2$이다.)

① 6.5 ② 12.5

③ 25 ④ 50

해설

처짐(δ)는 $\delta = \frac{n\pi D^3 W}{4GT_p} = \frac{64nWR^3}{Gd^4} = \frac{8nWD^3}{Gd^4}$ 이다.

$\delta = \frac{8nWD^3}{Gd^4} = \frac{8\times n\times 500(N)\times 64^3(mm^3)}{8\times10^4(N/mm^2)\times 8^4(mm^4)} = 80mm$ 에서, $n = \frac{80\times8\times10^4\times8^4}{9\times500} = 25$ 로 계산된다.

정답 ③

16 코일 스프링에서 코일의 평균지름 D=50mm이고 유효권수가 10, 소선 지름이 d= 6mm이면, 축방향 하중 10N이 작용할 때 비틀림에 의한 전단응력(MPa)은?

① 1.5 ② 3.0 ③ 5.9 ④ 58.9

해설

$T = W\times r = 10(N)\times\frac{50}{2}(mm) = 250N-mm$ 으로 계산되고,

$\tau = \frac{T}{z_p}$ 으로 표현되므로, 소선이 원형이므로 극단면계수(z_p)는 $z_p = \frac{\pi d^3}{16}$ 이다.

$\tau = \frac{T}{z_p} = \frac{16\times T}{\pi\times d^3} = \frac{16\times250(N-mm)}{\pi\times6^3(mm^3)} = 5.8946N/mm^2 = 5.8946\times10^6 N/m^2(=Pa)$ 로 계산된다.

정답 ③

17 그림과 같은 스프링에 무게 W의 추를 달았더니 δ 만큼 늘어났다. 스프링상수(k)는?(단, g는 중력가속도이다.)

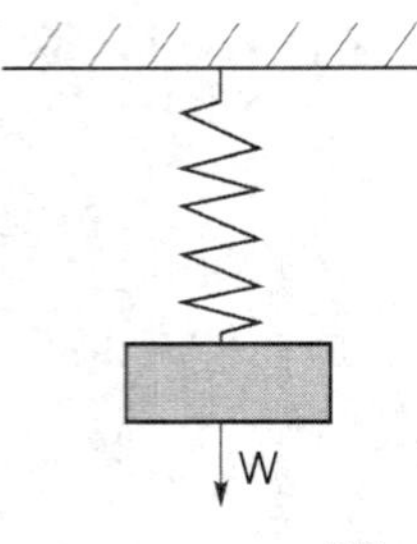

① $\frac{W}{g}$ ② $\frac{W}{\delta}$

③ $\frac{g}{W}$ ④ $\frac{\delta}{W}$

해설

무게(W)는 스프링상수(k)와 처짐량(δ)의 곱이므로, $W = k \times \delta$이다. 그러므로, $k = \frac{W}{\delta}$으로 표현된다.

정답 ②

18 스프링을 직렬로 연결한 코일스프링 장치에서 처짐량이 40mm일 때, 작용한 하중(kgf)은?(단, k_1=5kgf/cm, k_2=8kgf/cm이다.)

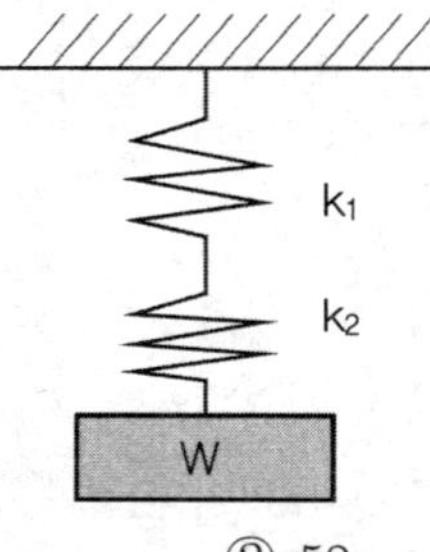

① 520 ② 52

③ 123 ④ 12.3

해설

직렬연결이므로 스프링상수(k)는 $\frac{1}{k} = \frac{1}{k_1} + \frac{1}{k_2}$.....에서 구한다. 대입하면,

$\frac{1}{k} = \frac{1}{5} + \frac{1}{8} = \frac{8+5}{40}$, $k = \frac{40}{13}$kgf/cm로 계산된다.

$W(F) = k \times \delta = \frac{40}{13}(\text{kgf/cm}) \times 4(\text{cm}) = 12.3\text{kgf}$으로 계산된다.

정답 ④

19 그림에서 스프링상수가 k_1=0.4kgf/mm, k_2=0.2kgf/mm일 때, 전체 스프링상수(kgf/mm)는?

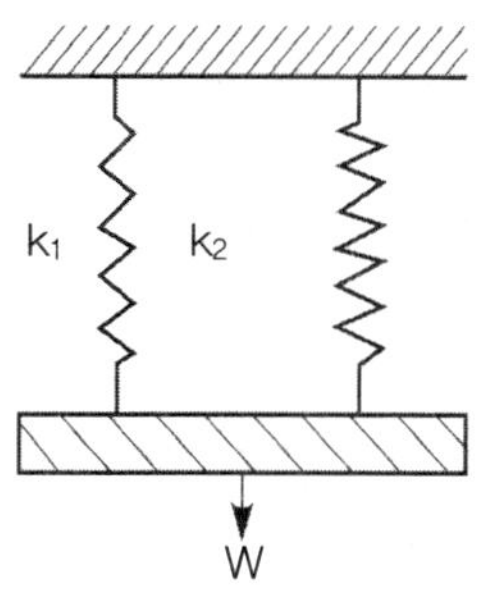

① 0.16 ② 0.4 ③ 0.6 ④ 0.13

해설

병렬연결이므로 스프링상수(k)는 $k = k_1 + k_2$.....에서 구한다. 대입하면,
$k = k_1 + k_2 = 0.4 + 0.2 = 0.6\text{kgf/mm}$로 계산된다.

정답 ③

20 그림과 같은 스프링 장치에 인장하중 W=100kgf일 때, 하중방향의 처짐은?
(단, 각 스프링의 스프링상수는 k_1=20kgf/cm이고, k_2=10kgf/cm이다.)

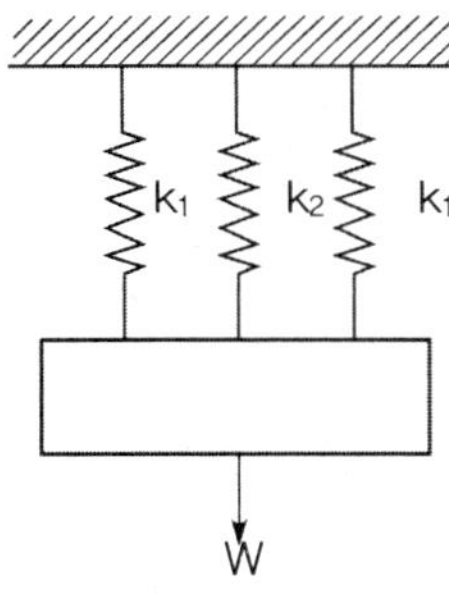

① 1.67cm ② 2cm ③ 2.5cm ④ 20cm

해설

병렬연결이므로 스프링상수(k)는 $k = k_1 + k_2$.....에서 구한다. 대입하면,
$k = k_1 + k_2 + k_1 = 20 + 10 + 20 = 50\text{kgf/cm}$로 계산된다.

$W(F) = k \times \delta$, $\delta = \dfrac{W}{k} = \dfrac{100\text{kgf}}{50\text{kgf/cm}} = 2\text{cm}$로 계산된다.

정답 ②

21 그림과 같은 스프링 장치에서 W=10kgf일 때 이 스프링의 수직 처짐량(cm)은?(단, 스프링상수는 k_1=2kgf/cm, k_2=3kgf/cm이다.)

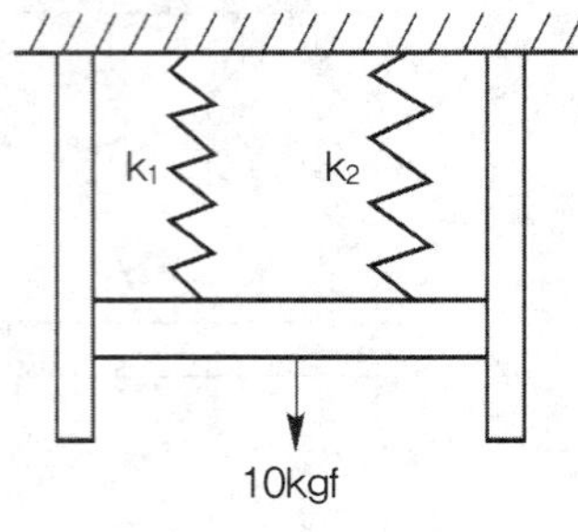

① 2 ② 5
③ 8.3 ④ 10

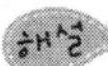

병렬연결이므로 스프링상수(k)는 $k = k_1 + k_2 .....$에서 구한다. 대입하면,
$k = k_1 + k_2 = 2 + 3 = 5\text{kgf/cm}$로 계산된다.
$W(F) = k \times \delta$, $\delta = \frac{\text{W}}{\text{k}} = \frac{10\text{kgf}}{5\text{kgf/cm}} = 2\text{cm}$으로 계산된다.

정답 ①

22 그림과 같은 스프링을 연결하고 W=60kgf일 때 처짐량(mm)은?(단, 스프링상수 k_1= 60kgf/mm, k_2=20kgf/mm, k_3=40kgf/mm이다.)

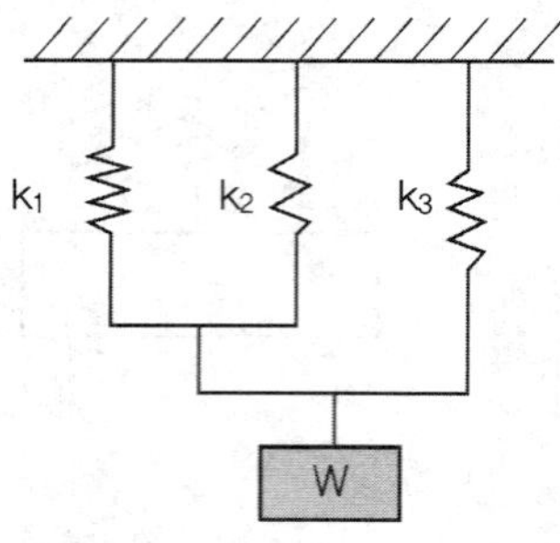

① 0.5 ② 1
③ 4 ④ 5.5

병렬연결이므로 스프링상수(k)는 $k = k_1 + k_2 .....$에서 구한다. 대입하면,
$k = k_1 + k_2 + k_3 = 60 + 20 + 40 = 120\text{kgf/mm}$로 계산된다.
$W(F) = k \times \delta$, $\delta = \frac{W}{k} = \frac{60\text{kgf}}{120\text{kgf/mm}} = 0.5\text{mm}$으로 계산된다.

정답 ①

23 보기의 코일 스프링 장치에서 W는 작용하는 하중이고 스프링상수를 K_1, K_2라 할 경우 합성 스프링상수 K를 나타내는 식은?

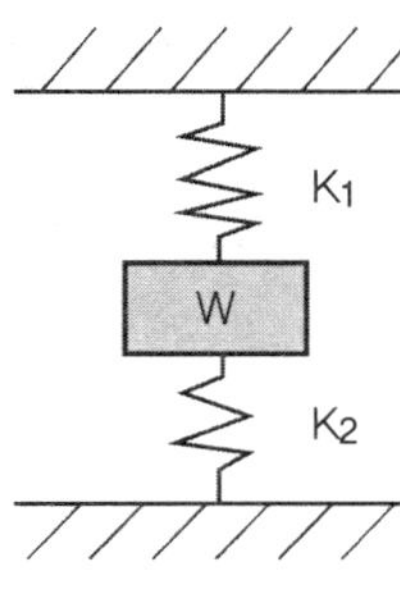

① $K = \dfrac{1}{K_1 + K_2}$　② $K = K_1 + K_2$

③ $K = \dfrac{1}{\dfrac{1}{K_1} + \dfrac{1}{K_2}}$　④ $K = \dfrac{K_1 + K_2}{K_1 \cdot K_2}$

해설

이 그림은 물건을 기준으로 해서 스프링이 병렬연결이므로 스프링상수(k)는 $k = k_1 + k_2$..... 에서 구한다.

 ②

24 그림과 같은 스프링장치에서 스프링상수가 k_1=10kgf/cm, k_2=20kgf/cm일 때, 무게 W에 의하여 스프링의 길이가 위쪽 스프링은 2cm 늘어나고, 아래쪽의 스프링은 2cm 압축되었다면 추의 무게 W는?

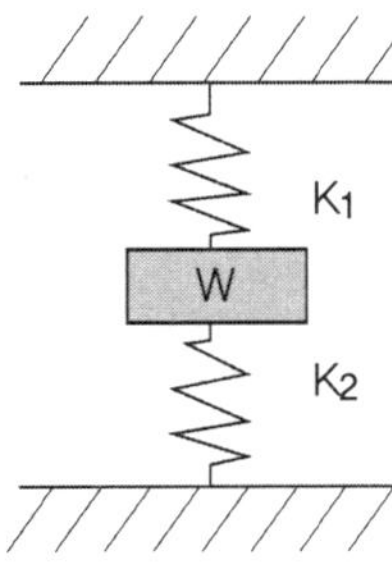

① 13.3kgf　② 33.3kgf

③ 40kgf　④ 60kgf

해설

이 그림은 물건을 기준으로 해서 스프링이 병렬연결이므로 스프링상수(k)는 $k = k_1 + k_2$..... 에서 구한다.

$k = k_1 + k_2 = 10 + 20 = 30\text{kgf/cm}$ 로 계산된다.

$W(F) = k \times \delta = 30(\text{kgf/cm}) \times (2\text{cm}) = 60\text{kgf}$ 으로 계산된다.

 ④

25 3개의 스프링을 조합하여 연결하였을 때 조합된 스프링정수(N/mm)는 ?(단, 스프링상수 $k_1 = 20\text{N/mm}$, $k_2 = 30\text{N/mm}$, $k_3 = 40\text{N/mm}$이다.)

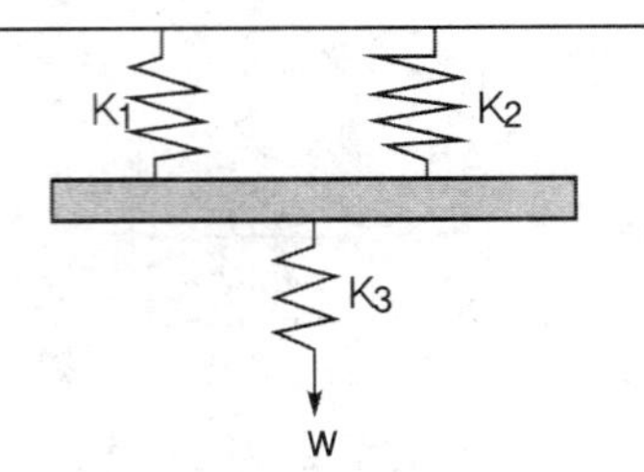

① 22.22　　② 44.44　　③ 66.67　　④ 266.67

k_1, k_2는 병렬연결이므로 스프링상수(k_a)는 $k_a = k_1 + k_2$에서 구한다.

k_a, k_3는 직렬연결이므로

스프링상수(k_b)는 $\dfrac{1}{k_b} = \dfrac{1}{k_a} + \dfrac{1}{k_3} = \dfrac{k_2 + k_a}{k_a k_3} = \dfrac{k_1 + k_2 + k_3}{(k_1 + k_2)k_3} = \dfrac{20 + 30 + 40}{(20 + 30) \times 40} = \dfrac{90}{200}$에서

$k_b = \dfrac{200}{90} = 22.22\text{N/mm}$로 계산된다.

 ①

9급 공무원 기계직

기계설계

PART 07 기타 기계요소

캠

1. 캠의 구성

① 캠 : 원동절로 윤곽을 가진 강체
② 종동절 : 캠의 윤곽에 따라 작동하는 물체 ⇒ 왕복운동, 요동운동을 함

2. 캠의 특징

① 원동절(캠)에 따라 종동절이 왕복(직선)운동, 요동운동
② 형상 간단, 복잡한 운동 얻을 수 있음
③ 마찰에 의한 동력 손실이 매우 적음
④ 제작이 쉽고 동력전달 확실

3. 캠의 분류

① 종동절 접촉부 모양에 따라 : 구름 종동절, 버섯형 종동절, 평면 종동절
② 원동절과 종동절의 접촉부 운동에 따라 : 평면캠(평면운동), 입체캠(입체운동)

4. 캠선도

① 등속도 선도 : 종동절이 등속도운동(속도가 일정 ⇒ 변위와 회전각도가 비례), 속도가 바뀌는 부분에서 가속도가 무한대이면 충돌발생
② 등가속도 선도 : 종동절이 등가속도운동(가속도가 일정 ⇒ 속도와 회전각도가 비례)
③ 단순조화운동 선도 : 종동절이 단순조화운동

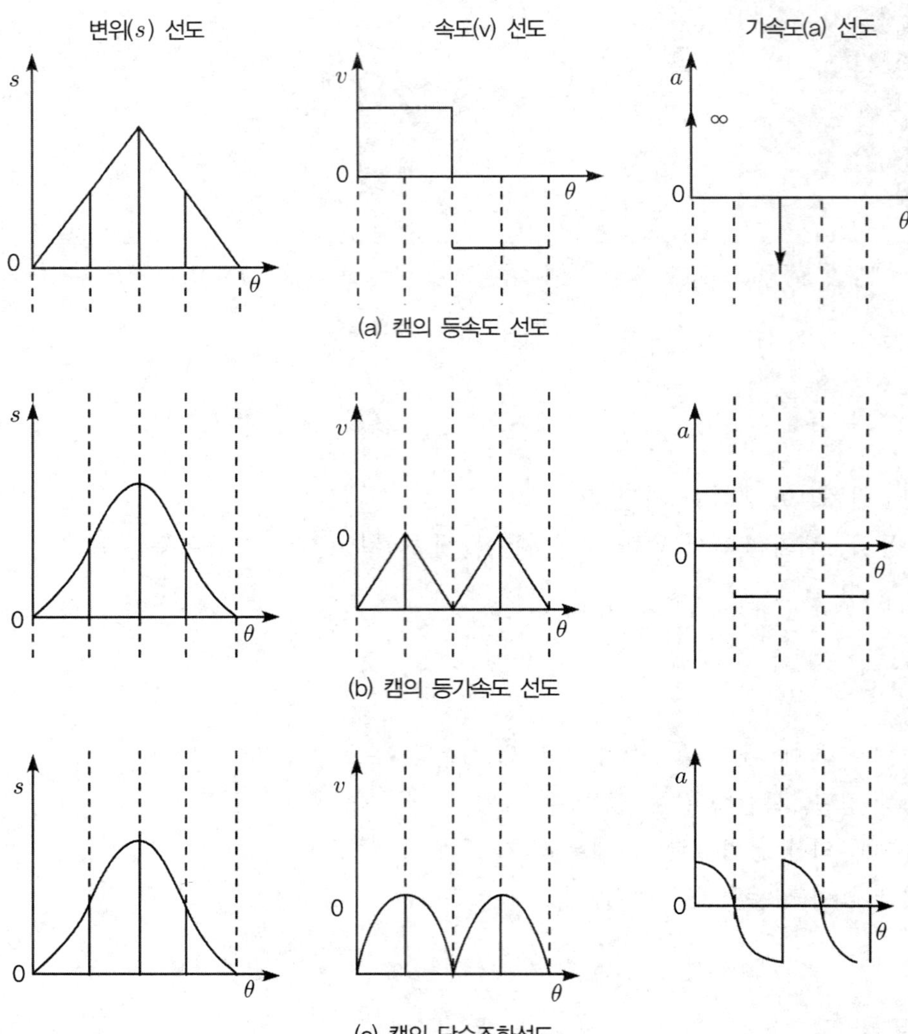
변위(s) 선도
속도(v) 선도
가속도(a) 선도
s
0
θ
v
0
θ
a
∞
0
θ
(a) 캠의 등속도 선도
(b) 캠의 등가속도 선도
(c) 캠의 단순조화선도
그림 7-1 캠의 운동선도

관과 관이음

1. 개념

① 관 : 유체(물, 수증기, 가스, 오일 등)를 수송하기 위한 파이프(pipe)
② 관이음 : 관과 관을 이음(pipe joint)

2. 관의 종류

① 사용목적에 따라 : 수도용, 압력배관용, 열교환기용, 구조용
② 관 재료에 따라 : 주철관, 동관(황동관), 연관, 휨관

3. 관의 설계

(1) 관의 유량과 속도

$$Q(\mathrm{m^3/s}) = \mathrm{A}(\mathrm{m^2}) \times \mathrm{v}(\mathrm{m/s}) = \frac{\pi D^2}{4} \times v$$, 여기서 D는 관의 안지름

유량(Q)은 관의 면적(A)과 유체평균속도(v)의 곱이다.

(2) 내압을 받는 얇은 관

얇은 관은 원주방향의 인장응력을 받으므로,

$$t = \frac{pD}{2\sigma_a \eta} + C$$

얇은 관의 두께(t), 내압(p, $\mathrm{kgf/mm^2}$), 관의 안지름(D), 관 재료의 허용인장응력(σ_a), 관의 이음효율(η), 부식(마모) 여유(C)를 나타낸다.

(3) 관의 열팽창

열응력(σ)은 종탄성계수(E)와 열변형률(ϵ)의 곱이다. 또한, 열변형률은 재료의 선팽창계수(α)와 온도변화량(= 나중온도-처음온도 = $t_2 - t_1$)의 곱이다.

① 열변형률$(\epsilon) = \alpha \Delta t = \alpha(t_2 - t_1)$

② 열응력$(\sigma) = E \times \epsilon = E \times \alpha(t_2 - t_1)$

4. 관이음

(1) 나사식 관이음

관의 양단에 관용나사를 내고 체결

(2) 플랜지식 관이음

① 플랜지를 관에 나사로 고정, 리벳이음, 열박음, 용접이음 등으로 고정
⇒ 사이에 새는 것을 방지하기 위해 가스킷 삽입 ⇒ 볼트로 체결

② 관의 지름이 크거나 내압이 클 경우 사용

③ 가스킷 : 박판 모양의 패킹, 접합부의 기밀을 오래 유지, 충분한 내구성 유지

(3) 신축이음

열팽창에 의한 응력 증가(길이 변화)에 대응

밸 브

1. 밸브의 용도

관(통)내의 유량이나 유압의 변화를 조정

2. 밸브의 종류

(1) 스톱밸브

유체의 흐름에 대항하는 방향으로 단속(개폐)

① 흐름에 대한 저항손실 크다.

② 물이 고이는 곳 ⇒ 먼지가 차기 쉬움

③ 밸브양정이 적고 개폐가 빠르다.

④ 가격이 싸서 널리 이용

(2) 슬루스 밸브

유체의 흐름에 밸브가 직각으로 미끄러져 유로 단속(개폐)

① 전개나 전폐한 상태로 사용

② 유량 조절에는 사용 불가

③ 반 전개로 사용시 ⇒ 밸브판 뒤에 와류 생성 ⇒ 심한 진동 발생

(3) 감압밸브(reducing valve)

① 고압의 유체(증기, 공기, 가스) 압력을 저압으로 감압하여 일정한 압력 유지

② 보통 한 부품을 보호하는 역할을 행함

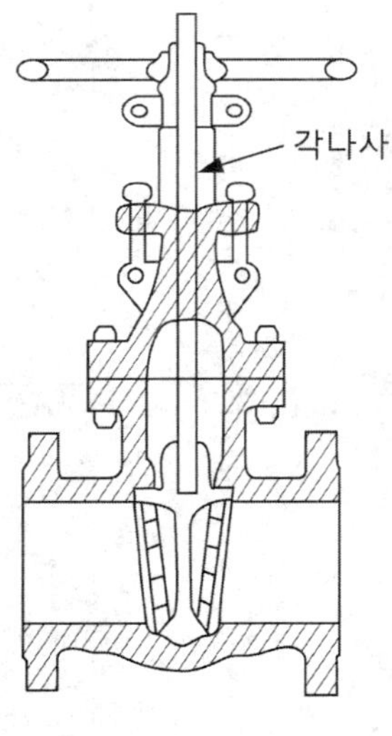

그림 7-2 슬루스 밸브

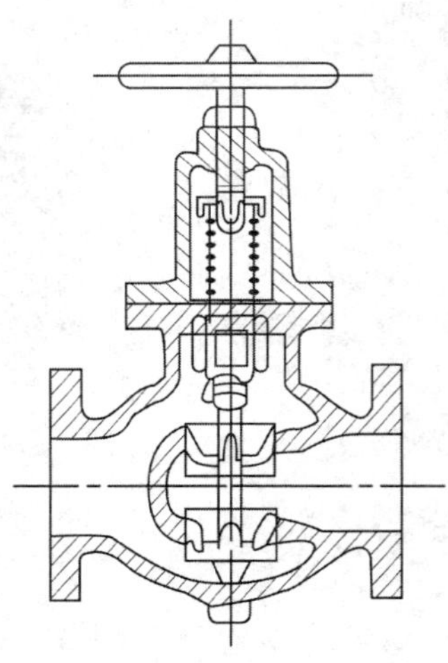

그림 7-3 감압밸브

(4) 안전밸브(relief valve)

① 유체(증기, 가스 등)가 제한된 최고 압력을 초과 시 ⇒ 자동으로 밸브 전개 ⇒ 유체방출

② 압력을 제한값 내에 유지, 배출 후 압력이 정확히 유지

③ 보통 유압회로 전체의 시스템 보호 역할을 행함

(5) 나비형 밸브(스로틀 밸브) : 원판을 회전 ⇒ 관로의 개도 변경

(6) 콕(cock) : 꼭지를 1/4회전하여 완전히 전개, 개폐가 빠름

(7) 체크밸브(check valve)

① 유체를 한 방향으로 흐르게 함 ⇒ 역류방지

② 밸브의 무게와 밸브 양쪽의 압력차에 의해 자동 작동

적중예상문제

01 **다음 기계요소 중 회전운동을 직선운동으로 변환시킬 수 있는 것은?**

① 캠과 캠기구　　② 체인과 스프로킷 휠
③ 래칫 휠과 폴　　④ 웜과 웜기어

캠이 회전운동하면 로드는 직선 왕복운동을 한다.
체인과 스프로킷휠 -물림
래치 휠과 폴 : 멈춤작용
웜과 웜기어 : 회전을 회전으로(역전불가능)

정답 ①

02 **캠선도에 해당하지 않는 것은?**

① 변위선도　　② 속도선도
③ 가속도선도　　④ 운동량선도

변위란 움직인 거리, 속도는 변위를 시간으로 나눈값, 가속도는 속도를 시간으로 나눈값으로 변위를 시간의 제곱으로 나눈값이다.

정답 ④

03 **한변의 길이가 8cm인 정4각 단면의 봉에 온도를 20℃ 상승시켜도 길이가 늘어나지 않도록 하는데 28000N이 필요하다면 이 봉의 선팽창계수는?(단, 탄성계수(E)는 2.1×10^6 N/cm^2이다.)**

① 1.14×10^{-5} / ℃　　② 1.04×10^{-5} / ℃
③ 1.14×10^{-6} / ℃　　④ 1.04×10^{-6} / ℃

해설

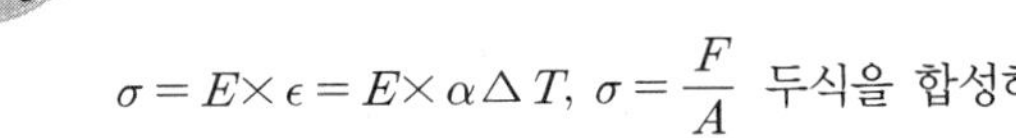

$\sigma = E \times \epsilon = E \times \alpha \triangle T,\ \sigma = \frac{F}{A}$ 두식을 합성하면

$E \times \alpha \triangle T = \frac{F}{A}$, $\alpha = \frac{F}{E \times \triangle T \times A}$ 로 유도, 대입하자

$\alpha = \frac{F}{E \times \triangle T \times A} = \frac{28000}{2.1 \times 10^6 \times 20 \times 8^2} = 10.417 \times 10^{-6} = 1.0417 \times 10^{-5}$ 으로 계산된다.

정답 ②

04 외경 110mm, 두께 5mm인 강관에 내압 40MPa이 작용한다. 강관을 얇은 두께로 가정할 때, 길이(축)방향 하중[kN]과 길이(축) 방향 응력[MPa]은?

① 20π, 100 ② 40π, 400 ③ 80π, 200 ④ 100π, 200

해설

길이방향 $\sigma_1 = \dfrac{F}{A} = \dfrac{P \times \dfrac{\pi d^2}{4}}{\pi d \times t} = \dfrac{Pd}{4t}$ ······ (식 1)

원주방향 $\sigma_2 = \dfrac{F}{A} = \dfrac{P \times d \times l}{2 \times t \times l} = \dfrac{Pd}{2t}$ ······ (식 2)

외경이 110mm이므로, 실제로 두께만큼 빠져야 하므로 100mm가 된다.

1식에 대입하면, $\sigma_1 = \dfrac{Pd}{4t} = \dfrac{40(\text{MPa} = \text{N/mm}^2) \times 100\text{mm}}{4 \times 5\text{mm}} = 200\text{N/mm}^2(=\text{MPa})$

$F = P \times \dfrac{\pi d^2}{4} = \dfrac{40(\text{MPa} = \text{N/mm}^2) \times \pi(100\text{mm})^2}{4} = 10\pi \times 10^4\text{N} = 100\pi\text{kN}$

정답 ④

05 고정되어 있지 않은 관에 온도변화가 있을 때의 신축량에 대한 설명으로 옳은 것은?

① 신축량은 관의 열팽창계수에 비례하고 길이와 온도변화에 반비례한다.
② 신축량은 관의 열팽창계수, 길이, 온도변화에 반비례한다.
③ 신축량은 관의 길이와 온도변화에 비례하고 열팽창계수에 반비례한다.
④ 신축량은 관의 열팽창계수, 길이, 온도변화에 비례한다.

해설

관도 철로 만든다. $\sigma = E \times \epsilon = E \times \alpha(T_2 - T_1)$ ······ (식 1)

(열)응력은 종탄성계수(E), 열팽창계수(α), 온도변화량($T_2 - T_1$)에 비례한다.

1식에서 ϵ(변형률) $= \dfrac{\Delta l}{l_1} = \dfrac{l_2 - l_1}{l_1} = \alpha(T_2 - T_1)$이므로,

신축량(Δl)은 열팽창계수, 길이, 온도변화에 비례한다.

정답 ④

06 공작물을 단면적 100cm²인 유압실린더로 1분에 2m의 속도로 이송시키기 위해 필요한 유량은 몇 ℓ /min인가?

① 10 ② 20 ③ 30 ④ 40

해설

유량$Q(\text{cm}^3/\text{min}) = A \times v$에 대입하자.

$Q = 100\text{cm}^2 \times 200\text{cm/min} = 20000\text{cm}^3/\text{min} = 20l/\text{min}$으로 계산된다.

여기서, $1l = 10^3\text{cm}^3$이다.

정답 ②

07 가스킷의 설명으로 틀린 것은?

① 가스킷이란 박판 모양의 패킹을 말한다.
② 유체의 흐름을 개폐하는 장치가 대표적이다.
③ 접합부의 기밀을 유지하는 부품이다.
④ 충분한 내구성을 유지해야 한다.

해설

유체의 흐름을 개폐하는 장치는 밸브이다.

정답 ②

08 유체를 한 방향으로만 흐르도록 하고 역류를 방지할 목적으로 사용하는 밸브는?

① 체크 밸브　　② 슬루스 밸브
③ 스톱 밸브　　④ 안전 밸브

해설

체크밸브 : 유체를 한쪽 방향으로, 역류방지

정답 ①

09 유압회로에서 회로 내 압력이 설정치 이상이 되면 그 압력에 의하여 밸브를 전개하여 압력을 일정하게 유지시키는 역할을 하는 밸브는?

① 시퀀스 밸브　　② 유량제어 밸브
③ 릴리프 밸브　　④ 감압 밸브

해설

① 시퀀스 밸브 : 순차적 작동 밸브
② 유량제어 밸브 : 속도제어됨
③ 릴리프 밸브 : 안전/구조 밸브, 전체회로의 압력을 제한(전체회로 보호)
④ 감압밸브 : 압력을 감소, 부분회로를 보호

정답 ③

공업기계직 9급 공무원시험 대비

기계설계

국가직 **2007~2018년**

지방직 **2009~2018년**

특성화고 **2015~2018년**

공업기계직 기계설계 (2007년 4월 시행 국가직)

9급

01 **2단의 단이 진 축의 직영이 d와 D(>d)이고, 연결부의 필렛 반경은 r이다. 축의 피로수명을 증가시킬 수 있는 조합은?**

① r의 증가, $\frac{D}{d}$비의 증가
② r의 감소, $\frac{D}{d}$비의 증가
③ r의 증가, $\frac{D}{d}$비의 감소
④ r의 감소, $\frac{D}{d}$비의 감소

해설

필렛반경(r)과 직경(D, d)의 변화와 피로수명과의 관계 규명
- 필렛반경(r)이 크면 클수록 안전,
- D/d비가 작을수록 단계의 높이가 낮아져 안전

02 **브레이크 드럼의 지름이 200mm, 브레이크에 작용하는 반경방향 수직력이 100N일 때 브레이크 드럼에 작용하는 제동토크는?(단, 마찰계수 $\mu=0.3$)**

① 2000N · mm
② 3000N · mm
③ 4500N · mm
④ 6000N · mm

해설

반경방향 수직력(미는힘)을 Q라 하면,
드럼회전하는 회전력=제동력이므로 P라 하면,
관계식으로 $P=\mu Q$ ······(식 1)

$$T=P\times\frac{d}{2}=\mu Q\times\frac{d}{2}=0.3\times 100N\times\frac{200}{2}=3000\text{N}\cdot\text{mm}$$

03 **축(shaft)을 설계할 때 고려할 사항으로 옳지 않은 것은?**

① 전동축의 경우는 굽힘응력과 비틀림에 의한 전단응력이 같이 발생한다.
② 동일 재료의 경우 중공축은 동일 단면적을 갖는 중실축에 비해 전달할 수 있는 토크가 작다.
③ 축이 베어링으로 고정되었을 때는 축변형의 경사각도 고려하여 설계하여야 한다.
④ 기어 또는 벨트 풀리를 고정하여 사용하는 전동축은 상당굽힘모멘트와 상당 비틀림 모멘트를 이용하여 안전여부를 판단한다.

해설

동일 재료의 경우 중공축은 동일 단면적을 갖추면 중실축보다 직경을 크게 할 수 있으므로 토크($T=F\times r$) 즉, 반지름을 키울 수 있어 회전력을 크게 전달할 수 있다.

정답 01.③ 02.② 03.②

04 다음 중 나사에 대한 설명으로 옳지 않는 것은?

① M4×0.5는 호칭 지름이 4mm이고, 피치가 0.5mm인 미터 가는 나사이다.

② 나사를 1회전 했을 때에 축 방향으로 이동하는 거리를 리드(lead)라고 한다.

③ 암나사의 호칭지름은 결합되는 수나사의 바깥지름으로 나타낸다.

④ UNC$\frac{7}{8}$−9는 유니파이 보통나사이며, 피치는 9mm이다.

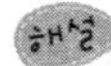

· M4×0.5 : M은 미터나사, 4는 호칭지름(외경, 바깥지름), 0.5는 피치를 뜻함

· 1/2−16 UNC : 1/2는 외경(인치), 16은 나사산의 수, UNC는 유니파이보통나사

05 고정되어 있지 않은 관에 온도변화가 있을 때의 신축량에 대한 설명으로 옳은 것은?

① 신축량은 관의 열팽창계수에 비례하고 길이와 온도변화에 반비례한다.

② 신축량은 관의 열팽창계수, 길이, 온도변화에 반비례한다.

③ 신축량은 관의 길이와 온도변화에 비례하고 열팽창계수에 반비례한다.

④ 신축량은 관의 열팽창계수, 길이, 온도변화에 비례한다.

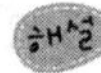

관도 철로 만든다.

$\sigma = E \times \epsilon = E \times \alpha(T_2 - T_1)$ ······ (식 1)

(열)응력은 종탄성계수(E), 열팽창계수(α), 온도변화량($T_2 - T_1$)에 비례한다. (식 1)에서,

$\epsilon(\text{변형률}) = \frac{\Delta l}{l_1} = \frac{l_2 - l_1}{l_1} = \alpha(T_2 - T_1)$ 이므로,

신축량(Δl)은 열팽창계수, 길이, 온도변화에 비례한다.

06 중심거리가 70mm이고, 피니언 잇수가 24, 기어 잇수가 46인 표준 스퍼기어가 맞물려 있다. 잇수 46인 기어의 이끝원 지름은?

① 45mm ② 48mm ③ 92mm ④ 96mm

스퍼기어에서 중심거리 $C(\text{중심거리}) = \frac{D_1 + D_2}{2} = \frac{m(Z_1 + Z_2)}{2}$ ······ (식 1)

$C(\text{중심거리}) = \frac{m(Z_1 + Z_2)}{2}$,

$70 = \frac{m(24+46)}{2}$, $m = \frac{140}{70} = 2$

로 구해진다.

이끝원의 지름(D_0) $= \text{m} \times \text{Z} + 2\text{m}$

$= \text{m}(\text{Z}+2) = 2(46+2)$

$= 96\,\text{mm}$

정답 04.④ 05.④ 06.④

07 볼트의 항복응력이 100MPa이다. 이 볼트에 허용 설계하중이 작용할 때, 축방향의 인장응력 30MPa과 비틀림에 의한 전단응력 20MPa이 동시에 발생되었다. 최대 주응력설을 적용하여 항복응력에 대한 안전계수를 구하면?

① 2.5　② 3.0　③ 3.5　④ 4.0

해설

최대 주응력설(Maximum normal stress theory) : 최대 인장(압축)응력의 크기가 인장(압축)항복강도(한 방향의 단순 인장시험에서 항복이 시작되는 응력)보다 클 경우, 재료의 파손이 일어난다는 이론, 즉, 인장(압축)응력에 의하여 재료가 파손된다는 이론으로 취성재료의 분리파손과 일치, 2차원에서 주응력$\sigma_{(principal)} = \frac{\sigma_x + \sigma_y}{2} \pm \sqrt{(\frac{\sigma_x - \sigma_y}{2})^2 + \tau_{xy}^2}$ 임.

여기서, 축방향의 인장응력을 σ_x, 축의 직각방향 $\sigma_y = 0$, 전단응력 $\tau_{xy} = \tau$라 하면, 압축은 (−)부호, 최대주응력 $\sigma_{\max} = \frac{1}{2}(\sigma_x + \sqrt{\sigma_x^2 + 4\tau^2})$······(식 1) 1식에 대입한다.

$$\sigma_{\max} = \frac{1}{2}(\sigma_x + \sqrt{\sigma_x^2 + 4\tau^2}) = \frac{1}{2}(30 + \sqrt{30^2 + 4 \times 20^2}) = \frac{1}{2}(30 + \sqrt{2500}) = \frac{1}{2} \times 80 = 40\text{MPa}$$

따라서, 안전계수=$\frac{\text{항복응력}}{\text{주응력}} = \frac{100}{40} = 2.5$

08 두께가 같은 두 판재를 맞대기 용접을 하였을 경우 인장하중 P=48kN에 대한 인장응력이 6MPa이었을 때 이 판재의 두께는?(단, 용접길이 $l = 32\text{cm}$)

① 15cm　② 25cm　③ 1.5cm　④ 2.5cm

해설

맞대기 용접에서 인장응력 $\sigma_t = \frac{W}{tl}$

$$t = \frac{W}{\sigma_t l} = \frac{48\text{kN}}{6\text{MPa}(\text{N/mm}^2) \times 320\text{mm}} = \frac{48000}{6 \times 320} = 25\text{mm} = 2.5\text{cm}$$

09 용접이음으로 만든 지름이 1m인 구형 탱크(ball tank)에 내압이 4.5MPa이 되도록 가스를 주입하려고 한다. 허용인장응력이 100MPa이면 두께를 최소한 얼마로 하면 적당한가?(단, 이음효율=90%, 부식여유 C=1mm)

① 12.3mm　② 13.5mm　③ 26.0mm　④ 51.0mm

해설

구라고 하였으므로, 아래 공식을 사용해야 함을 유의한다. $t = \frac{PdS}{4\sigma\eta} + C$, 여기서 t는 판의 두께, P는 용기압력, d는 용기의 직경, S는 안전율, σ는 인장응력, η는 이음효율, C는 부식을 고려한 여유 등을 나타낸다. 그대로 대입해서 계산하면 다음과 같다.

$$t = \frac{4.5(\text{MPa} = \text{N/mm}^2) \times 1000(\text{mm}) \times 1}{4 \times 100(\text{N/mm}^2) \times 0.9} + 1 = 12.5 + 1 = 13.5\text{mm}$$

정답 07.① 08.④ 09.②

10 다음과 같은 판스프링에 하중 P가 작용할 때 처짐량은 1이다. 단면의 높이 h가 두 배가 되었을 때 스프링상수는 얼마가 되겠는가?

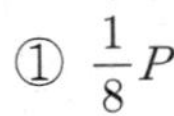

① $\frac{1}{8}P$　　② $8P$

③ $\frac{1}{2}P$　　④ $2P$

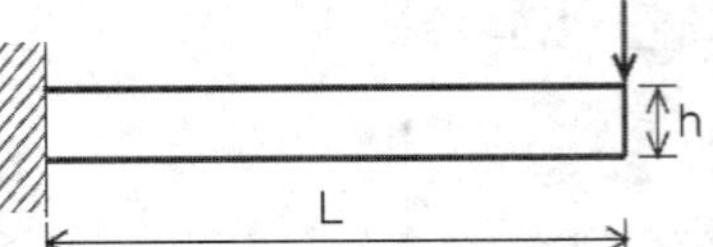

해설

· 집중하중 외팔보 처짐 $\delta = \frac{Wl^3}{3EI}$ ······ (식 1)　　· 분포하중 외팔보 처짐 $\delta = \frac{wl^4}{8EI}$

· 집중하중 단순보 처짐 $\delta = \frac{Wl^3}{48EI}$　　· 분포하중 단순보 처짐 $\delta = \frac{5wl^4}{384EI}$

· 스프링상수$(k) = \frac{W}{\delta}$ ······ (식 2)

· 관성모멘트$(I) = \frac{\pi d^4}{64}$(중실원) $= \frac{bh^3}{12}$(사각형) ······ (식 3)

1식에 3식을 대입하고, 다시 2식에 대입하면

$$k_1 = \frac{W}{\delta} = \frac{W}{\frac{Wl^3}{3EI}} = \frac{3EI}{l^3} = \frac{3E \times \frac{bh^3}{12}}{l^3} = \frac{3Ebh^3}{12l^3} \quad \cdots\cdots (식\ 4)$$

4식에 h → 2h를 대입하면, $k_2 = \frac{3Eb(2h)^3}{12l^3} = k_1 \times 2^3 = k_1 \times 8$

11 두 판재가 양쪽 덮개판 한 줄 맞대기 이음으로 리벳 결합되어 있다. 리벳 한 개에 작용하는 전단하중을 W, 리벳의 지름을 d라고 할 때, 설계시 리벳에 작용하는 전단응력 중 가장 적당한 것은?

① $\frac{W}{\frac{\pi}{4}d^2}$　　② $\frac{W}{2(\frac{\pi}{4}d^2)}$

③ $\frac{W}{1.8(\frac{\pi}{4}d^2)}$　　④ $\frac{W}{2(1.8)(\frac{\pi}{4}d^2)}$

해설

양쪽 덮개판 한 줄 맞대기 이음이란 리벳이 맞대는 경계부분을 기준으로 좌우 각각 한 줄로 리벳팅을 한 것을 말하고, 맞대는 판의 위 아래로 덮개판이 있다.

전단되는 면적이 경계부분을 기준으로 한쪽(좌우중 하나)의 리벳에 전단면적이 2개라서 면적을 2를 곱하는 것이 아니라 1.8을 곱한다.

만일 2줄 맞대기 이음이라고 하면 보기 ④가 답이다.

정답 10.② 11.③

12 두줄 나사에서 피치 p, 유효지름 d, 나선각(리드각)을 a라 하면 tan(a)의 값은?

① $\frac{p}{2\pi d}$　　② $\frac{p}{3\pi d}$　　③ $\frac{p}{\pi d}$　　④ $\frac{2p}{\pi d}$

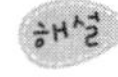

한바퀴 돌릴 경우 $\tan\alpha = \frac{l}{\pi d_m}$ 이다.…… (식 1)

여기서 α는 리드각, l은 리드, d_m은 평균지름이다.

$d_m = \frac{d+d_1}{2}$ …… (식 2) (여기서 d는 바깥지름, d_1은 골지름)

리드 l=줄수×피치=2×p로도 표현되므로, $l = 2 \times p$…… (식 3)

3식을 1식에 대입하면 $\tan\alpha = \frac{2p}{\pi d_m}$

13 잇수가 동일한 4개의 평기어(spur gear)가 있다. 이들의 이의 크기는 다음과 같다. 다음 중 지름이 가장 큰 기어는?(단, m은 모듈, p_d는 지름피치)

① m=5　　② p_d=4　　③ m=6　　④ p_d= 7

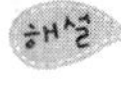

모듈(m) $= \frac{D}{Z}$ 이므로, 지름이 크다는 말은 모듈(m)이 크면 된다. 지름피치(p_d)는 모듈과 역수이다.

$p_d = 4 = \frac{25.4}{m}$, m $= \frac{25.4}{4} = 6.35$,　　$p_d = 7 = \frac{25.4}{m}$, m $= \frac{25.4}{7} = 3.62$

14 하중 P에서 수명이 L인 볼베어링에 두배의 하중 2P가 작용할 때 수명은?

① $2^3 L$　　② $2^{-3} L$　　③ $2^{\frac{10}{3}} L$　　④ $2^{-\frac{10}{3}} L$

볼베어링으로 계산수명 $L_n = (\frac{C}{P})^3$ …… (식 1)

1식에서 처음 상태의 계산수명을

$L_{n1} = (\frac{C_1}{P_1})^3$…… (식 2)

2배의 하중($P_1 \to 2P_1$대입) 계산수명을 $L_{n2} = (\frac{C_2}{2P_1})^3$ …… (식 3)

베어링에서 동하중(C)는 베어링에 따라 결정값이 있으므로, 일정하다. 즉 $C_1 = C_2$ …… (식 4)

3식을 변형하면, $L_{n2} = (\frac{C_2}{2P_1})^3 = (\frac{C_1}{P_1})^3 \frac{1}{2^3} = L_{n1} \times 2^{-3} = L_{n1} \times \frac{1}{8}$

정답 12.④ 13.② 14.②

15 **다음에 제시한 축 이음방법 중에서 두 축간에 축경사나 편심을 흡수할 수 없는 축 이음방법은?**

① 고무 커플링 ② 기어커플링
③ 유니버셜조인트 ④ 플랜지 커플링

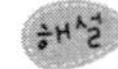

플랜지 커플링은 두 축간의 축 경사나 편심을 흡수할 수 없는 축이름

16 **다음 중 잇수가 30인 스프로킷 휠이 500rpm 으로 회전하고 있다. 체인의 피치가 25mm일 때 체인의 평균속도는?**

① 6.25m/s ② 6.55m/s ③ 6.95m/s ④ 7.35m/s

$v=\pi DN=p\times Z\times N$이므로,

$$v=25(\mathrm{mm})\times 30\times 500\mathrm{rpm}=\frac{25}{1000}(\mathrm{m})\times 30\times\frac{500}{60(\mathrm{s})}=\frac{25}{4}(\mathrm{m/s}=6.25\mathrm{m/s})$$

17 **외접하는 원추 마찰차에서 원동차의 원추각은 30°, 종동차의 원추각은 60°이다(원추각은 꼭지각의 절반에 해당하는 각이다.) 원동차에 대한 종동차의 회전속도비는?**

① $\frac{\sin 60°}{\sin 30°}$ ② $\tan 30°$ ③ $\cos 60°$ ④ $\sin 60°$

여기서 원추각이란 꼭지각의 $\frac{1}{2}$ 각을 말한다.

원동차의 원추각을 $\alpha=30°$, 종동차의 원추각을 $\beta=60°$이므로, 축각$\theta=\alpha+\beta$

문제의 조건에서 속도비를 원동차에 대한 종동차의 회전속도비라 하였으므로,

$$\text{속도비}(i)=\frac{\text{출력각속도}}{\text{입력각속도}}=\frac{\omega_2}{\omega_1}=\frac{N_2}{N_1}=\frac{D_1}{D_2}=\frac{\sin\alpha}{\sin\beta}\ \cdots\cdots\ (\text{식 } 1)$$

1식에 적용하면 다음과 같이 계산된다.

$$\text{속도비}(i)=\frac{\sin\alpha}{\sin\beta}=\frac{\sin 30}{\sin 60}=\frac{\frac{1}{2}}{\frac{\sqrt{3}}{2}}=\frac{1}{\sqrt{3}}=\tan 30$$

정답 15.④ 16.① 17.②

18 6m/s의 속도가 6kW를 전달하는 벨트 전동장치에서 긴장측의 장력이 2000N일 때 이완측에 대한 긴장측의 장력비는?

① 1.5 ② 1.6 ③ 1.8 ④ 2.0

해설

장력비 $\frac{T_t}{T_s} = e^{\mu\theta} = x$라고 하자.

$H_{kW} = P_e \times v$, $6000\,W = P_e(N) \times 6\text{m/s}$, $P_e = \frac{6000}{6} = 1000\text{N}$

$T_t = P_e \times \frac{e^{\mu\theta}}{e^{\mu\theta}-1} + \frac{wv^2}{g}$ ...... (식 1)

1식에서 속도가 6m/s로 10m/s 이하이므로 원심력을 무시한다.

$T_t = P_e \times \frac{e^{\mu\theta}}{e^{\mu\theta}-1}$, $2000N = 1000N \times (\frac{x}{x-1})$, $2 = \frac{x}{x-1}$, $2x-2 = x$, $x = 2$

19 직경 d를 갖는 중실축에 비해 동일 재질의 직경 $\frac{d}{2}$인 중실축에 전달할 수 있는 토크비 $(T_{\frac{d}{2}} / T_d)$는?

① $\frac{1}{2}$ ② $\frac{1}{4}$ ③ $\frac{1}{8}$ ④ $\frac{1}{16}$

해설

축의 경우 $\tau = \frac{T}{Z_p}$에서 $T = \tau \times Z_p$ ...... (식 1)

중실축의 경우 $T_1 = \tau_1 \times Z_{p1} = \tau_1 \times \frac{\pi d^3}{16}$ ...... (식 2)

중실축의 경우 (d→$\frac{d}{2}$ 대입) $\tau_2 = \frac{T_2}{Z_{p2}}$에서

$T_2 = \tau_2 \times Z_{p2} = \tau_2 \times \frac{\pi(\frac{d}{2})^3}{16} = \tau_2 \times \frac{\pi d^3}{16} \times \frac{1}{2^3}$ ...... (식 3)

2식/1식을 행하면, 다음과 같다.(동일재료는 전단응력이 같다. $\tau_1 = \tau_2$)

$\frac{T_2}{T_1} = \frac{\frac{1}{2^3}}{1} = 2^{-3} = \frac{1}{8}$

20 묻힘키가 받을 수 있는 토크와 축이 받을 수 있는 토크가 같다면, 축과 보스 경계면에서 키가 전단되는 경우 축지름 d, 키의 유효길이 ℓ, 폭 b 사이의 관계식은?(단, 축과 키 재료는 동일함)

① $l=\dfrac{\pi d^2}{32b}$　② $l=\dfrac{\pi d^2}{16b}$　③ $l=\dfrac{\pi d^2}{12b}$　④ $l=\dfrac{\pi d^2}{8b}$

해설

축의 경우 $\tau_1=\dfrac{T_1}{Z_{p1}}$ 에서 $T_1=\tau_1\times Z_{p1}$ ······ (식 1)

키에 작용하는 전단력(F)는 접선력이므로, $T_2=F\times\dfrac{d}{2}$ ······ (식 2)

키와 축에 동일한 토크가 작용하므로, $T_1=T_2$, $\tau_1\times Z_{p1}=F\times\dfrac{d}{2}$ ······ (식 3)

3식을 변형하면 $\tau_1=F\times\dfrac{d}{2}\times\dfrac{1}{Z_{p1}}$ ······ (식 4)

키에 작용하는 전단응력 $\tau_2=\dfrac{F(\text{전단력})}{A(\text{전단면})}=\dfrac{F}{b\times l}$ ······ (식 5)

축과 키의 재료가 같으므로, $\tau_1=\tau_2$ ······ (식 6)

6식에 의해 4식에 5식을 적용하면, 다음과 같이 유도된다.

$$F\times\frac{d}{2}\times\frac{1}{Z_{p1}}=\frac{F}{bl},\quad \frac{d}{2\times\dfrac{\pi d^3}{16}}=\frac{1}{bl}$$

$$8bl=\pi d^2,\ l=\frac{\pi d^2}{8b}$$

정답 20.④

공업기계직 기계설계 (2008년 4월 시행 국가직)

01 **롤러체인전동에서 체인과 맞물려 있는 스프로킷 휠(잇수:Z)의 회전반지름은 체인 회전에 따라 주기적으로 변동한다. 각 속도가 일정할 때 이러한 회전반지름의 변동으로 인한 체인의 속도변동률($(v_{max}-v_{min})/v_{max}$은? (단, 여기서 v_{max}와 v_{min}은 각각 체인의 최대, 최소 속도이다.)**

① $1-\sin\frac{2\pi}{Z}$　　② $1-\cos\frac{2\pi}{Z}$

③ $1-\sin\frac{\pi}{Z}$　　④ $1-\cos\frac{\pi}{Z}$

해설

스프로킷휠이 최상(세로로 일직선에 위치)에 있을 때 $v_{max}=\frac{D_1(\text{피치원지름})}{2}\times\omega$ (최대반지름)

스프로킷휠이 α각에 있을 때 $v_{min}=\frac{D_1(\text{피치원지름})}{2}cos(\frac{180}{Z})\times\omega$ (최소반지름)

여기서 $\frac{180}{Z}$는 스프로킷휠 돌기부 각각의 각도(반각)

$$\text{속도변동률}=\frac{v_{max}-v_{min}}{v_{max}}$$

$$=1-\frac{v_{min}}{v_{max}}=1-\cos(\frac{\pi}{Z})$$

02 **모듈 4, 중심거리 200mm인 한 쌍의 스퍼기어에서 구동기어의 잇수가 40개일 때 구동기어에 대한 피동기어의 속도비는?**

① $\frac{1}{2}$　　② 3　　③ $\frac{2}{3}$　　④ $\frac{3}{2}$

해설

스퍼기어에서 중심거리 $C(\text{중심거리})=\frac{D_1+D_2}{2}=\frac{m(Z_1+Z_2)}{2}$ ······ (식 1)

$200=\frac{4(40+Z_2)}{2}$, $100=40+Z_2$, $Z_2=60$

$\text{속도비}(i)=\frac{\text{입력각속도}}{\text{출력각속도}}=\frac{\omega_1}{\omega_2}=\frac{N_1}{N_2}=\frac{D_2}{D_1}=\frac{Z_2}{Z_1}$ ······ (식 2)

$\text{속도비}(i)=\frac{\text{입력각속도}}{\text{출력각속도}}=\frac{\omega_1}{\omega_2}=\frac{Z_2}{Z_1}=\frac{60}{40}=\frac{3}{2}$

이 문제에서는 구동(입력)기어에 대한 피동(출력)의 속도비를 물었으므로, 역수인 $\frac{2}{3}$가 정답이다.

정답 01.④ 02.③

03 드럼의 지름이 700mm인 단식 블록 브레이크의 드럼축에 140N·m의 토크가 작용하고 있을 때, 제동을 위해 필요한 블록과 드럼 사이의 수직력의 크기는?(단, 마찰계수는 0.1이다)

① 1[kN] ② 2[kN]
③ 3[kN] ④ 4[kN]

해설

$D=700\text{mm}$, $T=140\text{N}\cdot\text{m}$ 작용

$T=P(\text{접선력})\times\frac{D}{2}$, $140(\text{N}\cdot\text{m})=\text{P}(\text{N})\times\frac{0.7(\text{m})}{2}$, $\text{P}=140\times\frac{2}{0.7}=400\text{N}$

누르는힘=수직력(Q)는

접선력(P)=제동력이므로, $P=\mu Q$ …… (식 1) 관계가 있다.

$400=0.1\times Q$, $Q=4000\text{N}=4\text{kN}$

04 그림과 같은 단순 지지보 AB 위에 균일분포 하중 ω=200N/m가 작용하고 있을 때 A단에서 x=1.5m 지점에서의 전단력의 크기는?

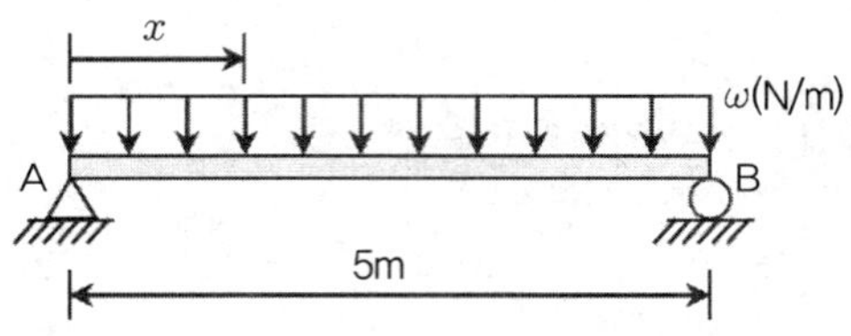

① 100[N] ② 150[N]
③ 200[N] ④ 250[N]

해설

등분포단순보이므로, ωl의 힘이 중앙에 작용하고 있는 것과 같으므로,

↓방향힘=$\omega l=200\text{N/m}\times5\text{m}=10000\text{N}$, A와 B에는 ↑방향의 반력이 R_a, R_b로 각각 생긴다.

$\sum F=0$, $+1000-R_a-R_b=0$(윗방향 −, 아랫방향 +)

$R_a+R_b=1000$ …… (식 1)

$\sum T_A=0$, $+1000\times2.5-R_b\times5=0$,

$R_b=\frac{1000\times2.5}{5}=500N$…… (식 2)

(시계방향을 (+), 반시계방향을 (−)로 한다)

2식을 1식에 대입, $R_a=500N$

x에서의 전단력은 우측 그림방향을 따른다.

x가 우측에 있으므로,

↑방향의 반력이 R_a(500N)이 작용,

↓방향힘=$\omega l=200\text{N/m}\times x\text{m}$
$=200\times1.5=300N$

$\sum V=0$, $-500(R_a)+300+V=0$, $V=200\text{N}$으로 계산된다.

정답 03.④ 04.③

05 외경 110mm, 두께 5mm인 강관에 내압 40MPa이 작용한다. 강관을 얇은 두께로 가정할 때, 길이(축) 방향 하중[kN]과 길이(축) 방향 응력[MPa]은?

① 20π, 100 ② 40π, 400
③ 80π, 200 ④ 100π, 200

해설

길이방향 $\sigma_1 = \dfrac{F}{A} = \dfrac{P \times \dfrac{\pi d^2}{4}}{\pi d \times t} = \dfrac{Pd}{4t}$ …… (식 1)

원주방향 $\sigma_2 = \dfrac{F}{A} = \dfrac{P \times d \times l}{2 \times t \times l} = \dfrac{Pd}{2t}$ …… (식 2)

외경이 110mm이므로, 실제로 두께만큼 빠져야 하므로 100mm가 된다.

1식에 대입하면, $\sigma_1 = \dfrac{Pd}{4t} = \dfrac{40(\mathrm{MPa} = \mathrm{N/mm^2}) \times 100\mathrm{mm}}{4 \times 5\mathrm{mm}} = 200\mathrm{N/mm^2}(=\mathrm{MPa})$

$F = P \times \dfrac{\pi d^2}{4} = \dfrac{40(\mathrm{MPa} = \mathrm{N/mm^2}) \times \pi(100\mathrm{mm})^2}{4} = 10\pi \times 10^4\mathrm{N} = 100\pi\mathrm{kN}$

06 축과 키의 재료가 동일한 허용전단응력을 가진다고 할 때, 축의 지름이 40mm이고 묻힘키(sunk key)의 폭이 10mm라면 필요한 키의 최소 길이는?

① 50[mm] ② 56[mm]
③ 63[mm] ④ 70[mm]

해설

축의 경우 $\tau_1 = \dfrac{T_1}{Z_{p1}}$ 에서 $T_1 = \tau_1 \times Z_{p1}$ …… (식 1)

키에 작용하는 전단력(F)은 접선력이므로, $T_2 = F \times \dfrac{d}{2}$ …… (식 2)

키와 축에 동일한 토크가 작용하므로, $T_1 = T_2$, $\tau_1 \times Z_{p1} = F \times \dfrac{d}{2}$ …… (식 3)

3식을 변형하면 $\tau_1 = F \times \dfrac{d}{2} \times \dfrac{1}{Z_{p1}}$ …… (식 4)

키에 작용하는 전단응력 $\tau_2 = \dfrac{F(\text{전단력})}{A(\text{전단면})} = \dfrac{F}{b \times l}$ …… (식 5)

축과 키의 재료가 같으므로, $\tau_1 = \tau_2$ …… (식 6)

6식에 의해 4식에 5식을 적용하면,

$F \times \dfrac{d}{2} \times \dfrac{1}{Z_{p1}} = \dfrac{F}{bl}$, $\dfrac{d}{2 \times \dfrac{\pi d^3}{16}} = \dfrac{1}{bl}$, $8bl = \pi d^2$,

$l = \dfrac{\pi d^2}{8b} = \dfrac{\pi \times 40^2}{8 \times 10} = 20\pi = 62.8\mathrm{mm}$

정답 05.④ 06.③

07 **바깥지름 150mm, 두께 5mm, 길이 10m인 양 끝단이 구속된 강관의 온도를 20℃에서 320℃까지 상승시켰을 때 길이(축) 방향으로 발생하는 응력의 크기는?(단, 재료의 영의 계수(Young's modulus) E=200GPa, 열팽창계수(선팽창계수)는 112×10^{-7}[1/℃]이다)**

① 692GPa
② 863MPa
③ 573GPa
④ 672MPa

해설

$\sigma = E\times\epsilon = E\times\alpha(T_2 - T_1)$ …… (식 1)

(열)응력은 종탄성계수(E), 열팽창계수(α), 온도변화량($T_2 - T_1$)에 비례한다.

1식에 대입하면,

$\sigma = E\times\alpha(T_2 - T_1)$

$= 200\times10^9(\mathrm{N/m^2})\times112\times10^{-7}(1/℃)\times(320-20)(℃)$

$\sigma = 200\times10^2(\mathrm{N/m^2})\times112\times(1/℃)\times300(℃)$

$= 672000000\mathrm{N/m^2} = 672\mathrm{MPa}$

08 **스프링상수가 100N/cm인 압축 코일 스프링을 3등분하여 만들어진 3개의 스프링을 병렬로 연결하여 1800 N의 압축력을 가한다면 스프링의 변형량은?**

① 2[cm]
② 3[cm]
③ 6[cm]
④ 1.8[cm]

해설

$k = \dfrac{W}{\delta}$ …(1)식, $\delta = R\theta$…(2)식, $\theta = \dfrac{Tl}{GI_p}$…(3)이라하면, 먼저 길이가 l을 3등분하였으므로,

3식에 $l \to \dfrac{l}{3}$을 넣으면, $\theta \to \dfrac{\theta}{3}$가 된다. 따라서 2식에 대입하면 $\delta \to \dfrac{\delta}{3}$가 되고, 1식은 $k \to 3k$가 됨을 알 수 있다. 즉 길이를 3등분하면 3등분된 스프링의 스프링상수(k)는 3배가 된다. 이제 3등분된 스프링을 병렬로 연결하였으므로, 전체 스프링상수(k_a) $= 3k+3k+3k = 9k$가 된다.

우리가 구하고자 하는 처짐(δ) $= \dfrac{W}{k_a} = \dfrac{1800\mathrm{N}}{9\times100(\mathrm{N/cm})} = 2\mathrm{cm}$로 구해진다.

정답 07.④ 08.①

09 벨트의 폭과 두께가 각각 100mm, 5mm인 평벨트 전동에서 벨트속도가 8m/s일 때 전달동력은?(단, 벨트의 허용인장응력은 2.5MPa이며, $e^{\mu\theta}=3$으로 하고, 원심력은 무시한다)

① 6.7[kW]
② 19.6[kW]
③ 4.9[kW]
④ 14.7[kW]

해설

$$\sigma_t(\text{인장응력})=\frac{\text{인장력}(T_t)}{\text{면적}(A)}=\frac{T_t}{bt},\quad 2.5\text{MPa}(=\text{N/mm}^2)=\frac{\text{T}_t}{100\times 5}$$

$$T_t=2.5\times 100\times 5=1250\text{N}$$

$$T_t=P_e\times\frac{e^{\mu\theta}}{e^{\mu\theta}-1}+\frac{wv^2}{g}\cdots\cdots(\text{식 }1)$$

$$H_{kW}=P_e\times v=T_t\left(\frac{e^{\mu\theta}-1}{e^{\mu\theta}}\right)\times 8\text{m/s}=1250\times\frac{3-1}{3}\times 8$$

$$=417\times 2\times 8=6672\text{Nm/s}=6672\text{W}=6.672\text{kW}$$

10 그림과 같이 폭 100mm, 두께 12mm의 강판의 측면을 용접치수 12mm, 용접길이 120mm로 필렛용접하였다. 용접부의 허용전단응력을 50MPa이라 할 때 최대로 지탱할 수 있는 하중 P는?

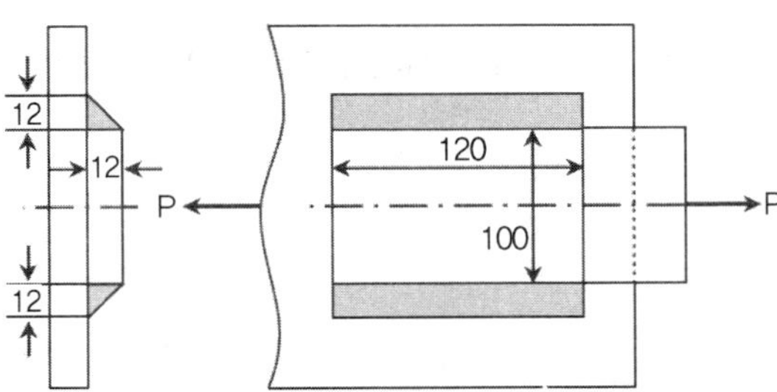

① 101.8[kN]
② 141.4[kN]
③ 50.9[kN]
④ 70.7[kN]

해설

측면 필렛용접이다.

$$\sigma=\tau=\frac{P}{2\times h\times l\times\cos 45},\quad P=\tau\times 2\times h\times l\times\frac{\sqrt{2}}{2}$$

$$=50(\text{MPa}=\text{N/mm}^2)\times 12\times 120\times 1.41=101520\text{N}=101.52\text{kN}$$

11 어떤 부품에 힘이 가해졌을 때 균일한 단면형상을 갖는 부분보다 키 홈, 구멍, 단(step), 또는 노치(notch) 등과 같이 단면형상이 급격히 변화하는 부분에서 쉽게 파손되는 이유를 가장 잘 설명하는 것은?

① 응력집중 ② 좌굴현상
③ 피로파괴 ④ 잔류응력

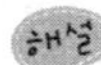

- 좌굴 : 압축하중에 의해 기둥이 굽는 현상
- 피로 : 반복하중이 가해짐
- 잔류 : 남아 있음

12 나사의 피치가 4mm인 2줄 나사를 1.5회전시켰을 때 축 방향의 이동거리[mm]는?

① 8 ② 12
③ 16 ④ 20

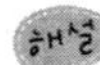

리드 $l=$ 줄수 $\times$ 피치 $=2\times p$로도 표현되지만, 또한 리드는 한 바퀴 돌렸을 때 움직인 거리이므로, $l=4\text{mm}\times 2$줄 $=8(\text{mm})$이다. 이는 한 바퀴 돌렸을 때이므로, 1.5회전은 $8\times 1.5=12\text{mm}$로 계산된다.

13 강판의 효율이 75%인 리벳 이음에서 피치가 20mm이면 리벳구멍의 지름[mm]은?

① 4 ② 5
③ 6 ④ 7

강판의 효율은 $(\eta)=\dfrac{p-d}{p}$, $0.75=\dfrac{20-d}{20}$, $d=20-0.75\times 20=20-15=5\text{mm}$

14 구름베어링의 호칭번호가 6203이라면 베어링의 안지름은?

① 3[mm] ② 15[mm]
③ 17[mm] ④ 20[mm]

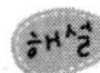

6203에서 03이 안지름을 뜻함($3\times 5=15\text{mm}$로 계산하면 안 됨)
→ 00=10mm, 01=12mm, 02=15mm, 03=17mm임. 62는 베어링의 계열번호이다.

정답 11.① 12.② 13.② 14.③

15 기준치수에 대한 구멍의 공차가 $\Phi160_{0}^{+0.04}$[mm], 축의 공차가 $\Phi160_{-0.08}^{+0.03}$[mm]일 때 최대틈새[mm]와 최대죔새[mm]는?

	최대틈새	최대죔새
①	0.07	0.03
②	0.07	0.04
③	0.12	0.03
④	0.12	0.04

해설

최대틈새는 구멍최대−축최소=0.04−(−0.08)=0.12mm 따라서 0.12mm가 최대틈새가 된다.
최대죔새는 구멍최소−축최대=0−0.03=−0.03mm, 여기서 −부호가 죔새를 말하며, 따라서 0.03mm가 최대죔새가 된다.

16 다음 기계요소 중 회전운동을 직선운동으로 변환시킬 수 있는 것은?

① 캠과 캠기구 ② 체인과 스프로킷 휠
③ 래칫 휠과 폴 ④ 웜과 웜기어

해설

캠이 회전운동하면 로드는 직선 왕복운동을 한다.
체인과 스프로킷휠 – 물림
래치 휠과 폴 : 멈춤작용
웜과 웜기어 : 회전을 회전으로(역전불가능)

17 단면이 원형인 중실축(solid shaft)의 길이와 지름을 각각 2배로 하면, 같은 크기의 비틀림 모멘트에 대한 비틀림 각도는 원래 축의 몇 배가 되는가?

① $\frac{1}{2}$배 ② $\frac{1}{8}$배 ③ 2배 ④ 8배

해설

• 축비틀림각 $\theta = \frac{Tl}{GI_p}$ ······ (식 1)

1식을 다시 표현하면 $\theta_1 = \frac{Tl}{GI_p} = \frac{Tl}{G\times\frac{\pi d^4}{32}} = \frac{32Tl}{G\times\pi d^4}$ ······ (식 2)

2식에 $l \rightarrow 2l$, $d \rightarrow 2d$를 대입하면,

$$\theta_2 = \frac{32T(2l)}{G\times\pi(2d)^4} = \frac{32Tl}{G\times\pi d^4}\times\frac{2}{2^4} = \theta_1\times\frac{1}{8}$$

정답 15.③ 16.① 17.②

18 기어에 관한 용어와 조건을 설명한 것으로 옳지 않은 것은?

① 피치원은 기어의 중심에서 피치점까지의 거리를 반지름으로 하는 원이다.
② 모듈(module)은 피치원 지름을 잇수로 나눈 값으로 표시한다.
③ 물림률은 물림길이를 법선피치로 나눈 값으로, 1보다 작아야 항상 한 쌍의 이가 작용선상에 물리게 된다.
④ 압력각은 맞물린 두 기어의 피치원의 공통접선과 작용선이 이루는 각이다.

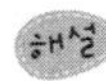

물림률은 물림길이를 법선피치고 나눈 값을 말하며, 물림길이는 법선피치보다 커야 좋다. 즉 1보다 커야 물림이 좋다.(한쌍의 물림이 끝나기 전에 다음 한쌍의 물림이 시작되어야 한다)

19 원주속도 2m/s로 5kW를 전달하는 원통 마찰차에서 마찰차를 누르는 힘은?(단, 마찰계수는 0.25이다)

① 8[kN] ② 10[kN]
③ 12[kN] ④ 14[kN]

$H_{kW} = F \times v$, $5\text{kW} = 5000\text{W} = \text{F(N)} \times 2\text{m/s}$

$F = \frac{5000}{2} = 2500\text{N} = 2.5\text{kN}$

$\text{마찰계수}(\mu) = \frac{\text{마찰력}(F)}{\text{누르는힘}(P)}$, $P = \frac{F}{\mu} = \frac{2.5}{0.25} = 10\text{kN}$

20 평면응력 상태에서 $\sigma_x = 10\text{kPa}$, $\sigma_y = 2\text{kPa}$, $\tau_{xy} = 3\text{kPa}$로 측정되었다면, 모어 원(Mohr's circle)상의 주응력의 크기는?

① 9, 1[kPa] ② 9, 3[kPa]
③ 11, 1[kPa] ④ 11, 3[kPa]

2개의 수직응력(σ_x, σ_y)과 1개의 비틀림응력(τ)이 작용할 경우 모어원의 주응력은

$$\text{주응력}\sigma_{1,2} = \frac{1}{2}(\sigma_x + \sigma_y) \pm \sqrt{\frac{1}{4}(\sigma_x - \sigma_y)^2 + \tau^2} \cdots\cdots (\text{식 } 1)$$

$$\tau_{1,2} = \pm \sqrt{\frac{1}{4}(\sigma_x - \sigma_y)^2 + \tau^2} \cdots\cdots (\text{식 } 2)$$

1식에 적용,

$$\sigma_{\max} = \frac{1}{2}(10+2) \pm \sqrt{\frac{1}{4}(10-2)^2 + 3^2}$$

$$= 6 \pm \sqrt{\frac{8^2}{4} + 9} = 6 \pm \sqrt{\frac{100}{4}} = 6 \pm 5 = 11 \text{ 혹은 } 1\text{로 계산된다.}$$

정답 18.③ 19.② 20.③

공업기계직 기계설계 (2009년 4월 시행 국가직)

01 금속재료는 반복하중을 받으면 정적하중을 받는 경우보다 낮은 하중으로 파괴된다. 하지만 반복하중에 의해 발생되는 반복응력이 어느 한도 이하일 경우에는 피로에 의한 파괴는 일어나지 않는다. 이 경우 측정된 편진응력의 최대값이 의미하는 것은?

① 극한강도　　② 피로한도
③ 탄성한도　　④ 크리프한도

해설

피로한도-반복, 정하중-극한강도, 고온 정하중-크리프한도

02 다음 그림과 같이 편심하중을 받는 겹치기 리벳이음에서 가장 큰 힘이 걸리는 리벳은? (단, 도면에 기입된 치수의 단위는 mm)

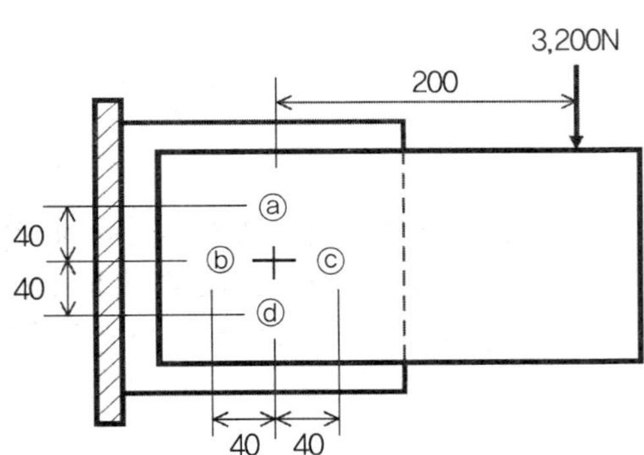

① 리벳 ⓐ　　② 리벳 ⓑ　　③ 리벳 ⓒ　　④ 리벳 ⓓ

해설

- 재료에서 편심하중에 대항하는 직접전단력 $V=\dfrac{P}{n(\text{볼트수})}$ 의 방향은 P와 반대 방향이다.
- 회전모멘트에 의해 발생하는 모멘트 전단력 $F_n=\dfrac{P\times e(P\text{와 중심거리})}{n\times r(\text{볼트와 중심거리})}$ 이고, 방향은 수평선에서 P에 가까울수록 점점 많이 꺾인 방향(P회전방향과 같은 방향으로 꺾임)
- 전체 전단력은 벡터로 합성력이므로, 합성력$(W)=\sqrt{V_a^2+F_a^2+2F_aF_a\cos\theta}$ …… (식 1)이다.
- b점의 경우 직접전단력과 회전모멘트 전단력의 방향이 반대되어 (1식에 대입) 전단력이 가장 작다. $(\cos\theta=\cos180=-1)$
- c점의 경우 직접전단력과 회전모멘트 전단력의 방향이 같아(1식에 대입) 전단력이 가장 크다. $(\cos\theta=\cos0=1)$
- a점과 d점의 경우 직접전단력과 회전모멘트 전단력의 방향이 각을 두고 있다(크기는 같고, 방향은 차이가 있다. a점은 오른쪽 아래로, d점은 왼쪽 아래로 방향이 주어진다.)

정답 01.② 02.③

03 다음 그림 (가)는 직교좌표에서 어떤 구멍의 중심위치를 치수공차로 규제한 것이고 그림 (나)는 같은 내용을 기하공차 방식으로 위치도공차를 사용하여 규제한 것이다. 그림 (나)에서 'X' 표시한 부분에 기재해야 하는 내용은?

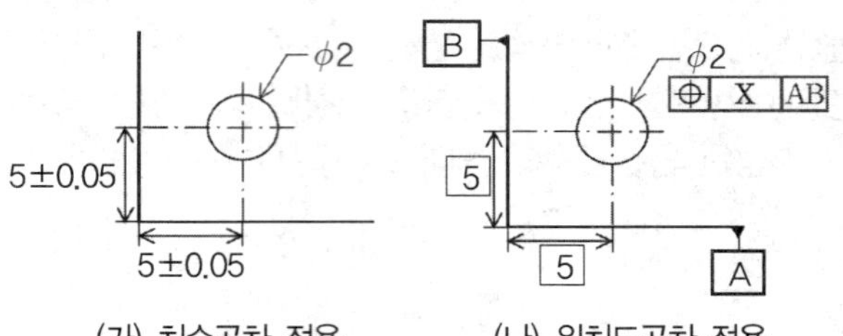

(가) 치수공차 적용　　(나) 위치도공차 적용

① 0.05　② 0.07　③ 0.10　④ 0.14

해설

위치도공차 해석 : | ⊕ | X | AB | 직선A에서 세로로 거리 5mm 떨어진 곳과 직선B에서 가로로 거리5mm 떨어진 곳을 중심으로 하고 직경이 Xmm(X)인 원 속에 있다.
중심을 기준으로 세로축으로 공차가 0.1mm, 가로축으로 공차가 0.1mm이므로, 세로와 가로(90도)를 이루는 빗변은 $\sqrt{0.1^2+0.1^2}=\sqrt{0.02}=0.1412$
(혹은 $0.1\times\sin45\times2$개 $=0.1\times\frac{\sqrt{2}}{2}\times2=0.1\times\sqrt{2}=0.1\times1.4142$)로 $\phi0.14$가 정답이다.

04 회전수 600rpm으로 20kW의 동력을 전달하는 지름 50mm의 회전축에 묻힘키(폭과 높이가 각각 8mm)가 설치되어 있다. 키 재료의 허용압축응력이 25MPa일 때, 키의 길이[mm]는? (단, 키의 묻힘 깊이는 키높이의 1/2로 하고 안전율은 1로 한다)

① 32　② 48　③ 64　④ 128

해설

키에 작용하는 전단응력 $\tau=\frac{F(\text{전단력})}{A(\text{전단면})}=\frac{F}{b\times l}$ ……(식 1)

키에 작용하는 압축응력 $\sigma=\frac{F(\text{압축력})}{A(\text{압축면})}=\frac{2\times F}{h\times l}$ ……(식 2)

$H_{kW}=\mathrm{T}\times\omega=\mathrm{T}(\mathrm{N}\cdot\mathrm{m})\times\frac{2\pi\mathrm{N}}{60(\mathrm{s})}$ ……(식 3)

3식에서 $20000(\mathrm{Nm/s})=\mathrm{T}(\mathrm{N}\cdot\mathrm{m})\times\frac{2\pi600}{60(\mathrm{s})},\ \mathrm{T}=\frac{20000\times60}{2\pi\times600}=\frac{1000}{\pi}$ ……(식 4)

$T=F\times\frac{d}{2}$ ……(식 5)

5식에 4식을 대입 $\frac{1000}{\pi}(\mathrm{N}\cdot\mathrm{m})=\mathrm{F}(\mathrm{N})\times\frac{0.05}{2},\ \mathrm{F}=\frac{2000}{\pi\times0.05}=\frac{40000}{\pi}(\mathrm{N})$ ……(식 6)

6식을 2식에 대입하면

$$25\mathrm{MPa}(=\mathrm{N/mm^2})=\frac{2\times\frac{40000}{\pi}}{8\times l},\quad l=\frac{2\times40000}{8\times\pi\times25}=\frac{400}{\pi}=128mm$$

정답 03.④ 04.④

05 리벳이음 시공을 하지 않은 강판을 무지강판이라 한다. 단위 피치폭 무지강판의 인장강도를 A라 하고 리벳이음 시공을 한 강판에서 단위 피치폭 강판의 인장강도를 B라 할 때 $\frac{B}{A} \times 100$ (%)를 강판의 효율로 정의한다. 2줄 맞대기 리벳이음에서 리벳의 피치가 100mm, 리벳 지름이 20 mm, 판두께가 10 mm 일 때 강판의 효율[%]은?

① 60
② 70
③ 80
④ 90

해설

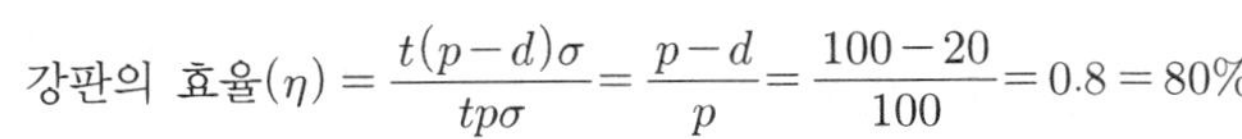

강판의 효율$(\eta) = \frac{t(p-d)\sigma}{tp\sigma} = \frac{p-d}{p} = \frac{100-20}{100} = 0.8 = 80\%$

06 다음 그림은 두 축 사이에 동력을 전달하기 위한 플랜지(flange) 커플링의 개략도이다. 전달 토크가 T, 볼트의 개수가 N, 볼트의 중심 간 거리(볼트 중심을 지나는 원의 지름)가 D, 허용 전단응력이 τ_a값일 때 볼트의 지름 δ는? (단, 플랜지 면(面)의 마찰은 무시한다)

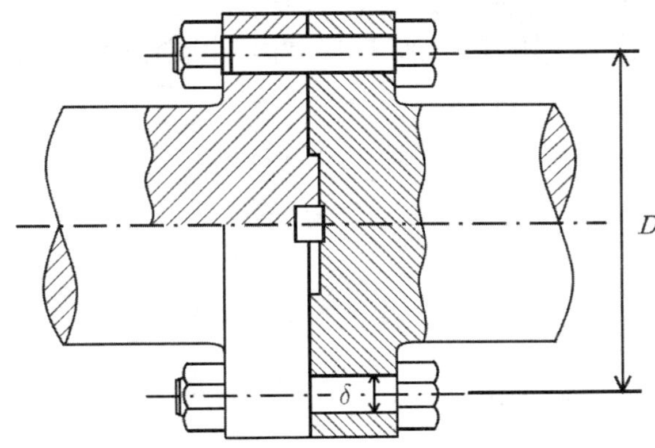

① $\sqrt{\frac{32T}{\pi\tau_a DN}}$
② $\sqrt{\frac{16T}{\pi\tau_a DN}}$
③ $\sqrt{\frac{8T}{\pi\tau_a DN}}$
④ $\sqrt{\frac{4T}{\pi\tau_a DN}}$

해설

$T = F(\text{접선력} = \text{각 볼트의 전단력}) \times \frac{D}{2}, \quad F = \frac{2T}{D}$ 이고,

각 볼트에 주어지는 전단력(f)은 $f = \frac{F}{N(\text{개수})} = \frac{2T}{DN}$

$$\tau_a = \frac{f}{A} = \frac{\frac{2T}{DN}}{\frac{\pi d^2}{4}} = \frac{8T}{\pi d^2 DN},\ d^2 = \frac{8T}{\pi\tau_a DN},\ d = \sqrt{\frac{8T}{\pi\tau_a DN}}$$

정답 05.③ 06.③

07 기어의 ㉠모듈과 ㉡지름피치에 대한 설명 중 옳은 것은?

① ㉠ : 피치원의 지름(mm)을 잇수로 나눈 값
   ㉡ : 잇수를 피치원의 지름(inch)으로 나눈 값
② ㉠ : 피치원의 지름(inch)을 잇수로 나눈 값
   ㉡ : 잇수를 피치원의 지름(mm)으로 나눈 값
③ ㉠ : 잇수를 피치원의 지름(mm)으로 나눈 값
   ㉡ : 피치원의 지름(inch)을 잇수로 나눈 값
④ ㉠ : 잇수를 피치원의 지름(inch)으로 나눈 값
   ㉡ : 피치원의 지름(mm)을 잇수로 나눈 값

해설

모듈(m) $= \frac{D}{Z} = \frac{p}{\pi}$, 지름피치($p_d$) $= \frac{25.4}{m}$ (모듈의 역수 관계)-인치로 표시된 피치원의 지름

08 마찰면의 바깥지름과 안지름이 각각 500mm, 250mm인 단판원판클러치에서 축방향으로 밀어 붙이는 힘이 가해져 마찰면에 1MPa의 압력이 작용할 때 전달 가능한 최대 회전력[kN]은? (단, π =3.14, 마찰면의 마찰계수는 0.3, 마찰면의 반경방향에 대한 압력분포는 일정하다고 가정한다)

① 23.9　　② 36.8
③ 44.2　　④ 51.3

해설

유효지름(D_m) $= \frac{D_2(\text{바깥지름}) + D_1(\text{안지름})}{2}$ ...... (식 1)

면압(q)에 의한 누르는 힘((Q) $= q \times A = q \times \frac{\pi(D_2^2 - D_1^2)}{4}$ ...... (식 2)

누르는힘(Q)의해 회전하는 힘(접선력) $F = \mu Q$...... (식 1)

회전력(T) $= F \times \frac{D_m}{2}$ ...... (식 1)

3식에 2식을 대입하자.

$$F = \mu Q = \mu \times q \times \frac{\pi(D_2^2 - D_1^2)}{4}$$

$$F = 0.3 \times 1(\text{MPa, N/mm}^2) \times \frac{\pi(500^2 - 250^2)}{4}(\text{mm}^2)$$

$$= \frac{0.3 \times \pi(250000 - 62500)}{4} = \frac{0.3 \times \pi(178500)}{4}$$

$$= \frac{0.3 \times \pi(178500)}{4} = \frac{3 \times \pi \times 17850}{4} = 42036.750\text{N} = 42\text{kN}$$

정답 07.① 08.③

09 어떤 축이 40N·mm의 비틀림 모멘트와 30N·mm의 굽힘 모멘트를 동시에 받고 있을 때, 최대 주응력설에 의한 상당굽힘모멘트는?

① 30[N·mm] ② 40[N·mm]
③ 50[N·mm] ④ 60[N·mm]

최대 주응력설(Maximum normal stress theory): 최대 인장(압축)응력의 크기가 인장(압축)항복강도(한 방향의 단순 인장시험에서 항복이 시작되는 응력)보다 클 경우, 재료의 파손이 일어난다는 이론, 즉, 인장(압축)응력에 의하여 재료가 파손된다는 이론으로 취성재료의 분리파손과 일치, 2차원에서 주응력 $\sigma_{(principal)} = \frac{\sigma_x + \sigma_y}{2} \pm \sqrt{(\frac{\sigma_x - \sigma_y}{2})^2 + \tau_{xy}^2}$ 임.

상당굽힘모멘트 $M_e = Z \times \sigma_{\max} = \frac{1}{2}(M + \sqrt{M^2 + T^2})$ …… (식 1)

상당비틀림모멘트 $T_e = Z_p \times \tau_{\max} = \sqrt{M^2 + T^2}$

1식에 대입하면

$M_e = \frac{1}{2}(30 + \sqrt{30^2 + 40^2}) = \frac{1}{2}(30 + 50) = 40$

10 지름이 d인 중실축(solid shaft)과 바깥지름이 d_0, 안지름이 d_1인 중공축(hollow shaft)이 같은 마력을 전달할 수 있다고 가정할 때 d, d_0, d_1에 관한 관계식 중 옳은 것은?

① $d_0 = d\sqrt[3]{\frac{1}{1-(\frac{d_1}{d_0})^4}}$ ② $d_0 = d\sqrt[3]{1-(\frac{d_1}{d_0})^4}$

③ $d_0 = d\sqrt[4]{1-(\frac{d_1}{d_0})^3}$ ④ $d_0 = d\sqrt[4]{\frac{1}{1-(\frac{d_1}{d_0})^3}}$

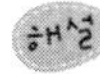

$H_{ps1} = H_{ps2}$, $H_{ps1} = T_1\omega$, $H_{ps2} = T_2\omega$에서 각속도(회전속도)가 같다면, $T_1 = T_2$…… (식 1)

중실축에서 $\tau_1 = \frac{T_1}{Z_{p1}}$, $T_1 = \tau_1 \times Z_{p1} = \tau_1 \times \frac{\pi d^3}{16}$ …… (식 2)

중공축에서 $\tau_2 = \frac{T_2}{Z_{p2}}$, $T_2 = \tau_2 \times Z_{p2} = \tau_2 \times \frac{\pi}{16}(\frac{d_0^4 - d_1^4}{d_0})$ …… (식 3)

재료가 같다면 $\tau_1 = \tau_2$ …… (식 4)식이다.

1식에 2식과 3식을 대입한 후, 4식을 대입하여 정리하면

$\frac{\pi d^3}{16} = \frac{\pi}{16}(\frac{d_0^4 - d_1^4}{d_0})$, $d^3 = \frac{d_0^4 - d_1^4}{d_0} = d_0^3(1 - \frac{d_1^4}{d_0^4})$

$d^3 = d_0^3(1 - \frac{d_1^4}{d_0^4})$, $d_0^3 = d^3\frac{1}{1 - \frac{d_1^4}{d_0^4}}$, $d_0 = d\sqrt[3]{\frac{1}{1 - \frac{d_1^4}{d_0^4}}}$ 으로 유도된다.

정답 09.② 10.①

11

압력각이 20°인 표준 스퍼기어에서 랙(rack)과 맞물리는 피니언(pinion)의 잇수를 설계할 때 언더컷을 방지하기 위한 이론적인 최소 잇수는? (단, sin20° = 0.34, cos20° = 0.94, tan20° = 0.36으로 한다)

① 18 ② 24
③ 32 ④ 48

해설

한계치수(Z_g)를 구하기 위해 $Z_g \geq \frac{2}{\sin^2\alpha}$ ...... (식 1)

압력각 α가 20도일 때

$Z_g \geq \frac{2}{\sin^2\alpha} = \frac{2}{0.34^2} = 17.301$ 그러므로, 18이 된다.

12

유니버설조인트에서 두 축간 속도비는 축이 90°회전할 때마다 어떻게 변화하는가? (단, 두 축의 교차각을 α라 한다)

① $\sin\alpha$에서 $\tan\alpha$ 사이를 변화한다.
② $\cos\alpha$에서 $\sin\alpha$ 사이를 변화한다.
③ $\cos\alpha$에서 $\frac{1}{\cos\alpha}$ 사이를 변화한다.
④ $\sin\alpha$에서 $\frac{1}{\sin\alpha}$ 사이를 변화한다.

해설

교차각 α, $\frac{\omega_1}{\omega_2} = \frac{1-\sin^2\theta\sin^2\alpha}{\cos\alpha}$ ...... (식 1) (θ는 구동축 1의 임의의 회전각)

1식에서 $\theta = 0$, $\frac{\omega_1}{\omega_2} = \frac{1}{\cos\alpha}$ ...... (식 2) ($\sin^2\theta$는 회전에 의해 0과 1 사이의 값)

$\theta = 90$, $\frac{\omega_1}{\omega_2} = \frac{1-\sin^2\alpha}{\cos\alpha} = \frac{\cos^2\alpha}{\cos\alpha} = \cos\alpha$ ...... (식 3)

즉, 2식과 3식에 의해 최대 최소를 반복한다.

13

등방성(isotropic) 재료에서 횡(세로)탄성계수(Young's modulus)를 바르게 표현한 식은? (단, G는 전단탄성계수, ν는 프와송의 비)

① $2G(1-\nu)$ ② $2G(1+\nu)$
③ $G(1+\nu)$ ④ $G(1-\nu)$

해설

종탄성계수(E)와 횡탄성계수(G) 관계(ν : 프와송의 비)

$E = G \times 2(1+\nu)$의 관계가 있다.

정답 11.① 12.③ 13.②

14 두 축이 서로 평행하고 중심선의 위치가 서로 약간 어긋났을 경우, 각속도의 변화 없이 회전 동력을 전달시키려고 할 때 사용되는 커플링(coupling)은?

① 머프(muff) 커플링 ② 올드 햄(old ham) 커플링
③ 유니버설(universal) 커플링 ④ 셀러(Seller) 커플링

올덤 커플링 : 2축이 평행 혹은 약간 떨어져 있을 경우 사용

15 그림과 같이 길이 100mm인 단순지지보의 중앙에 100N의 집중하중이 작용할 때 보에 발생하는 최대 굽힘응력[N/mm^2]은? (단, 보의 단면은 가로(밑변) 6mm, 세로(높이) 10mm인 사각단면이다)

① 6
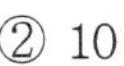
② 10
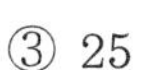
③ 25
④ 100

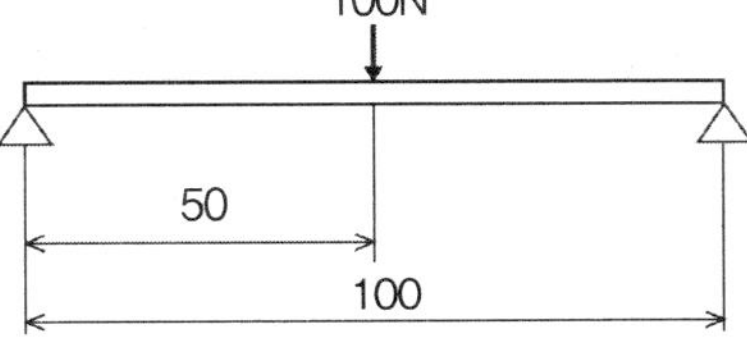

해설

그림과 같이 중앙에 집중하중(P)가 작용하는 단순보에서 모멘트$(M) = \dfrac{P}{2} \times \dfrac{l}{2} = \dfrac{Pl}{4}$ ...... (식 1)

굽힘응력$(\sigma_b) = \dfrac{M}{Z}$ ...... (식 2), 사각단면의 경우 2차단면계수$(Z) = \dfrac{bh^2}{6}$ ...... (식 3),

2차모멘트(관성모멘트) $I = \dfrac{bh^3}{12}$. 2식에 1식과 3식을 대입하면,

$$\sigma_b = \frac{M}{Z} = \frac{\frac{Pl}{4}}{\frac{bh^2}{6}} = \frac{3}{2} \times \frac{Pl}{bh^2} = \frac{3}{2} \times \frac{100(\text{N}) \times 100(\text{mm})}{6\text{mm} \times (10\text{mm})^2} = 25\text{N/mm}^2$$

16 용접 길이(L)가 200mm, 판 두께(t)가 5mm인 판을 맞대기 용접하여 그림과 같이 비이드(bead)가 형성되었다. 이 맞대기 용접부에 가할 수 있는 최대 인장하중(W)은? (단, 용접부의 허용인장응력은 20N/mm^{2}이며 안전율은 1로 한다)

① 5000
② 10000
③ 15000
④ 20000

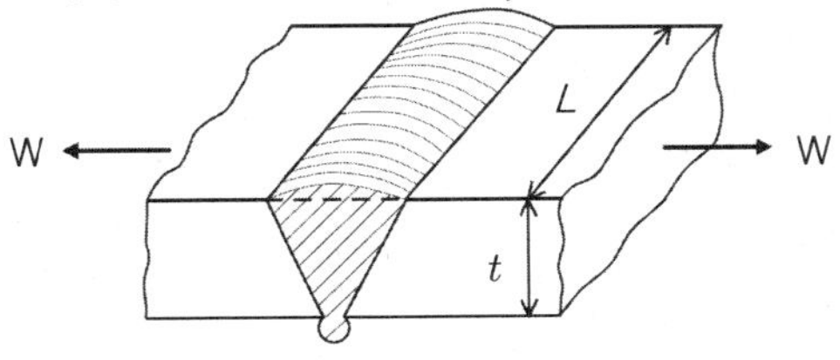

해설

맞대기 용접에서 인장응력 $\sigma_t = \dfrac{W}{tl}$,

$W = \sigma_t \times tl = 20(\text{N/mm}^2) \times 5\text{mm} \times 200\text{mm} = 20000\text{N} = 20\text{kN}$

정답 14.② 15.③ 16.④

17 벨트의 선속도가 10m/s인 상태로 10마력을 전달하는 벨트 전동장치에서 이완측의 장력(T_s)은? (단, 벨트의 회전으로 인한 원심력 효과는 무시하며 긴장측의 장력(T_t)은 이완측 장력(T_s)의 두 배이다. 즉 T_t=2T_s)

① 735N　　② 980N
③ 1470N　　④ 1715N

해설

원심력은 무시, $T_t = 2T_s$, $\longrightarrow \dfrac{T_t}{T_s} = e^{\mu\theta}$(장력비)$= 2$ …… (식 1)을 의미함

$T_t = P_e \times \dfrac{e^{\mu\theta}}{e^{\mu\theta}-1} + \dfrac{wv^2}{g}$ …… (식 2), $T_s = P_e \times \dfrac{1}{e^{\mu\theta}-1} + \dfrac{wv^2}{g}$ …… (식 3)

$H_{ps} = F \times v$ 여기서 F는 벨트에서 유효장력(Pe)이다.

$10\text{ps} = 10 \times 75(\text{kgf}\cdot\text{m/s}) = 750 \times 9.8(\text{N}\cdot\text{m/s}) = \text{F(N)} \times 10\text{m/s}$

$F = 735N = P_e$…… (식 4)

3식에 1식과 4식을 대입하자.

$T_s = 735 \times \dfrac{1}{2-1} = 735N$

18 지름이 d인 소선(황동선)을 감아 제작한 평균지름이 D인 코일스프링이 있다. 이 코일스프링의 유효권수(소선이 감긴 수)를 동일하게 하여 지름이 d인 소선(황동선)으로 스프링의 평균지름이 2D가 되도록 제작한 것을 '코일스프링 갑'이라 한다. 마찬가지로 유효권수를 변경시키지 않고 지름이 2d인 소선(황동선)으로 평균지름이 D가 되도록 제작한 것을 '코일스프링 을'이라 한다. 여기서 '갑'과 '을'의 스프링상수(k)에 대한 설명 중 옳은 것은?

① '을'과 '갑'이 동일하다.　　② '을'이 '갑'의 8배
③ '을'이 '갑'의 64배　　④ '을'이 '갑'의 128배

해설

스프링상수 $k = \dfrac{Gd^4}{64nR^3} = \dfrac{Gd^4}{8nD^3}$ …… (식 1)

여기서 G는 횡탄성계수, n은 소선의 감김수, R은 스프링 반경, d는 소선의 지름을 의미한다.

1식을 갑으로 표현(D → 2D 대입)

$k_1 = \dfrac{Gd^4}{8n(2D)^3} = \dfrac{Gd^4}{64nD^3}$ …… (식 2)

1식을 을로 표현(d → 2d 대입)

$k_2 = \dfrac{G(2d)^4}{8nD^3} = \dfrac{16Gd^4}{8nD^3}$ …… (식 3)

$\dfrac{k_1}{k_2} = \dfrac{\frac{1}{64}}{\frac{16}{8}} = \dfrac{1}{128}$ 로 계산된다. 즉, 을(k2)은 갑(k1)의 128배이다.

정답 17.① 18.④

19 내경 2000mm의 원통형 용기에 최고 압력이 1.47MPa인 가스를 저장하고자 한다. 이 압력 용기 제작에 사용될 강판의 두께[mm]로 가장 적합한 것은? (단, 강판의 인장강도는 $490N/mm^2$, 안전율은 5, 리벳이음의 효율은 70%, 부식에 대한 여유량은 1mm로 한다)

① 10 ② 15
③ 20 ④ 25

해설

$t=\dfrac{PdS}{2\sigma\eta}+C$, 여기서 t는 판의 두께, P는 용기압력, d는 용기의 직경, S는 안전율, σ는 인장응력, η는 이음효율, C는 부식 고려한 여유 등을 나타낸다.
그대로 대입하자.

$t=\dfrac{1.47(\text{MPa}=\text{N/mm}^2)\times 2000(\text{mm})\times 5}{2\times 490(\text{N/mm}^2)\times 0.7}+1=21.4\text{mm}$ 로 계산된다.

21.4보다 커야하므로, 25mm가 정답이다.

20 초기응력이 없고, 길이방향으로 늘어나지 않도록 구속된 중실축(solid shaft) 형상의 금속제 실린더가 있다. 이 실린더의 온도가 균일하게 상승하였을 때 발생하는 응력에 대한 설명 중 옳지 않은 것은?

① 응력의 크기는 재료의 열팽창계수에 비례한다.
② 응력의 크기는 온도 변화량에 비례한다.
③ 응력의 크기는 재료의 세로탄성계수에 비례한다.
④ 응력의 크기는 실린더 축방향 길이에 비례한다.

해설

$\sigma=E\times\epsilon=E\times\alpha(T_2-T_1)$

(열)응력은 종탄성계수(E), 열팽창계수(α), 온도변화량(T_2-T_1)에 비례한다.

공업기계직 기계설계 (2010년 4월 시행 국가직)

01 그림과 같은 스프링 장치에 질량 W의 물체를 매달 때, 물체의 처짐량[mm]은? (단, $k_1=k_2=100N/mm$, $k_3=50N/mm$, $W=200kg$이다.)

① 39.2
② 16.3
③ 60.5
④ 19.6

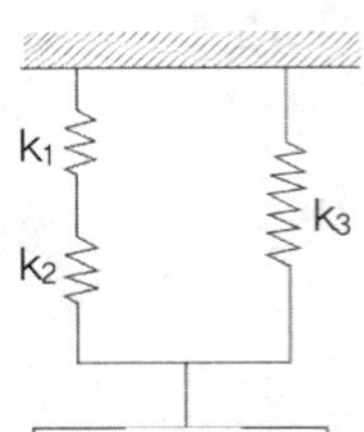

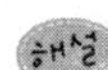

직렬의 경우 : $\frac{1}{k_a}=\frac{1}{k_1}+\frac{1}{k_2}$, $k_a=\frac{k_1k_2}{k_1+k_2}$

병렬의 경우 : $k=k_a+k_3=\frac{k_1k_2}{k_1+k_2}+k_3=\frac{100\times100}{100+100}+50=\frac{10000}{200}+50=100\text{N/mm}$

스프링상수$(k)=\frac{W(\text{힘 혹은 무게})}{\delta(\text{처짐량})}$, $\delta=\frac{W}{k}=\frac{200\text{kg}}{100\text{N/mm}}=\frac{200\times9.8\text{N}}{100\text{N/mm}}=19.6\text{mm}$

02 어떤 하중이 작용되고 있는 기계장치의 부품이 인장응력 60MPa, 전단응력 40MPa을 받고 있다. 이 부품의 소재가 전단응력에 의해 파괴되는 응력이 120MPa이면, 최대전단응력설의 관점에서 볼 때, 받을 수 있는 최대 하중은 작용되고 있는 하중의 몇 배인가?

① 2.4 ② 3.0 ③ 3.6 ④ 4.2

최대 전단응력설(Maximum shear stress theory) : 최대전단응력이 그 재료의 항복전단응력에 도달하여 재료의 파손이 일어난다는 이론, 전단응력에 의하여 재료가 파손된다는 이론으로 연성재료의 미끄럼파손과 일치, $\tau_{\max}=\frac{\sigma_1-\sigma_2}{2}=\sqrt{(\frac{\sigma_x-\sigma_y}{2})^2+\tau_{xy}^2}$

(만일 $\sigma_2=\sigma_3=0$(1차원)일 경우 $\tau_{\max}=\frac{\sigma_1}{2}$가 된다.) 여기서, y방향의 응력 $\sigma_y=0$, 전단응력 $\tau_{xy}=\tau$ 이므로,

최대전단응력 $\tau_{\max}=\frac{1}{2}\sqrt{\sigma_x^2+4\tau^2}$ ...... (식 1)에 대입한다.

$\tau_{\max}=\frac{1}{2}\sqrt{\sigma_x^2+4\tau^2}=\frac{1}{2}\sqrt{3600+6400}=\frac{1}{2}\times\sqrt{10000}=50\text{MPa}$

전단응력에 의해 파괴되는 응력이 120MPa이므로, 응력이 작용하는 면적이 같으므로, 작용하중은 작용 응력에 비례한다. 즉, $\frac{\text{파괴하중}}{\text{전단하중}}=\frac{\text{파괴응력}}{\text{전단응력}}=\frac{120}{50}=2.4$이다.

정답 01.④ 02.①

03 아래 그림은 겹치기 용접에 의한 양면 이음을 나타낸다. 작용하중 F=50000N, 용접선의 허용인장응력 50N/mm^2, t=10mm일 때, 필요한 용접선의 최소길이 l[mm]는?

① 100
② 71
③ 50
④ 36

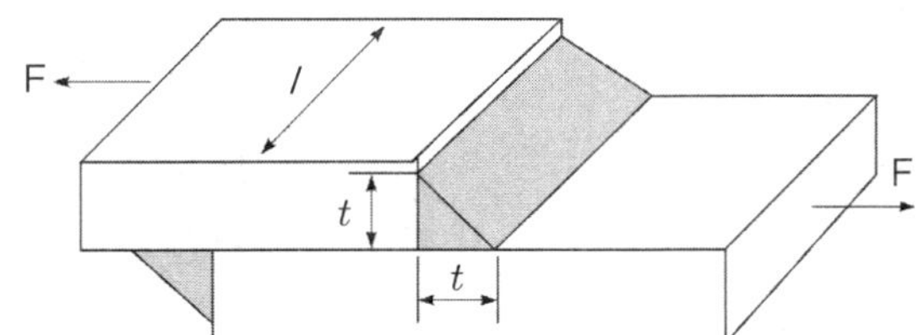

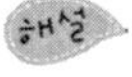

[정면 필렛용접]

(1) 면적이 1개 일 경우 : 이론식 수직응력$(\sigma_n)=\frac{P}{hl}$, 전단응력$(\tau)=\frac{P}{hl}$

: 경험식-주응력설을 기초로 할 경우

(인장응력 : σ_t)=(전단응력 : τ)=$\frac{2\times P\times \sin 45(=0.707)}{h\times l}$

(2) 면적이 2개 일 경우 : (인장응력 : σ_t)=(전단응력 : τ)=$\frac{2\times P\times \sin 45}{2\times h\times l}=\frac{P\times \sin 45}{h\times l}$ …… (식 1)

[측면 필렛용접]

(인장응력 : σ_t)=(전단응력:τ)=$\frac{P}{2\times h\times l\times \cos 45}$

여기서는 정면 필렛용접이므로 1식을 사용한다.(h대신에 t를 대입)

$$\sigma_t=\frac{P\times 0.707}{h\times l}=\frac{50000\times 0.707}{10\times l}=50\text{N/mm}$$

$$l=\frac{50000\times 0.707}{10\times 50}=70.7\text{mm}$$

04 평행키(parallel key)가 설치되어 있는 축의 운전조건을 변경하여 축의 회전수를 4배로 하려고 할 때, 같은 동력을 전달하기 위한 최소 키 폭은 현재 키 폭의 몇 배인가? (단, 키 폭을 제외한 키의 다른 형상 치수는 동일하다)

① 2　② 0.5　③ 4　④ 0.25

해설

$$H_{ps}=T\times\omega=F(\text{키 작용력})\times\frac{d(\text{축지름})}{2}\times\frac{2\pi N}{60}\ \text{…… (식 1)}$$

1식에서 키작용력(F)를 다르게 표현하기 위해 $\tau=\frac{F}{bl}$, $F=\tau\times bl$ …… (식 2)를 대입하면

$$H_{ps}=T\times\omega=F(\text{키 작용력})\times\frac{d(\text{축지름})}{2}\times\frac{2\pi N}{60}=\tau bl\times\frac{d}{2}\times w\ \text{…… (식 3)}$$

3식에서 회전수(N)를 4배로 하였지만 같은 동력이라고 했으므로, (d는 변화가 없음)

키의 작용력(F)이 $\frac{1}{4}$로 되어야 한다. 즉, $F(\text{키 작용력})=\tau bl$이 $\frac{1}{4}$로 줄기 위해 (τ, l)는 동일하므로, b가 $\frac{1}{4}$배로 되어야 한다.

정답 03.② 04.④

05 **교차각 30°인 유니버설(universal) 커플링 원동축(구동축)의 회전수는 1000rpm, 전달 토크는 20N·m일 때, 종동축 전달 토크[N·m]의 범위로 옳은 것은?(단, cos30° =0.866, sin30° = 0.5, tan30° =0.577로 한다)**

① 15.3~20.4　　② 17.3~23.1

③ 11.5~34.7　　④ 10.0~40.0

해설

교차각 $\alpha = 30^\circ$, $\dfrac{\omega_1}{\omega_2} = \dfrac{1-\sin^2\theta\sin^2\alpha}{\cos\alpha}$ …… (식 1) (θ는 구동축1의 임의의 회전 각)

1식에서 $\theta = 90$, $\dfrac{\omega_1}{\omega_2} = \cos\alpha = \cos30 = 0.866$ …… (식 2) ($\sin^2\theta$는 회전에 의해 0과 1사이의 값)

$\theta = 0$, $\dfrac{\omega_1}{\omega_2} = \dfrac{1}{\cos\alpha} = \dfrac{1}{\cos30} = \dfrac{2}{\sqrt{3}}$ …… (식 3)

즉 2식과 3식에 의해 최대 최소를 반복한다. 또한, $\dfrac{\omega_2}{\omega_1} = \dfrac{T_1}{T_2} = 0.866$ 혹은 $\dfrac{1}{0.866}$이다.

따라서, $T_2 = T_1 \times 0.866$ 혹은 $T_1 \times \dfrac{1}{0.866} = 20 \times 0.866$ 혹은 $20 \times \dfrac{1}{0.866} = 17.3$ 혹은 23.1 로 계산된다.

06 **일정 속도로 회전하는 레이디얼 볼베어링(radial ball bearing)에 처음 1분 동안 100N의 힘이, 다음 1분 동안 200N의 힘이 반복해서 작용한다고 할 때, 이 베어링에 작용하는 평균 유효하중[N]은?**

① $\dfrac{100+200}{2}N$　　② $\sqrt{100^2+200^2}\,N$

③ $\sqrt{\dfrac{100^2+200^2}{2}}\,N$　　④ $\sqrt[3]{\dfrac{100^3+200^3}{2}}\,N$

해설

하중(F)과 회전속도(n), 시간(t)이 단계적으로 구분되는 경우

평균힘(F_m)은 $F_m = \sqrt[p]{\dfrac{F_1^p n_1 t_1 + F_2^p n_2 t_2 + \ldots}{n_1 t_1 + n_2 t_2 + \ldots}}$ …… (식 1)

하중 직선적으로 변할 경우

평균힘(F_m)은 $F_m \fallingdotseq \dfrac{1}{3}(F_{\min} + 2F_{\max})$

여기서는 1식에 적용, 볼베어링의 경우 p=3, 롤러베어링의 경우 p=10/3 이므로, $n_1 = n_2 = 1$

$F_m = \sqrt[3]{\dfrac{100^3 \times 1(분) + 200^3 \times 1분}{1분 + 1분}}$ 으로 구해진다.

$= \sqrt[3]{\dfrac{100^3 + 200^3}{2}}$

정답 05.② 06.④

07 잇수가 각각 $Z_1 = 11$, $Z_2 = 27$이고, 압력각이 20°인 전위 평기어에서 언더컷(under cut)이 일어나지 않도록 하는 전위계수 x_1, x_2는?

	x_1	x_2		x_1	x_2
①	0.353	0	②	0.353	0.156
③	0.656	0	④	0.656	0.156

해설

언더컷방지 전위계수

$-\alpha = 20°$ 인 경우 : 실용식 → $x \geq \frac{14-Z}{17}$, 이론식 → $x \geq 1-\frac{Z}{17}$ ······ (식 1)

$-\alpha = 14.5°$ 인 경우 : 실용식 → $x \geq \frac{26-Z}{32}$, 이론식 → $x \geq 1-\frac{Z}{32}$

1식에 적용하면,

Z_1=11, $x \geq 1-\frac{11}{17}=0.353$

Z_2=27, $x \geq 1-\frac{27}{17}=-\frac{10}{17}$ 이므로, 전위계수는 0이상이므로, $x \geq 0$이다.

08 체인전동에서 스프로킷 휠(sprocket wheel)의 회전반지름에 관한 설명으로 옳은 것은?

① 스프로킷 휠의 회전반지름은 체인 1개의 회전을 주기로 계속 변동한다. 이때 최대 회전반지름에 대한 최소 회전반지름의 비는 1−cos(π/Z)이다. 여기서 Z는 스프로킷 휠의 잇수이다.

② 회전반지름 변화와 관련된 속도변동률[%]은 100 × cos(π/Z)이다.

③ 각속도가 일정한 경우 회전반지름 변동에 따른 체인의 최대속도에 대한 최소속도의 비는 최대 회전반지름에 대한 최소 회전반지름의 비와 같다.

④ 체인의 평균속도[m/s]는 NpZ/6000이다. 여기서 N은 스프로킷의 회전수[rpm], p는 체인의 피치[mm], Z는 스프로킷의 잇수이다.

해설

스프로킷휠이 최상(세로로 일직선에 위치)에 있을 때 $v_{max} = \frac{D_1(\text{피치원지름})}{2} \times \omega$ (최대반지름)

스프로킷휠이 α각에 있을 때 $v_{min} = \frac{D_1(\text{피치원지름})}{2} cos(\frac{180}{Z}) \times \omega$ (최소반지름)

여기서 $\frac{180}{Z}$는 스프로킷휠 각각의 각도(반 각)이다.

속도변동률= $\frac{v_{max}-v_{min}}{v_{max}} = 1-\frac{v_{min}}{v_{max}} = 1-\cos(\frac{\pi}{Z})$ ······ (식 1)이다.

①에서 최대반지름에 대한 최소반지름의 비는 $\cos\frac{\pi}{Z}$, ②에서 속도변동률은 1식으로 표현

④에서 속도 $v = r\omega = \frac{\pi D_1 N}{60} = \frac{pZN}{60(s)}$

정답 07.① 08.③

09 안지름 600mm, 강판 두께 10mm인 원통형 압력용기의 강판 인장강도를 300MPa라 할 때, 작용시킬 수 있는 최대 내압[N/mm^2]은? (단, 안전율은 6, 부식여유는 1mm, 리벳이음효율은 100%로 한다)

① 1.0　　② 1.5　　③ 2.0　　④ 2.5

해설

$t = \frac{PdS}{2\sigma\eta} + C$, 여기서 t는 판의 두께, P는 용기압력, d는 용기의 직경, S는 안전율, σ는 인장응력, η는 이음효율, C는 부식 고려한 여유 등을 나타낸다.

그대로 대입하자.

$$10 = \frac{\mathrm{P(MPa)} \times 600(\mathrm{mm}) \times 6}{2 \times 300(\mathrm{MPa}) \times 1} + 1,$$

$$P(\mathrm{MPa}) = \frac{9 \times 2 \times 300(\mathrm{MPa})}{600(\mathrm{mm}) \times 6} = 1.5\mathrm{MPa}$$

10 지그(jig)와 고정구를 사용할 경우의 이점으로 옳지 않은 것은?

① 공작기계를 최대한으로 활용할 수 있어 작업의 효율을 증대시킨다.

② 작업의 정밀도를 향상시켜 불량률 감소와 더불어 제품의 호환성이 증대된다.

③ 다종 소량의 제품 가공에 효율적으로 사용되며, 제조 원가를 절감시킬 수 있다.

④ 숙련된 기술이 필요한 특수작업을 감소시키며, 전반적으로 작업이 단순화된다.

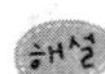

지그란 소품종 다량생산을 위해서 사용하는 고정구이다.

11 기계요소가 받는 피로(fatigue)현상과 관련한 설명으로 옳지 않은 것은?

① 피로시험을 통하여 얻은 S−N 곡선에서 무수히 많은 반복응력을 주었을 때 피로파괴가 일어나지 않는 한계응력 값을 피로한도(fatigue limit)라고 한다.

② 정적하중과 동적하중이 동시에 작용하는 경우 가로축을 평균응력, 세로축을 응력진폭으로 나타낼 때, 피로 파손되는 한계를 내구선도로 나타낼 수 있으며, 여기에는 거버(Gerber) 선도, 굿맨(Goodman) 선도, 조더버그(Soderberg) 선도 등이 있다.

③ 실제 부품의 설계시 노치효과, 치수효과, 표면효과 등을 고려하여 내구선도를 수정하여 사용하여야 한다.

④ 기계요소의 피로수명을 강화시키려면 쇼트피닝(shot peening), 표면압연(surface rolling) 등의 방법으로 표면에 인장잔류응력을 주면 된다.

해설

쇼트피닝은 인장이 아니라 피로와 관계된다.

정답 09.② 10.③ 11.④

12 **나사산 수, 나사 유효지름, 나사산의 높이, 나사 줄 수를 설계변수로 하여 설계된 너트로 어떤 물체를 체결하고자 할 때, 너트 나사의 접촉면 압력이 너무 크다. 해결책으로 가장 옳은 것은?(단, 너트의 높이는 일정 값으로 제한되어 있으며, 각 항에서 주어진 설계인자와 그에 종속된 변수 외에는 변하지 않는다고 가정한다)**

① 나사산 수를 감소시킨다.
② 나사 유효지름을 증가시킨다.
③ 나사산의 높이를 줄인다.
④ 나사 줄 수를 증가시킨다.

해설

면압$(p_m) = \dfrac{W}{A} = \dfrac{W}{Z\times\dfrac{\pi(d^2-d_1^2)}{4}} = \dfrac{W}{Z\pi d_2 h}$ ...... (식 1)

여기서, Z는 나사산 수, d는 바깥지름, d_1은 골지름, d_2는 평균지름, h는 나사산의 높이
문제에서 h는 제한됨, 면압이 클 경우 해결책은?
1식에서 해결책은 평균지름(유효지름)을 크게 하면 분모가 커져 결국은 압이 낮아진다.
나사산의 수를 증가, 나사산의 높이 증가, 나사산의 줄 수는 상관없다.

13 **두께 5mm인 강판을 지름 10mm인 리벳을 사용하여 1줄 겹치기 이음으로 결합하려고 할 때 결합효율을 최적으로 할 수 있는 리벳의 피치[mm]는? (단, 강판의 허용인장응력은 60MPa이고 리벳의 허용전단응력은 80MPa이다)**

① 11　　② 21
③ 31　　④ 41

해설

리벳의 전단응력(τ)을 식으로 표현하면, $\tau = \dfrac{W}{\dfrac{\pi d^2}{4}} = \dfrac{4W}{\pi d^2}$ ...... (식 1)

1식에서 $80(\text{MPa}=\text{N/mm}^2) = \dfrac{4\text{W}}{\pi 10^2}$, $\text{W} = \dfrac{80\times\pi\times 100}{4} = 6280\text{N}$

판재의 인장응력(σ)을 식으로 표현하면, $\sigma = \dfrac{W}{(p-d)t}$ ...... (식 2)

$\sigma = \dfrac{W}{(p-d)t}$, $60(\text{MPa}=\text{N/mm}^2) = \dfrac{6280}{(\text{p}-10)5}$,

$p-10 = \dfrac{6280}{60\times 5}$, $p = \dfrac{628}{30} + 10 = 20.9 + 10 = 30.9$로 계산된다.

정답 12.② 13.③

14 평벨트 전동장치에서 긴장측(팽팽한 측)의 벨트 장력이 250N이고, 접촉각과 마찰계수에 의한 장력비는 5이다. 풀리(pulley) 지름이 200mm일 때, 전달 토크[N·m]는?

① 20　　② 200
③ 2000　　④ 20000

$T_t = P_e \times \dfrac{e^{\mu\theta}}{e^{\mu\theta}-1} + \dfrac{wv^2}{g}$ ······ (식 1)

1식에서 속도$v = 10\text{m/s}$ 이하로 가정하고 무시한다.

유효장력$(Pe) = T_t \times \dfrac{e^{\mu\theta}-1}{e^{\mu\theta}} = 250\text{N} \times \dfrac{5-1}{5} = 200\text{N}$

토그$(T) = F(P_e) \times \dfrac{d}{2} = 200N \times \dfrac{200\text{mm}}{2} = 200 \times 0.1 = 20\text{N} \cdot \text{m}$

15 비틀림 모멘트 T와 이것의 두 배 크기의 굽힘 모멘트 M(＝2T)을 동시에 받고 있는 중실축(solid shaft)에 발생하는 최대 전단응력은 비틀림 모멘트 T만 받고 있을 때 발생하는 최대 전단응력의 몇 배인가?

① 2　　② 3
③ 4　　④ $\sqrt{5}$

상당굽힘모멘트 $M_e = Z \times \sigma_{\max} = \dfrac{1}{2}(M + \sqrt{M^2 + T^2})$

상당비틀림모멘트 $T_e = Z_p \times \tau_{\max} = \sqrt{M^2 + T^2}$ ······ (식 1)

1식에서 $M = 2T$을 대입하면 $T_e = \sqrt{(2T)^2 + T^2} = \sqrt{5}\,T$

16 호칭번호 6310인 단열 레이디얼 볼베어링에 그리스(grease) 윤활로 30000시간의 수명을 주고자 한다. 이 베어링의 한계속도지수가 250000이라고 할 때, 사용 가능한 최대 회전속도[rpm]는?

① 5000　　② 4000
③ 3000　　④ 2500

해설

한계속도지수$= d \times N = 250000$ ······ (식 1)

호칭번호 6310에서 지름은 $d = 10 \times 5 = 50\text{mm}$ ······ (식 2)

2식을 1식에 대입하면 $50 \times N = 250000$, $N = 5000\text{rpm}$

정답 14.① 15.④ 16.①

17 커플링(coupling)에 대한 설명으로 옳지 않은 것은?

① 올덤(Oldham) 커플링은 두 축이 평행하고, 두 축 사이의 거리가 가까울 때 사용한다.
② 고정 커플링은 두 축의 중심이 일직선상에 있고, 축방향 이동이 없는 경우에 사용한다.
③ 원통형 커플링은 플랜지 커플링의 한 종류로 일체형과 분할형이 있다.
④ 원통형 커플링 중 반겹치기 커플링은 주로 축방향 인장력이 작용할 경우에 사용한다.

해설

원통형의 커플링은 고정커플링의 한 종류로 머프커플링, 클램프 커플링, 마찰크리프 커플링, 반중첩커플링, 셀러커플링 등이 있다.

18 양단 베어링이 지지하는 축의 중간지점에 회전체가 있는 동력전달 시스템에서 축의 최대 처짐이 0.02mm일 때, 모터의 상용운전 속도[rpm]로 가장 적절하지 않은 것은? (단, 회전체 이외의 무게는 무시한다)

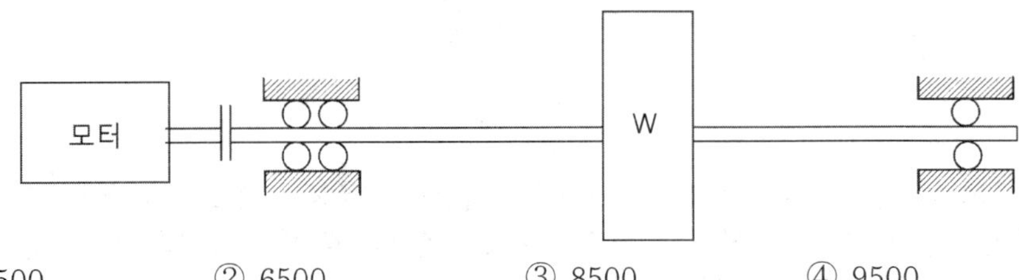

① 4500 ② 6500 ③ 8500 ④ 9500

해설

위험각속도$(\omega_c) = \sqrt{\dfrac{k(\text{스프링상수})}{m(\text{질량})}}$, $mg = W$, $\dfrac{W}{\delta} = k$, $mg = k\delta$, $\dfrac{k}{m} = \dfrac{g}{\delta}$

$\omega = \dfrac{2\pi N}{60}$(rad/s)에서 위험속도 $(N_c) = \dfrac{60\omega_c}{2\pi} = \dfrac{30}{\pi}\omega_c = \dfrac{30}{\pi}\sqrt{\dfrac{k}{m}} = \dfrac{30}{\pi}\sqrt{\dfrac{g}{\delta}} \fallingdotseq 300\sqrt{\dfrac{1}{\delta(cm)}}$

$(N_c) \fallingdotseq 300\sqrt{\dfrac{1}{\delta(cm)}} = 300\sqrt{\dfrac{1}{0.002}} = 300\sqrt{500}$

$\sqrt{500}$ 은 대충 20~25사이의 값이다. 20이라 생각하면 6000rpm이 나온다. 25라 생각하면 7500rpm이다. 따라서 위험속도는 6500rpm이 정답이다.

정답 17.③ 18.②

19

토션바(torsion bar)는 원형봉 한쪽 끝은 고정하고 다른 쪽 끝에 비틀림 모멘트 T를 작용하도록 하는 기계요소이다. 허용전단응력을 τ, 안전계수(safety factor)를 2라 할 때, 이 원형봉의 최소지름을 나타내는 식은?

① $\sqrt[3]{\frac{8T}{\pi\tau}}$ ② $\sqrt[3]{\frac{16T}{\pi\tau}}$

③ $\sqrt[3]{\frac{32T}{\pi\tau}}$ ④ $\sqrt[3]{\frac{64T}{\pi\tau}}$

해설

$\tau_w = \frac{T}{Z_p}$, $T = \tau_w \times \frac{\pi d^3}{16}$(중실축의 경우)……(식 1)

안전계수$(S) = \frac{\text{극한강도}}{\text{허용응력}} = \frac{\text{허용응력}(\tau)}{\text{사용응력}(\tau_w)}$, $\tau_w = \frac{\tau}{S} = \frac{\tau}{2}$ ……(식 2)

2식을 1식에 대입한다.

$T = \frac{\tau}{2} \times \frac{\pi d^3}{16}$, $d = \sqrt[3]{\frac{32T}{\pi\tau}}$

20

내부에 압력에 의해 16900 N의 하중을 받는 압력용기 뚜껑을 볼트로 체결하려고 한다. 볼트의 인장강도는 420N/mm^{2}이고, 안전계수는 5로 할 때, 필요한 볼트의 최소 수는? (단, 볼트 지름은13mm이고, 굽힘에 의한 응력은 없다)

① 2 ② 3 ③ 4 ④ 5

해설

내부압력(힘임, W) = $16900N$

$S = \frac{\sigma_c}{\sigma_a}$, $\sigma_a = \frac{\sigma_c}{S}$ ……(식 1)

$\sigma_a = \frac{W}{A} = \frac{W}{A_1(\text{볼트1개 면적}) \times n} = \frac{W}{\frac{\pi d^2}{4} \times n}$ ……(식 2)

1식을 2식에 대입하면

$\frac{\sigma_c}{S} = \frac{420}{5}(\text{N/mm}^2) = \frac{16900(\text{N})}{\frac{\pi 13^2}{4}(\text{mm}^2) \times \text{n}} = \frac{16900 \times 4}{\pi \times 13^2 \times \text{n}}$

$n = \frac{16900 \times 4 \times 5}{\pi \times 13^2 \times 420} = \frac{100}{\pi \times 21} = \frac{100}{65.94} = 1.5165$ 즉, 1보다 커야 한다. 그래서 2이다.

정답 19.③ 20.①

공업기계직 기계설계 (2011년 4월 시행 국가직) 9급

01 다음 그림과 같이 4개의 볼트(a, b, c, d)로 체결된 브라켓(bracket)이 편심하중 P를 받고 있을 때 각 볼트가 받는 전단응력의 관계로 옳은 것은?

① a와 b의 전단응력의 크기가 같다.
② b와 c의 전단응력의 크기가 같다.
③ c와 d의 전단응력의 크기가 같다.
④ b와 d의 전단응력의 크기가 같다.

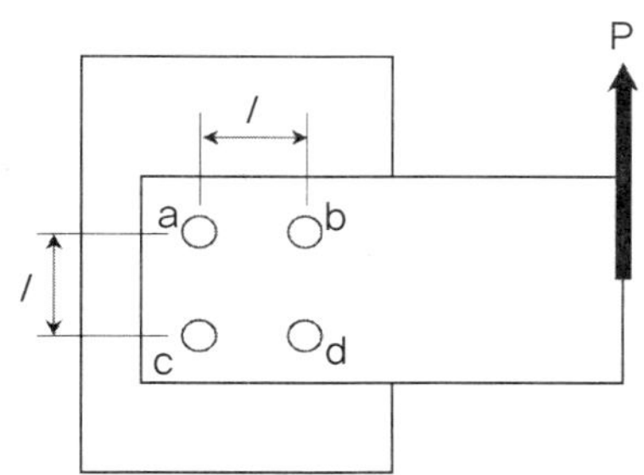

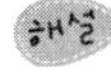

【오른쪽 그림 설명】

- 직접전단력 $F_D = \dfrac{P}{n(\text{볼트수})}$, 방향은 P와 같은 방향이다.
- 회전모멘트에 의해 발생하는 전단력 $F_m = \dfrac{P \times e(P\text{와 중심거리})}{n \times r(\text{볼트와 중심거리})}$ 이고, 방향은 수평선에서 P에 가까울수록 점점 많이 꺾인 방향(P회전방향과 같은 방향으로 꺾임)
- 전단력은 벡터로 합성력이므로, $R = \sqrt{F_D^2 + F_m^2 + 2F_D F_m \cos\theta}$ 이다. 여기서 θ는 두 힘의 사이각이 된다. 이 사이각 θ는 수평으로 중심점과 같은 위치에서는 0이므로, $\cos 0 = 1$로 최고값(최저값)이 되는 곳-중심점의 오른쪽이 최고(F_D와 F_m이 같은 방향), 왼쪽이 최저임(F_D와 F_m이 서로 반대 방향).

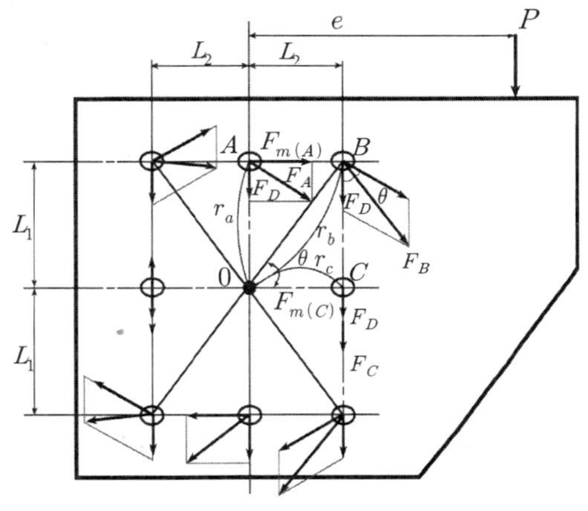

【위 문제 그림 설명】

- a와 c 볼트에서 F_D는 방향과 크기가 같고, F_m는 크기는 같지만 a의 경우 방향이 왼쪽, c의 경우 방향이 오른쪽이다. 결국, a와 c 볼트의 전단력R은 크기는 같지만 방향은 반대(a의 경우 방향이 왼쪽, c의 경우 방향이 오른쪽)이다.
- a와 c 볼트에서 F_D는 방향과 크기가 같고, F_m는 크기는 같지만 a의 경우 방향이 θ만큼 왼쪽, c의 경우 방향이 θ만큼 오른쪽이다. 결국, a와 c 볼트의 전단력R은 크기는 같지만 방향은 반대(a의 경우 방향이 왼쪽, c의 경우 방향이 오른쪽)이다.
- b와 d 볼트에서 F_D는 방향과 크기가 같고, F_m는 크기는 같지만 b의 경우 방향이 θ만큼 오른쪽, c의 경우 방향이 θ만큼 왼쪽이다. 결국, a와 c 볼트의 전단력R은 크기는 같지만 방향은 반대(b의 경우 방향이 오른쪽, d의 경우 방향이 왼쪽)이다.

정답 01.④

02 **토크 T를 받고 있는 성크키(sunk key)에 생기는 전단응력을 τ, 압축응력을 σ_c라 할 때 키의 높이 h와 폭 b의 관계로 옳은 것은?(단, $\frac{\tau}{\sigma_c}=\frac{1}{3}$이다)**

① $h=b$
② $h=\frac{2}{3}b$
③ $h=\frac{b}{2}$
④ $h=\frac{b}{3}$

해설

키에 작용하는 전단응력 $\tau=\frac{F(\text{전단력})}{A(\text{전단면})}=\frac{F}{b\times l}$ …… (식 1)

키에 작용하는 압축응력 $\sigma=\frac{F(\text{압축력})}{A(\text{압축면})}=\frac{2\times F}{h\times l}$ …… (식 2)

$\frac{\tau}{\sigma}=\frac{1}{3}=\frac{\frac{F}{b\times l}}{\frac{2\times F}{h\times l}}=\frac{h}{2\times b}$, $\frac{h}{b}=\frac{2}{3}$, $h=\frac{2}{3}b$이다.

03 **웜기어 장치에서 웜의 리드각(γ)에 대한 식으로 옳은 것은?**

① $\tan\gamma=\frac{\text{웜의 리드}}{\pi\times\text{웜의 바깥지름}}$
② $\tan\gamma=\frac{\text{웜의 리드}}{\pi\times\text{웜의 피치원지름}}$
③ $\tan\gamma=\frac{\text{웜의 피치원지름}}{\pi\times\text{웜의 리드}}$
④ $\tan\gamma=\frac{\text{웜의 바깥지름}}{\pi\times\text{웜의 리드}}$

해설

웜 기어에서 웜리드각(γ)이란 $\tan\gamma=\frac{l(\text{리드})}{\pi D_1}$ 여기서, D_1은 웜의 피치원 지름이다.

04 **클러치(clutch)에 대한 설명으로 옳지 않은 것은?**

① 축방향의 추력이 동일할 때 원판클러치는 원추클러치보다 더 큰 마찰력을 발생시킬 수 있다.
② 전자클러치는 전류의 가감에 의하여 접촉 마찰력의 크기를 조절할 수 있다.
③ 삼각형 맞물림 클러치는 사각형 맞물림 클러치에 비해 작은 하중의 전달에 적합하다.
④ 축방향 하중이 같을 경우 다판 클러치와 단판 클러치의 전달토크는 동일하다.

해설

전달동력을 크게 하기 위해 원판의 크기를 크게 하든지, 원판의 면적이 커지게 원추클러치로 만들면 된다. 즉 원추클러치가 마찰면적이 크게 되어 전달동력이 크다.

정답 02.② 03.② 04.①

05 원통마찰차에서 회전속도가 N_A이고 직경이 D_A인 원동차가 회전속도 N_B이고 직경이 D_B인 종동차와 외접하고 있을 때 중심거리는?

① $\frac{D_A}{2}(1+\frac{N_A}{N_B})$　　② $\frac{D_B}{2}(1+\frac{N_A}{N_B})$

③ $\frac{D_A}{2}(1-\frac{N_A}{N_B})$　　④ $\frac{D_D}{2}(1-\frac{N_A}{N_B})$

해설

원통마찰차 중심거리 $C(\text{중심거리}) = \frac{D_A + D_B}{2}$ ······(식 1), 여기서, A는 구동을 의미, B는 피동을 의미한다. 속도비$(i) = \frac{\text{출력각속도}}{\text{입력각속도}} = \frac{\omega_B}{\omega_A} = \frac{N_B}{N_A} = \frac{D_A}{D_B}$ ······(식 2)

1식을 변형하여 2식을 적용하면 $C(\text{중심거리}) = \frac{D_A}{2}(1+\frac{D_B}{D_A}) = \frac{D_A}{2}(1+\frac{N_A}{N_B})$

혹은 $C(\text{중심거리}) = \frac{D_B}{2}(\frac{D_A}{D_B}+1) = \frac{D_A}{2}(\frac{N_B}{N_A}+1)$ 이다.

06 다음 그림과 같이 접착제를 사용하여 벨트를 잇고자 한다. 접착제의 전단강도가 인장강도보다 73.2% 더 크다고 할 때 접착면의 최적 경사각은? (단, $\sqrt{3}$ =1.732이다.)

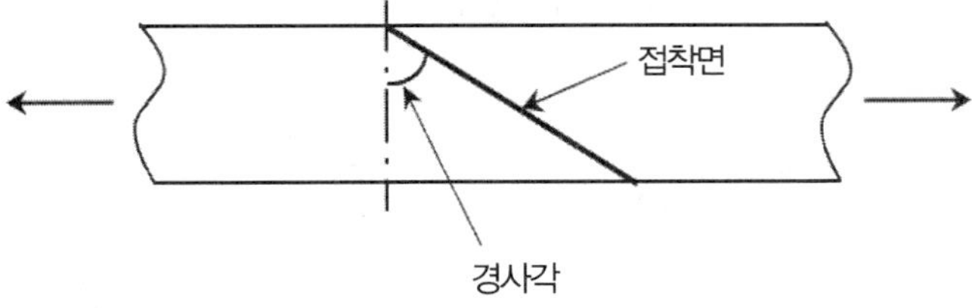

① 0 °　　② 30 °　　③ 45 °　　④ 60 °

해설

경사각의 위치를 조심하자.

접착면의 방향을 x, 접착면의 수직방향을 y라고 하자.

힘 W에 의해 접착면에서 생기는 x방향의 힘(전단력) $W_x = W \times \sin\alpha$ ······(식 1)이고,

y방향의 힘(인장력) $W_y = W \times \cos\alpha$ ······(식 2)

조건이 전단강도(τ)가 인장강도(σ)보다 0.732배 더 크다는 말은 $\tau = \sigma \times 1.732$ ······(식 3)

1식에서 $\tau = \frac{W_x}{A} = \frac{W \times \sin\alpha}{A}$ ······(식 4), 2식에서 $\sigma = \frac{W_y}{A} = \frac{W \times \cos\alpha}{A}$ ······(식 5)

3식에 4와 5식을 대입하면,

$$\frac{W \times \sin\alpha}{A} = \frac{W \times \cos\alpha}{A} \times 1.732$$

$\frac{\sin\alpha}{\cos\alpha} = \tan\alpha = 1.732 = \sqrt{3}$ 이므로, α는 60도이다.

정답 05.① 06.④

07 피로한도 280MPa, 항복강도 450MPa, 극한강도가 560MPa인 재료의 굿맨선(Goodman line)을 나타내는 식은? (단, σ_a는 응력진폭, σ_m은 평균응력으로 단위는 MPa이다)

① $\frac{\sigma_a}{280}+\frac{\sigma_m}{560}=1$　　② $\frac{\sigma_a}{280}+\frac{\sigma_m}{450}=1$

③ $\frac{\sigma_a}{280}+(\frac{\sigma_m}{560})^2=1$　　④ $(\frac{\sigma_a}{280})^2+(\frac{\sigma_m}{560})^2=1$

해설

굿맨 라인이란? $\frac{\sigma_a(\text{응력진폭})}{\sigma_e(\text{피로한도})}+\frac{\sigma_m(\text{평균응력})}{\sigma_u(\text{극한강도})}=1$ ······ (식 1)

1식에서 안전계수(S)를 고려하면

$\frac{\sigma_a}{\sigma_e/S}+\frac{\sigma_m}{\sigma_u/S}\le 1$ ······ (식 2)으로 표현된다.

08 중실(solid) 토션 바에서 토크가 일정할 때 지름과 길이가 각각 2배가 된다면 비틀림 스프링 상수는 몇 배가 되는가?

① 2　② 4　③ 8　④ 16

해설

- 축비틀림각 $\theta=\frac{Tl}{GI_p}$ ······ (식 1),
- 축비틀림에 의한 처짐 $\delta=R\times\theta$ ······ (식 2)
- 사각형(폭:b, 높이:h) (2차모멘트, 관성모멘트 $I_x=\frac{bh^3}{12}$), (2차단면계수 $Z_x=\frac{bh^2}{6}$)
- 원(직경:d)(2차모멘트, 관성모멘트 $I_x=I_y=I=\frac{\pi d^4}{64}$,

극관성모멘트$I_p=I_x+I_y=I\times 2=\frac{\pi d^4}{32}$),

(2차단면계수 $Z=Z_x=Z_y=\frac{\pi d^3}{32}$, 극2차단면계수 $Z_p=Z_x+Z_y=Z\times 2=\frac{\pi d^3}{16}$)

- 스프링상수(k) $k=\frac{W}{\delta}$ ······ (식 3)

이 문제에서 토션바는 실제로 축이 비틀리는 것이 아니고, 비틀림 코일 스프링을 사용하여 비틀림을 얻는다고 생각해야 한다. 즉 1식과 2식을 적용해야 한다.

지름(d)과 길이(l)를 2배로 한다는 말은 1식에 d대신 2d, l대신에 $2l$을 대입하면

$\theta=\frac{Tl}{GI_p}$, 원래 비틀림각 $\theta_1=\frac{Tl}{G\times\frac{\pi d^4}{32}}$,

처진후 비틀림각 $\theta_2=\frac{T\times(2l)}{G\times\frac{\pi(2d)^4}{32}}=\theta_1\times\frac{2}{2^4}=\frac{1}{8}\theta_1$ ······ (식 4)

3식에서 4식이 분모에 위치하므로, 분모의 분모는 분자이다. 고로 8배가 된다.

정답 07.① 08.③

09 바깥지름이 50mm이고 골지름이 44mm인 한줄 사각나사를 2.5회전시키면 25mm 전진한다고 한다. 나사의 리드각을 α라고 할 때 $\tan\alpha$의 값은?

① 0.034 ② 0.051
③ 0.068 ④ 0.082

해설

한바퀴 돌릴 경우 $\tan\alpha = \frac{l}{\pi d_m}$ 이다.…… (식 1)

여기서 α는 리드각, l은 리드, d_m은 평균지름이다.

$d_m = \frac{d+d_1}{2}$ (여기서 d는 바깥지름, d_1은 골지름), …… (식 2)

리드 l = 줄수 × 피치 = $2 \times p$으로도 표현되지만, 또한 리드는 한 바퀴 돌렸을 때 움직인 거리이므로, $l = \frac{25}{2.5}$(mm)…… (식 3)으로 표시된다.

1식에 2와 3식을 대입한다.

$$\tan\alpha = \frac{l}{\frac{\pi(d+d_1)}{2}} = \frac{2\times\frac{25}{2.5}}{\pi(50+44)} = \frac{2\times 25}{\pi\times 99\times 2.5} = 0.068$$ 로 계산된다.

10 바하(Bach)의 축공식에 대한 설명으로 옳은 것은? (단, N은 회전수(rpm), H_{ps}는 전달 마력(PS)이다)

① 축의 강도설계에서 축길이 1m에 대하여 비틀림각이 0.25° 이내가 되는 조건에서 축지름을 구한다.

② 축의 강성설계에서 축길이 1m에 대하여 비틀림각이 0.25° 이내가 되는 조건에서 축지름을 구한다.

③ 축지름 $d = 12\sqrt[3]{\frac{H_{ps}}{N}}$ cm이다.

④ 축지름 $d = 12\sqrt[4]{\frac{H_{ps}}{N}}$ mm이다.

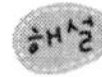

해설

축길이 1m에 대하여 비틀림각이 0.25도 이내일 경우 축지름 구함

$-d = 12\sqrt[4]{\frac{H_{ps}}{N}}\,(\text{cm}) = 120\sqrt[4]{\frac{H_{ps}}{N}}\,(\text{mm})$

$-d = 13\sqrt[4]{\frac{H_{kW}}{N}}\,(\text{cm}) = 130\sqrt[4]{\frac{H_{kW}}{N}}\,(\text{mm})$

정답 09.③ 10.②

11 두께가 3mm인 두 판재를 한줄 겹치기로 리벳이음 할 때 리벳의 지름이 6mm라면 필요한 피치는? (단, 리벳의 전단강도는 판재의 인장강도의 0.5배이고, $\pi=3.14$이다)

① 16.71[mm] ② 10.71[mm]
③ 18.00[mm] ④ 12.00[mm]

리벳의 전단응력(τ)을 식으로 표현하면, $\tau=\dfrac{W}{\dfrac{\pi d^2}{4}}=\dfrac{4W}{\pi d^2}$ ······ (식 1)

판재의 인장응력(σ)을 식으로 표현하면, $\sigma=\dfrac{W}{(p-d)t}$ ······ (식 2)

조건이 리벳의 전단응력(τ)이 판재의 인장응력(σ)의 0.5배라 하였으므로 식으로 표현하면

$\tau=\sigma\times0.5$ ······ (식 3)

3식에 1과 2식을 대입하면,

$\dfrac{4W}{\pi d^2}=\dfrac{W}{(p-d)t}\times0.5$, $p-d=\dfrac{\pi d^2\times0.5}{4\times t}$, $p=\dfrac{\pi\times6^2\times0.5}{4\times2}+6=4.71+6=10.71$

12 체인 전동의 특성에 대한 설명으로 옳지 않은 것은?

① 체인의 탄성으로 어느 정도 충격하중을 흡수할 수 있다.
② 초기장력이 필요 없어 정지 시 장력이 작용하지 않는다.
③ 체인의 길이 조절과 다축 전동이 쉽다.
④ 미끄럼이 있어 일정한 속도비를 얻기 어렵다.

체인전동은 소음과 진동이 발생하기 쉽고 고속 동력전달이 힘들다.
스프로킷이 있어 전동효율이 95% 이상이다.

13 중앙에 집중하중을 받는 단순 지지보의 처짐에 대한 설명으로 옳지 않은 것은?

① 하중의 크기에 비례한다. ② 영계수에 반비례한다.
③ 단면 2차 모멘트에 비례한다. ④ 보의 길이의 3제곱에 비례한다.

- 집중하중 외팔보 처짐 $\delta=\dfrac{Wl^3}{3EI}$, - 분포하중 외팔보 처짐 $\delta=\dfrac{wl^4}{8EI}$
- 집중하중 단순보 처짐 $\delta=\dfrac{Wl^3}{48EI}$ ······ (식 1)
- 분포하중 단순보 처짐 $\delta=\dfrac{5wl^4}{384EI}$, - 축비틀림각 $\theta=\dfrac{Tl}{GI_p}$

1식에서 처짐은 영계수(종탄성계수 : E)와 2차모멘트(I)에 반비례한다.

또한, 길이(l)의 3승에 비례한다.

정답 11.② 12.④ 13.③

14 한줄 리벳 이음에서 리벳 구멍 사이의 강판이 절단되었다면 한 피치구간에서 판에 작용한 인장하중 W는? (단, d는 리벳 구멍, p는 피치, t는 강판의 두께, σ_t는 인장응력이다)

① $W=2(p-d)t\sigma_t$　② $W=(p+d)t\sigma_t$
③ $W=(p-d)t\sigma_t$　④ $W=2(p+d)t\sigma_t$

해설

인장응력 $\sigma_t=\dfrac{W}{(p-d)t}$, $W=\sigma_t\times(p-d)t$로 유도된다.

15 스프링에 대한 설명으로 옳지 않은 것은?

① 접시 스프링은 선형 스프링이다.
② 스프링 지수는 소선의 지름에 대한 코일 유효 지름의 비이다.
③ 압축 코일 스프링의 주된 응력은 전단응력이다.
④ 비틀림 코일 스프링의 주된 응력은 굽힘응력이다.

해설

접시 스프링은 박판스프링이다.

16 주물의 기공 결함을 줄이기 위한 대책으로 옳지 않은 것은?

① 용탕의 주입 온도를 최대한 높인다.
② 송탕구(feeder)를 붙여 용탕에 압력을 준다.
③ 주형의 통기성을 향상시킨다.
④ 주형 내의 수분을 제거한다.

해설

주물의 기공결함이란 공기가 주형내부에서 배출되지 않아 생기는 결함

17 스퍼기어의 치수를 측정하였더니 바깥지름은 대략 250mm, 이끝원의 원주피치는 약 15.7mm였다. 보통이라 가정할 때 이 기어의 추정 잇수(Z)와 모듈(m)은? (단, π=3.14이다)

	Z	m		Z	m
①	46	5	②	46	6
③	50	5	④	50	6

해설

$p_0=\dfrac{\pi D_0}{Z}$이므로, 대입하면 $15.7=\dfrac{\pi\times250}{Z}$, $Z=\dfrac{\pi\times250}{15.7}=50$

$p=\dfrac{\pi D}{Z}=\pi m$에서 $m=\dfrac{p_0}{\pi}=\dfrac{15.7}{3.14}=5$

18 외접하는 원추 마찰차에서 축각이 75°, 원동차의 원추각이 30°이고 1000rpm으로 회전한다고 할 때 종동차의 회전속도[rpm]는?

① $\frac{1000}{\sqrt{2}}$ ② $1000\sqrt{2}$

③ 500 ④ 2000

해설

여기서 원추각이란 꼭지각의 $\frac{1}{2}$각을 말한다.

원동차의 원추각을 $\alpha = 30°$, 종동차의 원추각을 β라 하면

축각$\theta = \alpha + \beta$…… (식 1)

$75 = 30 - \beta,\ \beta = 45°$

속도비$(i) = \frac{\text{입력각속도}}{\text{출력각속도}} = \frac{\omega_1}{\omega_2} = \frac{N_1}{N_2} = \frac{D_2}{D_1} = \frac{\sin\beta}{\sin\alpha}$ …… (식 2)

2식에 대입하면

$$\frac{N_1}{N_2} = \frac{\sin\beta}{\sin\alpha},\quad \frac{1000}{N_2} = \frac{\sin\beta}{\sin\alpha} = \frac{\sin 45}{\sin 30} = \frac{\frac{\sqrt{2}}{2}}{\frac{1}{2}} = \sqrt{2},\quad N_2 = 1000 \times \frac{1}{\sqrt{2}} = 500\sqrt{2}$$

19 전동효율이 0.98인 한 쌍의 스퍼기어에서 구동기어의 피치원지름이 180mm, 피동기어의 피치원 지름이 90mm일 때 구동기어의 회전토크(T_1)에 대한 피동기어의 회전토크(T_2)의 비($\frac{T_2}{T_1}$)는?

① $0.98 \times \frac{90}{180}$ ② $0.98 \times \frac{180}{90}$

③ $0.98 \times (\frac{90}{180})^2$ ④ $0.98 \times (\frac{180}{90})^2$

해설

$H_1 = T_1 \times \omega_1,\ H_2 = T_2 \times \omega_2,$

전동효율 $\eta = \frac{H_2}{H_1} = \frac{T_2 \times \omega_2}{T_1 \times \omega_1},\quad \frac{T_2}{T_1} = \eta \times \frac{\omega_1}{\omega_2} = \eta \times \frac{D_2}{D_1} = 0.98 \times \frac{90}{180}$ 로 유도된다.

속도비$(i) = \frac{\text{입력각속도}}{\text{출력각속도}} = \frac{\omega_1}{\omega_2} = \frac{N_1}{N_2} = \frac{D_2}{D_1} = \frac{\sin\beta}{\sin\alpha}$ 을 참조함.

정답 18.① 19.①

20 레이디얼(radial) 하중 P를 받고 있는 볼베어링의 수명을 20% 연장하고자 할 때 해당 하중의 크기는?

① $1.2^{\frac{1}{3}}P$ ② $1.2^{-\frac{1}{3}}P$

③ $0.8^{\frac{1}{3}}P$ ④ $0.8^{-\frac{1}{3}}P$

해설

볼베어링으로 계산수명 $L_n = (\frac{C}{P})^3$…… (식 1)

1식에서 처음 상태의 계산수명을 $L_{n1} = (\frac{C_1}{P_1})^3$…… (식 2)

20% 연장시 계산수명을 $L_{n2} = (\frac{C_2}{P_2})^3$…… (식 3)

베어링에서 동하중(C)는 베어링에 따라 결정값이 있으므로, 일정하다.

즉, $C_1 = C_2$…… (식 4)

수명을 20% 연장한다는 말은 Ln을 1.2배 한다는 말과 같다. 즉 $1.2L_{n1}$이 되게 한다.

3식에 L_{n2}대신 $1.2L_n$을 대입하면,

$1.2L_{n1} = (\frac{C_2}{P_2})^3$…… (식 5)

2식과 5식을 좌우변 같이 나누면,(4식을 적용함)

$\frac{L_{n1}}{1.2L_{n1}} = \frac{(\frac{C_1}{P_1})^3}{(\frac{C_2}{P_2})^3}$, $\frac{1}{1.2} = (\frac{C_1 P_2}{C_2 P_1})^3$, $P_2^3 = \frac{1}{1.2}P_1^3$, $P_2 = 1.2^{-\frac{1}{3}}P_1$로 유도된다.

정답 20.②

공업기계직 기계설계 (2012년 4월 시행 국가직)

01 **모듈이 4mm, 중심거리가 150mm인 외접 스퍼기어에서 회전각속도비가 2일 때, 구동기어의 잇수 Z_1과 피동기어의 잇수 Z_2를 곱한 값은?**

① 800　　② 1,250　　③ 1,700　　④ 2,150

해설

스퍼기어에서 중심거리 $C(\text{중심거리}) = \dfrac{D_1 + D_2}{2} = \dfrac{m(Z_1 + Z_2)}{2}$ ...... (식 1)

속도비$(i) = \dfrac{\text{입력각속도}}{\text{출력각속도}} = \dfrac{\omega_1}{\omega_2} = \dfrac{N_1}{N_2} = \dfrac{D_2}{D_1} = \dfrac{Z_2}{Z_1}$ ...... (식 2)

$\dfrac{Z_2}{Z_1} = 2$ ...... (식 3)이므로, $Z_1 = 0.5Z_2$이다. 이를 1식에 대입하면

$C(\text{중심거리}) = 150 = \dfrac{m(Z_1 + Z_2)}{2} = \dfrac{4(0.5Z_2 + Z_2)}{2}$

$75 = 1.5Z_2$, $Z_2 = 50$으로 구해진다. 이를 3식에 대입하면 $\dfrac{Z_1}{50} = 0.5$, $Z_1 = 25$가 된다.

그러므로, $Z_1 \times Z_2 = 50 \times 25 = 1250$

02 **묻힘 키(sunk key)와 축에 동일 토크가 부가되고, 축과 키의 재료가 같다. 축 지름이 20mm, 묻힘 키의 길이가 50mm일 때, 필요한 키의 최소 폭은?**

① 1[mm]　　② 2[mm]　　③ 3[mm]　　④ 4[mm]

해설

축의 경우 $\tau_1 = \dfrac{T_1}{Z_{p1}}$에서 $T_1 = \tau_1 \times Z_{p1}$ ...... (식 1)

키에 작용하는 전단력(F)는 접선력이므로, $T_2 = F \times \dfrac{d}{2}$ ...... (식 2)

키와 축에 동일한 토크가 작용하므로, $T_1 = T_2$, $\tau_1 \times Z_{p1} = F \times \dfrac{d}{2}$ ...... (식 3)

키에 작용하는 전단응력 $\tau_2 = \dfrac{F(\text{전단력})}{A(\text{전단면})} = \dfrac{F}{b \times l}$ ...... (식 4)

축과 키의 재료가 같으므로, $\tau_1 = \tau_2$ ...... (식 5)

5식에 의해 3식에 4식을 적용하면,

$\dfrac{F}{b \times l} \times \dfrac{\pi d^3}{16} = F \times \dfrac{d}{2}$,　$b = \dfrac{\pi d^2 \times 2}{l \times 16} = \dfrac{\pi \times 20^2}{50 \times 8} = \pi$

필요한 폭은 3.14이다. 여기서 3을 택할 경우 전단응력이 커져 키가 부서질 수 있다. 그래서 3.14보다 큰 것을 택하여야 한다. 답은 4가 된다.

정답 01.② 02.④

03 허용 인장응력이 100N/mm², 두께가 10mm인 강판을 용접길이 150mm, 용접효율을 80%로 맞대기 이음을 하고자 한다. 용접부의 허용응력이 80N/mm²일 때, 목두께는?

① 10[mm] ② 12[mm] ③ 15[mm] ④ 16[mm]

해설

$\sigma_t = 100\text{N/mm}^2$, t=10mm, l=150mm, $\eta = 0.8(80\%)$, $\sigma_a = 80\text{N/mm}^2$

$\sigma_t = \dfrac{F}{t \times l}$, $100 = \dfrac{F}{10 \times 150}$, $F = 150\text{kN}$

용접효율 $= \dfrac{\text{실작용힘}(F')}{F(\text{계산힘})}$, $0.8 = \dfrac{F'}{150kN}$, $F' = 120\text{kN}$

용접부응력$(\sigma_a) = \dfrac{F'}{a \times l}$ 여기서, a는 목의 두께이다.

$80 = \dfrac{120\text{kN}}{a \times 150}$, $a = \dfrac{120 \times 10^3}{150 \times 80} = 10\text{mm}$

04 기계재료의 표준인장시험에서 얻어지는 진변형률(ϵ_T)을 공칭응력(σ)과 진응력(σ_T)으로 나타낸 것으로 옳은 것은?

① $\epsilon_T = \dfrac{\sigma_T}{\sigma}$ ② $\epsilon_T = \dfrac{\sigma}{\sigma_T}$

③ $\epsilon_T = \ln(\dfrac{\sigma_T}{\sigma})$ ④ $\epsilon_T = \ln(\dfrac{\sigma}{\sigma_T})$

해설

- 공칭응력(σ): 시험하기 전 원래 단면에서 계산 응력 $\sigma = \dfrac{F}{A}$ ...... (식 1)
- 진응력(σ_T): 시험하여 변형 후 생긴 단면에서 응력 $\sigma_T = \dfrac{F}{A_t}$ ...... (식 2)

  A는 시험전 시험편의 면적, A_t는 변형후 시험편의 면적이다.
- 진변형률(ϵ_T): 시험하여 변형 후 생긴 단면에서 변형률로 식으로 표현하면

  $\epsilon_T = \ln(1+\epsilon)$ ...... (식 3)
- 인장시험을 하면, 하중이 가해지면 시편이 늘어남과 동시에 면적이 감소한다.

  이를 식으로 표현하면, $A \times l = A_t \times l_t$ -> $A = A_t \times \dfrac{l_t}{l} = A_t(1+\epsilon)$ ...... (식 4)

  여기서, 변형률((ϵ) $= \dfrac{\Delta l}{l} = \dfrac{l_t - l}{l}$ 이다.
- 1식에 4식을 대입하자.

  $\sigma = \dfrac{F}{A} = \dfrac{F}{A_t(1+\epsilon)}$, $\rightarrow \sigma = \sigma_T(\dfrac{1}{1+\epsilon})$, $\rightarrow (1+\epsilon) = \dfrac{\sigma_T}{\sigma}$ ...... (식 5)
- 5식을 3식에 대입하면

  $\epsilon_T = \ln(1+\epsilon) = \ln(\dfrac{\sigma_T}{\sigma})$로 유도된다.

정답 03.① 04.③

05 **마찰계수가 극히 작고 마멸이 적기 때문에 NC 공작기계의 이송나사, 자동차의 조향장치, 항공기 날개의 플랩 작동장치에 사용하는 나사는?**

① 사각나사　　② 사다리꼴나사
③ 볼나사　　④ 둥근나사

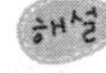

볼나사 : 마찰계수가 극기 작고 마멸이 적어 공작기계의 이송나사, 조향장치, 항공기의 날개 플랩장치에 사용

06 **외접하는 두 개의 기어가 맞물려 있고, 중심거리가 150mm, 하나의 기어 잇수가 80인 두 기어의 모듈이 3일 때, 나머지 기어의 잇수는?**

① 20　　② 40　　③ 80　　④ 120

해설

$C(\text{중심거리}) = \dfrac{D_1 + D_2}{2} = \dfrac{m(Z_1 + Z_2)}{2}$ ······ (식 1)

$150 = \dfrac{3(Z_1 + 80)}{2}$, $50 \times 2 = Z_1 + 80$, $100 - 80 = Z_1$

따라서 $Z_1 = 20$개이다.

07 **평기어를 설계할 때, 언더컷을 방지하기 위한 최소잇수는 압력각에 따라 다르다. 표준치를 갖는 피니언과 맞물리는 기어가 랙일 때, 압력각(p)에 따른 피니언의 이론적 최소잇수(N)는?(단, sin 20° = 0.34, cos 20° = 0.94, tan 20° = 0.36, sin 25° = 0.42, cos 25° = 0.91, tan 25° = 0.47이다)**

① p=20°일 때 N=18 , p=25°일 때 N=12
② p=20°일 때 N=12 , p=25°일 때 N=18
③ p=20°일 때 N=18 , p=25°일 때 N=22
④ p=20°일 때 N=22 , p=25°일 때 N=18

해설

한계치수(Z_g)를 구하기 위해 $Z_g \geq \dfrac{2}{\sin^2\alpha}$ ······ (식 1)

압력각 α가 20도일 때

$Z_g \geq \dfrac{2}{\sin^2\alpha} = \dfrac{2}{0.34^2} = 17$. 그러므로, 18이 된다.

압력각 α가 25도일 때

분모가 sin25=0.42이므로, α가 20도일 때보다 작은 잇수가 되어야 된다. 즉 ①번이 답이다.

정답 05.③ 06.① 07.①

08 볼베어링에 걸리는 하중이 500N, 베어링의 동정격하중이 1,500N일 때, 베어링을 10,000시간 이상 사용하기 위한 최대 회전수는?

① 30[rpm]　② 45[rpm]　③ 300[rpm]　④ 450[rpm]

해설

P=500N, C=1500N, L_h= 10000시간, r=볼베어링은 3이므로, 회전수(N)은 아래식에서 구한다.

$$L_h = 500 \times (\frac{C}{P})^r \times \frac{33.3}{N} \cdots\cdots (\text{식 } 1)$$

$$10000 = 500 \times (\frac{1500}{500})^3 \times \frac{33.3}{N}$$

$$N = \frac{500}{10000} \times 3^3 \times 33.3 = \frac{500 \times 9 \times 3 \times 33.3}{10000} = 45$$

09 마찰면의 바깥지름이 300mm, 안지름이 220mm인 단판클러치에서 축방향으로 밀어붙이는 힘이 1kN, 마찰계수가 0.3일 때, 전달할 수 있는 토크[Nm]는? (단, 균일한 마모상태로 가정한다)

① 24　② 39　③ 78　④ 96

해설

$d_2 = 300$, $d_1 = 220$, 단판, $Q = 1\text{kN}$, $\mu = 0.3$, $T = ?$

$$T = \mu \times Q \times \frac{d_m}{2} = \mu \times Q \times \frac{d_2 + d_1}{4} = 0.3 \times 10^3 \times \frac{300 + 220}{4}$$

$$= 0.3 \times 10^3 (N) \times \frac{520(\text{mm})}{4} = 300 \times \frac{0.52}{4} = 39$$

10 키의 높이가 h, 폭이 b, 길이가 l인 묻힘 키(sunk key)에서 높이와 폭을 같게 하였을 때, 키에 작용하는 힘(P)에 의하여 키에 발생하는 전단응력(τ)과 압축응력(σ)의 비($\frac{\sigma}{\tau}$)는?

① 0.25　② 0.50　③ 1.00　④ 2.00

해설

키에 작용하는 전단응력 $\tau = \frac{F(\text{전단력})}{A(\text{전단면})} = \frac{F}{b \times l} \cdots\cdots (\text{식 } 1)$

키에 작용하는 압축응력 $\sigma = \frac{F(\text{압축력})}{A(\text{압축면})} = \frac{2 \times F}{h \times l} \cdots\cdots (\text{식 } 2)$

$\frac{\sigma}{\tau} = \frac{\frac{2 \times F}{h \times l}}{\frac{F}{b \times l}} = \frac{2 \times b}{h} \cdots\cdots$ (식 3)에서 $b = h$라면 $\frac{\sigma}{\tau} = 2$로 계산된다.

정답 08.② 09.② 10.④

11 지름이 20mm, 길이가 7cm인 시편이 시험 후 지름이 10mm, 길이가 8cm가 되었을 때, 단면 수축률은?

① 0.55 ② 0.65 ③ 0.75 ④ 0.85

단면수축률= $\frac{\text{단면변형량}}{\text{원래단면}}$ 이다.

원래단면 A_1과 나중단면(변형 후 단면) A_2라 하고, 식으로 표현하면

$$\text{단면수축률} = \frac{A_1 - A_2}{A_1} = \frac{\frac{\pi d_1^2}{4} - \frac{\pi d_2^2}{4}}{\frac{\pi d_1^2}{4}} = \frac{d_1^2 - d_2^2}{d_1^2} = \frac{20^2 - 10^2}{20^2} = \frac{3}{4} = 0.75$$

12 기어 이의 간섭이 발생하지 않도록 하기 위한 방법으로 옳지 않은 것은?

① 기어와 피니언의 잇수비를 크게 한다.
② 피니언의 잇수를 최소치수 이상으로 한다.
③ 기어의 잇수를 한계치수 이하로 한다.
④ 압력각을 크게 한다.

기어 이의 간섭 : 한쪽 기어의 이끝이 다른 기어의 이뿌리에 부딪혀서 회전할 수 없는 상태 또는 파고들어가는 현상(언더컷)을 모두 말한다.

13 2줄 나사의 리드각(α)을 계산하는 공식은? (단, d는 나사의 바깥지름, d_1은 나사의 골지름, p는 나사의 피치이다)

① $\alpha = \tan^{-1}(\frac{2p}{\pi(d+d_1)})$ ② $\alpha = \tan^{-1}(\frac{4p}{\pi(d+d_1)})$

③ $\alpha = \tan^{-1}(\frac{2p}{\pi(d-d_1)})$ ④ $\alpha = \tan^{-1}(\frac{4p}{\pi(d-d_1)})$

한바퀴 돌릴 경우 $\tan\alpha = \frac{l}{\pi d_m}$ 이다.⋯⋯(식 1) 여기서 α는 리드각, l은 리드, d_m은 평균지름이다.

$d_m = \frac{d+d_1}{2}$ (여기서 d는 바깥지름, d_1은 골지름), ⋯⋯(식 2)

리드 l = 줄수 × 피치 = $2 \times p$ ⋯⋯(식 3) 1식에 2와 3식을 대입한다.

$\tan\alpha = \frac{2p}{\pi \times \left(\frac{d+d_1}{2}\right)} = \frac{4p}{\pi(d+d_1)}$, → $\alpha = \tan^{-1}\left(\frac{4p}{\pi(d+d_1)}\right)$ 로 유도된다.

정답 11.③ 12.① 13.②

14 밸브에 대한 설명으로 옳지 않은 것은?

① 스톱 밸브(stop valve)는 밸브 디스크가 밸브대에 의하여 밸브시트에 직각방향으로 작동한다.

② 버터플라이 밸브(butterfly valve)는 밸브의 몸통 안에서 밸브대를 축으로 하여 원판 모양의 밸브 디스크가 회전하면서 관을 개폐하여 관로의 열림각도가 변화하여 유량이 조절된다.

③ 게이트 밸브(gate valve)는 부분적으로 개폐될 때 유체의 흐름에 와류가 생겨 내부에 먼지가 쌓이기 쉽다.

④ 체크 밸브(check valve)는 유체를 두 방향으로 흘러가게 하고, 역류를 방지할 목적으로는 적합하지 않다.

해설

체크밸브 : 유체를 한 방향으로만 흐르게 함, 역류 방지 목적이 있음

15 다음 내용에 해당하는 커플링은?

2축이 평행하거나 약간 떨어져 있는 경우에 사용되고, 양축 끝에 끼어 있는 플랜지 사이에 90°의 키 모양의 돌출부를 양면에 가진 중간 원판이 있고, 돌출부가 플랜지 홈에 끼워 맞추어 작용하도록 3개가 하나로 구성되어 있다.

① 고정 커플링 ② 셀러 커플링

③ 유니버설 커플링 ④ 올덤 커플링

해설

올덤 커플링 : 2축이 평행 혹은 약간 떨어져 있을 경우 사용

16 주철제 원통형 압력용기의 설계에서 원통의 안지름이 16mm, 내압이 5MPa, 안전율이 2, 허용인장응력이 40MPa일 때, 용기의 두께는? (단, 이음매가 없는 경우로 효율은 1로 간주하고, 부식 효과는 무시한다)

① 1[mm] ② 2[mm]

③ 3[mm] ④ 4[mm]

해설

$t = \frac{PdS}{2\sigma\eta} + C$, 여기서 t는 판의 두께, P는 용기압력, d는 용기의 직경, S는 안전율, σ는 인장응력, η는 이음효율, C는 부식 고려한 여유 등을 나타낸다.
그대로 대입하자.
$t = \frac{5(\text{MPa}) \times 16(\text{mm}) \times 2}{2 \times 40(\text{MPa}) \times 1} + 0 = 2\text{mm}$ 로 계산된다.

정답 14.④ 15.④ 16.②

17 **저속으로 운전되는 벨트의 두께가 2mm, 폭이 20mm인 벨트전동장치에서 유효장력이 400N, 풀리의 접촉각과 마찰계수 곱의 지수값 $e^{\mu\theta}=3$일 때, 최대 인장응력은?**

① 5[MPa] ② 10[MPa] ③ 15[MPa] ④ 20[MPa]

해설

최대인장응력을 물었으므로, 긴장측 장력(T_t //힘이다)을 구해서 면적으로 나누면 응력이 된다.
먼저 긴장측 장력을 구하자. Pe=400N, $e^{\mu\theta}=$장력비$=3$, 속도는 10m/s 이하이므로 무시함.
아래 식에 그대로 대입하면,

$$T_t = P_e \times \frac{e^{\mu\theta}}{e^{\mu\theta}-1} + \frac{wv^2}{g} = 400(N) \times \frac{3}{3-1} = 600N$$

$$\text{최대인장응력}\sigma = \frac{T_t}{b\times h} = \frac{600}{20\times 2} = 15(\mathrm{N/mm^2}) = 15\mathrm{MPa}$$

18 **축각이 120°인 원추마찰차의 바깥지름 D_1이 300mm일 때 원추각을 δ_1, 바깥지름 D_2가 150mm일 때 원추각을 δ_2라 할 때, 원추 마찰차의 원추각 비($\frac{\delta_1}{\delta_2}$)는?**

① $\frac{1}{3}$ ② $\frac{1}{2}$ ③ 2 ④ 3

해설

축각$(\theta)=120°$, $D_1=300\mathrm{mm}$, $D_2=150\mathrm{mm}$ 일 때
원추각 δ_1, δ_2이라할 때, 원추1과 원추2가 만나는 공통선($\overline{OP}$)를 L이라 하면

$$\sin\frac{\delta_1}{2} = \frac{150}{L},\quad \sin\frac{\delta_2}{2} = \frac{75}{L} \cdots\cdots (\text{식 } 1)$$

1식에서 $\sin\frac{\delta_1}{2} = 2\sin\frac{\delta_2}{2}$ ······ (식 2)

$$\theta = \frac{\delta_1}{2} + \frac{\delta_2}{2} = \frac{\delta_1+\delta_2}{2} = 120°,\quad \frac{\delta_1}{2} = 120 - \frac{\delta_2}{2} \cdots\cdots (\text{식 } 3)$$

2식에 3식을 대입하면, $\sin(120-\frac{\delta_2}{2}) = 2\sin\frac{\delta_2}{2}$ ······ (식 4)로 유도된다.

sin의 합차공식 [$\sin(\alpha\pm\beta)=\sin\alpha\cos\beta\pm\cos\alpha\sin\beta$]을 적용하자.

4식의 좌변은 $\sin(120-\frac{\delta_2}{2}) = \sin120\cos\frac{\delta_2}{2} - \cos120\sin\frac{\delta_2}{2} = \frac{\sqrt{3}}{2}\cos\frac{\delta_2}{2} + \frac{1}{2}\sin\frac{\delta_2}{2}$

따라서 4식 좌변=4식 우변

$\frac{\sqrt{3}}{2}\cos\frac{\delta_2}{2} + \frac{1}{2}\sin\frac{\delta_2}{2} = 2\sin\frac{\delta_2}{2}$ 이를 정리하면,

$\frac{\sqrt{3}}{2}\cos\frac{\delta_2}{2} = \frac{3}{2}\sin\frac{\delta_2}{2}$, $\frac{1}{\sqrt{3}} = \tan\frac{\delta_2}{2}$ 따라서 $\frac{\delta_2}{2} = 30°$, $\delta_2 = 60°$ ······ (식 5)

5식을 3식에 대입하면 $\frac{\delta_1}{2} = 120-30 = 90$, $\delta_1 = 180°$ 이다.

그러므로 $\frac{\delta_1}{\delta_2} = \frac{180}{60} = 3$이다.

정답 17.③ 18.④

19 **주로 축간거리가 짧고, 기어전동이 불가능한 경우에 사용되는 체인전동에 대한 설명으로 옳지 않는 것은?**

① 전달효율이 크고 슬립이 없는 일정한 속도비를 얻을 수 있다.
② 체인의 탄성으로 어느 정도 충격하중을 흡수할 수 있다.
③ 고속회전에 적당하고, 진동 및 소음 발생이 적다.
④ 내열, 내유, 내습성이 크며, 유지 및 수리가 쉽다.

해설

고속 동력전달이 힘들다. 소음 진동 마모가 심하다.

20 **그림과 같이 5 kN의 물체를 지탱하고 있는 유압크레인에서 핀의 허용면압이 25MPa이고 폭경비가 2일 때, 핀의 직경은?**

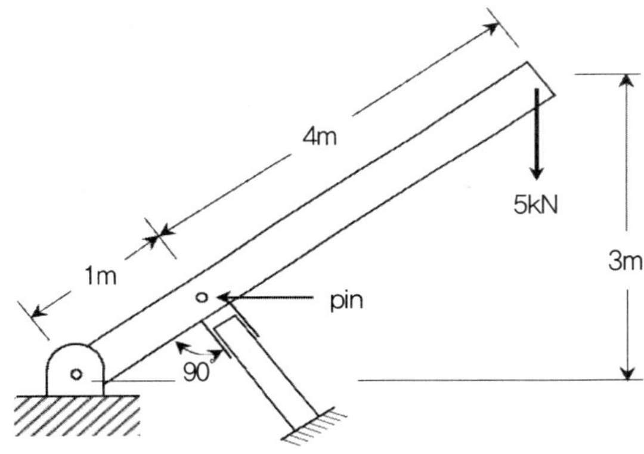

① 20[mm] ② 25[mm] ③ 30[mm] ④ 40[mm]

물체가 작용하는 중력방향을 접선방향과 구심방향으로 분력하면
접선방향의 분력$F_1 = 5\text{kN} \times \cos\theta$ …… (식 1)

$\cos\theta$는 그림에서 $\cos\theta = \frac{4}{5}$을 알 수 있다. 이를 1식에 대입하면

$F_1 = 5\text{kN} \times \frac{4}{5} = 4\text{kN}$이다. 만일 핀에 작용하는 접선방향의 힘을 F_2라 하면,
지점을 기준으로 회전하려는 토크는 같다는 것을 이용하여
$T_1 = T_2$, $F_1 \times 5 = F_2 \times 1$, $4\text{kN} \times 5\text{m} = F_2$, $F_2 = 20\text{kN}$이다.

핀의 면 압$p_m = \frac{F_2}{d \times l}$ …… (식 2)이고,

폭경비 $\frac{l}{d} = 2$ …… (식 3)이므로, 2식에 대입하면

$25\text{MPa}(=\text{N/mm}^2) = \frac{20\text{kN}}{d\text{mm} \times 2d\text{mm}}$,

$d = \sqrt{\frac{10000N}{25\text{N/mm}^2}} = \sqrt{400} = 20\text{mm}$

정답 19.③ 20.①

공업기계직 기계설계 (2013년 4월 시행 국가직)

01 볼트를 결합할 때 너트를 2회전시키면 축 방향으로 8[mm], 나사산은 4산이 나아간다. 이 볼트와 너트에 적용된 나사의 피치[mm], 줄 수, 리드[mm]로 옳은 것은?

① 4, 1, 8　　② 4, 2, 8
③ 2, 2, 4　　④ 2, 1, 4

해설

- 피치는 나사간과 거리이므로, $p = \dfrac{\text{2회전 움직인 거리}}{\text{2회전 나사산 수}} = \dfrac{8\text{mm}}{4\text{산}} = 2\text{mm}$
- 1회전시 줄수 : $\dfrac{\text{1회전 움직인 거리}}{\text{1회전 나사산 수}} = \dfrac{4\text{mm}}{2\text{산}} = 2\text{줄}$

02 축의 지름을 d[mm], 평행키의 폭 b[mm], 높이 h[mm], 길이[mm], 축의 회전 모멘트를 T[N·m]라 할 때, 키에 작용하는 전단 응력 τ 를 나타낸 것으로 옳은 것은?

① $\dfrac{2T}{bld}$　　② $\dfrac{4T}{dhl}$
③ $\dfrac{bld}{2T}$　　④ $\dfrac{dhl}{4T}$

해설

- $T = W \times r,\ W = \dfrac{T}{r}$ …… (식 1)
- $\tau = \dfrac{W}{A} = \dfrac{W}{bl}$ …… (식 2)

2식에 1식을 대입하자. $\tau = \dfrac{T}{rbl} = \dfrac{2T}{dbl}$ 로 유도된다.

03 그림과 같이 하중 P가 작용하는 판재를 리벳이음으로 설계할 때, 고려해야 할 사항으로 관계가 가장 적은 것은?

① 리벳의 전단강도
② 리벳의 인장강도
③ 판재의 압축강도
④ 판재의 인장강도

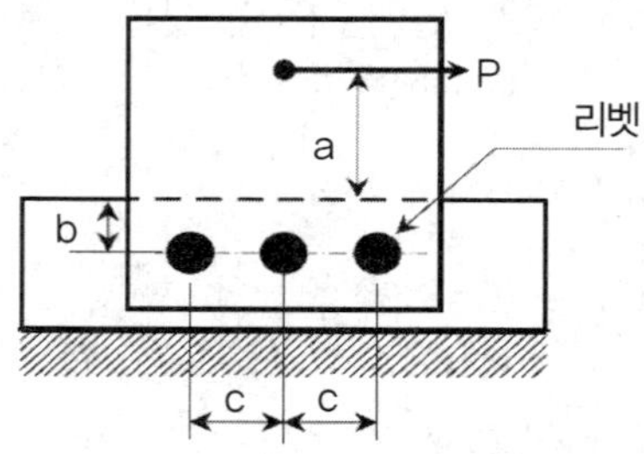

해설

- 리벳 : 전단되고, 눌려지므로 압축되고, 인장은 되지 않는다.
- 판재 : 가로 리벳중심축을 기준으로 위쪽은 인장된다.

정답 01.③ 02.① 03.②

04 랙 공구나 호브로 기어를 창성할 때, 간섭이 일어나 기어의 이뿌리가 가늘어지게 되는 언더컷(undercut)을 방지하기 위한 방법으로 옳지 않은 것은?

① 전위기어로 제작한다.
② 압력각을 감소시킨다.
③ 피니언(작은기어)의 잇수를 최소잇수 이상으로 선택한다.
④ 이(tooth) 높이를 줄여서 낮은 이로 제작한다.

해설

언더컷 방지를 위해 압력각을 크게 해야 한다.

05 회전수 200[rpm], 출력 40[kW]의 모터를 4개의 볼트를 사용하는 플랜지 커플링으로 연결하였다. 플랜지 마찰면의 마찰은 없고, 동력을 지름 d[mm]의 볼트에 의해서만 전달할 때, d^2[mm^2]를 나타내는 값은? (단, 플랜지 볼트 구멍 중심을 지나는 피치원의 지름은 200[mm]이고, 볼트의 허용전단응력은 2[kgf/mm^2], 허용인장응력은 4[kgf/mm^2]이다.)

① $\dfrac{358}{\pi}$　　② $\dfrac{487}{\pi}$
③ $\dfrac{716}{\pi}$　　④ $\dfrac{974}{\pi}$

해설

$H_p = Tw = T(\text{N}\cdot\text{m}) \times \dfrac{2\pi\text{N}}{60(\text{s})}$ 에 대입하자.

$40000(W) = T(\text{N}\cdot\text{m}) \times \dfrac{2\pi \times 200}{60(\text{s})}$, $T(\text{N}\cdot\text{m}) = \dfrac{40\times10^3\times60}{2\times200\times\pi} = 1910$

$T = 1910\text{N}\cdot\text{m} = \dfrac{1910}{9.8} = 195\text{kgf}\cdot\text{m}$

$T = F\times r = F(\text{kgf}) \times \dfrac{200}{2}(\text{mm}) = 195\text{kgf}\cdot\text{m}$ 양변에 단위를 맞추자.

$F(\text{kgf}) \times \dfrac{0.2}{2}(\text{m}) = 195\text{kgf}\cdot\text{m}$, $F = 1950\text{kgf}$ 이다.

$-\tau = \dfrac{F}{A} = \dfrac{F}{\dfrac{\pi d^2}{4}\times 4} = \dfrac{F}{\pi d^2}$ 이므로, 대입하자.

$2\text{kgf/mm}^2 = \dfrac{1950}{\pi\times \text{d}^2}$, $d^2 = \dfrac{1950}{\pi\times2} = \dfrac{975}{\pi}$ 로 계산된다.

06 마이크로 모터의 축을 지름 1.0[mm]의 연강제 중실축으로 제작하려고 한다. 모터 회전수를 150,000[rpm]으로 할 때, 최대 전달동력[W]으로 가장 가까운 값은? (단, 축 재료의 허용전단응력은 40[MPa]로 한다)

① 62,000　② 62　③ 123,000　④ 123

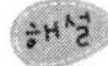

$T=\tau\times z_p=40\times10^6[\mathrm{N/m^2}]\times\frac{\pi d^3}{16}[\mathrm{mm^3}]$에서 단위를 맞추자.

$T=\tau\times z_p=40\times10^6[\mathrm{N/m^2}]\times\frac{\pi\times1^3}{16}\times[\frac{1}{1000}\mathrm{m}]^3$

$T=\tau\times z_p=40\times10^6[\mathrm{N/m^2}]\times\frac{\pi\times1^3}{16}\times\frac{1}{10^9}[\mathrm{m^3}]=\frac{\pi}{400}[\mathrm{N\cdot m}]$ …… (식 1)

1식을 다음에 대입하자.

$H_p=T\times w=\frac{\pi}{400}(\mathrm{N\cdot m})\times\frac{2\pi\times150000}{60(\mathrm{s})}=123.245\,W$로 계산된다.

07 그림과 같은 두 가지 형태의 블록 브레이크에 대한 설명으로 옳은 것은?

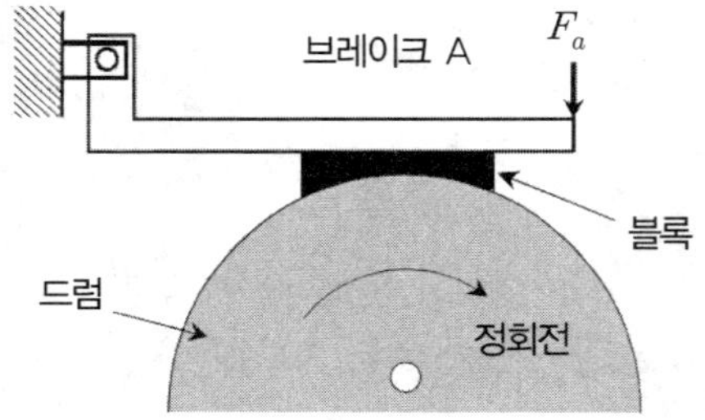

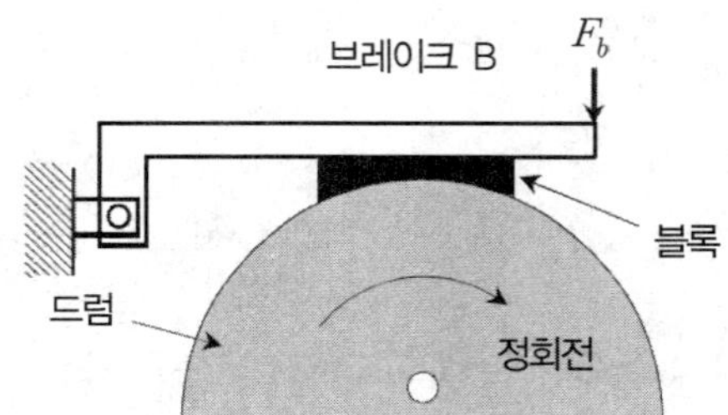

① 드럼을 정지시키기 위한 힘의 크기는 $F_a > F_b$이고, 브레이크 A는 역회전시 자동 정지될 수 있도록 설계할 수 있다.

② 드럼을 정지시키기 위한 힘의 크기는 $F_a > F_b$이고, 브레이크 B는 역회전시 자동 정지될 수 있도록 설계할 수 있다.

③ 드럼을 정지시키기 위한 힘의 크기는 $F_a < F_b$이고, 브레이크 A는 역회전시 자동 정지될 수 있도록 설계할 수 있다.

④ 드럼을 정지시키기 위한 힘의 크기는 $F_a < F_b$이고, 브레이크 B는 역회전시 자동 정지될 수 있도록 설계할 수 있다.

해설

왼쪽그림 : $F_a\times a-Q\times b-\mu Q\times c=0$(지점에 따라 접선력×길이의 방향이 달라진다)

오른쪽그림 : $F_b\times a-Q\times b+\mu Q\times c=0$

$F_a=\frac{Q}{a}(b+\mu c)$,　$F_b=\frac{Q}{a}(b-\mu c)$

$F_a > F_b$이고, A는 좌회전시, B는 우회전시 자동정지를 설정할 수 있다.

정답 06.④ 07.①

08 최대 내압 0.2[kgf/mm^2]가 작용하는 얇은 원통형 압력용기를 설계하고자 한다. 다음 재료 중 설계조건을 만족시키지 못하는 것은? (단, 압력용기의 안지름은 200[mm], 안전율은 5, 부식 여유는 1.0[mm], 이음효율은 100[%]으로 한다)

① 인장강도 8[kgf/mm^2], 두께 14[mm]인 재료
② 인장강도 12[kgf/mm^2], 두께 9[mm]인 재료
③ 인장강도 10[kgf/mm^2], 두께 12[mm]인 재료
④ 인장강도 15[kgf/mm^2], 두께 8[mm]인 재료

해설

$t \geq \dfrac{PdS}{2\sigma\eta} + C$에 대입하자.

$t \geq \dfrac{0.2(\mathrm{kgf/mm^2}) \times 200\mathrm{mm} \times 5}{2 \times \sigma \times 1} + 1$

$(t-1) \times \sigma \geq 100\mathrm{kgf/mm}$ ⋯⋯ (식 1)로 유도된다.
보기의 ①, ②, ③, ④를 넣어 1식이 만족되는지 확인한다.
②의 경우 $(9-1) \times 12 = 96$으로 만족하지 않는다.

09 양단 지지된 기둥에서 좌굴 판단을 위한 임계하중 계산에는 유효길이가 필요하다. 다음 중 유효길이가 가장 큰 지지조건 조합은?

① 고정－핀 ② 핀－핀
③ 고정－자유 ④ 고정－고정

해설

－연구 기록물을 참고하면, '한쪽 고정-한쪽 자유'가 유효길이가 가장 크다.
－한쪽고정-한쪽고정의 경우 유효길이가 가장 짧다. ← 이렇게 설계
핀은 회전가능, 자유는 움직임

10 그림과 같이 사각 알루미늄 평판에 지름 D인 원형 관통구멍이 2개 뚫려 있으며, 이 두 구멍의 중심거리가 L이다. 주변온도가 상승하여 평판전체의 온도가 고르게 상승할 경우, D와 L의 치수변화로 옳은 것은? (단, 평판에 기하학적인 구속조건은 없는 것으로 가정한다)

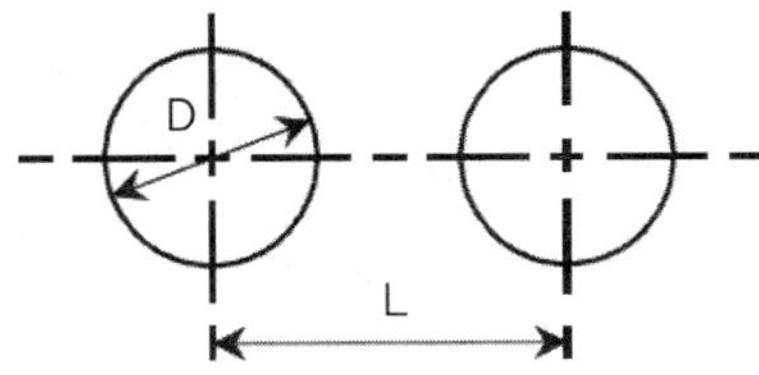

① D는 증가, L도 증가 ② D는 증가, L은 감소
③ D는 감소, L은 증가 ④ D는 감소, L도 감소

해설

알루미늄 평판이 열을 받으면 팽창을 한다. 즉, 지름이 커지고, 원 사이의 거리도 커진다.

정답 08.② 09.③ 10.①

11 미끄럼베어링과 구름베어링을 비교한 것으로 옳지 않은 것은?

① 미끄럼베어링은 유막형성이 늦는 경우 구름베어링에 비해 기동토크가 크다.
② 미끄럼베어링은 구름베어링에 비해 강성이 작으나, 유막에 의한 감쇠능력이 우수하다.
③ 미끄럼베어링은 표준화가 부족하여 제작시 전문지식이 필요하다.
④ 미끄럼베어링은 공진속도 이내에서 운전하여야 하며, 저속운전에 적당하다.

해설

미끄럼베어링은 윤활유의 윤활작용으로 윤활면적이 크나 열 상승이 작아 고속회전에 적합하다.

12 끼워맞춤에 대한 설명으로 옳은 것은?

① 축기준 끼워맞춤은 구멍의 공차역을 H(H5~H10)로 정하고 구멍에 끼워맞출 축의 공차역에 따라 죔새나 틈새가 생기게 하는 것이다.
② 구멍기준 끼워맞춤은 구멍에 끼워맞출 축의 공차역을 정하는 방식이며, 구멍의 위치수 허용차가 0이다.
③ 축기준 끼워맞춤방식에서 $\phi 30H7h6$은 헐거운 끼워맞춤이다.
④ 일반적으로 구멍보다 축의 가공이 쉬워 축기준 끼워맞춤을 많이 사용하고, 구멍보다 축의 정밀도를 높게 한다.

해설

- 끼워맞춤에서 축은 소문자 h, 구멍은 대문자 H로 표시,
- $\phi 30H7h6$ 에서 H가 먼저 나오므로, 구멍기준이 된다. 보통 축의 가공이 쉬우므로, 구멍기준을 사용한다.
- 구멍기준의 경우 아래 치수 공차가 0이다.
- 일반끼워맞춤 부분공차는 축의 경우 IT5~9, 구멍의 경우 IT6~10등급이다.

13 비틀림 모멘트 $2\sqrt{3}\times10^4$[N · m]과 굽힘 모멘트 2×10^4[N · m]을 동시에 받는 축의 상당 비틀림 모멘트(T_e)와 상당 굽힘 모멘트 (M_e)의 비(T_e : M_e)는?

① 5 : 3　　② 3 : 2
③ 4 : 3　　④ 5 : 4

해설

- 상당비틀림모멘트 $T_e = \sqrt{M^2 + T^2} = \sqrt{4\times10^8 + 12\times10^8}) = 4\times10^4$ …… (식 1)
- 상당굽힘모멘트 $M_e = \frac{1}{2}(M + \sqrt{M^2+T^2}) = \frac{1}{2}(2\times10^4 + \sqrt{4\times10^8+12\times10^8})$

$= \frac{1}{2}(2\times10^4 + 4\times10^4) = 3\times10^4$ …… (식 2)

1식과 2식에서, $T_e : M_e = 4:3$

정답 11.④ 12.③ 13.③

14 **용접에 비해 리벳이음이 갖는 특징으로 옳지 않은 것은?**

① 판의 재질이 용접만큼 문제되지 않는다.
② 시공 후 검사가 용접보다 쉽고, 이음이 기계적 결합이다.
③ 잔류응력이 존재하지 않기 때문에 용접과 달리 소재의 비틀림 문제가 없다.
④ 코킹(caulking)과 플러링(fullering) 같은 작업을 하기 때문에 용접보다 기밀성이 좋다.

해설

리벳이음 후에 밀폐작업을 위해 코킹, 플러링 작업을 행한다. 그러나, 용접은 그럴 필요가 없다.

15 **모터가 무게 W=96[kgf]인 물체를 축의 중앙에 위치한 풀리(pulley)와 로프로 들어 올리고 있다. 축의 지름, 길이, 탄성계수가 각각 d[mm], L[mm], E[kgf/mm^2]일 때, 이 축의 최대 처짐을 구하는 식으로 옳은 것은? (단, 축의 양단은 단순지지이며, 풀리와 로프의 자중 및 모든 동적 영향은 무시한다)**

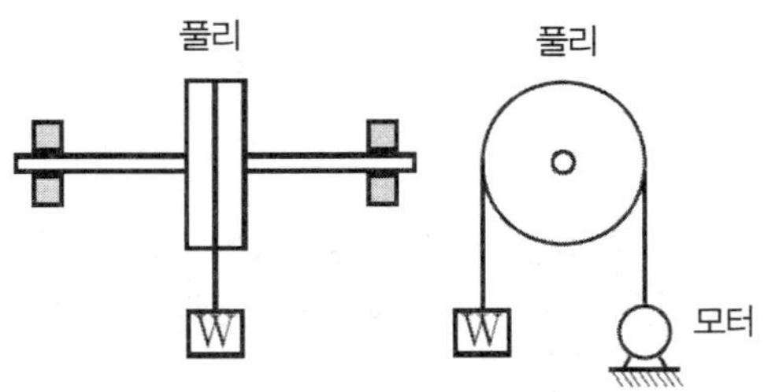

① $\dfrac{256L^3}{\pi E d^4}$　　② $\dfrac{128L^3}{\pi E d^4}$

③ $\dfrac{128L^3}{\pi E d^3}$　　④ $\dfrac{64L^3}{\pi E d^3}$

해설

- 고정도르래의 역할 : 방향변환
- 움직도르래의 역할 : 무게를 반으로 줄임

여기서는 단순보로 중앙에 집중하중(W)이 가해짐
풀리(축)입장에서 보면 무게W가 작용하면서 모터에서 당기는 힘W가 작용한다.

$\delta = \dfrac{Wl^3}{48EI}$ ······ (식 1)에서 W → 2W를 대입해야 한다.

I는 원이므로, $I = \dfrac{\pi d^4}{64}$ 을 1식에 대입

$\delta = \dfrac{2 \times 96 \times l^3}{48 \times E \times \dfrac{\pi d^4}{64}} = \dfrac{4 \times 64 \times l^3}{E\pi d^4} = \dfrac{256\,l^3}{E\pi d^4}$ 로 유도된다.

정답 14.④ 15.①

16

폭이 균일한 사각단면을 갖는 양단지지형 겹판 스프링에서 판의 수와 판의 두께가 각각 2배가 되면, 중앙부분의 최대 처짐은 몇 배가 되는가?

① $\frac{1}{2}$ ② $\frac{1}{4}$ ③ $\frac{1}{8}$ ④ $\frac{1}{16}$

해설

사각 양단지지 겹판스프링의 처짐 $\delta = \frac{Wl^3}{32nEI}$ …… (식 1)

사각봉의 경우 $I = \frac{bh^3}{12}$ …… (식 2)

2식을 1식에 대입

$\delta = \frac{Wl^3}{32 \times nE \times \frac{bh^3}{12}} = \frac{3Wl^3}{8nEbh^3}$ …… (식 3)으로 유도된다.

판의 수와 판의 두께가 2배가 된다는 것은 n → 2n, h → 2h를 대입하면 된다.

$\delta = \frac{3Wl^3}{8(2n)Eb(2h)^3} = 3식 \times \frac{1}{2^4} = 3식 \times \frac{1}{16}$ 으로 표시된다.

17

다음은 직육면체 형상의 공작물 A를 머시닝 센터의 테이블 위에 정확한 위치와 자세로 고정하기 위한 고정구(fixture) 맞춤 핀(pin) B의 배치를 나타낸 것으로, 위에서 본 그림이다. 맞춤 핀 B의 배치로 가장 적합한 것은?

①
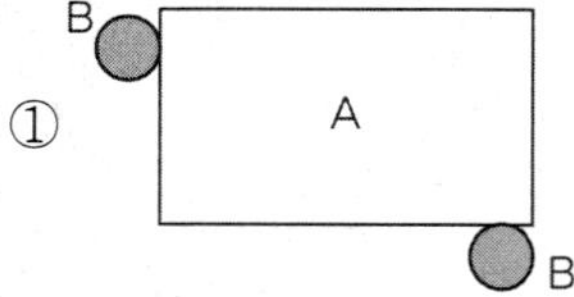

②
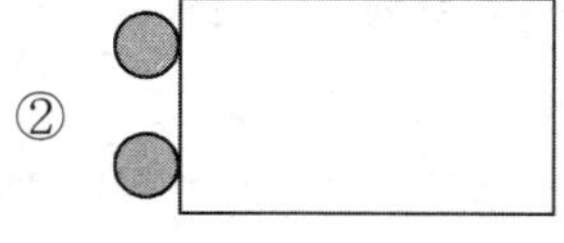

③
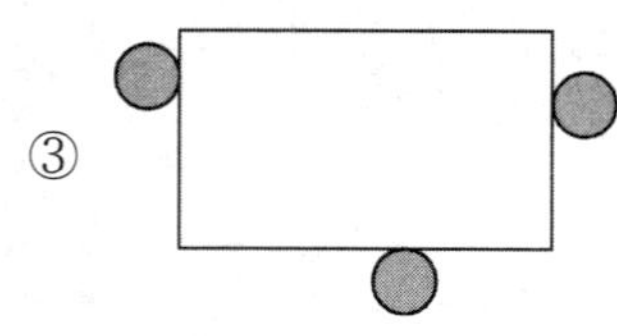

④
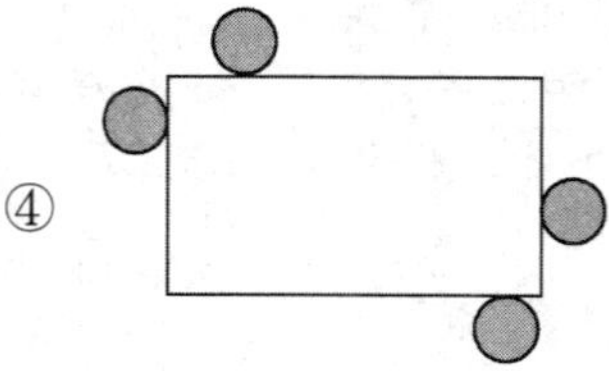

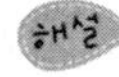

- 머시닝센터(혹은 밀링)의 경우 테이블이 이동하는 방향은 좌 → 우로 움직인다. 따라서 좌측에 2개의 맞춤 핀 배치.
- 절삭날의 경우 우회전를 행하므로, 테이블의 아래 부분을 고정하여야 한다.

정답 16.④ 17.②

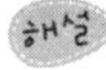

18 2차원 순수전단 조건에서 인장항복강도가 σ_Y인 소재에 대해 최대전단응력설과 전단변형률 에너지설을 적용할 때, 각각의 전단항복강도로 옳은 것은?

① $0.5\sigma_Y$, $0.577\sigma_Y$ ② $0.5\sigma_Y$, $0.677\sigma_Y$

③ $1.0\sigma_Y$, $0.5\sigma_Y$ ④ $1.0\sigma_Y$, $1.0\sigma_Y$

최대전단응력설 : 재료의 최대전단응력이 단순인장의 경우 항복점에 해당되는 최대전단응력과 같아지면 파손 → 최대전단응력=$(\tau_{max}) = \dfrac{\sigma_1 - \sigma_3}{2} = \dfrac{\sigma_Y}{2}$

→ 순수전단의 경우 $\sigma_1 = -\sigma_2$, $\sigma_3 = 0$을 대입 → $\tau_{max} = \dfrac{\sigma_1}{2} = \dfrac{\sigma_Y}{2}$

전단변형률에너지설 : 재료의 전단변형에너지가 단순인장의 항복점에 대한 전단변형에너지와 같아지면 파손 → 순수전단의 경우 $\sigma_1 = -\sigma_2$, $\sigma_3 = 0$을 대입하여 식을 구해보면,

최대전단응력=$(\tau_{max}) = \sigma_1 = \dfrac{\sigma_Y}{\sqrt{3}} = 0.577\sigma_Y$

19 그림과 같이 강철제 압력용기 뚜껑이 등간격으로 배열된 12개의 관통볼트에 의해 체결되어 있다. 용기 내압이 4.8[MPa]일 때, 다음 중 용기의 체결을 유지할 수 있는 볼트 골지름[mm]의 최소값은?(단, 볼트의 허용인장응력은 80[MPa]이다.)

① 25
② 21
③ 17
④ 13

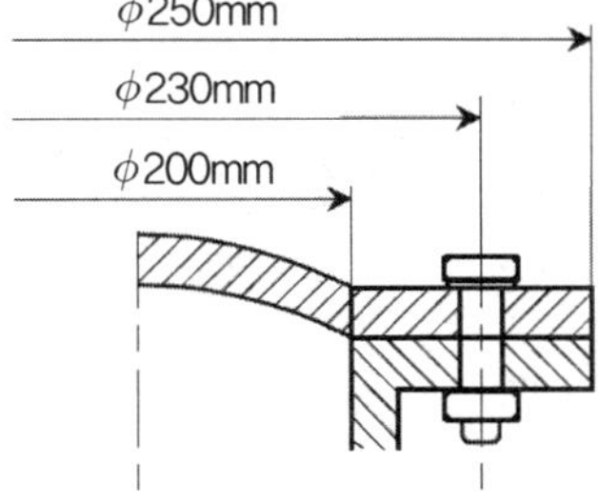

용기의 내압은 축의 방향으로 작용(볼트가 축방향응력 발생)

$$\sigma = \frac{F}{A} = \frac{P \times \dfrac{\pi d_v^2}{4}}{\dfrac{\pi d_b^2}{4} \times 12} = \frac{P \times d_v^2}{12 d_b^2}$$ ······ (식 1)에 대입한다.

$$80 \times 10^6 (\text{Pa}) = \frac{4.8 \times 10^6 (\text{Pa}) \times (200\text{mm})^2}{12 \times d_b^2}$$

$$d_b^2 = \frac{4.8 \times 200^2}{12 \times 80}, \quad d_b = \sqrt{\frac{4.8 \times 200^2}{12 \times 80}} = 14.14\text{mm}$$

즉 이보다 큰 값 중에서 가장 작은 값은 17mm이다.

20 그림과 같이 나사를 이용하여 질량 M=10[kg]인 물체를 체결하는 기구가 있다. 나사는 바깥지름 20[mm], 유효지름 18[mm], 피치 3.14[mm]인 사각나사이다. 물체가 떨어지지 않도록 하는 최소 축력 Q를 발생시키기 위해 필요한 힘 P[N]로 가장 가까운 값은? (단, 나사면의 마찰계수는 0.1, 물체와 기구와의 마찰계수는 0.2이다)

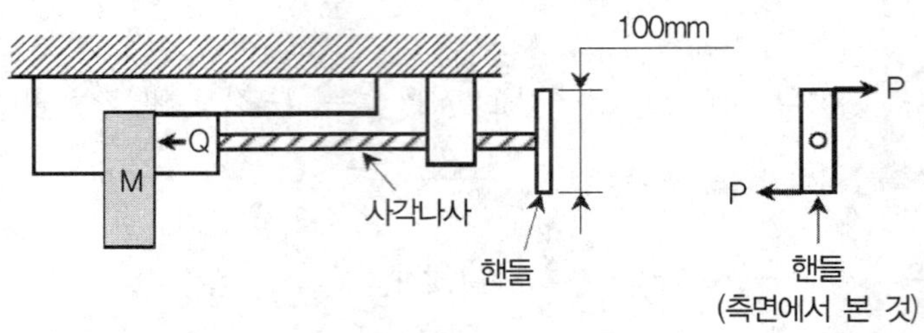

① 0.346　② 3.46　③ 0.692　④ 6.92

해설

M은 마찰면적이 2개 즉, Q가 2개이고,

Q에 의한 M의 마찰력은 그 무게($10\text{kg}\times 9.8\text{m/s}^2=98\text{N}$) 이다.

$M=\mu\times 2Q,\ 98N=0.2\times 2\times Q,\ Q=\dfrac{98}{2\times 0.2}=245N$

P_1(돌리는 힘) $=Q\times\tan(\alpha+\rho)$

$T=P_1\times r=Qr\times\tan(\alpha+\rho)$ …… (1식)

$$\tan(\alpha+\rho)=\frac{\tan\alpha+\tan\rho}{1-\tan\alpha\times\tan\rho}=\frac{\dfrac{1}{\pi d_2}+\mu}{1-\dfrac{l}{\pi d_2}\times\mu}=\frac{\dfrac{1+\pi d_2\mu}{\pi d_2}}{\dfrac{\pi d_2-l\mu}{\pi d_2}}=\frac{l+\pi d_2\mu}{\pi d_2-l\mu}=\frac{1+18\times .01}{18-0.1}=\frac{2.8}{17.9}$$

$Q\times\dfrac{d_2}{2}\times\dfrac{2.8}{17.9}=P\times 2\times\dfrac{100}{2}=T$ …… (2식)

$P=245\times 9\times\dfrac{2.8}{17.9}\times\dfrac{1}{100}=3.449N$

정답 20.②

공업기계직 기계설계 (2014년 4월 시행 국가직)

01 치직각 모듈이 10mm, 나선각이 60°, 잇수가 100인 헬리컬 기어의 피치원 지름[mm]은?

① 1,000　　② 2,000

③ $1000\sqrt{3}$　　④ $2000\sqrt{3}$

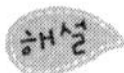

- 치직각(m_n)과 축직각(m_s)의 관계 : $m_s = \dfrac{m_n}{\cos\alpha} = \dfrac{10}{\cos 60^{\circ}} = 20$
- 피치원의 지름(D_s) $= m_s \times Z = 20 \times 100 = 2000\text{mm}$

02 다음 중 비틀림, 굽힘, 인장 또는 압축을 동시에 받는 축은?

① 선박의 프로펠러 축　　② 수차의 축

③ 철도 차량의 차축　　④ 공작기계의 스핀들

- 선박의 프로펠러 축 : 작업축으로 비틀림, 굽힘 작용, 프로펠러에 의한 유체 송출로 인장
- 수차의 축 : 물의 위치에너지에 의해 회전하므로 비틀림작용, (물의 압력이 세다면 굽힘)
- 철도차량의 차축 : 동력축으로 회전에 의한 비틀림, 짐에 의한 굽힘
- 공작기계의 스핀들 : 회전하므로 비틀림, (공작물의 속도가 빠르다면 굽힘)

03 그림과 같은 양쪽 측면 필렛용접에서 용접사이즈가 5mm이고 허용 전단응력이 100MPa일 때, 최대하중 P[kN]는? (단, cos45° = 0.7로 한다)

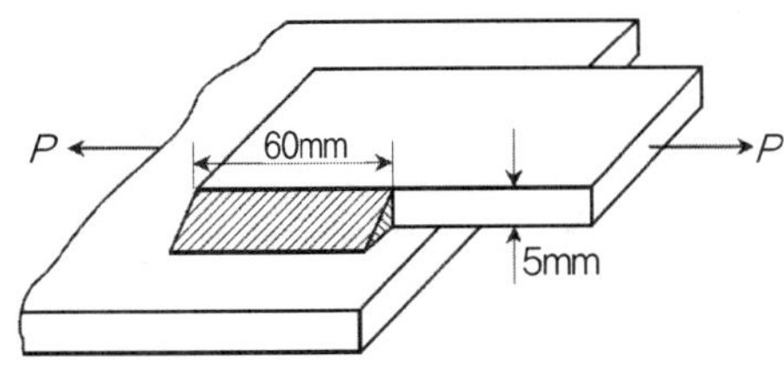

① 21　　② 35　　③ 42　　④ 60

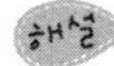

측면 필렛용접이고, 용접부분이 2곳이므로,

$\tau = \sigma = \dfrac{P}{2hl \times \cos 45^{\circ}}$,

당기는힘$(P) = \tau \times 2hl \times \cos 45^{\circ} = 100 \times 10^6 (\text{N/m}^2) \times 2 \times 5\text{mm} \times 60\text{mm} \times 0.7$(단위맞춤)

$= 100 \times 10^6 \times \dfrac{N}{(10^3\text{mm})^2} \times 2 \times 5\text{mm} \times 60\text{mm} \times 0.7 = 42000\text{N} = 42\text{kN}$

정답 01.② 02.① 03.③

04 그림과 같이 판의 수가 n, 두께가 h, 길이가 l이고 폭이 일정한 외팔보형 겹판 스프링에 최대 하중 P가 작용하고 있다. 판의 수, 두께, 길이가 각각 $2n$, $2h$, $2l$로 변경될 때 스프링이 지지할 수 있는 최대하중은?

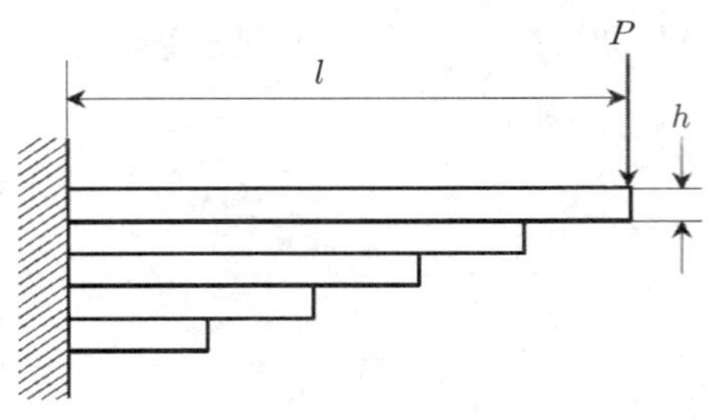

① $1P$ ② $2P$ ③ $4P$ ④ $8P$

해설

겹판스프링으로, 삼각모양으로 쌓아졌다. 이를 경우 굽힘응력$(\sigma_b) = \dfrac{6Pl}{nbh^2}$, b는 판의 가로(너비)를 말한다. 따라서, 작용하중$(P) = \dfrac{\sigma_b nbh^2}{6l}$ 로 바뀐다. 재료는 변함이 없으므로 굽힘응력은 같다. 이식에 $n \to 2n, h \to 2h, l \to 2l$을 대입하자.

$$P_{\max} = \frac{\sigma_b(2n)b(2h)^2}{6(2l)} = P(2)^2 = 4P$$

05 체인전동의 특징을 기술한 것으로 옳지 않은 것은?

① 충격흡수가 힘들어 큰 동력을 전달하기 어렵다.
② 미끄럼 없이 일정한 속도비를 얻을 수 있다.
③ 축간거리가 긴 경우 고속전동이 어렵다.
④ 진동과 소음이 발생하기 쉽다.

해설

체인전동 : 체인의 탄성으로 충격하중을 흡수할 수 있다. 일정한 속도비, 전동효율이 높다. 40m이상의 축간거리 전동은 어렵고, 링크에 의한 소음과 진동이 발생

06 300rpm으로 회전하는 축이 10π J/s 동력을 전달할 때, 축에 작용하는 비틀림 모멘트[N·m]는?

① π ② 10π ③ 1 ④ 10

해설

회전하는 동력$(H) = T$(토크)$\times w$(각속도)에 대입하자.

$$10\pi(\mathrm{J/s = N \cdot m/s}) = \mathrm{T(N \cdot m)} \times \frac{2\pi \times 300}{60(\mathrm{s})}$$

$$T = \frac{10\pi \times 60}{2\pi \times 300} = 1(\mathrm{N \cdot m})$$

정답 04.③ 05.① 06.③

07 1,000kgf의 물체가 허용인장응력이 10kgf/mm^{2}인 훅 2개로 지지될 때, 훅 나사부의 바깥지름[mm]은? (단, 안지름은 바깥지름의 0.8배이다)

① 4 ② 6 ③ 8 ④ 10

해설

방법 1) 훅 있는 나사의 골지름(d_1)에 인장응력만 작용, 2개의 훅이므로 훅 하나에 작용하는 힘은

$$W = \frac{1000}{2} = 500\text{kgf}$$

$$\sigma = \frac{W}{A} \rightarrow 10(\text{kgf/mm}^2) = \frac{500(\text{kgf})}{\frac{\pi d_1^2}{4}(\text{mm}^2)}$$

골지름=안지름$(d_1) = \sqrt{\frac{500\times 4}{10\times\pi}} = 7.97 \fallingdotseq 8\text{mm}$

따라서 바깥지름$(d) = \frac{d_1}{0.8} = \frac{8}{0.8} = 10\text{mm}$

방법 2) 공식에 의하여 바깥지름$(d) = \sqrt{\frac{2W}{\sigma}} = \sqrt{\frac{2\times 500}{10}} = 10\text{mm}$

08 웜기어의 축직각 모듈이 4mm, 웜과 웜기어의 중심거리가 150mm, 그리고 2줄 웜으로 구성된 웜기어 장치에서 1,800rpm 회전속도를 60rpm으로 감속시키고자 할 때, 웜의 피치 지름[mm]은?

① 30 ② 40 ③ 50 ④ 60

해설

웜기어라고 어려워 말자. 똑같다. 단지 웜(피니언)에는 잇수 대신 줄수(Z_A)를 사용한다는 것 기억, 속도비$(i) = \frac{N_A}{N_B} = \frac{Z_B}{Z_A}$, 여기서 A는 웜, B는 웜휠이다.

감속한다고 했으므로 $(i) = \frac{1800}{60} = \frac{Z_B}{Z_A} = \frac{Z_B}{2} \rightarrow Z_B = 2\times\frac{1800}{60} = 60$개

그러므로, 웜휠의 지름$(D_B) = m\times Z_B = 4\times 60 = 240\text{mm}$

중심거리$(L) = \frac{D_A + D_B}{2} \rightarrow 150 = \frac{D_A + 240}{2} \rightarrow D_A = 300 - 240 = 60\text{mm}$

09 캠선도에 해당하지 않는 것은?

① 변위선도 ② 속도선도
③ 가속도선도 ④ 운동량선도

해설

변위란 움직인 거리, 속도는 변위를 시간으로 나눈값, 가속도는 속도를 시간으로 나눈값으로 변위를 시간의 제곱으로 나눈값이다.

정답 07.④ 08.④ 09.④

10 안지름이 30mm이고 바깥지름이 50mm인 원판 클러치에 0.5N/mm², 균일접촉압력이 작용하고 마찰계수가 0.3일 때, 단일 원판클러치가 전달할 수 있는 최대토크[N·mm]에 가장 근접한 값은? (단, $\pi=3$으로 하고, 마찰면 중심 지름은 안지름과 바깥지름의 평균 지름으로 한다)

① 1,800　② 3,600　③ 5,400　④ 6,200

해설

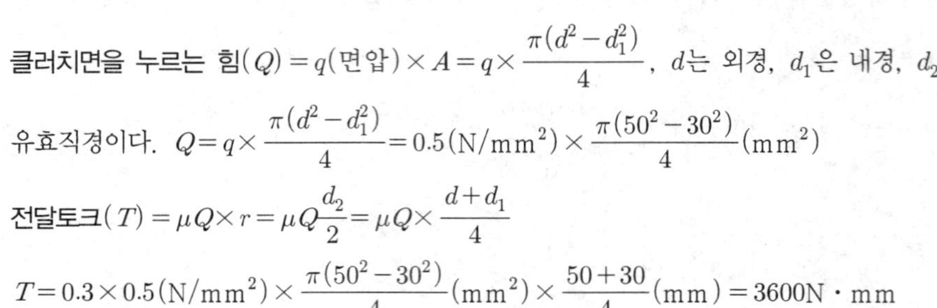

클러치면을 누르는 힘$(Q)=q$(면압)$\times A=q\times\dfrac{\pi(d^2-d_1^2)}{4}$, d는 외경, d_1은 내경, d_2는 유효직경이다. $Q=q\times\dfrac{\pi(d^2-d_1^2)}{4}=0.5(\mathrm{N/mm^2})\times\dfrac{\pi(50^2-30^2)}{4}(\mathrm{mm^2})$

전달토크$(T)=\mu Q\times r=\mu Q\dfrac{d_2}{2}=\mu Q\times\dfrac{d+d_1}{4}$

$T=0.3\times0.5(\mathrm{N/mm^2})\times\dfrac{\pi(50^2-30^2)}{4}(\mathrm{mm^2})\times\dfrac{50+30}{4}(\mathrm{mm})=3600\mathrm{N\cdot mm}$

11 1,200rpm으로 회전하고 5kN의 반지름 방향 하중이 작용하는 축을 미끄럼베어링이 지지하고 있다. 축의 지름이 100mm, 저널 길이가 50mm, 마찰계수가 0.01일 때, 미끄럼베어링의 손실동력[W]은? (단, $\pi=3$으로 한다)

① 150　② 300　③ 450　④ 600

해설

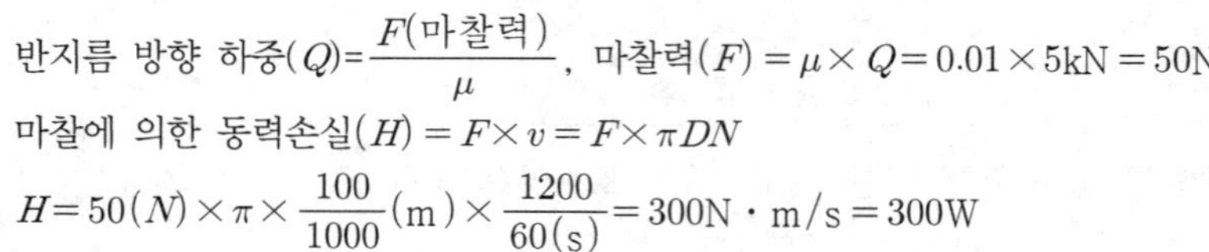

반지름 방향 하중$(Q)=\dfrac{F(\text{마찰력})}{\mu}$, 마찰력$(F)=\mu\times Q=0.01\times5\mathrm{kN}=50\mathrm{N}$

마찰에 의한 동력손실$(H)=F\times v=F\times\pi DN$

$H=50(N)\times\pi\times\dfrac{100}{1000}(\mathrm{m})\times\dfrac{1200}{60(\mathrm{s})}=300\mathrm{N\cdot m/s}=300\mathrm{W}$

12 SI 기본단위인 길이는 m, 질량은 kg, 시간은 s로 물리량을 표시할 때, 다음 중 옳지 않은 것은?

① 동력: $[\mathrm{m^3\ kg\ s^{-3}}]$　② 응력: $[\mathrm{m^{-1}\ kg\ s^{-2}}]$

③ 에너지: $[\mathrm{m^2\ kg\ s^{-2}}]$　④ 힘: $[\mathrm{m\ kg\ s^{-2}}]$

해설

동력$(W)=J/s=\dfrac{\mathrm{N\cdot m}}{\mathrm{s}}=\dfrac{\mathrm{kg\cdot m}}{\mathrm{s^2}}\cdot\dfrac{\mathrm{m}}{\mathrm{s}}=\mathrm{kg\cdot m^2\cdot s^{-3}}$

응력$(Pa)=\dfrac{\mathrm{N}}{\mathrm{m^2}}=\dfrac{\mathrm{kg\cdot m}}{\mathrm{s^2}}\cdot\dfrac{1}{\mathrm{m^2}}=\mathrm{kg\cdot m^{-1}\cdot s^{-2}}$

에너지$(J)=\mathrm{N\cdot m}=\dfrac{\mathrm{kg\cdot m}}{\mathrm{s^2}}\cdot\mathrm{m}=\mathrm{kg\cdot m^2\times s^{-2}}$

힘$(N)=\dfrac{\mathrm{kg\cdot m}}{\mathrm{s^2}}=\mathrm{kg\cdot m\times s^{-2}}$

정답 10.② 11.② 12.①

13 길이가 1.0m이고 단면이 20mm × 40mm인 사각봉에 축방향힘 16kgf가 작용할 때 1.0mm 늘어났다. 봉의 탄성계수[MPa]는? (단, 중력가속도 $g=10m/s^2$으로 한다)

① 20 ② 200 ③ 40 ④ 400

해설

변형률 $\epsilon=\dfrac{\Delta l}{l}=\dfrac{1}{1000}$

응력$(\sigma)=\dfrac{F}{A}=E\times\epsilon \rightarrow E=\dfrac{F}{A\times\epsilon}=\dfrac{16(\text{kgf})}{20(\text{mm})\times(40\text{mm})\times\dfrac{1}{1000}}=20(\text{kgf/mm}^2)$

문제에서 중력가속도 $g=10\text{m/s}^2$으로, $1\text{kgf}=10\text{N}$이다. 이를 대입하면

$E=20(\text{kgf/mm}^2)=200\text{N/mm}^2$

14 그림과 같이 지름이 500mm, $a=50$mm, $l=1{,}000$mm, 마찰계수 μ, 접촉각 θ인 브레이크 드럼에 30kgf · m의 토크가 작용하고 있다. 이 드럼을 멈추게 하기 위한 최소 조작력 F[kgf]는?(단, $e^{\mu\theta}=4$로 한다)

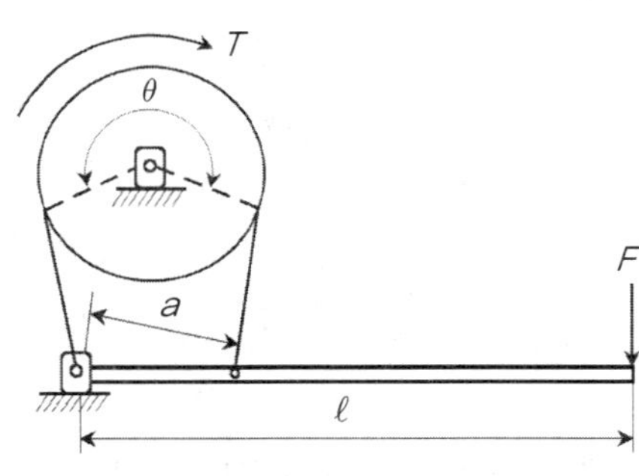

① 2 ② 3 ③ 4 ④ 5

해설

밴드브레이크라고 어려워 말자. 밴드를 벨트전동으로 간주하고 풀면 된다.

우회전으로 힌지점 쪽이 인장력(T_t), 힌지점 반대쪽이 이완력(T_s)이 작용한다.

멈추게 한다는 뜻은 작용하고 있는 토크(T)가 모두 제동력(유효장력=P_e)으로 작용한다는 말과 같다. $T=P_e\times\dfrac{d}{2} \dashrightarrow P_e=\dfrac{2T}{d}=\dfrac{2\times30(\text{kfg}\cdot\text{m})}{50(\text{mm})}=\dfrac{2\times30}{0.05}(\text{kgf})=120\text{kgf}$

장력비$(e^{\mu\theta})=4=\dfrac{T_t}{T_s} \rightarrow T_t=4T_s$ 으로 유도되므로,

$P_e=T_t-T_s \rightarrow 120=4T_s-T_s,\ T_s=\dfrac{120}{3}=40\text{kgf}$

그림에서 힌지점을 중심으로 $F\times l=T_s\times a \rightarrow F=T_s\times\dfrac{a}{l}=40\times\dfrac{50}{1000}=2\text{kgf}$

정답 13.② 14.①

15

맞물린 한 쌍의 표준 스퍼기어에서 구동기어의 잇수는 60, 피동기어의 잇수는 36, 모듈은 3일 때 두 기어의 중심거리[mm]는?

① 32 ② 48 ③ 96 ④ 144

해설

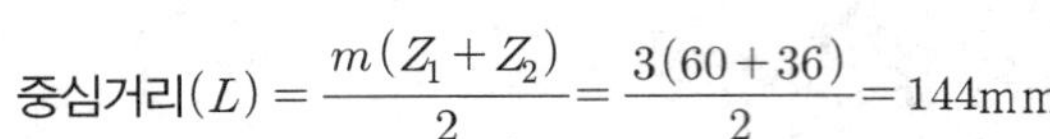

중심거리$(L) = \frac{m(Z_1+Z_2)}{2} = \frac{3(60+36)}{2} = 144\text{mm}$

16

그림과 같은 1줄 겹치기 리벳이음에서 리벳의 지름이 5mm이고 허용 전단응력이 4kgf/mm^2일 때, 750kgf의 하중 P를 지지하기 위한 리벳의 최소 개수는? (단, $\pi=3$으로 한다)

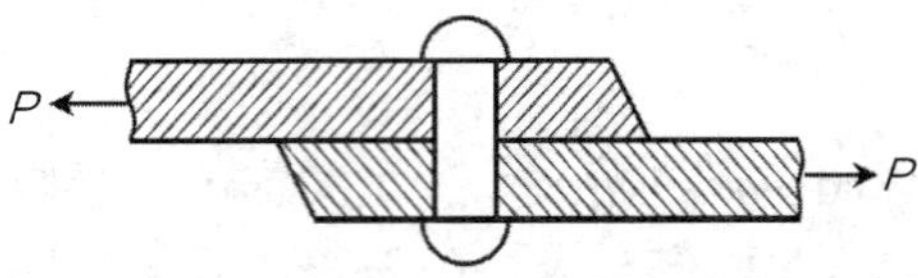

① 4 ② 6 ③ 8 ④ 10

해설

그림은 겹치기 리벳이음으로

전단응력$(\tau) = \frac{P}{n\times A} = \frac{P}{n\times\frac{\pi d^2}{4}} \longrightarrow n = \frac{4P}{\tau\times\pi d^2}$

리벳의 수$(n) = \frac{4P}{\tau\times\pi d^2} = \frac{4\times750(\text{kgf})}{4(\text{kgf/mm}^2)\times\pi\times(5\text{mm})^2} = 10$

17

벨트의 속도가 vm/s, 긴장측 장력이 $T_t$kgf, 이완측 장력이 $T_s$kgf, $T_t/T_s=4$일 때, 최대 전달동력[PS]은? (단, 원심력은 무시한다)

① $\frac{T_t v}{136}$ ② $\frac{T_t v}{125}$ ③ $\frac{T_t v}{100}$ ④ $\frac{T_t v}{75}$

해설

벨트전동에서

장력비$(e^{\mu\theta}) = 4 = \frac{T_t}{T_s} \rightarrow T_t = 4T_s$ …… (식 1) 혹은 $T_s = \frac{T_t}{4}$ …… (식 2)

- 1식을 대입하면 유효장력$(P_e) = T_t - T_s = 4T_s - T_s = 3T_s$ …… (식 3)
- 2식을 대입하면 유효장력$(P_e) = T_t - T_s = T_t - \frac{T_t}{4} = \frac{3T_t}{4}$ …… (식 4)
- 3식 대입 전달동력$(H_{ps}) = \frac{\text{P}_e(\text{kgf})\times v(\text{m/s})}{75} = \frac{3T_s\times v}{75} = \frac{T_s v}{25}$
- 4식 대입 전달동력$(H_{ps}) = \frac{P_e(\text{kgf})\times v(\text{m/s})}{75} = \frac{\frac{3T_t}{4}\times v}{75} = \frac{T_t v}{100}$

정답 15.④ 16.④ 17.③

18

나사의 회전력이 P, 축방향 하중이 Q, 유효 반지름이 r, 회전당 전진길이가 l일 때, 나사의 효율은?

① $\dfrac{Ql}{2\pi rP}$ ② $\dfrac{2\pi rP}{Ql}$

③ $\dfrac{Ql}{\pi rP}$ ④ $\dfrac{\pi rP}{Ql}$

해설

나사의 효율$(\eta) = \dfrac{\text{축방향(무게)이 한 일}}{\text{나사돌리는 일}} = \dfrac{W(\text{무게}) \times l(\text{리드})}{P(\text{나사돌리는 힘}) \times \pi d(\text{거리})}$

$\eta = \dfrac{W \times l}{P \times \pi d} = \dfrac{Wl}{2\pi r \times P} = \dfrac{\tan\alpha}{\tan(\alpha+\rho)}$, 여기서 α는 나선각(=리드각), ρ는 마찰각

19

내압력 0.9N/mm²를 받는 보일러 설계에서 안지름이 3m, 안전계수가 5, 이음효율이 50%, 부식여유가 1.0 mm, 강판의 인장강도가 500N/mm²일 때, 보일러 동체의 두께[mm]는?

① 26 ② 28

③ 30 ④ 32

해설

- 보일러의 얇은 두께는 축직각방향의 인장응력작용시로 설계해야 한다.
- 두께$(t) = \dfrac{pDS}{2\sigma\eta} + C$ 를 적용한다.

$t = \dfrac{pDS}{2\sigma\eta} + C = \dfrac{0.9(\text{N/mm}^2) \times 3000(\text{mm}) \times 5}{2 \times 500(\text{N/mm}^2) \times 0.5} + 1 = 27 + 1 = 28\text{mm}$

20

회전속도가 200rpm, 접촉력이 200kgf, 마찰계수가 0.3, 지름이 750mm인 마찰차의 최대 전달동력[PS]은? (단, $\pi = 3$으로 한다)

① 2.0 ② 4.0

③ 6.0 ④ 8.0

해설

전달동력$(H) = F \times v = \mu Q \times v$

$H = \mu Q \times v = 0.3 \times 200(\text{kgf}) \times \pi \times \dfrac{750}{1000}(\text{m}) \times \dfrac{200}{60(\text{s})}$, 마력으로 환산하자.

$H_{ps} = 0.3 \times 200 \times \pi \times \dfrac{750}{1000} \times \dfrac{200}{60} \times \dfrac{1}{75}(\text{ps}) = 6\text{ps}$

정답 18.① 19.② 20.③

공업기계직 기계설계 (2015년 4월 시행 국가직)

01 **응력집중계수가 1.5인 노치가 있는 기계부품이 인장하중을 받고 있으며, 노치 부분에 걸리는 응력이 30[MPa]이다. 이때의 공칭 응력[MPa]은?**

① 20　　② 45
③ 0.05　　④ 67.5

해설

응력집중계수$(i) = \dfrac{\text{노치 최대 응력}(\sigma_s)}{\text{평균응력}(\sigma_m)}$을 뜻한다. 공칭응력이란 시험전의 면적에서 발생하는 응력이다. 여기서, 평균응력과 공칭응력이 비슷하므로, 식에 대입하면

평균응력$(\sigma_m) = \dfrac{30MPa}{1.5} = 20MPa$

02 **볼트의 호칭지름이 30[mm]일 때, 보통너트의 높이[mm]로 가장 적합한 것은? (단, 볼트와 너트는 동일한 강재질이다)**

① 15　　② 27
③ 35　　④ 60

해설

볼트의 호칭지름(d)과 너트의 높이(H)의 관계
① 굽힘응력이 작용한다면 $H = 0.6d$로 계산되며,
② 전단응력이 작용한다면 $H = 0.4d$로 계산된다.
따라서 굽힘응력으로 설계하면 전단응력을 만족한다. 보통 KS규격에는 $H = 0.8d$로 규정한다.
대입하자. $H = 0.8 \times 30 = 24mm$, 보통 너트는 볼트 보다 재질이 약하게 하므로, 너트의 높이(H)는 이 값보다 큰 값을 선택한다.

03 **원통 위에 감은 실을 풀 때, 실 위의 한 점이 그리는 궤적을 곡선으로 한 기어 치형의 특징으로 옳지 않은 것은?**

① 변형시킨 전위기어를 사용할 수 있다.
② 맞물리는 두 기어의 중심거리가 다소 틀려도 속도비에는 영향이 없다.
③ 미끄럼률 및 마멸이 균일하며 운동이 원활하다.
④ 제작상의 오차 및 조립상의 오차가 다소 있더라도 사용에 큰 영향을 미치지 않는다.

해설

- 사이클로이드 곡선 : 고정된 한 직선 위(아래)를 하나의 원이 미끄럼 없이 굴러갈 때 원 원주 위의 한 점이 그리는 곡선

정답 01.① 02.② 03.③

- 인벌류트 곡선 : 원통 위에 감은 실을 풀 때 실 위의 한 점이 그리는 궤적
- 따라서, 인벌류트 곡선이 아닌 것을 고르면 된다. 미끄럼율 및 마멸이 균일한 것은 사이클로이드곡선이다.

04 실린더형 공기스프링이 있다. 실린더의 지름이 30[mm], 길이는 200[mm]이고, 0.3[MPa]로 압축된 공기가 채워져 있다. 실린더가 압축되는 방향으로 하중 500[N]이 작용하여 평형을 이룰 때, 실린더의 이동거리[mm]는? (단, 압축된 공기는 이상기체이며, 온도는 일정한 것으로 가정하고, $\pi=3$으로 한다)

① 79
② 81
③ 119
④ 121

해설

온도가 일정하다고 하므로, $PV=C$를 적용한다.

$P_1 \times V_1 = P_2 \times V_2$

$0.3MPa \times A \times 0.2m = \dfrac{500N}{A} \times A \times L,$

$0.3 \times 10^6 (N/m^2) \times \dfrac{\pi(0.03m)^2}{4} \times 0.2m = 500N \times L,$

$L = \dfrac{0.3 \times 10^6 \times \pi \times 0.03^2 \times 0.2}{500 \times 4}(m) = 0.081m = 81mm$

이 문제에서 이동한 거리를 물었으므로, 원래길이(200mm)-나중길이(81mm)=119mm로 계산된다.

05 적절한 재료로 안전율 3을 적용하여 안지름이 600[mm], 공급유체의 내압이 4[N/mm²]인 원통 용기를 설계한 결과, 용기의 두께가 8[mm]로 되었다. 이 재료의 기준강도[N/mm²]는?

① 75
② 150
③ 225
④ 450

해설

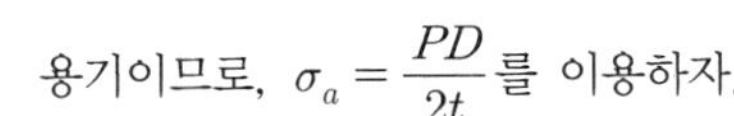

용기이므로, $\sigma_a = \dfrac{PD}{2t}$를 이용하자.

$\sigma_a = \dfrac{PD}{2t} = \dfrac{4(N/mm^2) \times 600(mm)}{2 \times 8(mm)} = 150N/mm^2$

그리고, 안전율이 주어져 있으므로,

$S = \dfrac{기준강도(\sigma_s)}{허용응력(\sigma_a)}$에서 $\sigma_s = S \times \sigma_a = 3 \times 150 = 450N/mm^2$으로 계산된다.

06 내접기어의 잇수가 72개, 태양기어의 잇수가 18개, 유성기어의 잇수가 27개인 유성기어장치에서, 내접기어를 고정하고 태양기어를 구동으로 하고, 캐리어를 종동으로 한다. 입력 토크가 10[Nm] 일 때, 출력 토크[Nm]는? (단, 동력 전달 시 손실이 없다고 가정한다)

① 2　　② 15

③ 40　　④ 50

내접기어=링기어, 태양기어=선기어이다.

조건에서 링기어(고정), 선기어(구동), 캐리어(피동)이라 하였으므로,

$$\text{속도비}(i) = \frac{\text{구동회전수}}{\text{피동회전수}} = \frac{\text{선기어 구동회전수}(N_s)}{\text{캐리어피동회전수}(N_c)} = \frac{\text{캐리어 피동잇수}(Z_c)}{\text{선기어 구동잇수}(Z_s)}$$ 의 관계가 있다.

여기서 캐리어의 잇수는 없는 것이 아니라 선기어가 링기어를 밟고 피동되어지므로,

$Z_c = Z_s + Z_r$ 임을 기억해야 한다.(캐리어를 구동할 때도 캐리어의 잇수는 앞 식과 같다.)

대입하자.

$$\text{속도비}(i) = \frac{\text{선기어 구동회전수}(N_s)}{\text{캐리어 피동회전수}(N_c)} = \frac{\text{캐리어 피동잇수}(Z_c)}{\text{선기어 구동잇수}(Z_s)} = \frac{Z_s + Z_r}{Z_s} = \frac{18+72}{18} = \frac{90}{18} = 5$$

토크는 속도비와 반비례한다.

$$\text{속도비}(i) = \frac{\text{선기어 구동회전수}(N_s)}{\text{캐리어 피동회전수}(N_c)} = 5 = \frac{\text{캐리어 피동토크(출력)}}{\text{선기어구동토크(입력)}}$$ 이므로,

$\text{출력(토크)} = \text{입력(토크)} \times 5 = 10 \times 5 = 50N-m$ 로 계산된다.

07 번지점프에서 점프대는 로프 길이보다 충분히 높이 설치되어 있다. 로프 길이가 100[m]이고, 사람이 점프대에 한쪽 끝이 고정된 로프의 끝을 발목에 매고 점프대에서 뛰어내릴 때, 로프의 최대 늘어난 길이[m]의 근삿값으로 가장 적합한 것은? (단, 로프의 스프링 상수 k=1000[N/m]이고, 사람의 무게는 1000[N]이며, 로프의 무게는 무시한다)

① 1　　② 15

③ 20　　④ 25

로프의 무게를 무시하므로,

사람의 위치에너지 = 로프의 탄성에너지임을 기억하자.

$\text{사람무게}(1000N) \times \text{로프길이만큼 위치이동}(100m)$ ······식 (1)

$\text{탄성에너지} = \frac{1}{2}W\delta = \frac{1}{2}k\delta^2 = \frac{1}{2} \times 1000(N/m) \times \delta^2$ ······식 (2)

식 (1)=식 (2)

$1000(N) \times 100(m) = \frac{1}{2} \times 1000(N/m) \times (\delta m)^2$,

$\delta^2 = 200m^2,\ \delta = \sqrt{200} = 14.14m$

따라서, 근사값으로 15m를 택한다.

정답 06.④ 07.②

08 다음 글에서 설명하고 있는 운동용 나사는?

축 하중의 방향이 한쪽으로만 작용되는 경우에 사용하는 것으로 하중을 받는 면의 경사가 수직에 가까운 3°이기 때문에 효율이 좋다. 바이스나 프레스 등의 이송 나사로 사용한다.

① 톱니나사
② 둥근나사
③ 사각나사
④ 사다리꼴나사

해설

톱니나사: 한 쪽방향의 힘을 전달, 둥근나사: 먼지가 많은 곳에 사용, 사다리꼴과 사각나사: 운동전달용 나사

09 그림과 같이 하중 500[kgf]이 너클조인트의 양단에 가해지고 있다. 이때 전단하중을 고려하여 설계 할 경우, 너클핀의 지름[mm]은? (단, 허용 전단응력은 5[kgf/mm^2]이다)

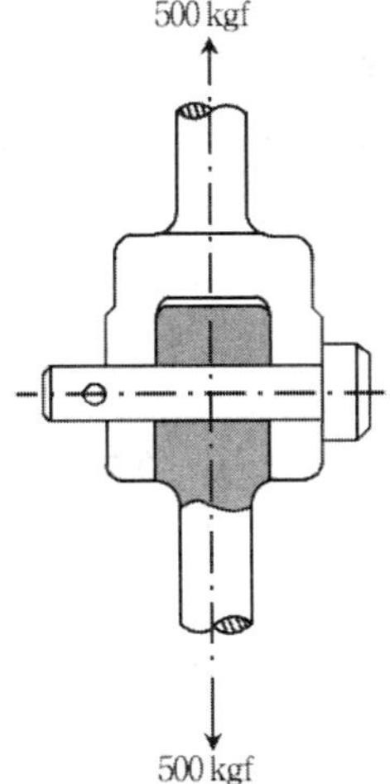

① $\sqrt{\frac{200}{\pi}}$
② $\sqrt{\frac{125}{\pi}}$
③ $\sqrt{\frac{400}{\pi}}$
④ $\sqrt{\frac{250}{\pi}}$

해설

너클조인트에 전단되는 면적은 2개이다.

$\tau = \frac{F}{A}$, $5(kgf/mm^2) = \frac{500(kgf)}{2\times\frac{\pi\times d^2(mm^2)}{4}}$ 으로 식이 세워진다.

$d^2 = \frac{100\times 2}{\pi}mm^2$, $d = \sqrt{\frac{200}{\pi}}\,mm$ 으로 계산된다.

정답 08.① 09.①

10 다음 그림과 같이 4.5[ton]의 인장력을 맞대기 용접한 판에 작용시킬 때, 용접부에 발생하는 인장응력[kgf/mm^2]은?

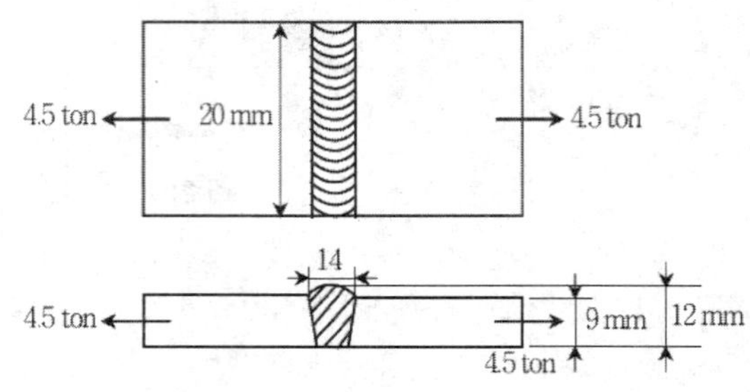

① 19 ② 25
③ 27 ④ 42

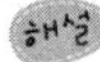

맞대기 용접으로 두께가 같다. 식으로 표현하면,

$\sigma_t = \dfrac{F}{t \times l}$, $\sigma_t = \dfrac{4500kgf}{9mm \times 20mm} = 25\,\mathrm{kgf/mm^2}$로 계산된다.

여기서 주의할 점은 용접부의 최고 높이를 넣지 않고, 판의 두께를 사용한다는 점이다. 만일 두께가 다른 맞대기 이음의 경우 작은 두께를 사용해야 한다.

11 바흐(Bach)의 축공식에 대한 설명으로 옳은 것은?

① 연강 축의 최대 처짐각이 0.001[rad] 이하가 되도록 설계한다.
② 연강 축의 길이가 축 지름의 20배일 때 비틀림으로 변형된 각도가 1° 이내가 되도록 설계한다.
③ 연강 축의 최대 처짐량은 축 길이의 0.00033배 이내이어야 한다.
④ 연강 축의 길이 1[m]당, 비틀림으로 변형된 각도가 0.25°이내가 되도록 설계한다.

해설

바흐의 축공식은 연강의 경우에 적용, 길이 1m당 비틀림 각도를 0.25°(1/4도)이내가 되도록 강성설계

12 다음 베어링 중 길이에 비하여 지름이 매우 작은 롤러를 사용한 것으로, 내·외륜의 두께가 얇아 바깥지름이 작으며, 단위 면적에 대한 강성이 커 좁은 장소에서 비교적 큰 하중을 받는 기계장치에 사용되는 것은?

① 니들 롤러 베어링 ② 원통 롤러 베어링
③ 테이퍼 롤러 베어링 ④ 자동 조심 롤러 베어링

해설

니들(needle)이란 바늘을 뜻한다. 즉 지름이 길이에 비해 아주 작은 것을 말한다.

정답 10.② 11.④ 12.①

13 크리프 현상에 대한 설명으로 옳지 않은 것은?

① 천이(transient) 크리프 동안에는 시간이 경과함에 따라 크리프 속도는 감소한다.
② 일정한 온도에서 하중의 크기가 클수록 크리프 속도가 증가하여 파단에 이르는 시간이 짧아진다.
③ 고온, 고하중의 경우 크리프 속도가 증가하여 빨리 파단이 발생된다.
④ 크리프 속도가 최대가 될 때 크리프 한계응력이 발생한다.

해설

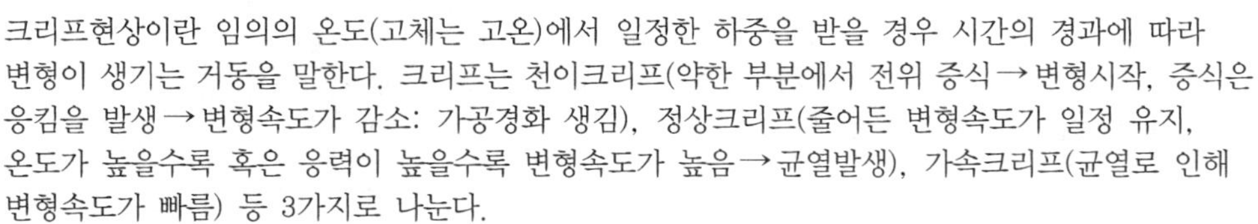
크리프현상이란 임의의 온도(고체는 고온)에서 일정한 하중을 받을 경우 시간의 경과에 따라 변형이 생기는 거동을 말한다. 크리프는 천이크리프(약한 부분에서 전위 증식 → 변형시작, 증식은 응킴을 발생 → 변형속도가 감소: 가공경화 생김), 정상크리프(줄어든 변형속도가 일정 유지, 온도가 높을수록 혹은 응력이 높을수록 변형속도가 높음 → 균열발생), 가속크리프(균열로 인해 변형속도가 빠름) 등 3가지로 나눈다.
크리프한계(creep limit)란 어떤 온도에서 재료의 변형속도가 0이 되는 최대응력을 말한다.

14 헬리컬기어에 대한 설명으로 옳지 않은 것은?

① 치직각 모듈은 축직각 모듈보다 작다.
② 좌비틀림 헬리컬기어는 반드시 좌비틀림 헬리컬기어와 맞물려야 한다.
③ 치직각 단면에서 피치원은 타원이 되며, 타원의 곡률 반지름 중 가장 큰 반지름을 상당 스퍼기어 반지름이라고 한다.
④ 헬리컬기어로 동력을 전달할 때는 일반적으로 축방향하중이 발생된다.

해설

좌비틀림 헬리컬기어는 반드시 우비틀림 헬리컬 기어와 맞물려야 한다.

15 원통마찰차의 원동차 지름이 300[mm], 회전수 600[rpm], 단위길이[mm]당 허용수직힘이 2.5[kgf/mm]일 때, 최대전달동력 9[PS]를 전달하기 위해 필요한 바퀴의 최소 폭[mm]은? (단, 원동차의 표면재료는 목재, 종동차는 주철재이며, 마찰계수는 0.15, $\pi=3$으로 한다)

① 100 ② 150
③ 200 ④ 300

해설

수직힘$(Q) = q(\mathrm{kgf/mm}) \times l = 2.5(\mathrm{kgf/mm}) \times l$
접선력$F(kgf) = \mu \times Q = 0.15 \times 2.5 \times l$으로 유도된다.

$$H_p(9ps) = \frac{F \times v}{75} = \frac{0.15 \times 2.5 \times l}{75} \times \frac{\pi \times 0.3m \times 600}{60(s)}$$

$$l = \frac{9 \times 75 \times 60}{0.15 \times 2.5 \times \pi \times 0.3 \times 600} = 200mm$$ 으로 계산된다.

16 동력전달을 위한 평벨트 전동장치에 대한 설명으로 옳지 않은 것은?

① 직물벨트는 가죽벨트보다 가볍고 인장강도는 크나 유연성이 좋지 않아 전동능력이 떨어진다.
② 바로걸기에서 벨트를 수평으로 걸어서 전동하는 경우 긴장측을 위쪽으로 하는 것이 좋다.
③ 운전 중에 벨트가 풀리에서 벗겨지지 않도록 풀리의 표면은 가운데를 약간 높게 한다.
④ 벨트 전동장치에서는 속도비를 일정하게 유지하기 곤란하다.

해설

바로걸기에서 긴장측은 아래에, 이완측은 위에 두어 중력에 의해 접촉각을 크게 하는 것이 전달효율을 높일 수 있다.

17 다판 클러치에서 접촉면의 안지름이 100[mm], 바깥지름이 300[mm]이고, 접촉면압이 0.01[kgf/mm²]일 경우, 50000[kgf·m] 이상의 토크를 전달하기 위해 필요한 접촉면 수가 최소 몇 개인가? (단, 마찰계수는 0.2이며, 제동효율은 고려하지 않고, π =3으로 한다)

① 1
② 3
③ 5
④ 7

해설

누르는 힘$(Q) = q\times n\times A = 0.01(kgf/mm^2)\times n\times \dfrac{\pi(d_o^2-d_i^2)}{4}$

접선력$F(kgf) = \mu\times Q = 0.2\times 0.01\times n\times \dfrac{\pi(300^2-100^2)}{4}$ 으로 유도된다.

전달토크$(T) = F\times \dfrac{d_m}{2} = F\times \dfrac{d_o+d_i}{4}$ 이므로,

$$50000(kgf-mm) = 0.2\times 0.01\times n\times \frac{\pi(300^2-100^2)}{4}\times\frac{300+100}{4}$$

$$n = \frac{50000\times 4\times 4}{0.2\times 0.01\times\pi\times(300^2-100^2)\times 400} = 4.16667$$ 로 계산된다.

따라서 5개를 선택한다.

18 로프의 인장력 1000[kgf]이 걸려 있는 상태에서 최대 처짐량을 5[cm] 정도로 유지하기 위한 로프 풀리의 두 축 사이의 거리[m]의 근사치로 가장 적당한 것은? (단, 로프의 단위길이당 무게는 1[kgf/m]이다)

① 10
② 15
③ 20
④ 30

해설

로프 풀리간의 거리: l, 최대 처짐량: h, 로프의 단위 길이당 무게: w,
로프 풀리간 인장력: H라 하면 다음과 같은 식이 성립한다.

정답 16.② 17.③ 18.③

$H = \frac{wl^2}{8h}$, 대입하자. $1000(kgf) = \frac{1(kgf/m) \times l^2(m^2)}{8 \times 0.05(m)}$

$l^2 = 1000 \times 8 \times 0.05$, $l = \sqrt{400}\,m^2 = 20m$ 로 계산된다.

19 접착이음에 대한 설명으로 옳지 않은 것은?

① 비금속재료 및 이종재료까지 접착이 가능하고, 진동 및 충격의 흡수가 가능하다.
② 다량의 동시접착으로 자동화가 가능하나, 접착제의 내구성이 약하고 접착 강도의 평가가 어렵다.
③ 접착이음의 파괴는 계면파괴, 응집파괴 그리고 접착체 파괴로 구분되며, 계면파괴가 가장 흔하게 발생한다.
④ 접착이음의 강도를 향상시키려면 인장응력을 증가시키고 전단응력을 감소시키면 된다.

해설

계면파괴: 접착제와 피착제의 계면에서 일어나는 파괴, **응집파괴**: 접착제 자체가 파괴되는 경우, **피착제파괴**: 피착제가 파괴되는 경우(여기서는 타이핑이 잘못 됨). 대부분 계면파괴가 흔하게 발생 → 전단에 의해 파괴. 접착이음의 강도(면적당 힘)를 높이려면 인장응력이나 전단응력을 크게 한다.

20 물림률이 1.5인 평기어에 대한 설명으로 옳은 것은?

① 물림률이 1.5인 평기어는 물림길이에서 두 쌍의 기어 이가 물리는 길이는 1의 비율이고 한 쌍의 기어 이가 물리는 길이는 0.5의 비율이다.
② 물림률이 1.5인 평기어는 물림길이에서 두 쌍의 기어 이가 물리는 길이는 0.5의 비율이고 한 쌍의 기어 이가 물리는 길이는 1의 비율이다.
③ 물림률이 1.5인 평기어는 항상 한 쌍의 기어 이가 물려서 회전한다.
④ 물림률이 1.5인 평기어는 항상 두 쌍의 기어 이가 물려서 회전한다.

해설

인벌류트곡선에서 물림률$(\epsilon) = \frac{\text{기초원 접촉호 길이}(l)}{\text{기초원 피치}(p_g)} = \frac{\text{물림길이}(l)}{\text{법선피치}(p_n)}$ 이고,

피치원에서 물림률$(\epsilon) = \frac{\text{접촉호 길이}}{\text{피치원의 피치}}$ 로 나타낸다. 법선피치에서 2쌍의 기어 접촉점이 생기는 것이 50%이고 1쌍의 기어 접촉점이 생기는 것이 50%라면 물림률은 1.5가 된다. 물림길이에서 2쌍의 기어 접촉점이 생기는 것이 100%이고 1쌍의 기어 접촉점이 생기는 것이 50%라면 물림률은 1.5가 된다.

공업기계직 기계설계(2016년 4월 시행 국가직)

01 나사의 호칭 기호에 대한 설명으로 옳지 않은 것은?

① M은 미터나사이다. ② G는 관용 평행나사이다.
③ UNF는 유니파이 보통나사이다. ④ Tr은 미터 사다리꼴나사이다.

UNC에서 UN은 유니파이를 뜻하고 C는 보통나사를 뜻한다. 만일 C대신에 F가 있으면 가는나사를 의미한다.

02 베벨기어의 모듈이 4mm, 피치원추각이 60°, 잇수가 40일 때, 베벨기어의 대단부 바깥지름 [mm]은?(단, 이끝높이와 모듈은 같다고 가정한다.)

① 164 ② 168
③ 172 ④ 174

베벨기어의 바깥지름은 다음과 같이 구해진다.
$D_0 = D + 2h_k\cos\alpha$로 구해진다. 즉, 피치원의 지름(D)과 이끝높이가 피치원 원추각에 의해 이루는 수직선의 높이($h_k\cos\alpha$: 위 아래 2개 존재)를 더한 값이다.

$$D_0 = D + 2h_k\cos\alpha = mZ + 2m\cos\alpha = 4\times 40 + 2\times 4\times\frac{1}{2} = 164mm$$

03 볼 베어링의 처음 정격 수명이 L_n인 경우, 동일 조건에서 베어링의 하중을 2배로 증가시킬 때 정격 수명은?

① $\frac{1}{3}L_n$ ② $\frac{1}{4}L_n$
③ $\frac{1}{6}L_n$ ④ $\frac{1}{8}L_n$

처음 상태에서 볼베어링의 수명 $L_{n1} = (\frac{C}{P})^3$이고,

$P\rightarrow 2P$한 나중 상태에서 볼베어링의 수명 $L_{n2} = (\frac{C}{2P})^3 = (\frac{C}{P})^3\times(\frac{1}{2})^3 = L_{n1}\times(\frac{1}{2})^3$으로 계산된다.

정답 01. ③ 02. ① 03. ④

04 스프링의 탄성변형 에너지에 대한 설명으로 옳지 않은 것은?

① 하중이 커질수록 탄성변형 에너지는 커진다.
② 변형량이 커질수록 탄성변형 에너지는 커진다.
③ 비틀림각이 커질수록 탄성변형 에너지는 작아진다.
④ 토크가 커질수록 탄성변형 에너지는 커진다.

해설

탄성에너지는 다음과 같이 구할 수 있다.

$U=\frac{1}{2}W\delta=\frac{1}{2}k\delta^2=\frac{1}{2}k(R\theta)^2$, 여기서 $k=\frac{W}{\delta}$, $\delta=R\theta$이다.

따라서, 탄성에너지(U)는 무게, 처짐, 비틀림각에 따라 증가함을 알 수 있다.

05 스프로켓과 롤러 체인을 이용하여 구성된 동력 전달장치의 총 전달동력을 증가시키기 위한 방법으로 옳지 않은 것은?

① 잇수가 더 많은 스프로켓을 사용한다.
② 더 큰 피치를 가지는 체인을 사용한다.
③ 지름이 더 작은 스프로켓을 사용한다.
④ 스프로켓의 회전수를 증가시킨다.

해설

스프로킷과 롤러체인과의 전동에서 전달동력을 높이는 방법은 마찰저항을 줄이면 된다. 스프로킷 입장에서는 잇수가 많거나 스프로킷 크기(직경)가 클수록, 회전수가 빠를수록 마찰저항이 감소한다. 롤러체인의 입장에서는 롤러가 클수록(피치가 클수록) 마찰저항이 감소한다.

06 한 쪽이 고정된 지름 10mm의 중실 원형봉에 토크 T가 작용할 때, 최대 비틀림응력은 τ 이다. 동일한 토크 T에서 원형봉의 지름이 11mm로 되었을 때 원형봉에 발생하는 최대 비틀림응력에 가장 가까운 것은?(단, $\frac{1}{1.1}=0.9$로 계산한다)

① 0.66
② 0.73
③ 0.81
④ 0.90

해설

지름 10mm 중실원형봉에서 토크$(T_1)=\tau_1\times z_{p1}=\tau_1\times\frac{\pi d_1^3}{16}=\tau_1\times\frac{\pi\times 10^3}{16}$이고,

지름 11mm 중실원형봉에서 토크$(T_2)=\tau_2\times z_{p2}=\tau_2\times\frac{\pi d_2^3}{16}=\tau_2\times\frac{\pi\times 11^3}{16}$이다.

$T_1=T_2$라 하였으므로,

$\tau_1\times\frac{\pi 10^3}{16}=\tau_2\times\frac{\pi\times 11^3}{16}$, $\tau_2=\tau_1\times(\frac{10}{11})^3=\tau_1\times(0.9)^3=0.73\tau_1$

정답 04. ③ 05. ③ 06. ②

07 지름이 d=20mm인 회전축에 b=5mm, h=7mm, 길이=90mm인 평행키가 고정되어 있을 때, 압축응력만으로 전달할 수 있는 최대 토크[N·mm]는?(단, 키의 허용압축응력은 4MPa이다)

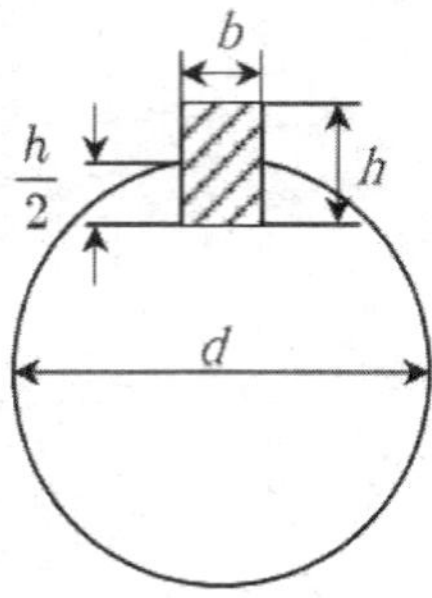

① 6,300 ② 12,600
③ 18,900 ④ 25,200

$$\text{압축응력}(\sigma_c) = \frac{2F}{hl}\ ,\quad 4MPa(N/mm^2) = \frac{2F(N)}{7mm \times 90mm}\ , F = \frac{4 \times 7 \times 90}{2}(N) = 1260N$$

$$\text{전달토크}(T) = F \times \frac{d}{2} = 1260(N) \times \frac{20mm}{2} = 12600N \cdot mm$$

08 지름이 30mm이고 허용전단응력이 80MPa인 리벳을 이용하여 두 강판을 1줄 겹치기 이음으로 연결하고자 한다. 연결된 두 강판에 100kN의 인장하중이 작용한다면 요구되는 리벳의 최소 개수는?(단, 판 사이의 마찰력을 무시하고, 전단력에 의한 파손만을 고려한다)

① 2 ② 4
③ 6 ④ 8

강판에 작용하는 인장력은 리벳입장에서는 전단력이 된다.

$\tau = \dfrac{F}{A} = \dfrac{F}{\dfrac{\pi d^2}{4} \times n} = \dfrac{4F}{\pi d^2 \times n}$ 으로 유도된다. 대입하자.

$80MPa(N/mm^2) = \dfrac{4 \times 100 \times 10^3(N)}{\pi \times 30^2 \times n(mm^2)}\ , n = \dfrac{4 \times 100 \times 10^3}{\pi \times 30^2 \times 80} = 1.768$ 로 계산된다.

따라서 2개를 선택한다.

정답 07. ② 08. ②

09 접촉면의 안지름과 바깥지름이 각각 20mm, 40mm이고, 마찰 계수가 μ인 단판 클러치로 450N·mm의 토크를 전달시키는 데 필요한 접촉면압[MPa]은?(단, 힘은 균일 압력조건, 토크는 균일 마모조건으로 가정한다)

① $\frac{1}{2\pi\mu}$
② $\frac{1}{4\pi\mu}$
③ $\frac{1}{5\pi\mu}$
④ $\frac{1}{10\pi\mu}$

해설

단판클러치이고, 평균반경 $d_m = \frac{d_1 + d}{2} = \frac{20+40}{2} = 30mm$

전달토크 $T = F \times \frac{d_m}{2}$, $450(N \cdot mm) = F \times \frac{30}{2}$, $F = 30N$

전달력인 접선력(F)은 클러치면에서 마찰력(P)이다.
클러치면을 누르는 힘(Q)와 마찰력 사이의 관계식은 $P = \mu \times Q$이고,
누르는 힘(Q) $= q \times A$이다. q는 면압이고, A는 누르는 면적이다.

$P = \mu \times Q = \mu q A$, $30N = \mu \times q \times \frac{\pi(40^2 - 20^2)}{4}$

$q = \frac{30 \times 4}{\mu \times \pi \times (40^2 - 20^2)} = \frac{120}{\mu\pi \times 1200} = \frac{1}{10\mu\pi}$ 로 계산된다.

10 골지름이 d_1인 수나사에 축방향 인장하중 W와 비틀림모멘트 $T = \frac{3}{32} W d_1$이 복합적으로 작용한다. 이때 나사부에 생기는 최대전단응력은?

① $\frac{7W}{2\pi d_1^2}$
② $\frac{6W}{2\pi d_1^2}$
③ $\frac{5W}{2\pi d_1^2}$
④ $\frac{4W}{2\pi d_1^2}$

해설

나사의 골지름(d_1)에 인장하중(W)가 생긴다는 말은 $\sigma = \frac{W}{\frac{\pi d_1^2}{4}} = \frac{4W}{\pi d_1^2}$이고,

비클림모멘트($T = \frac{3}{32} W d_1$)이 작용한다는 말은 $\tau = \frac{T}{z_p} = \frac{\frac{3}{32} W d_1}{\frac{\pi d_1^3}{16}} = \frac{3W}{2\pi d_1^2}$이다.

2가지가 복합으로 작용하는 최대전단응력(τ_{max})은

$$\tau_{max} = \frac{1}{2}\sqrt{\sigma^2 + 4\tau^2} = \frac{1}{2}\sqrt{(\frac{4W}{\pi d_1^2})^2 + (2 \times \frac{3W}{2\pi d_1^2})^2} = \frac{1}{2} \times \frac{5W}{\pi d_1^2}$$

정답 09. ④ 10. ③

11 베어링의 윤활유 유출을 방지하기 위한 접촉형 밀봉장치는?

① 펠트 실(felt seal) ② 슬링거(slinger)

③ 라비린스 실(labyrinth seal) ④ 오일 홈(oil groove)

해설

베어링에서 윤활유 유출을 방지하기 위한 접촉형 밀봉장치는 펠트 실이다.

12 단면적이 1,000mm²인 봉에 1,000N의 추를 달았더니 이 봉에 발생한 응력이 설계 허용인장응력에 도달하였다. 이 봉재의 항복점 1,000N/cm²가 기준강도이면 안전율은?

① 5 ② 10

③ 15 ④ 20

해설

연강에서는 항복점 강도가 기준강도가 된다.

즉 안전율$(S) = \frac{기준강도}{허용응력} = \frac{항복점}{허용응력}$ --1식이다.

허용응력$= \frac{W}{A} = \frac{1000N}{1000mm^2} = 1N/mm^2$으로 계산되고, 1식에 대입하자

$$S = \frac{1000(N/cm^2)}{1(N/mm^2)} = \frac{1000 \times \frac{N}{(10mm)^2}}{1N/mm^2} = 10$$으로 계산된다.

13 굽힘모멘트 $M = 8kN \cdot m$, 비틀림모멘트 $T = 6kN \cdot m$를 동시에 받고 있는 원형 단면 축의 상당 굽힘모멘트 M_e[kN·m]와 상당비틀림모멘트 T_e[kN·m]는?

① $M_e = 9$, $T_e = 10$ ② $M_e = 10$, $T_e = 9$

③ $M_e = 18$, $T_e = 20$ ④ $M_e = 20$, $T_e = 18$

해설

상당굽힘모멘트(M_e)

$$M_e = \frac{1}{2}(M + \sqrt{M^2 + T^2}) = \frac{1}{2}(8 + \sqrt{8^2 + 6^2}) = \frac{1}{2}(8 + \sqrt{64 + 36}) = \frac{8+10}{2} = 9$$

상당비틀림모멘트(T_e)

$$T_e = \sqrt{M^2 + T^2} = \sqrt{8^2 + 6^2} = \sqrt{100} = 10$$

정답 11. ① 12. ② 13. ①

14

풀리 피치원의 큰쪽 지름이 D_2, 작은쪽 지름이 D_1, 두 축 간의 중심거리가 C인 평벨트로 동력을 전달할 때, 평행걸기(바로걸기)의 벨트길이에 비하여 엇걸기(십자걸기)의 벨트길이 증가는?(단, 벨트길이 근사계산은 $\sin\phi = \phi, \cos\phi = 1 - \frac{1}{2}\phi^2$을 이용한다)

① $\frac{D_1 D_2}{C}$　② $\frac{2D_1 D_2}{C}$　③ $\frac{C}{D_1 D_2}$　④ $\frac{2C}{D_1 D_2}$

해설

바로걸기 벨트 길이 $L_p = 2C + \frac{\pi}{2}(D_1 + D_2) + \frac{(D_2 - D_1)^2}{4C}$ – [1식]

엇걸기 벨트 길이 $L_x = 2C + \frac{\pi}{2}(D_1 + D_2) + \frac{(D_2 + D_1)^2}{4C}$ – [2식]

[2식]−[1식]을 하면

$\frac{(D_2 + D_1)^2}{4C} - \frac{(D_2 - D_1)^2}{4C} = \frac{2D_1 D_2 + 2D_1 D_2}{4C} = \frac{D_1 D_2}{C}$ 로 유도된다.

15

안지름이 150mm, 바깥지름이 200mm, 칼라 수가 2개인 칼라 베어링이 견딜 수 있는 최대 축방향 하중[N]은?(단, 평균 베어링 압력=0.06MPa, $\pi = 3$으로 한다)

① 1,155　② 1,575
③ 2,310　④ 3,150

해설

칼라베어링이므로, 축방향베어링 압력$(p) = \frac{F}{A} = \frac{F}{\frac{\pi(d^2 - d_1^2)}{4} \times n}$에 대입하자.

$0.06MPa(N/mm^2) = \frac{4 \times F(N)}{\pi(200^2 - 150^2) \times 2(mm^2)}$, 단위를 맞추었음

$F = \frac{0.06 \times \pi \times (200^2 - 150^2)}{2} = \frac{0.06 \times 3 \times (40000 - 22500)}{2} = 0.09 \times 17500 = 1575N$

16

인벌류트 기어의 작용선에 대한 설명으로 옳지 않은 것은?

① 두 기어가 맞물려 회전할 때 접촉점에서 힘이 전달되는 방향을 나타낸다.
② 두 기어가 맞물려 회전할 때 접촉점이 이동하는 궤적이 된다.
③ 두 기어 기초원의 공통접선이 된다.
④ 두 기어가 맞물려 회전할 때 치면의 접촉점에서 세운 공통접선이다.

해설

작용선은 ①, ②, ③을 말하며, ④의 경우, 작용선은 두 기어가 맞물려 회전할 때 치면의 접촉점이 만들어가는 궤적(물림길이)를 포함한다.

정답 14. ① 15. ② 16. ④

17 **밴드 브레이크에서 드럼이 그림과 같이 우회전할 때 레버에 작용 하는 힘 F는?(단, T_t와 T_s는 장력, μ는 마찰계수, θ는 접촉각, f는 제동력이며, 원심력의 영향은 무시하고, 브레이크 작동의 기구학적 조건은 만족한다)**

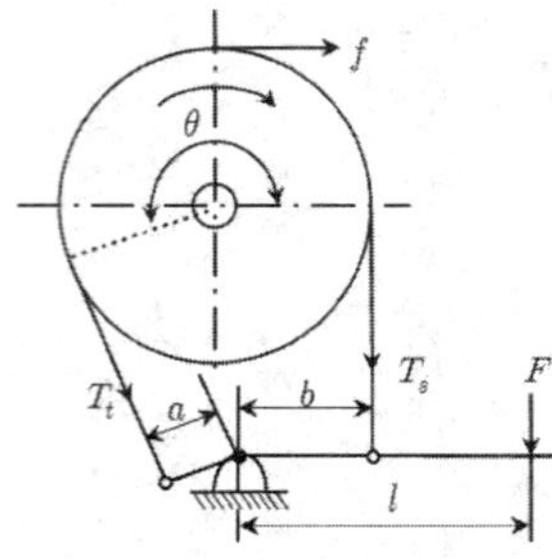

① $\dfrac{fb}{l(e^{\mu\theta}-1)}$　　② $\dfrac{f(a-be^{\mu\theta})}{l(e^{\mu\theta}-1)}$

③ $\dfrac{fae^{\mu\theta})}{l(e^{\mu\theta}-1)}$　　④ $\dfrac{f(b-ae^{\mu\theta})}{l(e^{\mu\theta}-1)}$

해설

힘의 작용을 개략도로 표시하면 다음과 같다. 오른쪽으로 회전하기 때문에 a거리 만큼 떨어져 좌측에 작용하는 힘이 Tt 즉 긴장력이 된다.(회전방향이 바뀌면 이완력이 된다.)

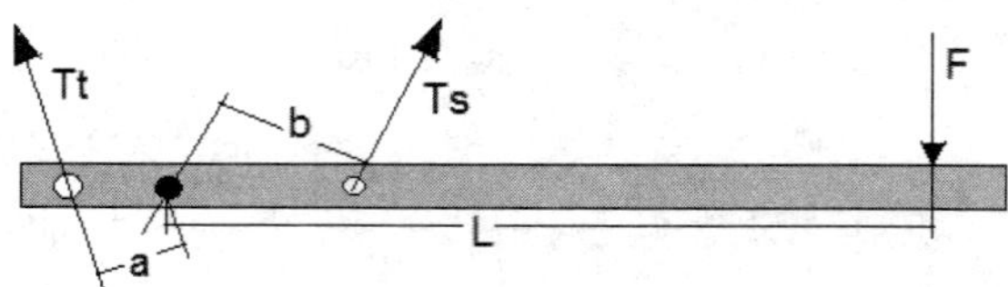

힌지점에서 $\sum T=0$을 적용하자. 반시계방향 (+), 시계방향 (−)로 놓자.

$-T_t\times a+T_s\times b-F\times l=0$, $F=\dfrac{T_sb-T_ta}{l}$ --1식

긴장력$(T_t)=\dfrac{e^{\mu\theta}}{e^{\mu\theta}-1}f$, $f=$ 유효장력 $=T_e$,이완력$(T_s)=\dfrac{1}{e^{\mu\theta}-1}f$ 을 1식에 대입하자.

$F=\dfrac{T_sb-T_ta}{l}=\dfrac{f(b-e^{\mu\theta})}{(e^{\mu\theta}-1)l}$ 로 유도된다.

정답 17. ④

18 내경 1m, 두께 1cm의 강판으로 원통형 압력용기를 만들 경우 허용할 수 있는 압력[kPa]은? (단, 강판의 허용응력은 70MPa, 이음효율은 70%, 압력은 게이지 압력, 응력은 얇은 벽 응력으로 가정한다)

① 98　　② 196
③ 980　　④ 1,960

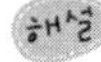

$t=\dfrac{PD}{2\sigma\eta}$ 에 적용하자.

$$10mm=\frac{P\times 1000(mm)}{2\times 70\times 10^6(Pa)\times 0.7},\ P=\frac{10\times 2\times 70\times 10^6\times 0.7}{1000}=980000(Pa)$$

19 그림과 같은 기어열에서 모터의 회전수는 9,600rpm이고 기어 d의 회전수는 100rpm일 때, 웜기어의 잇수는?(단, 웜은 1줄 나사 이고, Z_a, Z_b, Z_c, Z_d 는 각 스퍼기어의 잇수이다)

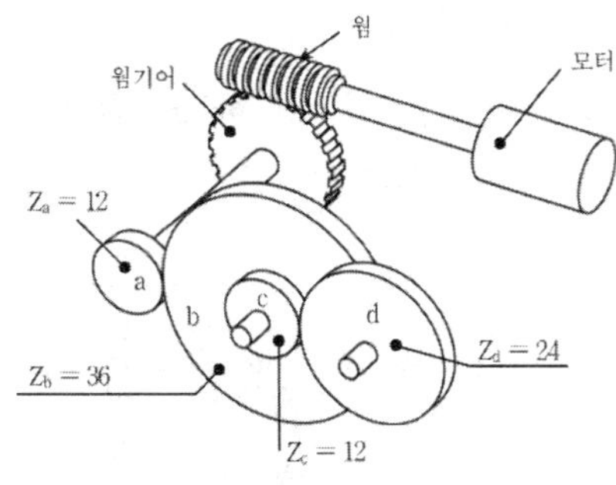

① 14　　② 16
③ 18　　④ 20

속도비 공식을 유도하자.

$$i=\frac{구동회전(N_{웜})}{피동회전(N_d)}=\frac{피동잇수곱}{구동잇수곱}=\frac{Z_{웜기어}\times Z_b\times Z_d}{Z_{웜줄}\times Z_a\times Z_c}$$ 로 나타내어진다.

대입하자.

$$\frac{9600}{100}=\frac{Z_{웜기어}\times 36\times 24}{1\times 12\times 12},\ Z_{웜기어}=\frac{96\times 12\times 12}{36\times 24}=\frac{96}{6}=16$$ 개로 계산된다.

20 안지름 d와 얇은 벽두께 t를 가진 압력용기를 설계하고자 한다 . 압력 용기 내의 압력(게이지 압력)이 p이고 θZ 평면응력으로 가정할 때, 면내 최대 전단응력은?(단, $d \gg t$, 반경방향 응력은 무시한다)

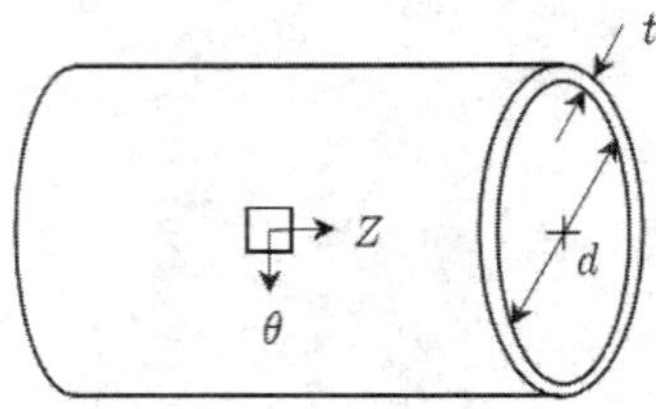

① $\dfrac{pd}{8t}$ ② $\dfrac{pd}{4t}$

③ $\dfrac{pt}{8d}$ ④ $\dfrac{pt}{4d}$

해설

θZ평면의 응력을 생각하자고 했으므로,

전단응력(τ) $= \dfrac{\sigma_\theta - \sigma_z}{2} sin2\theta + \tau_{\theta z}\cos 2\theta$ --[1식] 로 유도된다.

전단응력이 최대가 되기 위해서는 $\theta = 45°$ 일 경우이므로,

$\tau_{\max} = \dfrac{\sigma_\theta - \sigma_z}{2}$ -- [2식]

θ방향의 인장응력 $\sigma_\theta = \dfrac{pd}{2t}$, Z방향의 인장응력 $\sigma_z = \dfrac{pd}{4t}$ 이므로, [2식]에 대입하자

$\tau_{\max} = \dfrac{\sigma_\theta - \sigma_z}{2} = \dfrac{1}{2} \times \left(\dfrac{pd}{2t} - \dfrac{pd}{4t}\right) = \dfrac{pd}{8t}$ 로 유도된다.

정답 20. ①

공업기계직 기계설계(2017년 4월 시행 국가직) 9급

01 구멍과 축의 끼워맞춤에 대한 설명으로 옳지 않은 것은?

① 틈새는 구멍의 치수가 축의 치수보다 클 때 구멍과 축의 치수 차를 말한다.
② 헐거운 끼워맞춤은 항상 틈새가 있는 끼워맞춤으로서 구멍의 최소 치수가 축의 최대 치수보다 작다.
③ 억지 끼워맞춤은 항상 죔새가 생기는 끼워맞춤을 말한다.
④ 중간 끼워맞춤은 구멍과 축의 허용한계 치수에 따라 틈새가 생길 수도 있고, 죔새가 생길 수도 있는 끼워맞춤이다.

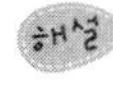

헐거운 끼워맞춤은 항상 틈새가 있는 끼워맞춤으로서 구멍의 최소 치수가 축의 최대 치수보다 크다.

02 두 축이 평행하지도 않고 교차하지도 않는 경우에 사용하는 기어는?

① 랙과 피니언(rack and pinion)
② 스퍼 기어(spur gear)
③ 베벨 기어(bevel gear)
④ 웜과 웜 기어(worm gear)

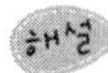

두 축이 평행하지도 않고 교차하지도 않는 경우는 어긋난 경우를 말한다. 대표적으로 나사기어, 하이포이드기어, 웜과 웜휠, 장고형 웜기어 등이 있다.

03 모재의 상대적 위치에 따라 분류된 용접이음의 종류가 아닌 것은?

① 맞대기 용접이음
② 덮개판 용접이음
③ T형 용접이음
④ 지그재그형 용접이음

해설

연속필릿용접, 단속필릿용접, 지그재그 단속 필릿용접 등은 용접을 연속 혹은 단속으로 할 것인가에 대한 분류이다.

정답 01. ② 02. ④ 03. ④

04 축의 원주 상에 여러 개의 키 홈을 파고 여기에 맞는 보스(boss)를 끼워 회전력을 전달할 수 있도록 한 기계요소는?

① 접선키(tangential key) ② 반달키(woodruff key)
③ 둥근키(round key) ④ 스플라인(spline)

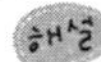

- 스플라인: 원주 상에 여러 개의 키 홈 파고, 보스를 끼워 회전력 전달->길이방향의 신축에 대처할 수 있음
- 접선키: 120도

05 푸아송비(Poisson's ratio)가 0.2, 지름이 20mm, 길이가 200mm인 둥근 봉에 인장하중이 작용하여 길이가 0.2mm 늘어났다. 길이가 늘어난 후 단면의 지름[mm]은?

① 19.92 ② 19.996
③ 20.02 ④ 20.004

$$\nu = 0.2 = \frac{\epsilon'}{\epsilon} = \frac{\frac{\text{축수축량}}{\text{축직경}}}{\frac{\text{늘어날길이}}{\text{축길이}}} = \frac{\frac{x}{20}}{\frac{0.2}{200}} = \frac{200 \times x}{20 \times 0.2}$$

$$x = \frac{20 \times 0.2 \times 0.2}{200} = 0.004$$

축의 수축량이 0.004이므로 나중 축의 직경은 20−0.004=19.996mm이다.

06 지름이 30mm인 회전축에 평행키(묻힘키)가 고정되어 있다. 허용 전단응력이 $50N/mm^2$인 평행키의 치수가 b(폭)×h(높이)×l(길이) = 10mm×8mm×50mm일 때 전달할 수 있는 토크[N·mm]는?(단, 키의 전단응력만을 고려한다)

① 375,000 ② 450,000
③ 575,000 ④ 720,000

$$\tau = \frac{F}{bl},\ 50N/mm^2 = \frac{F}{10mm \times 50mm},\ F = 25000N$$

$T = F \times \frac{D}{2} = 25000 \times \frac{30mm}{2} = 375000N-mm$ 로 계산된다.

정답 04. ④ 05. ② 06. ①

07 스퍼 기어(spur gear)의 모듈에 대한 설명으로 옳지 않은 것은?

① 모듈이 같은 경우 피치원 지름과 잇수는 비례한다.
② 모듈은 이끝원의 지름을 잇수로 나눈 값이다.
③ 피치원 지름이 같은 경우 잇수와 모듈은 반비례한다.
④ 피치원 지름이 같은 경우 모듈이 커질수록 이의 크기는 커진다.

해설

모듈은 지름을 잇수로 나눈 값이다. 식으로 표현하면 $m = \frac{D}{z}$ 이다.

피치(p)=$\frac{\pi D}{z} = \pi \times m$로 모듈을 알면 피치를 구할 수 있다. 모듈의 역수는 지름피치이다.

08 5m/s의 속도로 움직이면서 0.1kW의 동력을 전달하는 평벨트 장치가 있다. 긴장측 장력이 40N일 경우 장력비 $e^{\mu\theta}$의 값은?(단, 원심력의 영향은 무시한다)

① 1
② 2
③ 3
④ 4

해설

$H_p = F \times v$, $0.1kW = 100W = F \times 5m/s$, $F = \frac{100}{5} = 20N$

이 $F = T_e$(유효장력)이다. $T_t - T_s = T_e = 20N$ -- [1식]

1식에 긴장력(T_t)가 40N이라 하였으므로, $40 - T_s = 20$, $T_s = 40 - 20 = 20N$

장력비($e^{\mu\theta}$)=$\frac{T_t}{T_s} = \frac{40}{20} = 2$로 계산된다.

09 길이가 10mm인 미끄럼 베어링이 반경 방향으로 3,200N의 하중을 받고 있다. 이 미끄럼 베어링의 직경[mm]은?(단, 베어링의 허용압력은 20N/mm²이다)

① 12
② 16
③ 20
④ 32

해설

베어링 압력$(p) = \frac{F}{D \times l} = \frac{3200N}{D \times 10mm} = 20N/mm^2$, $D = \frac{3200}{10 \times 20} = 16mm$

정답 07. ② 08. ② 09. ②

10 원동차의 지름과 회전속도가 400mm, 300rpm이고 종동차의 회전 속도가 200rpm으로 외접하는 원통마찰차에서, 두 마찰차 축 중심 사이의 거리[mm]는?

① 100 ② 400
③ 500 ④ 600

해설

속도비$(i) = \frac{\omega_1}{\omega_2} = \frac{N_1}{N_2} = \frac{300}{200} = \frac{3}{2} = \frac{D_2}{D_1}$ --1식

중심거리$(C) = \frac{D_1 + D_2}{2} = \frac{D_1}{2}(1 + \frac{D_2}{D_1}) = \frac{400}{2}(1 + \frac{3}{2}) = 200 \times \frac{5}{2} = 500mm$로 계산된다.

11 원동축에서 종동축으로 동력을 전달할 경우, 두 축 사이에 설치하여 원동축을 정지시키지 않으면서 동력을 끊고 연결할 수 있는 기계요소는?

① 체인(chain) ② 베어링(bearing)
③ 클러치(clutch) ④ 타이밍 벨트(timing belt)

해설

클러치의 개념: 원동축과 종동축의 동력을 단속시키는 역할

12 회전운동을 하는 브레이크 드럼의 안쪽 면에 설치되어 있는 두 개의 브레이크 슈가 바깥쪽으로 확장하면서 드럼에 접촉되어 제동하는 브레이크는?

① 내확 브레이크(expansion brake) ② 밴드 브레이크(band brake)
③ 블록 브레이크(block brake) ④ 원판 브레이크(disk brake)

해설

두 개의 슈가 바깥쪽으로 확장하여 드럼과 접촉 → 내확브레이크(내부 확장식 브레이크)

13 너트의 풀림 방지 대책이 아닌 것은?

① 스프링 와셔(spring washer)를 이용하는 방법
② 로크 너트(lock nut)를 이용하는 방법
③ 부싱(bushing)을 이용하는 방법
④ 멈춤 나사(set screw)를 이용하는 방법

해설

부싱을 이용하면 진동을 흡수할 있음

정답 10. ③ 11. ③ 12. ① 13. ③

14 원동기어 잇수가 40개, 종동기어 잇수가 60개이고, 압력각이 30°, 모듈이 2이고 외접하는 한 쌍의 스퍼 기어(spur gear)에 대한 설명으로 옳지 않은 것은?(단, 두 기어의 치형곡선은 인벌류트 치형이다)

① 원동기어의 피치원 지름은 80mm이다. ② 두 기어의 중심거리는 100mm이다.
③ 두 기어의 법선피치는 3π이다. ④ 종동기어의 원주피치는 2π이다.

해설

원동기어의 피치원 지름 = $D_1 = m \times z_1 = 2 \times 40 = 80mm$

두 기어의 중심거리$=C=\dfrac{D_1+D_2}{2}=\dfrac{m(z_1+z_2)}{2}=\dfrac{2(40+60)}{2}=100mm$

두 기어의 법선피치$=p_n = p \times \cos\alpha = 2\pi \times \dfrac{\sqrt{3}}{2} = \sqrt{3}\pi$ $(\because p = m \times \pi = 2\pi)$

종동기어의 원주피치 $= p = m \times \pi = 2\pi$

15 그림과 같은 아이볼트(eye bolt)가 축 하중(axial load)만을 받고 있다. 나사산의 골지름은 8.0mm, 유효지름은 9.0mm, 바깥지름은 10.0mm라고 가정한다. 이 아이볼트의 허용인장응력이 120MPa 이라고 한다면 허용하중[N]에 가장 가까운 값은?(단, $\pi=3.14$로 한다)

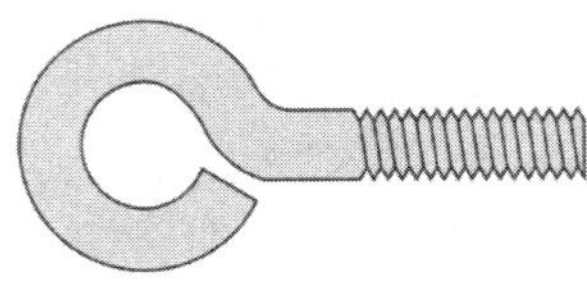

① 6,000 ② 7,500 ③ 8,900 ④ 9,400

해설

바깥지름$(d) = \sqrt{\dfrac{2F}{\sigma_a}}$, $10mm = \sqrt{\dfrac{2F}{120MPa(=N/mm^2)}}$

$100 = \dfrac{2F}{120}$, $F = \dfrac{100 \times 120}{2} = 6000N$

16 평마찰차와 홈의 각도가 30°인 V홈 마찰차의 마찰계수는 0.1이다. 원동차와 종동차가 서로 밀치는 힘이 평마찰차의 경우와 V홈 마찰차의 경우가 같을 때, 평마찰차 전달력을 F_a라고 하고, V홈 마찰차 전달력을 F_b라고 하면 $\dfrac{F_b}{F_a}$에 가장 가까운 값은?(단, sin15° =0.26, cos15° =0.97, sin30° =0.50, cos30° =0.87로 한다)

① 1.0 ② 1.1 ③ 1.7 ④ 2.8

해설

$$\frac{F_b}{F_a} = \frac{\mu' \times F}{\mu \times F} = \frac{\mu'}{\mu} = \frac{\dfrac{\mu}{\sin 15^\circ + \mu\cos 15^\circ}}{\mu} = \frac{1}{0.26 + 0.1 \times 0.97} = \frac{1}{0.357} = 2.8$$

17 롤러 체인 전동 장치에서 스프로킷 휠(sprocket wheel)의 피치원 지름을 D[cm], 스프로킷 휠의 회전속도를 n[rpm], 스프로킷 휠의 잇수를 Z[개], 체인의 피치를 p[cm]라고 할 때, 체인의 평균속도[m/s]를 구하는 식은?

① $\dfrac{pZn}{100\times 60}$　　② $\dfrac{100\times 60}{pZn}$

③ $\dfrac{100\times 60p}{Zn}$　　④ $\dfrac{100pZn}{60}$

해설

$v=\pi D\times N=zp\times N$이다. 단위를 맞추면

$$v(m/s)=\pi\times\frac{D}{100}(m)\times\frac{N}{60(s)}=z\times\frac{p}{100}(m)\times\frac{N}{60(s)}$$

여기서 $\frac{1}{100}m=1cm$의 환산계수이다.

18 관(pipe)에 흐르는 유체의 평균속도가 8m/s이고 유량은 1.5m^3/s일 때 관(pipe)의 안지름[m]은?(단, $\pi=3$으로 한다)

① 0.2　　② 0.3

③ 0.5　　④ 1.0

해설

$Q=A_1v_1=A_2v_2$를 이용하자.

$$1.5m^3/s=\frac{\pi d^2}{4}\times 8m/s$$

$d^2=\dfrac{4}{3\times 8}\times 1.5=\dfrac{0.5}{2}=0.25,\ d=0.5m$로 계산된다.

정답 17. ① 18. ③

19 그림과 같이 200kN·mm의 토크가 작용하여 브레이크 드럼이 시계방향으로 회전하는 경우, 드럼을 정지시키기 위해 브레이크 레버에 가해야 할 힘 F[N]는?(단, d=400mm, a=1,500mm, b=280mm, c=100mm, 마찰계수 μ=0.2이다)

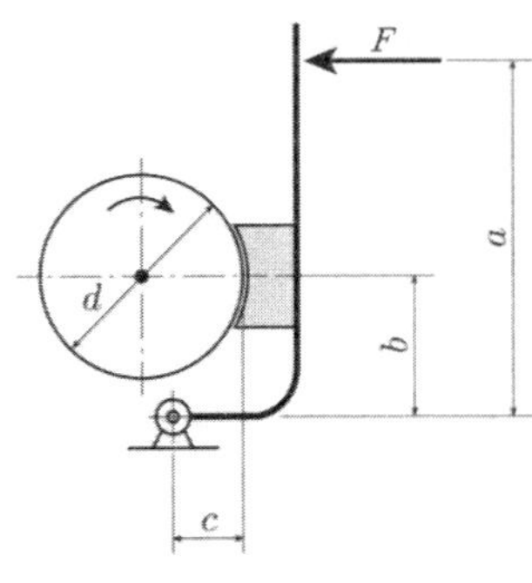

① 866.7
② 1,000
③ 1,733.3
④ 2,000

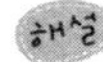

반시계(+), 시계(−) 방향으로 정하자.

$$\sum T = 0 = F\times a - Qb - \mu Qc,\ F = \frac{Q}{a}(b+\mu c) \text{ -- [1식]}$$

$$T = 200\times 10^3 (N/mm^2) = \mu \times Q \times \frac{d}{2} = 0.2\times Q\times \frac{400mm}{2}$$

$$Q = \frac{200\times 10^3}{0.1\times 400} = \frac{1000}{0.2} = 5000N \text{ -- [2식]}$$

[2식]을 [1식]에 대입하자.

$$F = \frac{Q}{a}(b+\mu c) = \frac{5000}{1500}(280+0.2\times 100) = 1000N$$으로 계산된다.

20 볼 베어링의 기본 동 정격하중이 10kN이고 베어링에 걸리는 하중이 500N이다. 이 볼 베어링이 20,000시간의 수명을 갖기 위한 회전속도[rpm]에 가장 가까운 값은?(단, 하중계수 f_w=1.0으로 한다)

① 6,660
② 7,770
③ 13,320
④ 15,540

해설

$$\text{정격수명시간}(L_h) = \frac{L_n\times 10^6}{N\times 60} = \frac{(\frac{10000}{500})^3\times 10^6}{N\times 60} = 20000h$$

$$N = \frac{20^3\times 10^6}{60\times 20000} = \frac{20000}{3} = 6666.6rpm$$

정답 19. ② 20. ①

공업기계직 기계설계(2018년 4월 시행 국가직)

01 **반지름이 R[m]인 드럼이 N[rpm]으로 회전하면서 무게 F_w[N]인 추를 H[m] 들어 올리고자 할 때, 필요한 동력[W]은?**

① $\dfrac{\pi R F_w N}{30}$　② $\dfrac{\pi R F_w N}{60H}$

③ $\dfrac{\pi R F_w N}{120H}$　④ $\dfrac{\pi R F_w N}{735}$

해설

반지름이 R인 드럼 입장에서 추의 무게 F_w는 접선력이다.
즉 $T_w \times R = T$로 단위는 N-m이다.

따라서 동력$H(W:\text{와트}) = T \times w = T(N-m) \times \dfrac{2\pi N}{60(s)} = \dfrac{F_w R \times \pi N}{30}$m로 유도된다.

02 **플라이휠(flywheel)에 대한 설명으로 옳지 않은 것은?**

① 내연기관, 왕복펌프, 공기압축기 등에서 흔히 사용된다.
② 구동토크가 많이 발생하면 운동에너지를 흡수하여 각속도 증가량이 둔화된다.
③ 동일 4행정기관에서는 직렬 기통 수가 많아질수록 에너지 변동계수도 커지므로 이를 고려하여 설계하여야 한다.
④ 축적된 운동에너지를 전단기 및 프레스 등의 작업에너지로 사용할 수 있으며, 그 출력은 극관성모멘트의 크기에 따라 결정된다.

플라이휠은 그 무게의 관성력을 이용하여 회전력을 고르게, 회전을 원활하게 하는 장치이다.
플라이휠의 무게는 회전속도가 빠를수록, 기통수가 많을수록 가볍게 설계해야 한다.

정답 01. ① 02. ③

03 그림과 같은 리벳이음에서 6000[N]의 하중(F)이 작용할 때, 가장 왼쪽의 리벳에 작용하는 전단력의 크기[N]와 방향은?

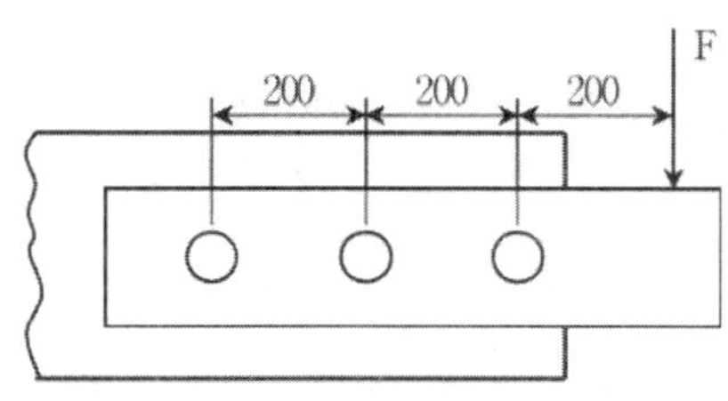

① 8000, ↑
② 8000, ↓
③ 4000, ↑
④ 4000, ↓

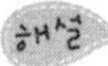

$F = 6000N$에 의해 1)평행한 전단력, 2)회전에 의한 전단력이 생긴다.

1) 평행한 전단력$(F_p) = \frac{F}{\text{리벳수}} = \frac{6000N}{3} = 2000N \downarrow$ (힘과 같은 방향으로 발생)

2) 회전에 의한 전단력(F_t)는 시계방향으로 회전하려고 할 것이다.

따라서 $F \times 400 = (F_t \times 200) \times 2(\text{개})$, $F_t = F = 6000N$으로 계산된다.

좌측은 윗방향, 우측은 아랫방향으로 작용한다.

정리: 좌측은 아래로 2000N, 위로 6000N이 작용하므로, 그 합력은 위로 4000N이 작용한다.

04 인장항복응력이 400 [MPa]인 재료가 σ_x = 120 [MPa], σ_y = −80[MPa]인 평면응력상태에 있을 때, 최대 전단응력설에 따른 안전계수는?

① 6
② 4
③ 3
④ 2

해설

전단항복응력(τ_{max1})은 최대 전단응력설에 의거 인장항복응력(σ_s)의 반으로 되므로,

$\tau_{max1} = \frac{400}{2} = 200MPa$ --1식

최대전단응력설에 의거 $\tau_{max2} = \sqrt{(\frac{\sigma_x - \sigma_y}{2})^2 + \tau_{xy}} = \sqrt{(\frac{120-(-80)}{2})^2 + 0} = 100MPa$--2식

안전계수는 1식/2식=2가 계산된다.

05 비틀림 모멘트 T가 작용하면 비틀림각이 4° 발생하는 지름 d인 축에서 축지름만 변경하여 비틀림각을 1°로 줄이고자 할 때, 축지름[mm]은?(단, 축은 실축이고, 탄성 거동한다고 가정한다)

① $\sqrt{2}\,d$　　② $\sqrt[3]{2}\,d$

③ $\sqrt{4}\,d$　　④ $\sqrt[4]{2}\,d$

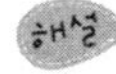

θ가 4°→1° 는 말은 $\theta \rightarrow \frac{\theta}{4}$ 는 말과 동일한다.

$\theta = \frac{Tl}{GI_p} = \frac{Tl}{G} \times \frac{16}{\pi d^4}$ --1식

1식에서 좌변이 $\theta \rightarrow \frac{\theta}{4}$ 되면 우면의 분모가 4가 되어야 한다.

즉, 지름만 변한다고 하였으므로 $d^4 \rightarrow 4d^4 = (\sqrt{2}\,d)^4$

06 그림과 같이 필렛 용접된 두 금속판의 좌우로 10[kN]의 하중이 가해질 때, 필요한 용접부 최소 길이 m, n에 가장 근사한 치수[mm]는?(단, 용접부의 허용전단응력은 10[N/mm²]이다)

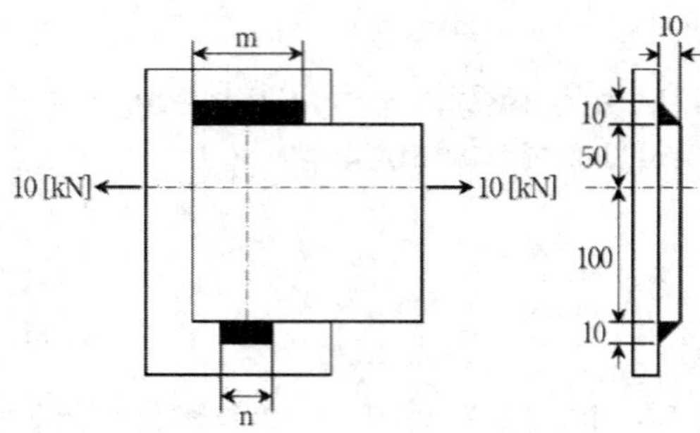

	m	n		m	n
①	188	94	②	137	69
③	110	55	④	95	48

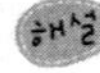

2개의 용접부에서 전단되는 응력$(\tau) = \frac{10kN}{(m+n)a} = \frac{10000N}{(m+n) \times 10 \times \cos 45°} = \frac{1000\sqrt{2}}{m+n}$

따라서, $\tau = 10 = \frac{1000\sqrt{2}}{m+n} \rightarrow m+n = 100\sqrt{2}$ -- [1식]

용접 후 평행하기 위해서는 점선의 교차점을 기준으로 한 힘의 크기가 같아야 한다.

길이 m에 생기는 힘 × x_1 = 길이 n에 생기는 힘 × x_2 ← 이를 식으로 표현하면

$(\tau \times a \times m) \times x_1 = (\tau \times a \times n) \times x_2 \rightarrow m \times 50 = n \times 100 \rightarrow m = 2n$ --2식

2식을 1식에 대입하면 $3n = 100\sqrt{2} \rightarrow n = 33.3 \times 1.4 \fallingdotseq 47$

따라서 $m = 2n = 94$

정답 05. ① 06. ④

07 아이볼트에 축방향으로 3[kN]의 인장하중이 작용할 때 , 사용 가능한 볼트의 최소 바깥지름 [mm]은?(단, 허용인장응력은 40[N/mm²], 골지름(d_1)과 바깥지름(d)의 비율 $\frac{d_1}{d}=0.5$ $\pi=3$으로 한다)

① 10 ② 12

③ 16 ④ 20

해설

골지름 (d_1)에 의거 생기는 허용인장응력(σ_a)를 식으로 표현하면

$$\sigma_a=\frac{F}{A}=\frac{3000N}{\frac{\pi d_1^2}{4}},\ 40=\frac{3000\times 4}{3\times d_1^2},\ d_1^2=100,\ d_1=10mm$$

$\frac{d_1}{d}=0.5$ 에 대입하자. $d=\frac{10}{0.5}=20mm$

08 사각나사의 안지름이 8[mm], 바깥지름이 12[mm], 피치는 π[mm]일 때, 1000[N]의 축방향 하중을 견딜 수 있는 너트의 최소 높이[mm]는?(단, 재료의 허용접촉면압력은 10[N/mm²]이다)

① 1 ② 5

③ 10 ④ 12

해설

허용면압$(p_a)=\frac{F}{A}$, 당김힘$(F)=p_a\times\frac{\pi}{4}(D_o^2-D_i^2)\times n$ 여기서 n은 나사산의 수

대입하면, $1000(N)=10\times\frac{\pi}{4}(12^2-8^2)\times n$

$$n=\frac{400}{\pi(144-64)}=\frac{400}{\pi 80}=\frac{5}{\pi}$$

너트의 최소 높이$(h)=p\times n=\pi\times\frac{5}{\pi}=5mm$

09 스프링지수가 10이고 소선의 지름이 2[mm]인 압축 코일스프링 에서 하중이 70[kgf]에서 50[kgf]로 감소할 때 처짐의 변화가 50[mm]가 되는 스프링의 유효감김수는?(단, 전단탄성계수는 8×10^3[kgf/mm^2]이다)

① 5 ② 6
③ 7 ④ 8

해설

$\frac{D}{d}=10,\ d=2mm \rightarrow D=20mm$

하중이 70 → 50으로 줄었다는 말은 (70−50)=20kgf에 의거 50mm늘어날 때의 감김수가 곧 유효감김수일 것이다.

$\delta(\text{처짐})=\frac{8nWD^3}{Gd^4}$ 에 그대로 대입하자.

$50mm=\frac{8n\times20(kgf)\times20^3}{8\times10^3\times2^4},\ n=5$

10 벨트 전동에서 벨트의 장력으로 인해 베어링에 전달되는 하중(F_d)과 이완측 장력(T_s) 사이의 관계($\frac{F_d}{T_s}$)로 옳은 것은?(단, 마찰계수는 μ이고, 벨트의 접촉각은 θ이며, 원심력의 영향은 무시한다)

① $(e^{2\mu\theta}-2e^{\mu\theta}\cos\theta+1)^{\frac{1}{2}}$ ② $e^{2\mu\theta}-2e^{\mu\theta}\cos\theta+1$
③ $(e^{2\mu\theta}+2e^{\mu\theta}\cos\theta+1)^{\frac{1}{2}}$ ④ $e^{2\mu\theta}+2e^{\mu\theta}\cos\theta+1$

베어링에 작용하는 하중(F_d)는 긴장력(T_t)과 이완력(T_s)의 합력으로 계산된다.

이를 식으로 표현하면 $F_d=\sqrt{(T_t)^2+(T_s)^2+2T_tT_s\cos(180-\theta)}$ -- [1식]

[1식]에서 $\cos(180-\theta)=-\cos\theta$ 이므로 대입하면

$F_d=\sqrt{(T_t)^2+(T_s)^2-2T_tT_s\cos\theta}$ -- [2식]

원심력을 무시하므로 $\frac{T_t}{T_s}=e^{\mu\theta} \rightarrow T_t=e^{\mu\theta}T_s$ --[3식]

[3식]을 [2식]에 대입하면

$F_d=\sqrt{(e^{\mu\theta}T_s)^2+(T_s)^2-2(e^{\mu\theta}T_s)T_s\cos\theta}$

$F_d=T_s\sqrt{(e^{\mu\theta})^2-2e^{\mu\theta}\cos\theta+1}$

$\frac{F_d}{T_s}=\sqrt{(e^{\mu\theta})^2-2e^{\mu\theta}\cos\theta+1}$

정답 09. ① 10. ①

11 그림과 같이 지름이 d인 축에 평행키가 있을 때, 중심으로부터 L만큼 떨어져 있는 레버에 작용할 수 있는 최대 힘 F는?(단, 키의 너비, 깊이, 길이는 각각 b, h, l이고 단면에 작용하는 허용전단응력은 τ_0이다)

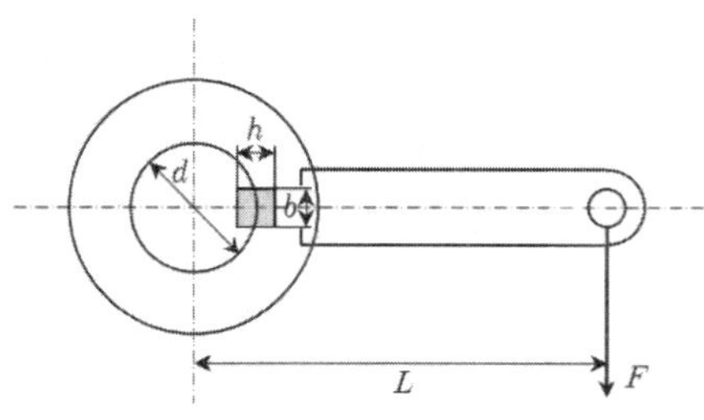

① $\dfrac{hl\tau_0 d}{2L}$　　② $\dfrac{bl\tau_0 d}{2L}$

③ $\dfrac{\sqrt{2}\,hl\tau_0 d}{L}$　　④ $\dfrac{l\tau_0}{2bdL}$

$T = FL$, 축의 접선력을 F_1이라 하면, $\tau_0 = \dfrac{F_1}{bl} = \dfrac{2T}{bld} = \dfrac{2FL}{bld}$

이 식을 변형하면 $F = \dfrac{\tau_0 bld}{2L}$

12 헬리컬 기어(helical gear)의 특징으로 옳지 않은 것은?

① 이가 잇면을 따라 연속적으로 접촉하므로 이의 물림길이가 길다.
② 두 기어의 비틀림각의 방향이 반대이고 각의 크기가 서로 다를 경우, 축은 평행하지 않고 교차한다.
③ 최소 잇수가 평기어보다 적기 때문에 잇수가 적은 기어에서 사용된다.
④ 임의로 비틀림각을 선정할 수 있으나 두 기어의 중심거리를 조정할 수 없다.

13 구멍의 공차역은 $30^{+0.025}_{+0.00}$이고, 축의 공차역은 $30^{+0.011}_{-0.005}$일 때, 이 축과 구멍의 결합에 대한 설명으로 옳은 것은?

① 최대죔새는 0.011이다.　　② 최대틈새는 0.014이다.
③ 최소틈새는 0.014이다.　　④ 억지 끼워맞춤이다.

해설

① 최대죔새=축이 가장 큰 값 - 구멍이 가장 작은 값= 0.011−0=0.011mm
② 최대틈새=구멍이 가장 큰값 - 축이 가장 작은 값 = 0.025−(−0.005)=0.03mm
③ 최소틈새=구멍이 가장 작은값 - 축이 가장작은 값= 0−(−0.005)=0.005mm
④ 중간 끼워 맞춤

정답 11. ② 12. ④ 13. ①

14 지름이 D[mm], 허용선접촉압력이 p_0[kgf/mm], 마찰계수가 μ인 마찰차를 사용하여 N[rpm]의 회전속도로 동력 H[PS]를 전달하기 위해 필요한 마찰차의 최소 너비 b[mm]는?(단, 맞물린 두 마찰차 사이에 상대운동은 없다)

① $\dfrac{(4.5\times 10^3)\mu H}{p_0 \pi DN}$　　② $\dfrac{(4.5\times 10^6)\mu H}{p_0 \pi DN}$

③ $\dfrac{(4.5\times 10^3)H}{p_0 \mu \pi DN}$　　④ $\dfrac{(4.5\times 10^6)H}{p_0 \mu \pi DN}$

해설

누르는 압력$(Q) = p_0 \times b(mm)$

$H_{ps} = \mu Q \times \pi DN$이므로 단위를 맞추자.

$$H_{ps} \times 75 = \mu(p_0 \times b)(kgf) \times \pi \times \frac{D}{1000}(m) \times \frac{N}{60(s)}$$

$$b = \frac{H_{ps} \times 75 \times 1000 \times 60}{\mu p_0 \times \pi DN}$$

15 태양기어 1개, 유성기어 3개인 유성기어장치에서 내접기어를 고정할 때, 태양기어에 대한 캐리어의 각속도비는?(단, 기어는 표준기어를 사용하고, 태양기어 잇수는 20개, 유성기어의 잇수는 40개이다)

① $\dfrac{1}{4}$　　② $\dfrac{1}{5}$

③ $\dfrac{1}{6}$　　④ $\dfrac{1}{8}$

해설

태양기어(N_s)에 대한 캐리어(N_c)의 속도비는 $\dfrac{N_c}{N_s} = \dfrac{Z_s}{Z_c}$ --1식

보통 링기어의 잇수$(Z_r) = Z_s + (2 \times Z_p) = 20 + 2 \times 40 = 100$

캐리어의 잇수$(Z_c) = Z_s + Z_r = 20 + 100 = 120$개

1식에 대입하면 $\dfrac{N_c}{N_s} = \dfrac{20}{120} = \dfrac{1}{6}$

정답 14. ④ 15. ③

16 그림과 같이 차동피니언 잇수 24개, 측면기어 잇수 36개인 차동기어 장치에서 왼쪽 측면기어의 회전속도가 40[rpm]이고, 오른쪽 측면 기어의 회전속도가 50[rpm]일 때, 차동피니언의 회전속도[rpm]는?

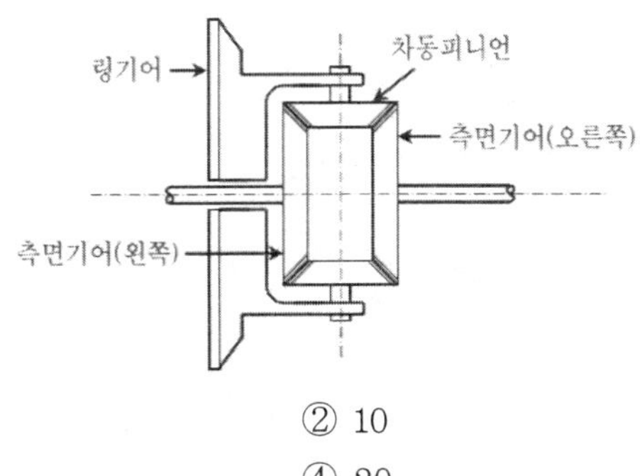

① 7.5
② 10
③ 15
④ 20

해설

랙과 피니언의 원리를 적용하자. 랙과 피니언의 원리란 우측기어를 우(시계방향)으로 1회전하면 '피니언이 고정된 체 자체회전'하여 좌측기어를 좌(반시계방향)으로 1회전하므로, (우)측기어의 회전은'(좌기어 회전−우기어 회전)/2'와 같다.'피니언이 고정된 체 자체회전'은 좌측이어를 고정하면 피니언이 좌측기어를 밟으며 우측기어를 회전시켜 준다. 즉 좌측기어 회전수가 40이고, 우측기어 회전수가 50이라는 뜻은'고정되어 자체 회전만 하는 피니언'입장에서는 우측기어는 우회전 5회전, 좌측기어는 좌회전 5회전하여 10회전의 차이를 보여주고 있다.(좌측기어가 고정되었다고 가정하면 우측기어는 스스로 5회전했는데 피니언이 좌측기어를 발고 지나가면서 5회전을 더 하게 한 결과이다. 식을 적용하면 $\frac{|40-50|}{2}=5rpm$)

따라서'우측기어가 5회전하면 피니언은 몇 회전하는가'라는 문제와 같다. 식을 세우면

$i=\frac{N_p}{N_r}=\frac{Z_r}{Z_p}$, 대입하면 $\frac{N_p}{5}=\frac{36}{24}$ $\rightarrow N_p=5\times\frac{36}{24}=7.5rpm$

17 공작물의 표면거칠기가 다음과 같은 삼각파형으로 측정되었을 때, 해당 공작물의 중심선 평균 거칠기(Ra)[μm]는?(단, d=8 [μm]이며 l=80[μm]이다)

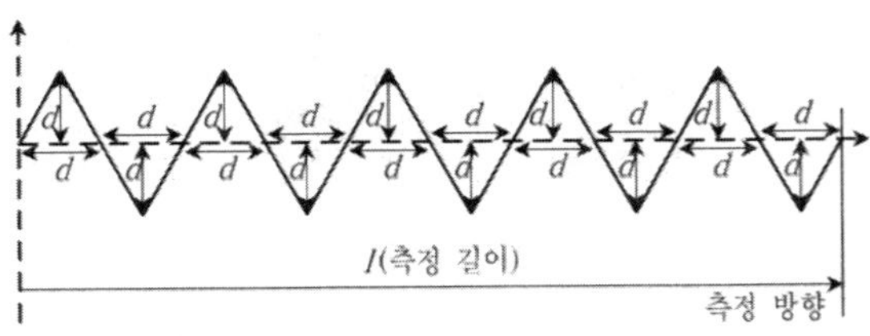

① 2
② 4
③ 6
④ 8

해설

중심선 평균 거칠기$(R_a) = \frac{1}{l}\int_0^l |f(x)|dx$ 이므로(모든 면적 합을 길이로 나눈다는 뜻)

그림의 삼각형 하나의 면적은 $A_1 = d \times d \times \frac{1}{2} = 8 \times 8 \times \frac{1}{2} = 32$

$A = A_1 \times 10 = 320$, $R_a = \frac{320}{80} = 4mm$

18 **내식성, 내압성, 경제성이 우수하여 가스압송관, 광산용 양수관 등에 가장 많이 사용하는 관은?**

① 강관　　② 주철관

③ 비철금속관　　④ 비금속관

19 **바깥지름이 D, 두께가 t이며 양단이 고정되어 있는 강관이 초기온도 T_a에서 T로 가열되었을 때, 강관에 발생하는 축방향 압축력은?(단, 선열팽창계수는 α, 탄성계수는 E이다)**

① $\alpha\pi E(T-T_0)(Dt-2t^2)/2$　　② $\alpha\pi E(T-T_a)(Dt-2t^2)/2$

③ $\alpha\pi E(T-T_a)tD$　　④ $\alpha\pi E(T-T_a)(Dt-t^2)$

열응력$\sigma_h = E \times \alpha \times \Delta T = \frac{F}{A} = \frac{F}{\frac{\pi}{4}(D^2-(D-2t)^2)}$ 에서

$F = E \times \alpha \times (T-T_a) \times \frac{\pi}{4}(4Dt-4t^2) = E\alpha(T-T_a)\pi(Dt-t^2)$로 유도된다.

20 **나선면의 마찰각이 7°, 리드각이 3°인 사각나사를 조일 때의 효율은?(단, 사각나사의 자리면 마찰을 무시하고, tan(3°)≒0.05, tan(4°)≒0.07, tan(7°)≒0.12, tan(10°)≒0.18로 근사하여 계산한다)**

① $\frac{2}{3}$　　② $\frac{7}{12}$

③ $\frac{7}{18}$　　④ $\frac{5}{18}$

해설

사각나사 효율$(\eta) = \frac{\tan\alpha}{\tan(\alpha+\rho)} = \frac{0.05}{0.18} = \frac{5}{18}$

정답 18. ② 19. ④ 20. ④

공업기계직 기계설계 (2009년 6월 시행 지방직)

01 **다음 중 기계재료 특성에 관련된 설명으로 옳지 않은 것은?**

① 양진 형태로 반복되는 응력의 진폭이 극한강도 이하인 경우 이 응력이 무한히 반복되어도 파괴에 이르지 않는다.

② 취성재료는 비교적 작은 변형률 상태에서 파괴되는 경향이 있으며 고강도 및 저인성의 특성을 가진다.

③ 최대전단 응력설, 전단변형 에너지설 등은 복합적 응력상태에서 재료의 손상을 예측하게 해주는 식들이다.

④ 단면이 급격히 변화하는 노치(notch) 부위에서 힘의 흐름이 급격히 변화하고 국부적인 큰 응력이 발생하는 현상을 응력집중이라고 한다.

해설

양진(양쪽 방향의 진동) → 피로강도와 관계, 극한강도 이하이더라도 반복회수가 크거나 공진하면 파괴에 이른다.

02 **한줄 겹치기 리벳이음에서 판의 압축에 의해 판이 압축파괴 되는 경우 리벳이음 강도 P는? (단, 리벳의 지름은 d, 리벳의 피치는 p, 강판의 두께는 t, 강판의 압축응력은 σ_c이다)**

① $P = 2dt\sigma_c$ ② $P = dt\sigma_c$

③ $P = (p-d)t\sigma_c$ ④ $P = 2(p-d)t\sigma_c$

해설

리벳(직경)의 전단응력(τ)을 식으로 표현하면, $\tau = \dfrac{W}{\dfrac{\pi d^2}{4}} = \dfrac{4W}{\pi d^2}$ ······ (식 1)

판재의 인장응력(σ)-(구멍사이 파괴 시)을 식으로 표현하면, $\sigma = \dfrac{W}{(p-d)t}$ ······ (식 2)

리벳의 압축응력(σ_c)을 식으로 표현하면, $\sigma = \dfrac{W}{dt}$ ······ (식 3)

03 **기계장치를 볼트로 고정시킬 경우 풀림방지의 방법으로 적절하지 않은 것은?**

① 스프링와셔를 이용한다. ② 나사의 피치를 크게 한다.

③ lock nut를 이용한다. ④ 톱니붙이 와셔를 이용한다.

해설

나사의 피치가 적을수록 풀림 방지. 너트의 풀림 방지-핀, 로크너트 사용, 톱니붙이 와셔, 스프링와셔, 철사로 감쌈.

정답 01.① 02.② 03.②

04 다음과 같이 4줄 리벳이음이 하중(P)을 받을 때 리벳에 작용하는 하중에 대한 설명으로 옳은 것은?

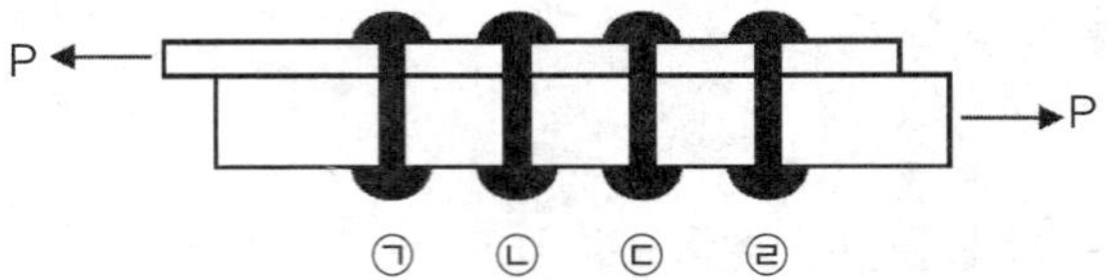

① 각각의 리벳에 P/4의 하중이 작용한다.
② 리벳 ㉡에 가장 큰 하중이 작용한다.
③ 리벳 ㉣에 가장 큰 하중이 작용한다.
④ 리벳 ㉠에 가장 큰 하중이 작용한다.

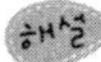

위아래의 두께가 다른 판재를 리벳팅할 경우 얇은 쪽 당기는 방향끝이 하중이 가장 크게 작용한다.

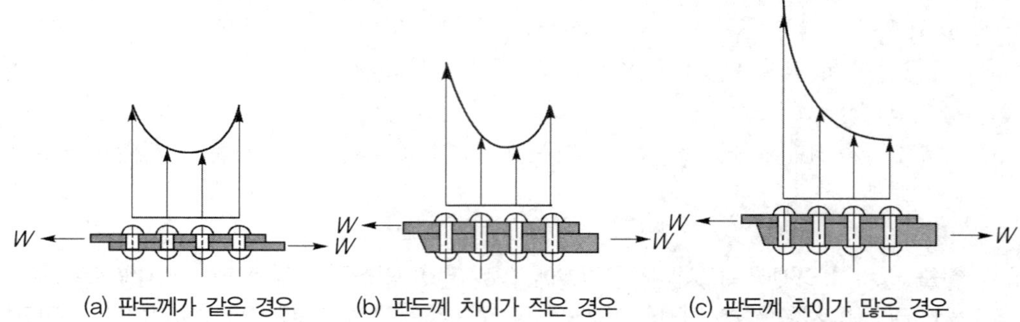

(a) 판두께가 같은 경우　(b) 판두께 차이가 적은 경우　(c) 판두께 차이가 많은 경우

05 두 물체의 체결용으로 사용되고 있는 볼트가 받고 있는 하중으로 옳은 것은?

① 인장하중, 굽힘하중　② 인장하중, 비틀림하중
③ 비틀림하중, 압축하중　④ 압축하중, 굽힘하중

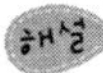

볼트의 잠김에 의한 볼트내부는 인장되려함(늘어남), 체결시 비틀림 하중을 받는다.

06 치수 공차가 50h6과 50h5로 주어졌을 때 이에 대한 설명으로 옳은 것은?

① 구멍기준 치수 50mm에서 h6공차가 h5공차보다 더 크다.
② 구멍기준 치수 50mm에서 h5공차가 h6공차보다 더 크다.
③ 축기준 치수 50mm에서 h5공차가 h6공차보다 더 크다.
④ 축기준 치수 50mm에서 h6공차가 h5공차보다 더 크다.

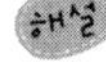

축공차는 소문자 h, 구멍공차는 대문자 H로 나타낸다. 숫자가 클수록 공차가 크다.

정답 04.④ 05.② 06.④

07 다음 중 공칭응력–공칭변형률 곡선으로부터 알 수 있는 사항들로 옳지 않은 것은?

① 이 재료가 파단에 이르기까지 소요되는 변형에너지를 알 수 있다.
② 비례한도 구간에서의 기울기로부터 탄성계수와 프와송비(Poisson's ratio)를 알 수 있다.
③ 네킹(necking)이 일어나기 시작하는 변형률, 즉, 불안정 시작점을 알 수 있다.
④ 이 재료의 극한인장강도(UTS)를 알 수 있다.

해설

탄성한도 구간에서 기울기-(탄성계수), 프와송(횡변형률/종변형률) 등을 알 수 있다.
넥킹: 목부분

08 안전계수(factor of safety)에 대한 설명으로 옳지 않은 것은?

① 재료의 기준강도와 허용응력의 비를 나타낸다.
② 가해지는 하중과 응력의 종류 및 성질을 고려한다.
③ 정확한 응력 계산이 요구된다.
④ 수명은 고려하지 않는다.

해설

안전계수는 수명보다는 안전여부와 더 관련이 있다. 따라서 안전계수를 크게 하면 허용응력이 작아지게 된다. 허용응력이 작게 하려면 지탱하고 있는 물체의 단면적이 커지게 되어 안전하게 된다.

09 지름이 100cm인 원통관 내부에 p = 10kgf/cm^{2}의 압력이 작용할 때, 강판의 최소 두께[cm]는? (단, 강판의 허용인장응력 = 5,000kgf/cm^2, 안전율 = 5, 이음효율 = 100%, 부식여유 = 2mm이다)

① 0.5　　② 0.6　　③ 0.7　　④ 0.8

해설

$t = \frac{PdS}{2\sigma\eta} + C$, 여기서 t는 판의 두께, P는 용기압력, d는 용기의 직경, S는 안전율,
σ는 인장응력, η는 이음효율, C는 부식 고려한 여유 등을 나타낸다.
그대로 대입하자.

$t = \frac{10(\mathrm{kg/cm^2}) \times 100(\mathrm{cm}) \times 5}{2 \times 5000(\mathrm{kg/cm^2}) \times 1} + 0.2\mathrm{cm} = \frac{5}{10} + 0.2 = 0.5 + 0.2 = 0.7\mathrm{cm}$ 로 계산된다.

10 벨트 전동에서 풀리의 접촉면 중앙을 곡면으로 하는 이유로 옳은 것은?

① 제작시 변형을 방지하기 위하여
② 응력의 분포를 고르게 하기 위하여
③ 벨트가 잘 벗겨지지 않게 하기 위하여
④ 벨트의 접촉면을 늘리기 위하여

해설

풀리의 접촉면 중앙을 볼록(곡면)으로 벨트가 잘 벗겨지지 않게 한다.

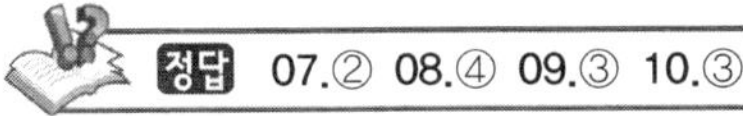
정답 07.② 08.④ 09.③ 10.③

11 동력이 H_{kW}로 주어지고 N[rpm]으로 회전하는 축의 전달 토크식으로 옳은 것은?

① $T=974,000\times\frac{H_{kW}}{N}$[kgf·mm]　② $T=97,400\times\frac{H_{kW}}{N}$[kgf·mm]

③ $T=7,162,000\times\frac{H_{kW}}{N}$[kgf·mm]　④ $T=716,200\times\frac{H_{kW}}{N}$[kgf·mm]

해설

$T=716200\frac{H_{ps}}{N}(\mathrm{kgf-mm})$ / $\mathrm{T}=974000\frac{\mathrm{H_{kw}}}{\mathrm{N}}(\mathrm{kgf-mm})$

12 절단기의 전동모터를 설계할 때 모터의 동력 용량을 최소화하기 위해 요구되는 기계 요소는?

① 플라이 휠　② 체인

③ 기어　④ 클러치

해설

플라이휠 : 회전력을 고르게 하는 기계요소(에너지를 저장하여 맥동을 방지)

13 회전축의 진동을 고려한 설계의 특징으로 옳지 않은 것은?

① 축의 강성을 증가시키기 위해서는 처짐 진동과 비틀림 진동을 주로 고려하여야 한다.

② 축의 변형에 의한 진동의 고유진동수와 축의 회전속도가 일치하지 않도록 하여야 한다.

③ 회전축의 회전속도는 위험속도에서 25% 이상 벗어나야 한다.

④ 신축에 의한 세로진동(longitudinal vibration)을 주로 고려하여 설계한다.

해설

신축의 경우 축회전에 의한 공진 주파수, 재료의 고유 주파수를 고려

14 베어링에 관한 설명으로 옳지 않은 것은?

① 구름베어링의 기본부하 용량은 33.3 rpm으로서 500시간의 수명을 유지할 수 있는 하중을 말한다.

② 구름베어링의 정격수명은 동일조건에서 베어링 그룹의 90%가 피로박리현상을 일으키지 않고 회전하는 총회전수를 말한다.

③ 미끄럼베어링은 소음 및 진동 발생의 면에서 구름베어링보다 우수하다.

④ 구름베어링은 하중, 속도 등에 의한 영향이 적고 미끄럼베어링보다 충격면에서 우수하다.

해설

구름베어링은 점 접촉을 하므로, 하중과 속도에 취약, 특히 충격에 약하다.

정답 11.① 12.① 13.④ 14.④

15 리벳이음과 비교할 때 용접이음의 장점으로 옳은 것은?

① 진동을 쉽게 감쇠시킨다.
② 용접부의 비파괴 검사가 용이하다.
③ 이음효율이 높다.
④ 변형하기 쉽고 잔류응력을 남기지 않는다.

해설

용접으로 이어지므로 100%의 이음효율을 나타낸다.

16 묻힘키에서 전달 토크를 T, 키의 높이를 h, 키의 폭을 b, 키의 길이를 l, 축의 직경을 d라고 할 때, 키에 발생하는 전단응력 τ는?

① $\tau = \dfrac{4T}{(l-b)d}$　② $\tau = \dfrac{2T}{(l-b)d}$

③ $\tau = \dfrac{2T}{bld}$　④ $\tau = \dfrac{4T}{bld}$

해설

키에 작용하는 전단응력 $\tau = \dfrac{F(\text{전단력})}{A(\text{전단면})} = \dfrac{F}{b \times l}$ …… (식 1)

키에 작용하는 압축응력 $\sigma = \dfrac{F(\text{압축력})}{A(\text{압축면})} = \dfrac{2 \times F}{h \times l}$ …… (식 2)

식1에서 키의 회전력 $T = F \times \dfrac{d}{2}$에서 $F = T\dfrac{2}{d}$를 대입하면(회전시 접선력=키의 전단력)

$\tau = \dfrac{F(\text{전단력})}{A(\text{전단면})} = \dfrac{F}{b \times l} = \dfrac{2T}{bld}$

17 축에 비틀림 모멘트 3[kN·m]과 굽힘 모멘트 4[kN·m]가 동시에 작용할 때 상당(equivalent) 비틀림 모멘트와 상당 굽힘 모멘트의 합[kN·m]은?

① 8　② 9.5

③ 12　④ 13.5

해설

상당굽힘모멘트 $M_e = Z \times \sigma_{\max} = \dfrac{1}{2}(M + \sqrt{M^2 + T^2})$ …… (식 1)

상당비틀림모멘트 $T_e = Z_p \times \tau_{\max} = \sqrt{M^2 + T^2}$ …… (식 2)

1식에 대입하자. $M_e = \dfrac{1}{2}(4 + \sqrt{4^2 + 3^2}) = \dfrac{4+5}{2} = 4.5$

2식에 대입하자. $T_e = \sqrt{4^2 + 3^2} = 5$

두 모멘트의 합은 9.5kN이다.

정답 15.③ 16.③ 17.②

18 평 벨트와 비교할 때 V벨트의 특징으로 옳지 않은 것은?

① 고속운전이 가능하다. ② 운전이 정숙하다.
③ 속도비가 작다. ④ 전동효율이 크다.

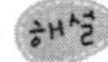

평벨트보다 V벨트의 속도비가 크다.

19 축방향과 축에 직각인 하중을 동시에 지지하는 베어링은?

① 레이디얼베어링 ② 테이퍼베어링
③ 피봇베어링 ④ 스러스트베어링

해설

축방향 힘 → 스러스트 베어링
축의 직각방향 힘 → 레이디얼베어링
축방향과 직각방향 모두 → 테이퍼 롤러베어링

20 베어링메탈의 구비조건으로 옳지 않은 것은?

① 마찰 및 마멸이 작아야 한다.
② 축재질보다 면압강도가 작고 연성이 낮아야 한다.
③ 열전도율이 높아야 한다.
④ 하중에 견딜 수 있도록 충분한 강도와 강성을 가져야 한다.

해설

축재질보다 면압강도가 작고, 연성이 커야한다.
- 축재질보다 면압강도가 크면 축이 마모된다. 연성이란 무르고 연한 성질을 말한다.

정답 18.③ 19.② 20.②

공업기계직 기계설계 (2010년 6월 시행 지방직) 9급

01 SI 기본단위에 의한 표시 중 일률(동력)에 해당되는 것은?

① $m\cdot kg\cdot s^{-2}$　② $m^{-1}\cdot kg\cdot s^{-2}$
③ $m^2\cdot kg\cdot s^{-2}$　④ $m^2\cdot kg\cdot s^{-3}$

해설

일률은 동력을 말한다. 즉 시간당 일을 일률이라고 한다.

일은 힘×거리, 일률 $= \frac{일}{시간} = \frac{힘 \times 거리}{시간} = \frac{N\cdot m}{s} = \frac{J}{s} = W$(와트)

일률 $= \frac{일}{시간} = \frac{힘 \times 거리}{시간} = \frac{N\cdot m}{s} = \frac{(kg\cdot m/s^2)\cdot m}{s} = \frac{kg\cdot m^2}{s^3}$

여기서 kg은 질량을 의미한다.

02 아래 그림 사선 부분과 같이 두께가 t인 강판을 겹치기이음으로 필렛용접 하였다. P의 힘으로 잡아당겨 용접부에 전단응력 τ가 발생하였을 때, 용접 길이 l은?

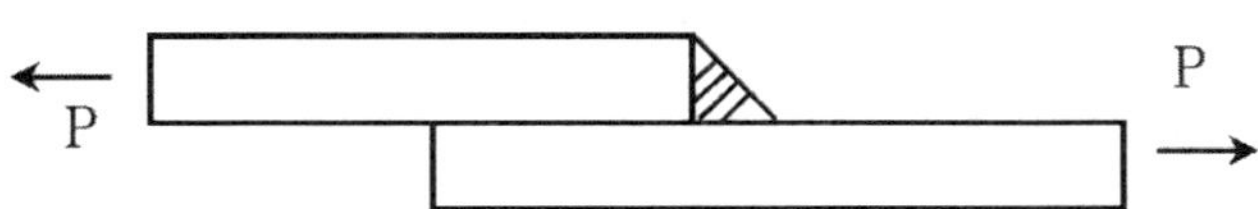

① $l = \frac{P}{2t\tau}$　② $l = \frac{\sqrt{2}P}{t\tau}$　③ $l = \frac{\sqrt{2}P}{2t\tau}$　④ $l = \frac{P}{t\tau}$

해설

[정면 필렛용접]

(1)면적이 1개 일 경우 : 이론식 수직응력$(\sigma_n) = \frac{P}{hl}$, 전단응력$(\tau) = \frac{P}{hl}$

: 경험식-주응력설을 기초로 할 경우

(인장응력 : σ_t)=(전단응력 : τ)=$\frac{2\times P\times \sin45(=0.707)}{h\times l}$ ...... (식 1)

(2)면적이 2개 일 경우 : (인장응력 : σ_t)=(전단응력 : τ)=$\frac{2\times P\times \sin45}{2\times h\times l} = \frac{P\times \sin45}{h\times l}$ ...... (식 2)

[측면 필렛용접]

(인장응력 : σ_t)=(전단응력 : τ)=$\frac{P}{2\times h\times l\times \cos45}$ ...... (식 3)

본 시험문제는 정면 필렛용접, 용접부 면적이 1개 이므로, 1식을 사용한다.

$$\sigma_t = \tau = \frac{2\times P\times 0.707}{h\times l} = \frac{2\times P\times \sin\alpha}{h\times l} = \frac{2\times P\times \frac{\sqrt{2}}{2}}{h\times l} = \frac{\sqrt{2}P}{h\times l}$$

정답 01.④ 02.②

03 원통코일 스프링에서 스프링지수에 대한 설명으로 옳은 것은?

① 소선지름에 대한 스프링 안지름의 비
② 소선지름에 대한 스프링 평균지름의 비
③ 소선반경에 대한 스프링 최대반경의 비
④ 소선반경에 대한 스프링 바깥반경의 비

해설

스프링의 직경(소선이 아님)=D, 소선의 직경=d 라 하면,

스프링지수(C)= $\frac{\text{스프링의 직경}(D)}{\text{소선의 직경}(d)}$

04 리드각 $\alpha=10°$, 마찰각 $\rho=35°(\mu=\tan\rho)$, 유효직경 20mm인 1줄 사각나사로 100kgf의 하중을 들어올리려고 한다. 나사를 죄는데 필요한 토크[kgf·m]는? (단, sin10°=0.174, cos10°=0.985, tan10°=0.176, tan35°=0.700이다)

① 1　② 0.7　③ 0.985　④ 0.174

해설

나사를 죄는 힘(P)= $W\cdot\tan(\alpha+\rho)$ …… (식 1), W는 하중, α는 리드각, ρ는 마찰각

볼트를 스패너로 조이는 경우 $T=T_1+T_2=\mu_1 W\cdot r+W\cdot\tan(\alpha+\rho)\times\frac{d}{2}=F\cdot l$ …… (식 2)

T_1은 너트 자리부의 마찰저항 모멘트, F는 스패너 돌리는 힘, l은 스패너 길이

μ_1은 너트자리부 마찰계수, r은 너트 평균 반지름(보통 T_1을 무시한다.)

2식에서 T_1을 무시하면,

$$T=T_1+T_2=W\cdot\tan(\alpha+\rho)\times\frac{d}{2}=100(\text{kgf})\cdot\tan(35+10)\times\frac{20\text{mm}}{2}$$

$$=100(\text{kgf})\cdot\tan(45)\cdot\frac{0.02\text{m}}{2}=100\times1\times0.01=1\text{kgf}\cdot\text{m}$$

05 다음 중에서 리벳지름과 피치가 동일한 경우 전단면 수가 가장 많은 것은?

① 2줄 겹치기 이음
② 양쪽 덮개판 2줄 맞대기 이음
③ 한쪽 덮개판 3줄 맞대기 이음
④ 3줄 겹치기 이음

해설

- 겹치기 : 두 판을 겹쳐서 리벳팅,
- 2줄겹치기 : 전단면 2줄 / 1겹칩면=2면, 3줄 겹치기 : 전단면 3줄 / 1겹칩면=3면
- 맞대기 : 결합할 판을 맞대고, 한쪽 덮개나 양쪽 덮개를 줄 수 있음
  맞대기에서 줄 수는 맞댄 경계판을 두고, 한 쪽(좌 혹은 우측)만 줄을 센 것
  - 한쪽 덮개의 경우 위쪽만 덮개, 2줄이면 왼쪽, 오른쪽 모두 2줄 : 전단면은 4줄에 1면=4면
  - 양쪽 덮개의 경우 위쪽과 아래쪽 덮개, 2줄이면 왼쪽, 오른쪽 모두 2줄
    : 전단면은 4줄에 2면=8면

정답 03.② 04.① 05.②

06 다음 나사 중 체결용으로 적절하지 않은 것은?

① 관용 나사 ② 유니파이 나사
③ 애크미 나사 ④ 미터 나사

해설

애크미 나사 → 호치지름을 인치로 나타내는 나사산각 29°의 사다리꼴 나사를 말한다.(전동용)

07 모듈=6, 중심거리=315mm, 속도비=2.5 : 1인 한 쌍의 평기어가 있다. 작은 기어의 잇수에 가장 가까운 값은?

① 21 ② 24 ③ 27 ④ 30

해설

스퍼기어에서 중심거리 $C(\text{중심거리}) = \dfrac{D_1 + D_2}{2} = \dfrac{m(Z_1 + Z_2)}{2}$ ······ (식 1)

속도비$(i) = \dfrac{\text{입력각속도}}{\text{출력각속도}} = \dfrac{\omega_1}{\omega_2} = \dfrac{N_1}{N_2} = \dfrac{D_2}{D_1} = \dfrac{Z_2}{Z_1}$ ······ (식 2)

2식에서 $\dfrac{\omega_1}{\omega_2} = 2.5 = \dfrac{Z_2}{Z_1}$, $Z_2 = 2.5Z_1$ ······ (식 3)

3식을 1식에 대입하면,

$315 = \dfrac{6(Z_1 + 2.5Z_1)}{2}$, $105 = 3.5Z_1$, $Z_1 = \dfrac{105}{3.5} = 30$

08 원추각이 α, 평균직경이 D_m, 마찰계수 μ인 원추클러치가 있다. 전달토크를 T라 할 때, 축방향으로 밀어야 할 힘(P)은?

① $P = \dfrac{2T}{\mu D_m}(\sin\alpha + \mu\cos\alpha)$ ② $P = \dfrac{T}{\mu D_m}(\sin\alpha + \mu\cos\alpha)$

③ $P = \dfrac{2T}{\mu D_m}(\cos\alpha + \mu\sin\alpha)$ ④ $P = \dfrac{T}{\mu D_m}(\cos\alpha + \mu\sin\alpha)$

해설

$P = Q(\sin\alpha + \mu\cos\alpha)$ ······ (식 1)

여기서 P는 축방향힘, Q는 마찰각(α, 깎인각)으로 늘어난 면을 미는 힘,

$T = \mu Q \cdot \dfrac{D_m}{2} = \mu \dfrac{P}{\sin\alpha + \mu\cos\alpha} \cdot \dfrac{D_m}{2} = \mu' \cdot P \cdot \dfrac{D_m}{2}$ ······ (식 2)

$\left(\mu' = \dfrac{\mu}{\sin\alpha + \mu\cos\alpha}\right)$

2식에서 $T = \mu \dfrac{P}{\sin\alpha + \mu\cos\alpha} \cdot \dfrac{D_m}{2}$, $\rightarrow P = \dfrac{2T}{D_m} \cdot \dfrac{\sin\alpha + \mu\cos\alpha}{\mu}$ 로 유도

정답 06.③ 07.④ 08.①

09 한 쌍을 이루는 두 개의 헬리컬 기어에서 치직각 모듈=4, 잇수는 각각 20개와 100개, 비틀림각=18°이다. 이 두 기어의 중심거리에 가장 가까운 값[mm]은? (단, cos18°=0.95, sin18°=0.31, tan18°=0.33, cos36°=0.81, sin36°=0.59, tan36°=0.73이다)

① 226 ② 252 ③ 273 ④ 296

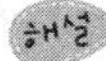

피치원의 지름$(D_s)=m_s \cdot Z_s=\dfrac{m_n}{\cos\beta}\cdot Z_s$

(여기서 β는 비틀림각, m_s: 축직각모듈, M_n: 치직각모듈)

$$C(\text{중심거리})=\frac{D_{s1}+D_{s2}}{2}=\frac{m_s(Z_{s1}+Z_{s2})}{2}=\frac{m_n}{\cos\beta}\cdot\frac{Z_{s1}+Z_{s2}}{2}$$

$$=\frac{4}{\cos18}\cdot\frac{20+100}{2}=\frac{4}{0.95}\cdot\frac{120}{2}=252$$

10 롤러 베어링의 기본 동적부하용량이 의미하는 것은?

① 최대 부하를 받고 있는 전동체와 궤도륜의 접촉부에서 전동체의 영구 변형량과 궤도륜의 영구 변형량의 합이 전동체 지름의 0.0001배가 되는 베어링 하중의 크기

② 내륜을 고정하고 외륜을 회전시키는 조건에서 100만 회전의 정격수명이 얻을 수 있는 베어링 하중의 크기

③ 최대 부하를 받고 있는 전동체와 궤도륜의 접촉부에서 전동체의 영구 변형량과 궤도륜의 영구 변형량의 합이 전동체 지름의 0.001배가 되는 베어링 하중의 크기

④ 외륜을 고정하고 내륜을 회전시키는 조건에서 100만 회전의 정격수명이 얻을 수 있는 베어링 하중의 크기

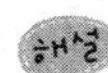

기본 동적부하용량(C)은 외륜고정 내륜회전(축이 내륜에 꽂힘)시 100만 회전(33.3rpm으로 500시간)의 정격수명(견디는 기본하중)

11 다판식 원판 클러치에서 축방향으로 10kgf의 힘을 가해 2kgf·m의 토크를 전달하고자 한다. 이때 마찰면의 개수는? (단, 접촉면의 안지름이 100mm, 바깥지름이 300mm이고, 마찰계수 μ=0.2이다)

① 5 ② 10 ③ 15 ④ 20

해설

$T=\mu P\cdot Z\cdot\dfrac{D_m}{2}$ (여기서, P는 축방향 미는 힘, Z는 면의 수, D_m:유효직경)

$$T=\mu P\cdot Z\cdot\frac{D_m}{2}=0.2\times10\text{kgf}\times Z\times\frac{\frac{100+300}{2}}{2}$$

$$2\text{kgf}\cdot\text{m}=0.2\times10\text{kgf}\times Z\times\frac{0.4}{4},\ Z=\frac{2\times4}{0.2\times10\times0.4}=10$$

정답 09.② 10.④ 11.②

12 길이 l, 높이 h, 폭 b인 평행키에서 축의 원주방향으로 작용하는 힘에 의해 전단응력과 압축응력이 키에 발생된다. 이때 허용전단응력 τ와 허용압축응력 σ가 $\sigma=2\tau$일 때, h와 b의 관계는?

① h=0.5b ② h=b ③ h=1.5b ④ h=2b

해설

키에 작용하는 전단응력 $\tau=\dfrac{F(\text{전단력})}{A(\text{전단면})}=\dfrac{F}{b\times l}$ ...... (식 1)

키에 작용하는 압축응력 $\sigma=\dfrac{F(\text{압축력})}{A(\text{압축면})}=\dfrac{2\times F}{h\times l}$ ...... (식 2)

조건에서 $\sigma=2\tau$이므로,

$\sigma=\dfrac{2\times F}{h\times l}=2\tau=2\times\dfrac{F}{b\times l}$, $b=h$로 유도된다.

13 축각이 90°이고 각속도비가 1인 외접하는 원추마찰차에서 축방향 스러스트(thrust) 하중이 P일 때, 베어링에 작용하는 레이디얼 하중은?

① P ② $\dfrac{P}{\sqrt{2}}$ ③ $2P$ ④ $\sqrt{2}P$

해설

마찰차를 밀어붙이는 하중(Q)에 대하여

- 축방향 하중 (스러스트 하중)=P_1, P_2
- 축의 직각방향 하중(레이디얼 하중) = R_1, R_2라고 하면

$\tan\alpha=\dfrac{P_1}{R_1}$, $\sin\alpha=\dfrac{P_1}{Q}$, $\tan\beta=\dfrac{P_2}{R_2}$, $\sin\beta=\dfrac{P_2}{Q}$ ...... (식 1)

축각이 90°이면, $\tan\beta=i$, $\tan\alpha=\dfrac{1}{i}$ ...... (식 2)

조건에서 축각이 90°이고 속도비(i)가 1이라고 하였으므로, 2식에 적용, 1식에 적용하면

$\tan\alpha=\dfrac{P_1}{R_1}$, $1=\dfrac{P_1}{R_1}$ 따라서, $R_1=P_1$

14 압축코일 스프링이 축방향 하중을 받을 때 소선에 가장 큰 영향을 주는 응력은?

① 압축응력 ② 인장응력
③ 전단응력 ④ 굽힘응력

해설

압축코일스프링 축방향 하중 → 소선은 비틀림 → 전단응력(대표: 자동차의 밸브 스프링)
비틀림코일 스프링 → 소선의 굽힘의 팽창 → 굽힘응력(대표: 자동차의 타이밍벨트 텐션 스프링)

정답 12.② 13.① 14.③

15 두 기어의 기초원의 지름이 D_1, D_2이고 잇수가 각각 z_1, z_2 , 압력각이 α, 원주피치가 p, 모듈이 M일 때 중심거리를 구하려 한다. 다음 중 옳은 것을 모두 고른 것은?

ㄱ. $\dfrac{D_1 + D_2}{2 \times \cos\alpha}$　　ㄴ. $\dfrac{z_1 + z_2}{2 \times \cos\alpha} M$

ㄷ. $(\dfrac{D_1}{M\sin\alpha} + \dfrac{D_2}{M\sin\alpha}) \div 2 \times \dfrac{p}{\pi}$　　ㄹ. $(\dfrac{D_1}{M cos\alpha} + \dfrac{D_2}{M cos\alpha}) \div 2 \times \dfrac{p}{\pi}$

① ㄱ, ㄴ　② ㄱ, ㄴ, ㄷ　③ ㄱ, ㄹ　④ ㄱ, ㄴ, ㄹ

해설

기초원지름(D_g) $= D_s \cdot \cos\alpha$ ($\alpha =$ 압력각)…… (식 1)

1식에서 $D_s = \dfrac{D_g}{\cos\alpha}$

중심거리(C) $= \dfrac{D_{s1} + D_{s2}}{2} = \dfrac{m}{2}(Z_1 + Z_2) = \dfrac{D_{g1} + D_{g2}}{2\cos\alpha}$ ($Z_{s1} = Z_{g1}$을 알아두어야 한다)

16 베어링에는 제조나 사용에 있어서의 혼란을 방지하고 구별을 쉽게 하기 위하여 호칭 번호를 붙여 사용한다. 다음의 세 번째 항(08)이 가리키는 것은?

베어링 호칭 번호 : 6 2 08 C2 P6

① 베어링의 형식 번호　② 베어링의 안지름 번호
③ 계열 번호　④ 정밀도 등급 기호

해설

6208C2P6라고 하면,
62 : 깊은 홈 볼베어링, 지름계열 2 / 08 : 안지름 08×5=40mm
C2 : 클리어런스 기호, P6 : 정밀도 등급이 6급

17 기어에서 백래시(Backlash)는?

① 기어가 맞물려 있을 때 이끝원으로부터 물림기어의 이뿌리까지의 거리
② 기어의 축단면에 따른 길이
③ 이끝 높이와 이뿌리 높이의 합
④ 서로 물린 한 쌍의 기어에서 잇면 사이의 간격

해설

백래시 : 서로 물린 한 쌍의 기어에서 잇면 사이의 간격
① : 이끝틈새 ③ : 총이높이, 이뿌리높이=이끝틈새(c)+모듈(m), 이끝높이(h)=모듈(m)
표준기어는 이끝높이(h)와 모듈(m)을 같게 한다.

정답 15.③ 16.② 17.④

18 내압이 작용하고 있는 두께가 얇고 밀폐된 고압가스용기가 파단 되었을 때, 파단위치 및 방향으로 옳은 것은? (단, 용기의 두께는 일정하고 재료는 균질이고 등방성이며, 돔(DOME) 부분은 구형이다)

① 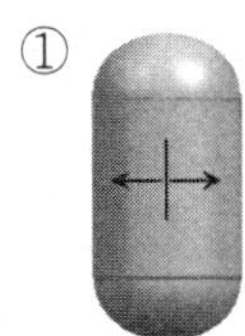 ② 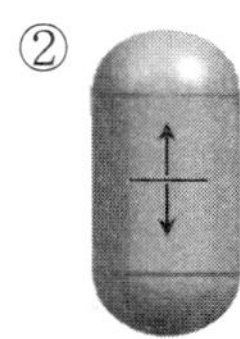 ③ 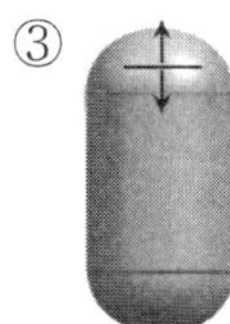 ④ 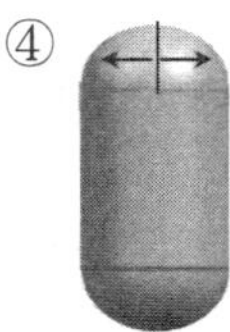

해설

길이(축) 방향 $\sigma_{t1} = \dfrac{PD}{4t}$ ...... (식 1), 반경방향 $\sigma_{t2} = \dfrac{PD}{2t}$ ...... (식 2)

1식의 2배 반경방향 응력 생김. 즉, 반경방향으로 설계해야 한다.

19 다음 중에서 단위중량당 에너지 흡수율이 크고, 경량이며, 구조가 간단한 기계요소는?

① 토션바(torsion bar)
② 판 스프링(leaf spring)
③ 코일 스프링(coil spring)
④ 고무 스프링(rubber spring)

해설

토션바: 단위중량당 에너지 흡수율이 크고, 경량이며, 구조가 간단한 기계요소

20 그림과 같이 스프링상수 k_1은 2kgf/cm, k_2는 4kgf/cm이다. W의 무게가 10kgf인 물체 양쪽에 스프링이 연결되어 있다. 평형상태에서 스프링을 3cm 아래로 눌러 탄성 변형시킬 때 발생하는 탄성에너지[kgf·cm]는?

① 6
② 18
③ 27
④ 54

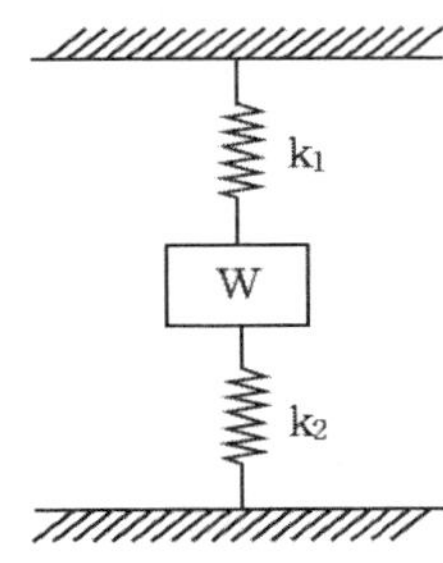

해설

병렬이므로, $k = k_1 + k_2 = 2 + 4 = 6\text{kgf/cm}$

여기서, 3cm의 처짐(δ)을 강제로 만들면,

$E(\text{탄성에너지}) = \dfrac{1}{2}W\delta = k\delta^2 (k = \dfrac{W}{\delta}\text{이므로})$ ...... (식 1)

1식을 사용하면,

$E(\text{탄성에너지}) = \dfrac{1}{2}W\delta = \dfrac{1}{2}k\delta^2 = \dfrac{1}{2} \times 6(\text{kgf/cm}) \times (3\text{cm})^2 = 27\text{kgf}\cdot\text{cm}$

정답 18.① 19.① 20.③

공업기계직 기계설계 (2011년 6월 시행 지방직)

01 100[N]의 하중을 50[cm] 들어 올리는 데, 8[초]동안 15[W]의 동력이 작용했다면, 이 전동잭의 효율[%]은?

① 41.7　② 33.3　③ 44.5　④ 39.7

해설

효율$(\eta)=\dfrac{\text{출력}}{\text{입력}}$으로, 입력은 15W, 출력은 계산하면 된다.

$$H_{kw}=F\cdot v=100\text{N}\cdot\frac{0.5\text{m}}{8\text{s}}=6.25\text{W}$$

$$\eta=\frac{\text{출력}}{\text{입력}}=\frac{6.25}{15}=0.417$$

02 두께가 t_0, 사용압력이 p_0, 내경이 r_0인 원통형 압력용기(A)가 있다. 이 압력용기와 동일재료로 강판의 두께를 2배, 원통의 반경을 2배로 하여 동일한 형태의 압력용기(B)를 제작하고, 사용압력을 2배로 할 때 압력용기(B)의 최대전단응력 크기는 압력용기(A)의 몇 배인가? (단, $t_0/r_0 \ll 1$이라고 가정한다)

① 8 배　② 4 배　③ 2 배　④ 1 배

해설

길이방향(원둘레)에서 전단된다고 생각하면 됨 ← 인장되는 부분과 구분할 것

원래의 적용식 $\tau=\dfrac{p\times\dfrac{\pi d^2}{4}}{t\times\pi d}=\dfrac{pd}{4t}$ …… (식 1)

압력용기 A의 경우 $\tau_A=\dfrac{p(2r)}{4t}=\dfrac{pr}{2t}$

압력용기 B의 경우 $\tau_B=\dfrac{(2p)(2r)}{2(2t)}=2\times\dfrac{pr}{2t}=2\times\tau_A$

03 마찰차에 대한 설명으로 옳지 않은 것은?

① 마찰차는 원통마찰차, 홈마찰차, 원추마찰차, 무단변속마찰차로 분류할 수 있다.
② 마찰차는 전달해야 될 힘이 그다지 크지 않으며, 속비가 중요하지 않을 경우 사용한다.
③ 마찰계수를 크게 하기 위해 종동차(피동차)를 원동차(구동차)보다 연질의 재료를 사용한다.
④ 보통 원동차 표면에 목재, 고무, 가죽, 특수 섬유질 등을 라이닝하여 사용한다.

해설

원동차의 표면에 연질재료(목재, 고무, 가죽, 특수 섬유질 등)를 라이닝하여 사용한다.

정답 01.① 02.③ 03.③

04 고속 회전 시 미끄러짐을 방지하기 위하여 스러스트 볼베어링에 예압(preload)을 가하게 된다. 운전속도(N)가 제한속도(Nmax)의 20%인 경우 기본 정 정격하중(C0)의 몇 배로 예압해야 하는가?

① $\frac{1}{100}$배 ② $\frac{1}{500}$배 ③ $\frac{1}{1000}$배 ④ $\frac{1}{2500}$배

해설

예압 관련 식은 보통 교재(대학교재)에 표시되어 있지 않다.
인터넷으로 찾아보니 아주 어려운 식으로 되어 있다.
고로, 외워야 한다.

05 자중을 무시할 수 있는 길이 L인 원형 단면 실축(탄성 계수 E)이 단순지지되어 있다. 이 축의 중앙에 하중 W인 회전체가 설치되어 있을 때, 위험속도(N[rpm])가 되는 축의 지름은? (단, g는 중력 가속도이다)

① $\sqrt[4]{\frac{4WL^3\pi N^2}{3E30^2g}}$ ② $\sqrt[4]{\frac{3WL^3\pi N^2}{4E30^2g}}$

③ $\sqrt[4]{\frac{4WL^3 30^2N^2}{3E\pi^3g}}$ ④ $\sqrt[4]{\frac{3WL^3\pi g}{4E30^2N^2}}$

해설

$W=mg$ …… (식 1), $k=\frac{W}{\delta}\rightarrow W=k\delta$ …… (식 2)

1식=2식 $mg=k\delta\rightarrow\frac{k}{m}=\frac{g}{\delta}$ …… (식 3)으로 유도

$w_c=\frac{2\pi N_c}{60},\rightarrow N_c=\frac{60w_c}{2\pi}$ …… (식 4)

$w_c=\sqrt{\frac{k}{m}}$ …… (식 5), 5식에 3식을 대입하면, $w_c=\sqrt{\frac{k}{m}}=\sqrt{\frac{g}{\delta}}$ …… (식 6)

4식에 6식을 대입하면,

$N_c=\frac{60w_c}{2\pi}=\frac{30}{\pi}\sqrt{\frac{k}{m}}=\frac{30}{\pi}\sqrt{\frac{g}{\delta}}\fallingdotseq 300\sqrt{\frac{1}{\delta(cm)}}$ …… (식 7)이 유도.

단순보의 처짐(δ) $=\frac{Wl^3}{48EI}$ …… (식 8)

8식을 7식에 대입하면,(혹은 4식에서)

$\sqrt{\frac{g}{\delta}}=\frac{2\pi N_c}{60}=\frac{\pi N_c}{30},-\rightarrow\delta=\frac{g}{(\frac{\pi N_c}{30})^2}=\frac{g30^2}{\pi^2N_c^2}$ …… (식 9)

9식에 8식을 대입하면,

$\delta=\frac{Wl^3}{48EI}=\frac{g30^2}{\pi^2N_c^2}\rightarrow I=\frac{Wl^3\pi^2N_c^2}{48Eg30^2}=\frac{\pi d^4}{64}$ 이므로,

$d^4=\frac{64Wl^3\pi^2N_c^2}{\pi 48Eg30^2}=\frac{4}{3}\frac{Wl^3\pi N_c^2}{Eg30^2}$

정답 04.③ 05.①

06 직경 $D_1=200$[mm], $D_2=400$[mm]이고, 잇수 $z_1=50$, $z_2=100$인 한 쌍의 평기어가 있다. 속도계수는 0.4, 접촉면응력계수 k=0.075[kgf /mm^2], 이의 폭 b=80[mm]라 하면, 기어에 걸리는 회전력[kgf]은?

① 320 ② 640 ③ 800 ④ 1,600

해설

면압강도에 대하여, k : 접촉면 응력계수, f_v : 속도계수, b : 기어폭(잘 설명되어야 함)

돌리는 힘$(P) = f_v \times k \times m \times b \times \dfrac{2Z_1Z_2}{Z_1+Z_2}$ ······ (식 1)

$$(P) = 0.4 \times 0.075(\text{kgf/mm}^2) \times 4(\text{mm}) \times 80(\text{mm}) \times \frac{2\times 50\times 100}{50+100}$$

$$= 0.4 \times 0.075 \times 4 \times 80 \times \frac{2\times 50\times 100}{150} = 640\text{kgf}$$

07 회전수 1,000[rpm]으로 10[kW]의 동력을 전달하는 단판 클러치의 내경이 100[mm], 외경이 200[mm], 마찰계수가 0.2일 때, 클러치를 축방향으로 미는 힘[kgf]은?

① 162.3 ② 324.7 ③ 477.5 ④ 649.3

해설

$$H_{kw} = T\cdot w,\ 10\text{kW} = 10\times 10^3\text{W} = \text{T}(\text{N}\cdot\text{m}) \times \frac{2\pi\text{N}}{60(\text{s})}$$

$$T(\text{N}\cdot\text{m}) = \frac{10^4\times 60}{2\pi\times 1000} = \frac{300}{\pi}$$

$$T = P(\text{접선력} = \text{제동력}N) \times \frac{d_m}{2},\ \frac{300}{\pi}(N\cdot m) = P(N) \times \frac{100+200(\text{mm})}{4}$$

$$P(N) = \frac{300}{\pi}(\text{N}\cdot\text{m}) \times \frac{4}{0.3(\text{m})} = \frac{4000}{\pi}\text{N}$$

$$P = \mu Q,\ \text{축방향미는힘}(Q) = \frac{P}{\mu} = \frac{4000}{\pi\times 0.2} = \frac{20000}{\pi}(N) = \frac{20000}{\pi\times 9.8}(\text{kgf}) = 649.3\text{kgf}$$

08 벨트의 평행걸기(open belting) 시 축간 중심거리는 1,000[mm], 원동차의 지름은 400[mm], 종동차의 지름은 300[mm]이다. 벨트의 길이에 가장 가까운 값[mm]은?

① 3,060 ② 3,100 ③ 3,140 ④ 3,180

해설

평행걸기 길이$(L) = \dfrac{\pi}{2}(D_b + D_a) + 2C + \dfrac{(D_b - D_a)^2}{4C}$, 여기서 직경이 큰 것이 Db이다.

$$L = \frac{\pi}{2}(400+300) + 2\times 1000 + \frac{(400-300)^2}{4\times 1000} = \frac{\pi\times 700}{2} + 2000 + \frac{10000}{4000} = 3.14\times 350 + 2000 + 2.5$$

$$= 1069 + 2000 + 2.5 = 3071.5\text{mm}$$

따라서 이보다 크며 가장 가까운 값은 3100이다.(3060은 짧아서 사용할 수가 없다) 걸기의 여유가 필요하다고 생각하면 된다.

정답 06.② 07.④ 08.②

09 다음 그림에서 벨트 풀리 1(I_1)에 700[PS]이 전달되고, 이 동력은 풀리 2(I_2)에 300[PS], 풀리 3(I_3)에 400[PS]으로 나누어 전달된다. 풀리 2의 좌측과 우측의 축에 걸리는 전단응력이 같아지도록 설계한다면, d_1/d_2은? (단, 자중 및 굽힘하중에 의한 전단응력은 무시한다)

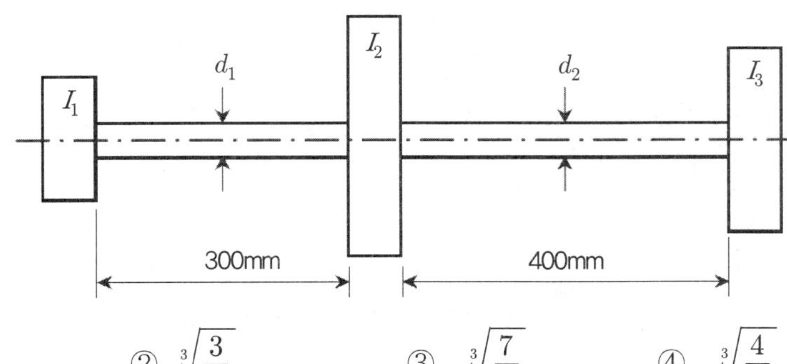

① $\sqrt[3]{\frac{7}{3}}$　② $\sqrt[3]{\frac{3}{7}}$　③ $\sqrt[3]{\frac{7}{4}}$　④ $\sqrt[3]{\frac{4}{7}}$

해설

같은 축이므로 $w_1 = w_2 = w_3$이다.　$H_{ps} = Tw \rightarrow T = \frac{H}{w}$이다.

$T_1 = \frac{700}{w} = \tau_1 \times Z_{p1}$ ...... (식 1)

$T_3 = \frac{400}{w} = \tau_3 \times Z_{p3}$ ...... (식 3)

1식/3식을 하면 $\frac{700}{400} = \frac{\tau_1}{\tau_3} \times \frac{Z_{p1}}{Z_{p3}}$ ...... (식 4)

축의 재료가 같으므로, $\tau_1 = \tau_3$이므로 4식에 대입

$$\frac{700}{400} = \frac{\frac{\pi d_1^3}{16}}{\frac{\pi d_2^3}{16}} \rightarrow \frac{7}{4} = \frac{d_1^3}{d_2^3} \rightarrow \frac{d_1}{d_2} = \sqrt[3]{\frac{7}{4}}$$ 으로 유도

10 유니파이 보통나사 3/4-10 UNC의 피치[mm]는?

① 0.75　② 10　③ 19.05　④ 2.54

해설

$\frac{3}{4} - 10\,UNC$에서 $\frac{3}{4}$는 지름, 10은 나사산의 수이다.

①지름(mm) $= \frac{3}{4}$(인치) $= \frac{3}{4} \times 25.4 = 6.35 \times 3 = 19.05$mm

②나사산의 수 10은 1인치 내에 10개의 나사산이 있다는 뜻이다.

피치$(p) = \frac{25.4\text{mm}}{10} = 2.54$mm로 계산된다.

11 **굽힘모멘트와 토크를 동시에 받는 축의 인장응력은 90[MPa], 전단응력은 60[MPa]이다. 허용인장응력을 110[MPa], 허용전단응력을 80[MPa]이라 할 때, 다음 설명 중 옳지 않은 것은?**

① 최대주응력설에 의하면, 이 축은 안전하지 않다.

② 최대전단응력설에 의하면, 이 축은 안전하지 않다.

③ 전단변형에너지설(von Mises yield criteria)에 의하면, 이 축은 안전하지 않다.

④ 단순인장응력상태에서는 최대주응력설에 의한 파손조건과 전단변형에너지설에 의한 파손조건이 같아진다.

해설

굽힘과 토크가 동시에 받으므로,

$$\tau_{\max} = \frac{1}{2}\sqrt{\sigma_x^2 + 4\tau^2} = \frac{1}{2}\sqrt{90^2 + 4 \times 60^2} = \frac{1}{2}\sqrt{8100 + 14400} = \frac{1}{2}\sqrt{22500} ≒ \frac{1}{2} \times 150 = 75$$

$$\sigma_{\max} = \frac{1}{2}(\sigma_x + \sqrt{\sigma_x^2 + 4\tau^2}) = \frac{1}{2}(90) + 75 = 120$$

최대 전단응력설에 의해서는 안전하다.(최대가 허용응력보다 작으므로)최대 주응력에 의해서도 안전하지 않다(110을 초과).

12 **이의 수 16개인 피니언이 이의 수 40개인 기어를 구동시키는 평기어쌍이 있다. 모듈은 12[mm], 이끝높이와 이뿌리높이는 각각 12[mm], 15[mm]이고, 압력각이 20°일 때, 원주피치[mm] 및 중심거리[mm]는?**

	원주피치[mm]	중심거리[mm]
①	37.7	336
②	37.7	672
③	75.4	336
④	75.4	672

해설

$$C = \frac{D_1 + D_2}{2} = \frac{m}{2}(Z_1 + Z_2) = \frac{12}{2}(16 + 40) = 6 \times 56 = 336\text{mm}$$

$$p = \frac{\pi D}{Z} = \pi m = 3.14 \times 12 = 37.68\text{mm}$$

13 **판두께 14[mm], 리벳의 지름 22[mm], 피치 54[mm]로 리벳 중심에서 판 끝까지 1열 리벳 겹치기 이음하여 한 피치당 인장하중 1,350[kgf]이 작용할 때, 판에 생기는 인장응력 [kgf/mm^2]은?**

① 2.0 ② 2.5 ③ 3.0 ④ 3.5

해설

한 피치당 인장응력$(\sigma_t) = \frac{W}{(p-d)t} = \frac{1350}{(54-22)14} = 3.0\text{kgf/mm}^2$

정답 11.② 12.① 13.③

14

안지름이 312[mm]인 이음매 없는 강관에 유량이 약 0.23[m^3/s], 수압이 2[MPa]인 유체가 흐를 때, 이에 적합한 강관의 바깥지름[mm]은? (단, 허용인장응력은 78[MPa], 부식여유는 1[mm], 평균유속은 3[m/s]로 한다)

① 322　　② 350　　③ 344　　④ 336

해설

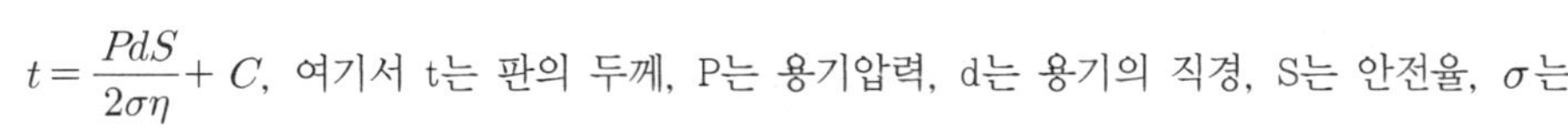

$t = \dfrac{PdS}{2\sigma\eta} + C$, 여기서 t는 판의 두께, P는 용기압력, d는 용기의 직경, S는 안전율, σ는 인장응력, η는 이음효율, C는 부식 고려한 여유 등을 나타낸다.

그대로 대입하자.(이음매가 없으므로, 안전계수 1, 효율 100%이다.)

$t = \dfrac{2(\mathrm{MPa}) \times 312(\mathrm{mm}) \times 1}{2 \times 78(\mathrm{MPa}) \times 1} + 1 = 4 + 1\mathrm{mm} = 5\mathrm{mm}$ 로 계산된다.

그러므로 바깥지름은 안지름 + 2t = 312 +10 = 322mm

15

합금강에서 합금원소의 영향으로 옳지 않은 것은?

① 몰리브덴(Mo)은 고온에서 강도나 경도의 저하가 적으며, 담금질성을 증가시킨다.
② 텅스텐(W)은 탈산 및 탈질 작용이 강하며, 결정립을 미세화한다.
③ 크롬(Cr)은 내마모성과 내식성을 증가시키며, 4[%] 이상 함유될 경우 단조성이 떨어진다.
④ 니켈(Ni)은 저온에서 내충격성을 향상시킨다.

해설

합금강에서의 영향
(1) 알루미늄 : 탈산 및 탈질작용, 결정립의 미세화
(2) 니켈 : 점성이 높아짐, 저온에서 내충격성 증가, 고가
(3) 크롬 : 담금질성 개선, 고온에서도 경도 유지, 특수강
(4) 텅스텐 : 담금질성, 경화성 증대, 내마모성
(5) 몰리브덴 : 텅스텐과 동족원소, 첨가효과 비슷

16

대표적인 관이음 방법인 플랜지를 설계할 때, 플랜지 면에 수직으로 작용하는 전하중이 P이면 플랜지의 두께는 t_0이다. 동일 조건에서 압력이 두 배가 된다면, 플랜지의 최소두께는 t_0의 몇 배로 설계해야 하는가?

① 1.5　　② 2　　③ $\sqrt{2}$　　④ 4

해설

관에서 관의 끝에 플랜지이음을 했다고 하므로,(축방향의 힘이 작용한다는 뜻)

$\sigma = \dfrac{pd}{4t}$ 에 적용해야 한다.

$\sigma_1 = \dfrac{pd}{4t_1}$ 와 $\sigma_2 = \dfrac{(2p)d}{4t_2}$ 이 동일 조건이므로,

$\dfrac{pd}{4t_1} = \dfrac{(2p)d}{4t_2} \rightarrow t_2 = 2t_1$

정답 14.① 15.② 16.②

17 그림과 같은 내부확장식 드럼 브레이크로 363[N–m]의 토크를 제동하려고 한다. 브레이크 슈에 작용하는 힘 F[kN]는 최소 얼마이어야 하는가? (단, 그림에서 a=110[mm], b=55[mm], c=50[mm], D=140[mm]이고, 마찰계수는 0.3이다)

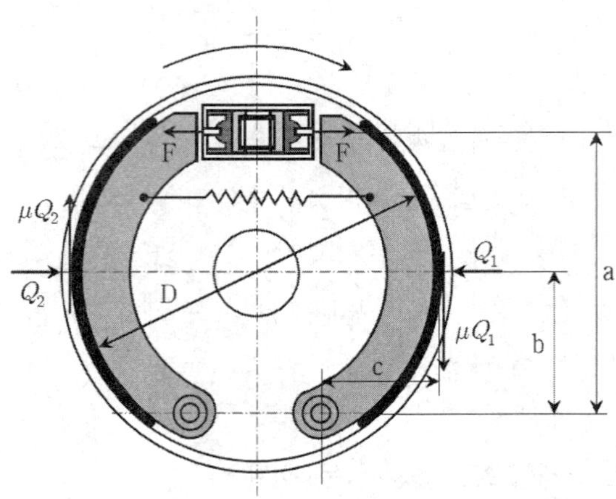

① 1 ② 2 ③ 3 ④ 4

해설

$$T=\mu(Q_1+Q_2)\times\frac{D_m}{2}=0.3\times(Q_1+Q_2)(N)\times\frac{0.14\text{m}}{2}=363\text{N}\cdot\text{m}$$

$$Q_1+Q_2=\frac{2\times 363}{0.3\times 0.14}\cdots\cdots(\text{식 }1)$$

$$F_1=\frac{Q_1}{a}(b-\mu c)\ \rightarrow\ Q_1=\frac{F_1 a}{b-\mu c},\cdots\cdots(\text{식 }2)$$

$$F_2=\frac{Q_2}{a}(b+\mu c)\ \rightarrow\ Q_2=\frac{F_2 a}{b+\mu c},\cdots\cdots(\text{식 }3)$$

2식과 3식에서

$$Q_1+Q_2=(\frac{F_1}{b-\mu c}+\frac{F_2}{b+\mu c})a\ \cdots\cdots(\text{식 }4)$$

4식에서 보통 차량의 경우 F1=F2이다. 즉 F1=F2=F라 하자.

$$Q_1+Q_2=(\frac{1}{55-0.3\times 50}+\frac{1}{55+0.3\times 50})F\times 110\cdots\cdots(\text{식 }1)$$

5식=1식이므로

$$\frac{2\times 363}{0.3\times 0.14}=(\frac{1}{40}+\frac{1}{70})F\times 110=\frac{110}{2800}F\times 110,$$

$$F=\frac{2\times 363\times 2800}{0.3\times 0.14\times 110\times 110}=4000\text{N}=4\text{kN}$$

정답 17.④

18 피로파손 및 내구선도에 대한 설명으로 옳지 않은 것은?

① S-N곡선(피로한도 곡선)이 가로축과 평행하게 되는 시작점에서의 양진응력의 크기, 즉 응력진폭을 피로한도라고 한다.

② 모든 금속재료는 N=106~107 정도에서 명백한 피로한도를 보이며, 이 피로한도보다 낮은 응력진폭에서는 피로파괴되지 않는 것으로 간주하여 설계한다.

③ 변동응력이 작용하는 경우에는, 가로축을 평균응력(σ_m), 세로축을 응력진폭으로 하는 내구선도를 작성하고 작용응력이 안전영역 이내에 있도록 설계하여야 한다.

④ 조더버그(Soderberg)선도는 내구선도의 세로축 절편을 피로한도, 가로축 절편을 항복강도로 하는 두 점을 직선으로 연결한 내구선도를 말한다.

(진폭S - 응력반복횟수 N) 곡선
강재에서 반복횟수가 $10^6 \sim 10^7$이 될 때까지는 직선적으로 진폭이 감소하다가 이후에는 응력진폭은 변화가 없다. → 이후에는 반복을 많이 해도 변화가 없다.
즉, 이 횟수 이후에는 파괴되지 않는 것으로 간주 → 여기서는 모든 재료가 틀림(강재임)

19 토크 T를 받고 있는 직경 D인 원형축의 한쪽 끝이 벽에 목두께 a로 필렛용접되어 있을 때, 목두께에 작용하는 최대 전단응력을 구하는 식은?

① $\dfrac{16T(D+a)}{\pi[(D+a)^4-D^4]}$

② $\dfrac{16T(D+2a)}{\pi[(D+2a)^4-D^4]}$

③ $\dfrac{32T(D+a)}{\pi[(D+a)^4-D^4]}$

④ $\dfrac{32T(D+2a)}{\pi[(D+2a)^4-D^4]}$

원래직경은 D, 용접한 후의 직경은 D+2a이다. 이는 중공축의 전단응력을 구하는 것과 같으므로,

$\tau=\dfrac{T}{Z_p}$ ······ (식 1)에서 중공축의 Z_p를 구해보자.

$$I=\frac{\pi}{64}((D+2a)^4-D^4),\ Z=\frac{I}{\frac{D+2a}{2}}=\frac{\pi}{32}\frac{(D+2a)^4-D^4}{D+2a}$$

$$Z_p=Z_x+Z_y=Z\times 2=\frac{\pi}{16}\frac{(D+2a)^4-D^4}{D+2a} \cdots\cdots (식\ 2)$$

1식에 2식을 대입하면,

$\tau=\dfrac{T}{Z_p}=\dfrac{16T}{\pi}\dfrac{D+2a}{(D+2a)^4-D^4}$ 으로 유도된다.

정답 18.② 19.②

20 그림과 같이 스프링상수 1.5 × 10^9[N/m]인 볼트로 스프링상수 1 × 10^9 [N/m]인 결합체를 초기 체결력 10[kN]으로 체결한 후, 외부로부터 10[kN]의 인장하중이 작용하였을 때, 결합체에 작용하는 하중[kN]은? (단, +하중은 인장하중, −하중은 압축하중이다)

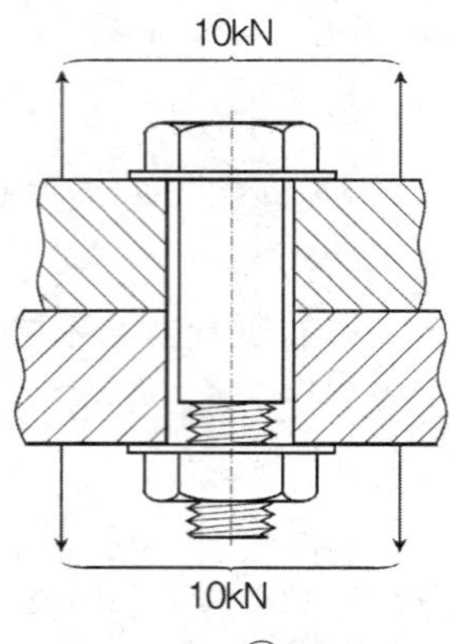

① +4　　② −4　　③ +6　　④ −6

해설

볼트에 의한 결합체는 압축이, 볼트는 인장이 생기게 되므로, 서로의 힘이 상쇄된다.
즉 무시해도 된다.
외부에 의해 10kN의 하중이 결합체에 작용하면, 볼트는 인장하중이, 결합체에는 압축하중이 작용하게 된다. 즉 볼트의 인장하중=결합체의 압축하중이다.

$k = k_1 + k_2 = 2.5 \times 10^9(\mathrm{N/m})$ ← 볼트와 결합체는 힘(W)를 기준으로 병렬연결

외부에 10kN이 작용할 때,

변형량$(\delta) = \dfrac{W}{k} = \dfrac{10\mathrm{kN}}{2.5 \times 10^9 \mathrm{N/m}} = \dfrac{10000}{2.5 \times 10^9}\mathrm{m} = \dfrac{1}{250}\mathrm{mm}$ 이다.

결합체의 압축하중을 구하려고 하면 압축되는 면적이 알 수 없으므로,(굽은 곳은 인장도 생김) 볼트의 인장하중을 구하는 것이다.

$$W = \delta \times k_1 = 1.5 \times 10^9(\mathrm{N/m}) \times \frac{1}{250} \times \frac{1}{1000}\mathrm{m} = 6\mathrm{kN}$$

(결합체는 압축되고 있으므로, 부호가 -이다.)

정답 20.④

공업기계직 기계설계 (2012년 6월 시행 지방직) 9급

01 **공업재료의 기계적 성질에 대한 설명으로 옳은 것은?**

① 진응력(true stress)은 공칭응력(nominal stress)보다 작다.
② 영구변형률이 0.2%가 되는 응력을 탄성한도(elastic limit)라 한다.
③ 소재의 강도는 힘의 단위로 표현된다.
④ 동일 소재의 경우 피로한도는 항복강도보다 작다.

해설

공칭응력은 이론적면적, 진응력은 실제 시험면적이므로, 면적이 공칭응력쪽이 크다
→ 응력이 작게 표현된다.

- 탄성한도는 영구변형률이 없다.
- 소재의 강도는 힘/면적으로 표현된다.

02 **인벌류트 치형에 대한 설명으로 옳지 않은 것은?**

① 치형제작 가공이 용이하고 호환성이 좋다.
② 기어 중심 간 거리에 약간의 치수 오차가 있어도 사용 가능하다.
③ 이의 크기가 같으면 항상 호환 가능하다.
④ 정밀한 구동을 요구하지 않는 일반기계에 주로 쓰인다.

해설

이의 크기가 같더라도 항상 호환 가능하지는 않다. → 피치점을 잘 고려해야 함

03 **표준 스퍼기어에 의한 동력전달에 있어서 중심거리가 120mm, 모듈이 2이고, 회전각속도가 3배로 증속될 때 종동기어의 바깥지름[mm]은?**

① 60　　② 62
③ 64　　④ 182

해설

$$\text{속도비}(i)=\frac{\text{입력각속도}}{\text{출력각속도}}=\frac{\omega_1}{\omega_2}=\frac{1}{3}=\frac{Z_2(\text{출력잇수})}{Z_1(\text{입력잇수})}\rightarrow Z_1=3Z_2 \cdots\cdots(\text{식 }1)$$

$$C(\text{중심거리})=\frac{D_1+D_2}{2}=\frac{m(Z_1+Z_2)}{2}=\frac{2(3Z_2+Z_2)}{2}=120,\ 4Z_2=120,\ Z_2=30\text{개}$$

$$\text{바깥지름}(D_o)=mZ+2m=m(Z+2)=2(30+2)=64\text{mm}$$

정답 01.④ 02.③ 03.③

04 다음과 같이 4개의 기어로 구성되어 있는 복합기어열의 기어 1에 대한 기어 4의 각속도비는? (단, N_i는 회전각속도, Z_i는 기어잇수이다.)

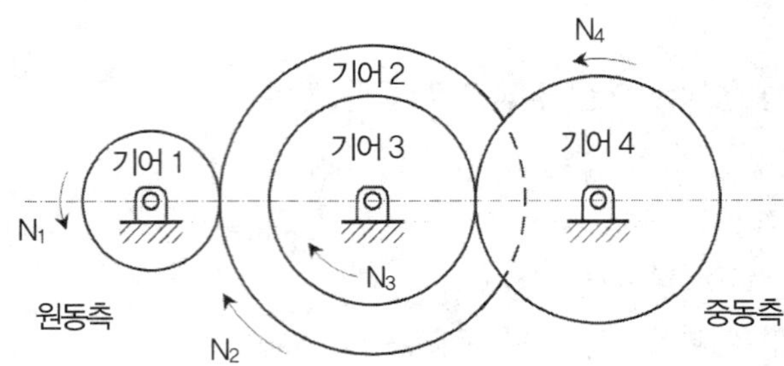

① $\dfrac{Z_1Z_3}{Z_4Z_2}$ ② $\dfrac{Z_2Z_3}{Z_4Z_1}$ ③ $\dfrac{Z_4Z_1}{Z_2Z_3}$ ④ $\dfrac{Z_4Z_2}{Z_1Z_3}$

해설

이 문제는 조건에서 기어 1(입력)에 대한 기어 4(출력)의 각속도비를 물었으므로,

$$속도비(i) = \frac{출력각속도}{입력각속도} = \frac{\omega_2}{\omega_1} = \frac{N_2}{N_1} = \frac{D_1}{D_2} = \frac{Z_1(입력잇수)}{Z_2(출력잇수)} \cdots\cdots (식\ 1)에서$$

$$속도비(i) = \frac{\omega_2}{\omega_1} = \frac{Z_1(입력 = 구동잇수)}{Z_2(출력 = 피동잇수)} = \frac{Z_1 \times Z_3}{Z_2 \times Z_4}$$

05 다음과 같은 클러치형 원판 브레이크에서 접촉면의 평균지름(Dm)이 80mm, 접촉면에 수직으로 작용하는 힘(Q)이 600kgf, 회전각속도가 716.2rpm일 때, 제동할 수 있는 최대 동력[PS]은? (단, 접촉면의 마찰계수는 0.3이다)

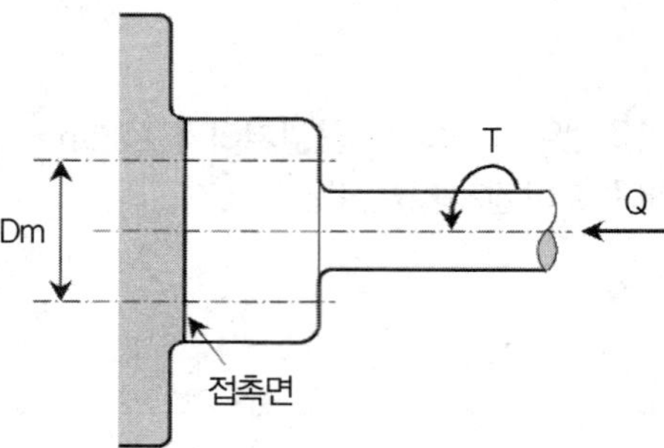

① 7.2 ② 14.4 ③ 7,200 ④ 14,400

해설

$$T = \mu Q\frac{D_m}{2} = 0.3 \times 600(\text{kgf}) \times \frac{0.08\text{m}}{2} = 7.2\text{kgf}\cdot\text{m}$$

$$H_{ps} = T \times w = T \times \frac{2\pi N}{60(s)} = 7.2(\text{kgf}\cdot\text{m}) \times \frac{2\pi \times 716.2}{60(\text{s})}$$

$$= \frac{7.2 \times 2\pi \times 716.2}{75 \times 60}(\text{ps}) = 7.2\text{ps}$$

정답 04.① 05.①

06 용접이음에 대한 설명으로 옳지 않은 것은?

① 용접부의 이음효율은 이음의 형상계수 및 용접계수에 따라 결정된다.
② 용접계수는 용접품질에 따라 변화하는데 아래보기 용접에 대한 위보기 용접의 효율이 가장 크다.
③ 플러그(plug) 용접은 모재의 한쪽에 구멍을 뚫고 용접하여 다른 쪽 모재와 접합시키는 방식이다.
④ 필렛(fillet) 용접에서 용접다리의 길이가 다를 경우, 짧은 쪽을 한 변으로 하는 이등변 삼각형을 기준으로 목두께를 정한다.

용접계수는 용접의 종류(필렛, 수직, 상향, 하향, 현장 등)에 따라 변화하며, 수직용접(0.95) 효율이 가장 크다.

07 기계요소의 설계에서 공차와 거칠기를 정하기 위한 고려사항을 설명한 것으로 옳은 것은?

① 기계요소의 공차는 기준치수의 크기와 제품의 사용목적에 맞도록 하되 가급적 공차를 작게 주어 정밀하게 가공되어야 한다.
② 기계요소를 설계할 때, 표면거칠기는 가공방법을 감안하여야 하고, 설계요구조건이 허용하는 한도에서 가급적 크게 주어 가공비용을 낮추어야 한다.
③ 구멍기준 끼워맞춤 방식은 구멍의 기준치수가 최소치수로 정해지므로 가공상의 관점에서 축기준 방식보다 비경제적이다.
④ 도면에 치수를 기입하는 방법으로는 공차역을 기호로 표시하는 방법과 위/아래 치수허용차를 직접 기입하는 방법이 있으며, 대량생산에서 한계게이지를 사용하여 측정하는 경우에는 치수표시방식이 편리하다.

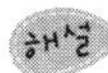

- 기계요소를 설계할 때, 기준치수가 크면 클수록 다듬질의 정도가 저하하므로, 치수가 증가함에 따라 공차를 크게 둔다. (표면거칠기 → 다듬질정도 = 같은말)
- 구멍기준방식이 일반적 → 구멍에 일정공차를 줌, 축을 다듬질하여 맞추기가 쉽기 때문.
- 공차표시가 유리

08 기어의 물림률(contact ratio)에 대한 설명으로 옳지 않은 것은?

① 모듈이 작은 기어를 사용하면 물림률이 높아진다.
② 압력각이 큰 기어를 사용하면 물림률이 나빠진다.
③ 잇수를 많게 하면 물림률이 높아진다.
④ 헬리컬 기어의 나선각를 작게 하면 전체 물림률이 높아진다.

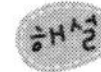

헬리컬 기어의 나선각(비틀림각)을 작게 하면 전체 물림률이 작아진다.

정답 06.② 07.② 08.④

09 사각나사로 구성된 잭(jack)으로 5ton의 무게를 들어 올리려고 한다. 사각나사의 유효직경 d_2=50.1mm, 피치 p=3.14mm일 때, 잭 핸들의 최소 유효길이 l[mm]로 가장 가까운 값은? (단, 핸들을 돌리는 힘은 30kgf, 사각나사의 마찰계수는 0.1이다)

① 210 ② 310 ③ 510 ④ 710

해설

삼각함수 합차공식

$\tan(\alpha \pm \beta) = \dfrac{\tan\alpha \pm \tan\beta}{1 \mp \tan\alpha\tan\beta}$ ······ (식 1)

$\tan\alpha = \dfrac{p}{\pi d_2} = \dfrac{3.14}{\pi \times 50.1} = \dfrac{1}{50.1}$, $\tan\beta = \mu = 0.1$ ······ (식 2)

나사를 조이는 힘$(P) = W\tan(\alpha+\beta)$ ······ (식 3)

3식에 1식을 따라 2식을 대입

$$P = W\tan(\alpha+\beta) = 5000(\text{kgf}) \times \dfrac{\dfrac{1}{50.1}+0.1}{1-\dfrac{1}{50.1}\times 0.1} = 5000 \times \dfrac{\dfrac{1+5.01}{50.1}}{\dfrac{50.1-0.1}{50.1}} = 5000 \times \dfrac{6.01}{50} = 601\text{kgf}$$

나사를 조이는 회전력$(T_1) = P \times \dfrac{D_2}{2} = 601 \times \dfrac{50.1}{2}(\text{kgf}\cdot\text{mm})$ ······ (식 3)

핸들을 돌리는 회전력(T_2) = 핸들돌리는 힘 × 핸들길이 $= 30 \times l(\text{kgf}\cdot\text{mm})$ ······ (식 4)

(식 3)=(식 4)

$601(\text{kgf}) \times \dfrac{50.1}{2}(\text{mm}) = 30(\text{kgf}) \times l$, $l = \dfrac{601}{30} \times \dfrac{50.1}{2}(\text{mm}) = 501\text{mm}$

그래서 이보다 커야 된다.

10 기계제도에서 기준치수(basic size)는?

① 실제치수 ② 최대 허용치수－최소 허용치수
③ 최대 허용치수－위치수 허용차 ④ 최소 허용치수－위치수 허용차

해설

기준치수 = 최대허용치수 - 위치수 허용차

11 다음 설명에 해당하는 베어링은?

- 내륜 궤도는 두 개로 분리되어 있고, 외륜 궤도는 구면으로 공용궤도이다.
- 설치오차를 피할 수 없는 경우, 또는 축이 휘기 쉬운 경우 등 허용경사각이 비교적 클 때에 사용한다.

① 단열 깊은 홈 볼베어링 ② 앵귤러 볼베어링
③ 매그니토 베어링 ④ 자동조심 볼베어링

해설

자동조심 볼베어링 - 자동으로 축에 맞음 / 축의 중심이 약간 어긋남을 자동 조절

정답 09.③ 10.③ 11.④

12 다음과 같이 구성된 지름이 다른 두 개의 압축 코일 스프링에서 안쪽 스프링의 스프링계수(k_1)는 100N/mm이고, 바깥쪽 스프링의 스프링계수(k_2)는 50N/mm이며, 하중이 없는 상태에서 안쪽스프링은 바깥쪽 스프링보다 Δ=50mm만큼 더 길다. 스프링 상부에 20kN의 하중을 가했을 때 바깥쪽 스프링의 처짐[mm]은? (단, 스프링의 자중은 무시한다)

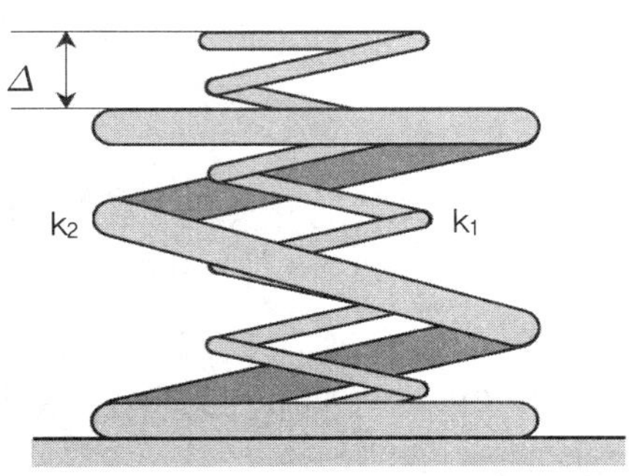

① 100 ② 150 ③ 200 ④ 400

해설

안쪽스프링(k_1)에서 Δ50mm 압축되는데 사용되는 힘은
$F_1 = k_1 \times \delta_1(\Delta) = 100\text{N/mm} \times 50\text{mm} = 5000 = 5\text{kN}$이 든다.
즉 전체 20kN을 사용하는데, 안쪽스프링을 Δ50mm으로 이동하는데 5kN 사용하였으므로,
스프링 2개(k_1, k_2)가 병렬로 사용되는 힘은 20kN - 5kN = 15kN이다.
병렬이므로, 전체 스프링상수$(k) = k_1 + k_2 = 100 + 50 = 150\text{N/mm}$

$$k = \frac{F_2}{\delta_2}, \quad \delta_2 = \frac{F_2}{k} = \frac{15\text{kN}}{150\text{N/mm}} = \frac{15000}{150}(\text{mm}) = 100\text{mm}$$

13 외팔보형 단판스프링의 높이와 폭을 두 배로 변경하였을 때 스프링상수는 변경 전 값의 몇 배가 되는가?

① 2배 ② 4배 ③ 8배 ④ 16배

해설

외팔보의 처짐$(\delta) = \dfrac{Wl^3}{3EI}$ …… (식 1)

$k = \dfrac{W}{\delta}$ …… (식 2) 1식을 2식에 대입

$k = \dfrac{W}{\delta} = \dfrac{W \times 3EI}{Wl^3} = \dfrac{3EI}{l^3}$ …… (식 3)

판스프링의 단면은 사각이므로, $I = \dfrac{bh^3}{12}$ …… (식 4). 4식을 3식에 대입하면,

$k = \dfrac{3EI}{l^3} = \dfrac{3E \times bh^3}{l^3 \times 12}$ …… (식 5). 높이와 폭을 2배로 하면, b → 2b, h → 2h를 5식에 대입

$$k_2 = \frac{3E \times (2b)(2h)^3}{l^3 \times 12} = \frac{3Ebh^3}{l^3 \times 12} \times 2^4 = k \times 2^4$$

정답 12.① 13.④

14 소형 디젤기관에서 원형단면 흡입관로의 평균 공기유속을 25m/s, 초당 공기유입량을 $50m^3$으로 하는 관의 안지름[m]은?

① $\sqrt{\frac{2}{\pi}}$ ② $2\sqrt{\frac{2}{\pi}}$ ③ $4\sqrt{\frac{2}{\pi}}$ ④ $5\sqrt{\frac{2}{\pi}}$

해설

Q(유량) $= A$(면적) $\times v$(속도)

$50m^3/s = A \times 25m/s$

$50 = \frac{\pi d^2}{4} \times 25m/s$, $d^2 = \frac{2 \times 4}{\pi}(m)$, $d = \sqrt{\frac{8}{\pi}} = 2\sqrt{\frac{2}{\pi}}$

15 W의 하중을 받는 b(폭) × h(높이) × l(길이)인 평행키(구 묻힘키)의 폭이 높이의 $\frac{1}{2}$일 때, 키의 전단응력(τ)과 압축응력(σ)의 비($\frac{\tau}{\sigma}$)는?

① 0.25 ② 0.5 ③ 1 ④ 2

해설

키에 작용하는 전단응력 $\tau = \frac{F(전단력)}{A(전단면)} = \frac{F}{b \times l}$ …… (식 1)

키에 작용하는 압축응력 $\sigma = \frac{F(압축력)}{A(압축면)} = \frac{2F}{h \times l}$ …… (식 2)

조건이 $b = \frac{1}{2}h$, $h = 2b$ …… (식 3)

3식을 2식에 대입하자.

$\sigma = \frac{F(압축력)}{A(압축면)} = \frac{2F}{2b \times l} = \frac{F}{bl} = \tau$

$\frac{\tau}{\sigma} = 1$이다.

16 140kN의 인장력을 받는 양쪽 덮개판 맞대기 이음에서 리벳의 허용 전단응력이 $70N/mm^2$, 리벳의 지름이 20mm일 때 요구되는 리벳의 최소 개수는?

① 4 ② 5 ③ 6 ④ 7

해설

$\sigma = \frac{F}{A} = \frac{140kN}{(\frac{\pi d^2}{4}) \times n \times 1.8} = 70N/mm^2$

여기서, 한 리벳에 전단면적이 2개 생기면, 면적이 2이지만 2를 곱하는 것이 아니라 1.8을 곱한다.

$n = \frac{140000N}{(\frac{\pi 20^2}{4})(mm^2) \times 1.8 \times 70(N/mm^2)} = \frac{2000 \times 4}{\pi \times 20^2 \times 1.8} = \frac{20}{\pi \times 1.8} = 3.54$

리벳의 개수는 정수이므로, 4개가 정답

정답 14.② 15.③ 16.①

17 **벨트 전동에서 벨트에 장력을 가하는 방법으로 옳지 않은 것은?**

① 벨트 자중에 의한 방법
② 탄성변형에 의한 방법
③ 스냅 풀리를 사용하는 방법
④ 원심력에 의한 방법

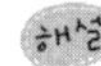

벨트에 장력을 가하는 방법 – 자중, 탄성변형, 스냅풀리 등을 사용

18 **기어가 맞물려 회전할 때, 한 쪽 기어의 이끝이 상대쪽 기어의 이뿌리에 부딪쳐서 회전이 곤란하게 되는 간섭(interference)과 언더컷(undercut) 현상의 원인과 대책에 대한 설명으로 옳지 않은 것은?**

① 이의 간섭은 피니언의 잇수가 극히 적거나, 기어와 피니언의 잇수비가 매우 클 때 생긴다.
② 압력각이 너무 클 때 생기므로 압력각을 줄여 물림률을 높이면 간섭을 완화시킬 수 있다.
③ 기어의 이끝면을 깎아내거나, 피니언의 이뿌리면을 반경 방향으로 파냄으로써 기어회전을 유지할 수 있다.
④ 기어의 이높이를 줄이면, 언더컷은 방지되나 물림길이가 짧아져서 동력전달이 원활하지 않을 수 있다.

이의 높이를 줄여서 압력각을 높이면 언더컷을 방지할 수 있다.

19 **바깥지름 210mm, 두께 5mm인 얇은 관의 소재 허용응력이 100MPa일 때, 이 관에 가할 수 있는 최대 내압[MPa]은?**

① 5 ② 10 ③ 20 ④ 50

해설

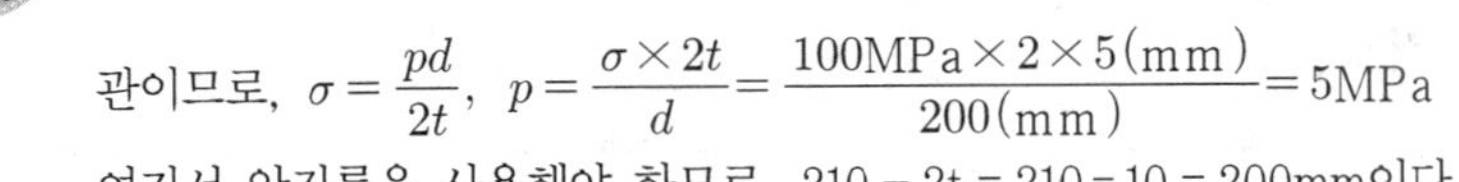
관이므로, $\sigma = \dfrac{pd}{2t}$, $p = \dfrac{\sigma \times 2t}{d} = \dfrac{100\text{MPa} \times 2 \times 5(\text{mm})}{200(\text{mm})} = 5\text{MPa}$

여기서 안지름을 사용해야 하므로, 210 – 2t = 210 – 10 = 200mm이다.

20 **굽힘모멘트 M=400 kN·m, 비틀림모멘트 T=300 kN·m를 동시에 받고 있는 축에서 최대 주응력설에 의한 상당굽힘모멘트 Me[kN·m]는?**

① 450 ② 550 ③ 650 ④ 700

해설

$$M_{\max} = \frac{1}{2}(M + \sqrt{M^2 + T^2}) = \frac{1}{2}(400 + \sqrt{400^2 + 300^2}) = \frac{1}{2}(400 + 500) = 450\text{kN}\cdot\text{m}$$

정답 17.④ 18.② 19.① 20.①

공업기계직 기계설계 (2013년 6월 시행 지방직)

01 **후크의 법칙에 대한 설명으로 옳은 것은?**

① 탄성계수의 값은 모든 재료에서 동일하다.
② 비례한도 이내에서 응력과 변형률은 비례한다.
③ 비례한도 이내에서 변형량과 단면적은 비례한다.
④ 비례한도 이내에서 변형량과 탄성계수는 비례한다.

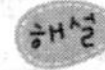

후크의 법칙은 비례한도 내에서 $\sigma = E \times \epsilon$

02 **회전하는 축에 2개의 회전체를 설치하였다. 축의 자중만에 의한 위험속도는 N_0[rpm], 각 회전체를 단독으로 축에 설치했을 경우 축의 자중을 무시한 위험속도는 각각 N_1[rpm], N_2[rpm]이다. 이때, 축의 위험속도 N_c[rpm]를 구하기 위한 던커레이(Dunkerley) 공식은?**

① $N_c = N_0 + N_1 + N_2$
② $N_c^2 = N_0^2 + N_1^2 + N_2^2$
③ $\dfrac{1}{N_c} = \dfrac{1}{N_0} + \dfrac{1}{N_1} + \dfrac{1}{N_2}$
④ $\dfrac{1}{N_c^2} = \dfrac{1}{N_0^2} + \dfrac{1}{N_1^2} + \dfrac{1}{N_2^2}$

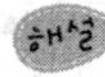

던커레이 공식

$$\frac{1}{N_c^2} = \frac{1}{N_0^2} + \frac{1}{N_1^2} + \frac{1}{N_2^2}$$

여기서 N_c는 위험속도(rpm), N_0는 축 자중만의 위험속도(rpm), N_1는 회전체1의 위험속도(rpm)(축자중 무시), N_2는 회전체2의 위험속도(rpm)(축자중 무시) 등을 말한다.

03 **다음 설명에 해당하는 커플링은?**

> 훅 조인트(Hook´s joint)라고도 하며, 두 축이 같은 평면내에 있으면서 그 중심선이 서로 30° 이내의 각도를 이루고 교차하는 경우에 사용된다. 공작 기계, 자동차의 동력전달기구, 압연 롤러의 전동축 등에 널리 쓰인다.

① 올덤 커플링
② 슬리브 커플링
③ 플랜지 커플링
④ 유니버설 커플링

해설

유니버설조인트 = 훅조인트 : 2개축이 같은 평면 내에 있으며, 그 중심선이 서로 30° 이내로 교차할 경우 사용. 자동차 앞구동축 조인트

정답 01.② 02.④ 03.④

04 **유체를 한 방향으로만 흐르도록 하고 역류를 방지할 목적으로 사용하는 밸브는?**

① 체크 밸브　② 슬루스 밸브
③ 스톱 밸브　④ 안전 밸브

해설

체크밸브 : 유체를 한쪽 방향으로, 역류방지

05 **두께 2[mm]인 강판 2장을 지름 20[mm]인 리벳을 이용하여 2줄 겹치기 이음을 하고자 한다. 1 피치 내의 하중은 20[kN]이고 판효율이 60%라면 피치는 몇 [mm]인가?**

① 40　② 50　③ 60　④ 70

해설

판효율 $\eta_t = \dfrac{p-d}{p}$, $0.6 = \dfrac{p-20}{p}$, $0.4p = 20$, $p = 50\text{mm}$로 계산된다.

06 **그림과 같은 단식 블록 브레이크에서 드럼의 지름이 360[mm]이고 브레이크 레버의 조작력 F가 200[N]일 때, 드럼이 우회전할 경우 제동 토크[N · mm]는? (단, $l_1 = 500[mm]$, $l_2 = 190[\text{mm}]$, $l_3 = 50[\text{mm}]$, 마찰계수 μ=0.2)**

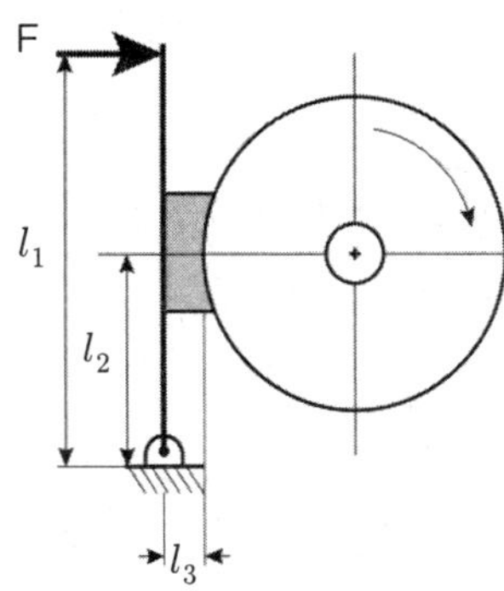

① 9,000　② 10,000　③ 18,000　④ 20,000

해설

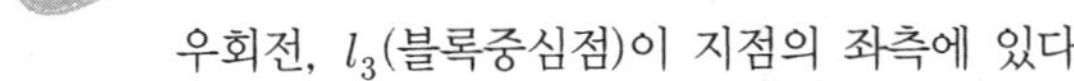
우회전, l_3(블록중심점)이 지점의 좌측에 있다.

블록을 미는힘 Q라 하면, 제동력$P = \mu Q$이다. F는 브레이크 조작력이다.

$\sum F = 0, F \times l_1 - Ql_2 - \mu Ql_3 = 0$

$F = \dfrac{Q}{l_1}(l_2 + \mu l_3)$에 대입하자

$200 = \dfrac{Q}{500}(190 + 0.2 \times 50) = \dfrac{Q}{500} \times 200$ 따라서 $Q = 200N$으로 계산된다.

제동토크 $T =$ 제동력 $\times$ 반지름 $= \mu Q \times \dfrac{d}{2} = 0.2 \times 500 \times \dfrac{360}{2} = 18000$으로 계산된다.

정답 04.① 05.② 06.③

07 그림과 같이 하중 P가 용접선에 평행하게 작용할 때, 용접부에 발생하는 최대 전단응력은?

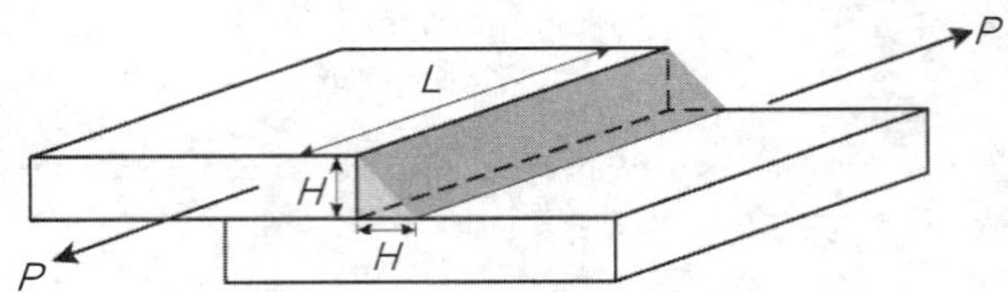

① $\sqrt{2}\dfrac{P}{HL}$ ② $\dfrac{2}{\sqrt{3}}\dfrac{P}{HL}$ ③ $\dfrac{P}{HL}$ ④ $2\dfrac{P}{HL}$

해설

측면 필렛용접 부위가 2개이면, $\sigma = \tau = \dfrac{P}{2hl\cos 45°}$ (2는 면적이 2개일 때)

측면 필렛용접 부위가 1개이면, $\sigma = \tau = \dfrac{P}{hl\cos 45°} = \dfrac{P}{hl \times \dfrac{1}{\sqrt{2}}} = \sqrt{2} \times \dfrac{P}{hl}$

여기서, P는 압력이 아니라 힘이다.

08 벨트전동에서 인장측 장력이 이완측 장력의 3배이고 벨트의 유효장력이 100[kgf]일 때, 인장측 장력[kfg]은? (단, 원심력의 영향은 무시함)

① 50 ② 67 ③ 150 ④ 200

해설

장력비 $e^{\mu\theta} = \dfrac{T_t}{T_s}$(원심력무시)$= 3$, $\rightarrow T_t = 3T_s$ …… (식 1)

또한, $T_t - T_s = P_e$(유효장력)$= 100$ …… (식 2)

1식을 2식에 대입

$3T_s - T_s = 100$, $T_s = 50$이다.

따라서 $T_t = 150$으로 계산된다.

09 일정한 축방향 하중이 작용하는 원통형 코일스프링에서 소선의 지름과 스프링 전체의 평균지름을 모두 2배로 증가시킬 경우 스프링의 처짐량은 몇 배인가?

① 0.5 ② 1 ③ 2 ④ 4

해설

코일스프링의 처짐 $\delta_1 = \dfrac{8nD^3W}{Gd^4}$ …… (식 1)

소선지름 d → 2d, 스프링의 전체지름 D → 2D를 1식에 대입하자

$\delta_2 = \dfrac{8n(2D)^3W}{G(2d)^4} = \dfrac{8nD^3W}{Gd^4} \times \dfrac{2^3}{2^4} = \delta_1 \times \dfrac{1}{2}$로 유도된다.

정답 07.① 08.③ 09.①

10 내경과 외경의 비가 2인 중공축에 작용할 수 있는 허용 비틀림모멘트는 T이다. 만약 내경을 고정한 상태에서 내경과 외경의 비를 4로 설계할 경우, 허용 비틀림 모멘트는? (단, 축 재료의 허용응력은 동일함)

① 4.5T ② 6.5T

③ 8.5T ④ 10.5T

해설

$-\tau = \frac{T}{z_p}$, $T = \tau \times z_p$ ······ (식 1)

(1) 중실축의 경우 $I = \frac{\pi d^4}{64}$, $I_p = I_x + I_y = 2 \times I = \frac{\pi d^4}{32}$

$$z_p = \frac{I_p}{\frac{d}{2}} = \frac{\frac{\pi d^4}{32}}{\frac{d}{2}} = \frac{\pi d^3}{16}$$

(2) 중공축의 경우 $I = \frac{\pi(d_1^4 - d_2^4)}{64}$, $I_p = I_x + I_y = 2 \times I = \frac{\pi(d_1^4 - d_2^4)}{32}$

d_1=바깥지름, d_2=안지름을 말한다.

$$z_p = \frac{I_p}{\frac{d_1}{2}} = \frac{\frac{\pi(d_1^4 - d_2^4)}{32}}{\frac{d_1}{2}} = \frac{\frac{\pi(d_1^4 - d_2^4)}{d_1}}{16} \text{ ······ (식 2)}$$

문제에서 $d_1 = 2d_2$를 2식에 대입하자.

$$z_p = \frac{\frac{\pi([2d_2]^4 - d_2^4)}{2d_2}}{16} = \frac{15\pi}{31} d_2^3 \text{ ······ (식 3)}$$

3식을 1식에 대입하면, $T = \tau \times z_p = \tau \times \frac{15\pi d_2^3}{32}$ ······ (식 4)

문제에서 $d_1 = 4d_2$를 2식에 대입하자.

$$z_p = \frac{I_p}{\frac{d_1}{2}} = \frac{\frac{\pi([4d_2]^4 - d_2^4)}{32}}{\frac{4d_2}{2}} = \frac{\pi(256-1)d_2^4}{4 \times 16 d_2} = \frac{255\pi d_2^3}{4 \times 16} \text{ ······ (식 5)}$$

5식을 1식에 대입하면, $T_2 = \tau \times z_p = \tau \times \frac{255\pi d_2^3}{32 \times 2} = T \times \frac{255}{15 \times 2} = 8.5T$로 계산된다.

정답 10.③

11

볼트에 축방향의 정하중 W[kgf]가 작용할 때, 허용인장응력 σ_a[kgf/mm²]를 만족시키기 위한 볼트의 최소 바깥지름 d[mm]는?(단, 골지름 $d_1 = 0.8d$)

① $\sqrt{\dfrac{W}{2\sigma_a}}$　② $\sqrt{\dfrac{2W}{\sigma_a}}$　③ $\sqrt{\dfrac{3W}{\sigma_a}}$　④ $2\sqrt{\dfrac{W}{\sigma_a}}$

해설

$\sigma_a = \dfrac{W}{\dfrac{\pi d_1^2}{4}} = \dfrac{4W}{\pi d_1^2}$ ← 골지름 $d_1 = 0.8d$(d는 바깥지름) 대입하자

$\sigma_a = \dfrac{4W}{\pi(0.8d)^2} = \dfrac{W}{0.16\pi d^2}$

$d = \sqrt{\dfrac{W}{0.16\pi\sigma_a}} = \sqrt{\dfrac{W}{0.5\sigma_a}} = \sqrt{\dfrac{2W}{\sigma_a}}$ 로 유도된다.

12

미터나사 M30×3에 대한 설명으로 옳은 것은?

① 미터 보통 나사 유효지름 30[mm], 산수 3
② 미터 가는 나사 바깥지름 30[mm], 산수 3
③ 미터 보통 나사 유효지름 30[mm], 피치 3[mm]
④ 미터 가는 나사 바깥지름 30[mm], 피치 3[mm]

M30×3 의미 → 미터가는 나사, 바깥지름 30mm, 피치가 3mm

13

서로 맞물려 회전하는 보통이의 표준 평기어가 다음 규격과 같을 때, 작은 기어와 큰 기어의 이끝원 지름[mm]은 각각 얼마인가?

- 작은 기어의 잇수 30
- 큰 기어의 잇수 120
- 두 기어 축 사이의 중심거리 300[mm]

① 120, 480　② 128, 480
③ 120, 488　④ 128, 488

해설

$Z_1 = 30,\ Z_2 = 120$

중심거리 $L = \dfrac{D_1 + D_2}{2} = \dfrac{\mathrm{m}(Z_1 + Z_2)}{2}$ 에 대입하자.

$300 = \dfrac{\mathrm{m}(30+120)}{2}$, $\mathrm{m} = 4$로 계산된다.

작은기어 바깥지름 $D_0 = m(Z_1 + 2) = 4 \times 32 = 128\mathrm{mm}$
큰기어 바깥지름 $D_0 = m(Z_2 + 2) = 4 \times 122 = 488\mathrm{mm}$

정답 11.② 12.④ 13.④

14

평균 반지름 r, 두께 t인 원통의 압력용기에 내압이 작용할 때, 축방향 응력은 원주방향 응력의 몇 배인가? (단, t/r는 0.1 이내로 두께가 얇음)

① 0.5 ② 1.0 ③ 1.5 ④ 2.0

해설

축방향 응력 $\sigma_1 = \dfrac{P \times \dfrac{\pi d^2}{4}}{\pi dt} = \dfrac{Pd}{4t}$

원주방향응력 $\sigma_2 = \dfrac{P \times d \times l}{2tl} = \dfrac{Pd}{2t}$

즉, 축방향응력(σ_1)은 원주방향응력(σ_2)의 반이다.

15

체인에서 원동축 스프로킷 휠의 피치가 24[mm], 잇수가 25개, 분당 회전수가 200[rpm], 체인의 전체 링크 수가 100개일 때, 체인의 평균 속도[m/s]는?

① 2 ② 2.4 ③ 20 ④ 24

해설

체인속도 $v = \pi DN = p \times z \times N$ ...... (식 1)

대입하자

$v = p \times z \times N = 24(\text{mm}) \times 25 \times \dfrac{200}{60(\text{s})} = 2000\text{mm/s} = 2\text{m/s}$

여기서, 휠의 피치(p)와 잇수(z)가 중요, 전체 체인의 링크수가 아님에 주의

16

지름 100[mm]인 축에 평행키를 설치하였다. 분당 회전수 487[rpm]으로 2[kW]의 동력을 전달할 때, 키에 발생하는 전단응력[kgf/mm^2]은? (단, 키의 폭, 높이, 길이는 각각 10[mm], 8[mm], 80[mm])

① 0.1 ② 0.125 ③ 0.25 ④ 1

해설

$H_p = Tw$에 대입

$2000 = T(N \cdot m) \times \dfrac{2\pi \times 487}{60(s)}$, $T(N \cdot m) = \dfrac{2000 \times 60}{2\pi \times 487}$ ...... (식 1)

키에서 $\tau = \dfrac{W}{bl} = \dfrac{T}{rbl} = \dfrac{2T}{dbl}$ ...... (식 2)

2식에 대입하자

$\tau = \dfrac{2T}{dbl} = 2 \times \dfrac{2000 \times 60}{2\pi \times 487}(\text{N} \cdot \text{m}) \times \dfrac{1}{100 \times 10 \times 80(\text{mm}^3)}$ 단위를 맞추자.

$\tau = 2 \times 2000 \times 60 \dfrac{}{2\pi \times 487} \times 1000(\text{N} \cdot \text{mm}) \times \dfrac{1}{100 \times 10 \times 80(\text{mm}^3)} = 0.9804\text{N/mm}^2$

즉 정답이 1이라고 했지만 수정해야 한다.

정답 14.① 15.① 16.④

17 **삼각나사에 작용하는 축방향 하중을 Q, 마찰계수를 μ, 나사산의 각을 2β라고 할 때, 나사면에 발생하는 마찰력은?**

① μQ　　② $\mu Q cos\beta$

③ $\dfrac{\mu Q}{\cos\beta}$　　④ $\dfrac{\mu Q}{\sin\beta}$

해설

삼각나사에서 마찰력 $F=\mu' \times Q$ …… (식 1)

$\mu' = \dfrac{\mu}{\cos(\frac{\alpha}{2})} = \dfrac{\mu}{\cos(\frac{2\beta}{2})} = \dfrac{\mu}{\cos\beta}$ …… (식 2)

2식을 1식에 대입하자

$F=\mu' \times Q = \dfrac{\mu Q}{\cos\beta}$ 로 유도된다.

18 **다음 그림과 같은 원통 마찰차에서, 원동차(A)의 직경 D_A = 120[mm], 중간차(B)의 직경 D_B = 50[mm], 종동차(C)의 직경 D_c = 240[mm]이고, 원동차(A)의 분당 회전수가 700[rpm]이면, 종동차(C)의 분당 회전수[rpm]는? (단, 마찰차 사이에서 미끄럼이 전혀 없으며 회전속도비 손실은 무시한다)**

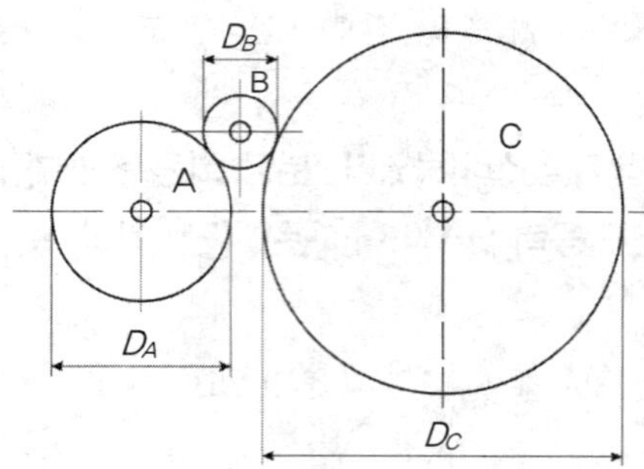

① 270　　② 350　　③ 700　　④ 1,400

해설

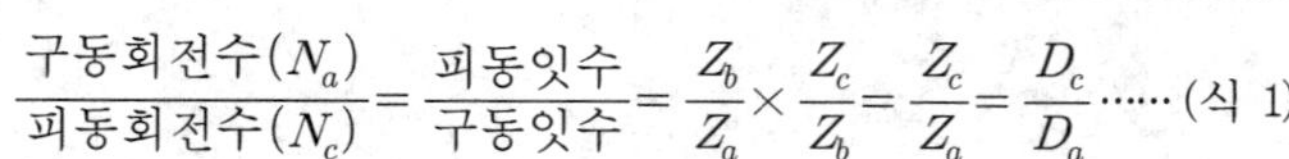

$$\frac{구동회전수(N_a)}{피동회전수(N_c)} = \frac{피동잇수}{구동잇수} = \frac{Z_b}{Z_a} \times \frac{Z_c}{Z_b} = \frac{Z_c}{Z_a} = \frac{D_c}{D_a} \text{ …… (식 1)}$$

1식에 대입하자

$\dfrac{700}{N_c} = \dfrac{240}{120} = 2,\ \ N_c = \dfrac{700}{2} = 350\text{rpm}$ 으로 계산된다.

19 회전속도 450[rpm]에서 1,000시간의 정격수명시간을 갖는 단열레이디얼 볼베어링을 선정하고자 한다. 베어링 하중 200[kgf], 하중계수 $f_w = 1$일 때, 기본 동정격하중 C[kgf]는?

① 400 ② 600
③ 800 ④ 1,000

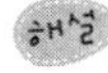

$P = f_w \times P_{th} = 1 \times 200 = 200\text{kgf}$

$L_h = 500 \times (\frac{C}{P})^3 \times \frac{33.3}{N}$ ...... (식 1)

1식에 대입하자

$1000 = 500 \times (\frac{C}{200})^3 \times \frac{33.3}{450}$, $C^3 = 2 \times 200^3 \times \frac{450}{33.3}$

$C = \sqrt[3]{\frac{2 \times 200^3 \times 450}{33.3}} = 600.2\text{kgf}$로 계산된다.

20 헬리컬기어의 잇수가 Z일 때, 상당 평기어의 잇수는? (단, β는 헬리컬기어의 나선각임)

① $\frac{Z}{\cos\beta}$ ② $\frac{Z}{\cos^2\beta}$
③ $\frac{Z}{\cos^3\beta}$ ④ $\frac{Z}{\cos^4\beta}$

헬리컬기어 잇수가 Z일 때,

상당 평기어 잇수 $Z_e = \frac{Z}{\cos^3\beta}$으로 유도된다.

정답 19.② 20.③

공업기계직 기계설계 (2014년 6월 시행 지방직)

01 그림과 같은 단식 블록 브레이크에서 드럼의 회전방향에 관계없이 레버 끝에 가하는 조작력이 $F=\dfrac{Qb}{a}$가 되려면 c의 값은?

① −1
② 1
③ $\dfrac{1}{2}$
④ 0

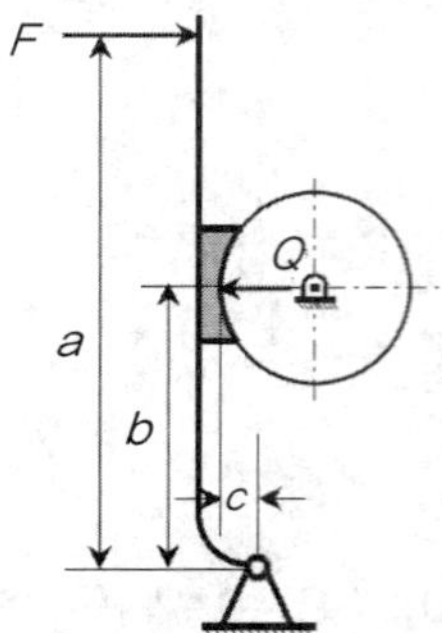

해설

그림에서 힌지점이 마찰점의 오른쪽에 위치한다. 오른쪽으로 회전한다고 가정하면, 제동력 $P=\mu Q$는 회전방향으로 생긴다.

힌지점을 기준으로 $\sum T=0$을 적용하면, 반시계방향을 (+)로 할 경우

$-F\times a+Q\times b-\mu Q\times c=0$, $F=\dfrac{Q}{a}(b-\mu c)$로 유도된다. 이식에서 $b-\mu c$가 b가 되려면 $\mu c=0$이어야 한다. 즉 $c=0$이어야 한다.

02 피로파손 이론에서 조더버그선(Soderberg line) 기준에 의한 응력 관계식은? (단, σ_a는 교번응력, σ_m은 평균응력, S_e는 피로강도, S_u는 극한강도, S_f는 파괴강도, S_y는 항복강도이다)

① $\dfrac{\sigma_a}{S_u}+\dfrac{\sigma_m}{S_y}=1$
② $\dfrac{\sigma_a}{S_e}+\dfrac{\sigma_m}{S_y}=1$
③ $\dfrac{\sigma_a}{S_e}+\dfrac{\sigma_m}{S_u}=1$
④ $\dfrac{\sigma_a}{S_u}+\dfrac{\sigma_m}{S_e}=1$

해설

조더버그선(soderberg line)은 아래와 같은 식으로 표현한다.

$$\frac{\sigma_a(\text{허용응력})}{\sigma_e(\text{피로한계응력})}+\frac{\sigma_m(\text{평균응력})}{\sigma_y(\text{항복응력})}=1$$

정답 01.④ 02.②

03 한국공업규격(KS)에서 기계부문과 수송기계부문의 분류기호는?

① KS A, KS E　　② KS B, KS R
③ KS C, KS W　　④ KS D, KS X

해설

분류기호	부문	분류기호	부문
KS A	기초	KS J	생물
KS B	기계	KS K	섬유
KS C	전기	KS L	잠업(요업)
KS D	금속	KS M	화학
KS E	광산	KS P	의료
KS F	토목&건축	KS R	수송기계
KS G	일용품	KS V	조선
KS H	식료품	KS W	항공
KS I	환경	KS X	정보산업

04 SI 기본단위가 아닌 것은?

① rad　　② s　　③ m　　④ kg

해설

기본단위는 아래와 같다.
rad은 라디안으로 보조단위에 속한다.

구분(기본명)	명칭	기호
길이	미터	m
질량	킬로그램	kg
시간	초	s
전류	암페어	A
절대온도	캘빈	K

05 단판 클러치에서 축 방향으로 미는 힘 500[N]을 가해 토크 6000[N·mm]를 전달하고자 한다. 마찰면의 바깥지름이 150[mm]일 때 안지름의 최소 크기[mm]는? (단, 마찰계수는 0.2이고, 마모량은 일정하다.)

① 90　　② 100　　③ 120　　④ 130

해설

- 클러치면을 누르는 힘$(Q)=500N$, d는 외경, d_1은 내경, d_2는 유효직경이다.
- 전달토크$(T)=\mu Q\times r=\mu Q\frac{d_2}{2}=\mu Q\times\frac{d+d_1}{4}$

$6000(\mathrm{N\cdot mm})=0.2\times500(\mathrm{N})\times\frac{150+x}{4}(\mathrm{mm})$

$\frac{6000\times4}{0.2\times500}=150+x\rightarrow240=150+x$, $x=240-150=90\mathrm{mm}$

정답 03.② 04.① 05.①

06 볼베어링의 수명시간을 125배로 증가시키려면 베어링 하중은 몇 배가 되어야 하는가?

① $\frac{1}{3}$　　② $\frac{1}{4}$　　③ $\frac{1}{5}$　　④ $\frac{1}{6}$

해설

베어링 수명(회전) $L_n = (\frac{C}{P})^3 \times 10^6$(회전)

베어링 수명시간 $L_h = 500 \times (\frac{C}{P})^3 \times \frac{33.3}{N}$ 이므로,

수명시간을 125배 증가한다는 말은 $L_h \rightarrow 125L_h$를 대입한다는 말과 같다.

따라서, 회전수, 부하용량이 같은 상황이므로, 변수는 베어링하중 뿐 $P \rightarrow xP$대입

$125L_h = 500 \times (\frac{C}{xP})^3 \times \frac{33.3}{N} \rightarrow 125L_h = (\frac{1}{x})^3 L_h$

$\frac{1}{x} = 5$, $x = \frac{1}{5}$

07 그림과 같은 300[N]의 편심하중을 받는 리벳이음에서 리벳에 생기는 최대 전단력의 크기[N]는?

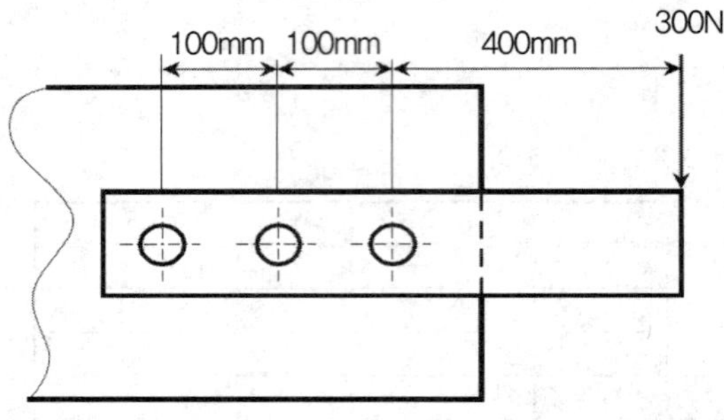

① 650　　② 750　　③ 850　　④ 950

- 힘이 우측에 작용하고 있으므로, 가장 큰 전단력이 생기는 곳은 제일 오른쪽 리벳이다.
- 편심하중(P)만으로 의한 각 리벳에 작용하는 순수전단력(V) $= \frac{P}{n} = \frac{300}{3} = 100N$
- 편심하중에 의한 각 리벳에 작용하는 회전 전단력(F)을 구해보자.
  중간 리벳을 중심으로 회전하는 토크는 같다는 것을 적용
  $300 \times (100 + 400) = 2 \times (F \times 100)$ ← 여기서 2는 리벳 2곳에서 회전토크가 작용
  $F = \frac{300 \times 500}{200} = 750N$
- 제일 오른쪽 리벳의 경우 V, F의 방향이 같으므로, 전체전단력은 850N이다.
- 만일 제일 왼쪽 리벳의 경우 V, F의 방향이 다르므로, 합력은 750−100=650N이 작용

정답 06.③ 07.③

08 300[N]의 베어링 하중을 받고 600[rpm]으로 회전하는 축에 끝저널(end journal) 베어링이 설치되어 있다. 이 베어링의 허용압력속도계수가 $\frac{\pi}{10}$ N/mm²·m/s일 때, 끝저널 베어링의 길이[mm]는?

① 10　　② 20　　③ 30　　④ 40

해설

- 허용압력$(p) = \dfrac{\text{베어링하중}}{\text{면적(투상면적)}} = \dfrac{P}{d \times l}$, d는 베어링직경, l은 저널길이이다.
- 속도$(v) = \pi dN$ → 단위를 맞추면 $v = \pi \times \dfrac{d}{1000}(\mathrm{m}) \times \dfrac{\mathrm{N}}{60(\mathrm{s})}$
- p(허용압력)$\times v$(속도)$= \dfrac{\pi}{10}(\mathrm{N/mm^2}) \cdot (\mathrm{m/s})$라고 하였으므로, 그대로 대입한다.

$$\frac{P}{d \times l} \times \frac{\pi dN}{1000 \times 60} = \frac{\pi}{10}, \quad l = \frac{P \times N}{100 \times 60} = \frac{300 \times 600}{100 \times 60} = 30\mathrm{mm}$$

09 나사의 피치가 p, 유효지름이 d_2, 바깥지름이 d인 1줄 사각나사를 조일 때의 효율은? (단, 마찰각은 ρ이고, 자리면 마찰은 무시한다)

① $\dfrac{\frac{p}{\pi d_2}}{\tan[\rho + \tan^{-1}(\frac{p}{\pi d_2})]}$　　② $\dfrac{\frac{p}{\pi d_2}}{\tan[\rho - \tan^{-1}(\frac{p}{\pi d_2})]}$

③ $\dfrac{\frac{p}{\pi d}}{\tan[\rho + \tan^{-1}(\frac{p}{\pi d_2})]}$　　④ $\dfrac{\frac{p}{\pi d}}{\tan[\rho - \tan^{-1}(\frac{p}{\pi d_2})]}$

해설

- 나사의 효율$(\eta) = \dfrac{\text{축방향(무게)가 한 일}}{\text{나사돌리는 일}} = \dfrac{W(\text{무게}) \times l(\text{리드})}{P(\text{나사돌리는 힘}) \times \pi d(\text{거리})}$

$\eta = \dfrac{W \times l}{P \times \pi d} = \dfrac{Wl}{2\pi r \times P} = \dfrac{\tan\alpha}{\tan(\alpha + \rho)}$ ...... (식 1)

$\tan\alpha = \dfrac{l}{\pi d_2}$ ← 리드각$(\alpha) = \tan^{-1}(\dfrac{l}{\pi d_2})$ ...... (식 2)

마찰계수$(\mu) = \tan(\rho)$에서 마찰각$(\rho) = \tan^{-1}(\mu)$. 2식을 1식에 대입하자.

$\eta = \dfrac{\tan\alpha}{\tan(\alpha + \rho)} = \dfrac{\frac{l}{\pi d_2}}{\tan[\rho + \tan^{-1}(\frac{l}{\pi d_2})]}$, 1줄 나사는 리드$(l)$=피치$(p)$이므로

$$\eta = \frac{\tan\alpha}{\tan(\alpha + \rho)} = \frac{\frac{p}{\pi d_2}}{\tan[\rho + \tan^{-1}(\frac{p}{\pi d_2})]}$$

정답 08.③ 09.①

10 **지름 D인 원통을 판재 위에 놓고 접합 부위의 둘레를 용접크기 f로 필렛용접한 후, 굽힘 모멘트 M을 작용시켰을 때 용접부위에 발생하는 최대 굽힘응력의 크기는?**

① $\dfrac{32M(D+\sqrt{2}f)}{\pi[(D+\sqrt{2}f)^4-D^4]}$

② $\dfrac{64M(D+\sqrt{2}f)}{\pi[(D+\sqrt{2}f)^4-D^4]}$

③ $\dfrac{64M(D+2f)}{\pi[(D+2f)^4-D^4]}$

④ $\dfrac{32M(D+2f)}{\pi[(D+2f)^4-D^4]}$

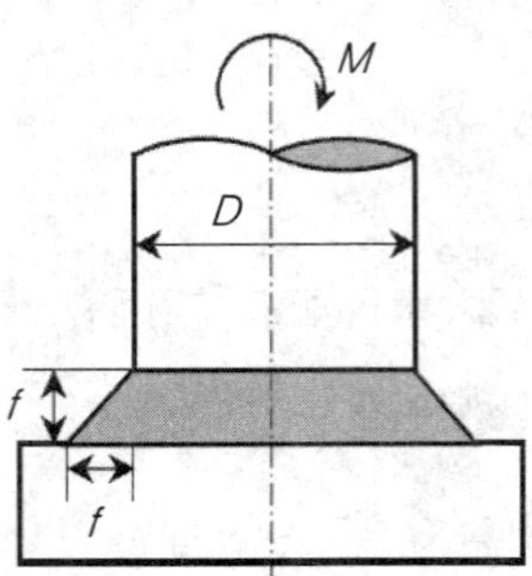

해설

필렛용접을 하였으므로, 굽힘응력이 최대로 작용하는 목두께를 먼저 계산해야 한다.

목두께$(a)=f\times\sin45=f\times\dfrac{\sqrt{2}}{2}$, 2개가 있으므로 $\sqrt{2}f$이다.

따라서, 축 중심에서 용접부는 안쪽지름은 D, 바깥지름은 $(D+\sqrt{2}f)$으로 이루어져 있다.
이는 용접부를 중공축이라 생각하고 굽힘응력을 계산하면 된다.

굽힘응력$(\sigma_b)=\dfrac{M(\text{굽힘모멘트})}{z(\text{단면계수})}$

중공축의 단면계수 $z=\dfrac{I}{\frac{d}{2}}=\dfrac{2I}{d}=\dfrac{2}{d}\times\dfrac{\pi(d^4-d_1^4)}{64}=\dfrac{\pi(d^4-d_1^4)}{32d}$,

d는 바깥지름, d_1은 안지름이므로, 대입하면,

$z=\dfrac{\pi(d^4-d_1^4)}{32d}=\dfrac{\pi[(D+\sqrt{2}f)^4-D^4)}{32(D+\sqrt{2}f)}$로 유도된다.

따라서 굽힘응력$(\sigma_b)=\dfrac{M(\text{굽힘모멘트})}{z(\text{단면계수})}=\dfrac{32M(D+\sqrt{2}f)}{\pi[(D+\sqrt{2}f)^2-D^4]}$

11 **전위기어의 사용 목적으로 옳은 것은?**

① 물림률을 감소시키고자 할 때 사용한다.
② 기어의 최소 잇수를 증가시키고자 할 때 사용한다.
③ 두 기어 사이의 중심거리를 일정하게 유지하고자 할 때 사용한다.
④ 언더컷을 방지하고자 할 때 사용한다.

해설

전위기어란 공구랙의 기준피치선을 기어의 피치선으로부터 어느 거리(mx) 만큼 이동하여 창성절삭한 기어로, 전위기어 사용목적은 언더컷을 방지하기 위함이다.

정답 10.① 11.④

12 벨트 전동장치에서 유효장력을 T_e, 긴장측의 장력을 T_t, 이완측의 장력을 T_s, 풀리와 벨트 사이의 접촉각을 θ, 마찰계수를 μ라 할 때, 옳은 식은? (단, 원심력의 영향은 무시한다)

① $T_s = (e^{\mu\theta} - 1) T_e$
② $T_s = \dfrac{e^{\mu\theta}}{e^{\mu\theta} - 1} T_e$
③ $T_t = \dfrac{1}{e^{\mu\theta} - 1} T_e$
④ $T_t = \dfrac{e^{\mu\theta}}{e^{\mu\theta} - 1} T_e$

해설

- 장력비$(e^{\mu\theta}) = \dfrac{T_t}{T_s} \rightarrow T_t = e^{\mu\theta} T_s$ …… (식 1)
- 유효장력$(T_e) = T_t - T_s = e^{\mu\theta} T_s - T_s = T_s(e^{\mu\theta} - 1)$
  → 이완력$(T_s) = \dfrac{1}{e^{\mu\theta} - 1} T_e$ …… (식 2)
- 2식을 1식에 대입하면, 긴장력$(T_t) = \dfrac{e^{\mu\theta}}{e^{\mu\theta} - 1} T_e$

13 원통코일 스프링 전체의 평균지름이 D, 소선의 지름이 d일 때, 스프링지수를 나타내는 식은?

① $\dfrac{d}{D}$
② $\dfrac{D}{d}$
③ $\dfrac{d}{D+d}$
④ $\dfrac{D}{D+d}$

해설

스프링지수$(C) = \dfrac{D}{d}$이다. d는 소선지름

14 비틀림 모멘트만 받고 있는 중실축의 강도설계에서 전달 토크를 8배로 증가시키려면, 축지름은 몇 배로 증가되어야 하는가? (단, 다른 조건은 모두 동일하다)

① 2배
② 4배
③ 8배
④ 16배

해설

강도설계시 전단응력$(\tau) = \dfrac{T}{z_p} = \dfrac{T}{\frac{\pi d^3}{16}} = \dfrac{16T}{\pi d^3}$

축의지름$(d) = \sqrt[3]{\dfrac{16T}{\pi\tau}}$ 로 유도된다. 문제에서 $T \rightarrow 8T$를 대입하면

$d = \sqrt[3]{\dfrac{16(8T)}{\pi\tau}} = 2 \times \sqrt[3]{\dfrac{16T}{\pi\tau}}$, 즉 2배임을 알 수 있다.

정답 12.④ 13.② 14.①

15

1줄 사각나사에서 마찰각을 ρ, 리드각을 λ, 마찰계수를 μ라 할 때, 나사의 자립상태를 유지하기 위한 조건은? (단, 나사가 저절로 풀리다가 어느 지점에서 정지하는 경우도 자립상태로 본다)

① $\rho \geq \lambda$　　② $\rho \leq \lambda$

③ $\rho \geq \mu$　　④ $\rho \leq \mu$

해설

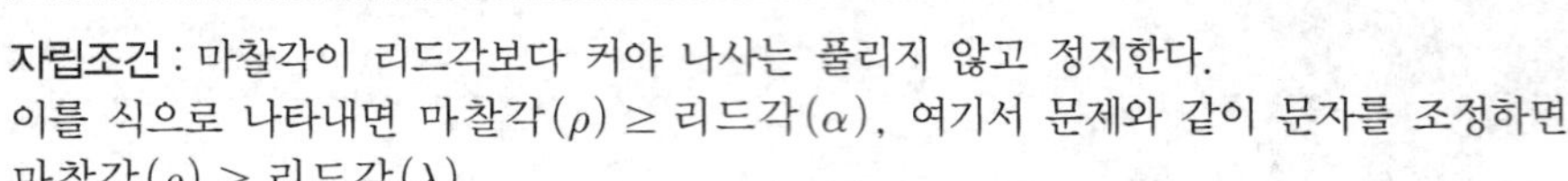

자립조건 : 마찰각이 리드각보다 커야 나사는 풀리지 않고 정지한다.
이를 식으로 나타내면 마찰각(ρ) ≥ 리드각(α), 여기서 문제와 같이 문자를 조정하면,
마찰각(ρ) ≥ 리드각(λ)

16

잇수 Z, 압력각 α인 표준 평기어에서 원주피치 p와 기초원지름 D_g의 관계식은?

① $p = \dfrac{\pi D_g \cos\alpha}{Z}$　　② $p = \dfrac{\pi D_g}{Z cos\alpha}$

③ $p = \dfrac{\pi D_g}{Z}$　　④ $p = \dfrac{\pi Z}{D_g}$

해설

- 피치원의 지름(D) $= \dfrac{\text{기초원지름}(D_g)}{\cos\alpha}$ 이므로,
- 피치(p) $= \dfrac{\pi D}{Z} = \dfrac{\pi}{Z} \times \dfrac{D_g}{\cos\alpha}$ 으로 유도 된다.

17

벨트전동에서 원동풀리의 지름 이 D_1, 종동풀리의 지름이 D_2이고, 풀리의 중심 간 거리가 C이다. 벨트를 평행걸기할 때, 원동풀리에서 벨트와 풀리 사이의 접촉각[°]은? (단, $D_1 < D_2$)

① $\theta = 180° - \sin^{-1}(\dfrac{D_2 - D_1}{2C})$　　② $\theta = 180° + \sin^{-1}(\dfrac{D_2 - D_1}{2C})$

③ $\theta = 180° + 2\sin^{-1}(\dfrac{D_2 - D_1}{2C})$　　④ $\theta = 180° - 2\sin^{-1}(\dfrac{D_2 - D_1}{2C})$

해설

- 원동축 접촉각(θ)은 180°에 미치지 못하고, 종동축 접촉각은 180°를 넘는다. ← 평행걸기
  따라서 원동축 접촉각(θ_1) $= 180 - 2 \times$ 미접촉각 ← 중심축을 기준으로 위/아래 각이 1개씩 존재 → 2개 존재
- 미접촉각을 ζ라 하면, $\sin\zeta = \dfrac{D_2 - D_1}{2} \times \dfrac{1}{C}$, $\zeta = \sin^{-1}(\dfrac{D_2 - D_1}{2C})$
- 원동차의 접촉각 (θ) $= 180 - 2\zeta = 180 - 2\sin^{-1}(\dfrac{D_2 - D_1}{2C})$

정답 15.① 16.② 17.④

18 기어 A의 잇수가 150, 기어 B의 잇수가 50인 서로 맞물려 회전하는 한 쌍의 기어가 있다. 두 기어 사이의 중심거리가 1,000mm일 때, 기어 A의 피치원지름[mm]은?

① 1,000 ② 1,500
③ 2,000 ④ 2,500

해설

중심거리$(L) = \dfrac{m(Z_1 + Z_2)}{2} \rightarrow 1000 = \dfrac{m(150+50)}{2}$

$m = 10$이므로, $D_1 = mZ_1 = 10 \times 150 = 1500\text{mm}$

19 그림 (A), (B)와 같이 동일한 스프링상수 k를 갖는 스프링의 연결에 동일 하중 W가 작용하고 있다. (A)의 처짐량을 δ_1, (B)의 처짐량을 δ_2라 할 때 $\delta_1 : \delta_2$는? (단, 스프링의 자중은 무시한다)

① 1 : 2
② 2 : 3
③ 3 : 4
④ 4 : 5

(A)

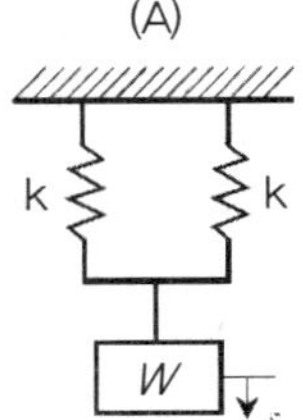

(B)

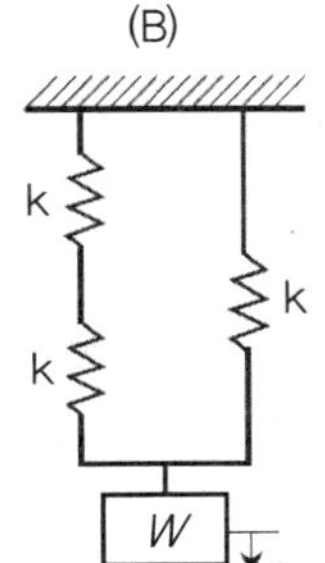

해설

A에서 처짐량 구하기

병렬접속으로 비례상수$(k_1) = k + k = 2k$

따라서 처짐 $\delta_1 = \dfrac{W}{k_1} = \dfrac{W}{2k}$ ······ (식 1)

B에서 처짐량 구하기

왼쪽 직렬의 비례상수$(k_s) \rightarrow \dfrac{1}{k_s} = \dfrac{1}{k} + \dfrac{1}{k} = \dfrac{2}{k}$, $k_s = \dfrac{k}{2}$

따라서 통합 비례상수$(k_2) = k_s + k = \dfrac{k}{2} + k = \dfrac{3k}{2}$

처짐량 $\delta_2 = \dfrac{W}{k_2} = \dfrac{W}{\frac{3k}{2}} = \dfrac{2W}{3k}$

$-\delta_1 : \delta_2 = \dfrac{W}{2k} : \dfrac{2W}{3k} = \dfrac{1}{2} : \dfrac{2}{3} = 3 : 4$ ← 분수를 정수로 만들기 위해 6을 곱하면 된다.

정답 18.② 19.③

20 무게 $W = 1000$[N]의 물체가 볼트에 매달려 있고, 볼트의 허용인장응력이 10[MPa]일 때, 필요한 볼트의 최소 골지름 d_1[mm]은?

① $\sqrt{\frac{200}{\pi}}$

② $\sqrt{\frac{400}{\pi}}$

③ $\sqrt{\frac{600}{\pi}}$

④ $\sqrt{\frac{800}{\pi}}$

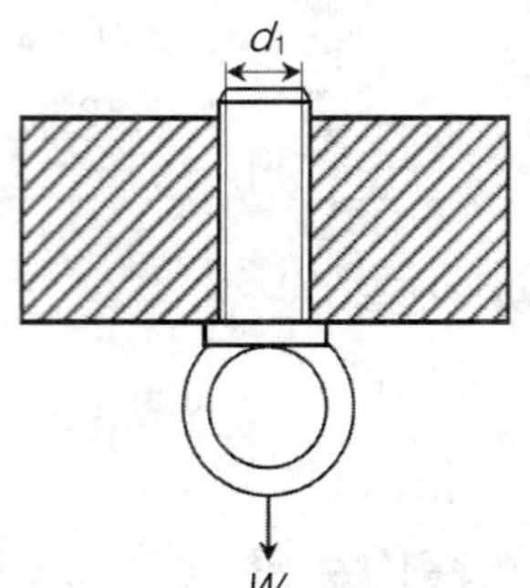

해설

훅 있는 나사의 골지름(d_2)에 인장응력만 작용, 2개의 훅이므로 훅 하나에 작용하는 힘은

$W = 1000\text{kgf}$

$$\sigma = \frac{W}{A} \rightarrow 10\times10^6\left(Pa = \frac{N}{\text{m}^2}\right) = \frac{1000(N)}{\frac{\pi d_1^2}{4}(\text{mm}^2)} = \frac{4\times1000}{\pi d_1^2\left(\frac{1}{1000}\text{m}\right)^2}$$

$$\text{골지름} = \text{안지름}(d_1) = \sqrt{\frac{1000\times4\times1000^2}{10\times10^6\times\pi}} = \sqrt{\frac{400}{\pi}}$$

정답 20.②

공업기계직 기계설계 (2015년 6월 시행 지방직)

01 기계부품 설계 시에 재료 파괴의 기준강도로 사용되는 것이 아닌 것은?

① 항복강도 ② 종탄성계수
③ 피로한도 ④ 크리프한도

해설

정하중의 연성재료에는 항복점, 정하중의 취성재료에는 극한강도, 교번/반복하중이 작용시에는 피로한도, 고온에서 정하중이 작용하는 경우에는 크리프한도가 기준강도로 사용된다.

02 일반적으로 사용되는 공차역 기호 h를 기준으로, 기호 h에서 기호 a에 가까워질 때의 치수변화에 대한 설명으로 옳은 것은?

① 축의 최대 허용치수가 기준치수(호칭치수)보다 작아진다.
② 축의 최대 허용치수가 기준치수(호칭치수)보다 커진다.
③ 구멍의 최대 허용치수가 기준치수(호칭치수)보다 작아진다.
④ 구멍의 최대 허용치수가 기준치수(호칭치수)보다 커진다.

해설

보기가 소문자(h)이므로, 축에 대한 것이다. 따라서 h에서 a로 가면 축의 직경이 점점 작아진다.

03 두께가 10[mm]인 판 두 장을 2줄 겹치기 리벳이음을 하고자 한다. 리벳 지름이 20[mm]이고 피치(리벳의 중심간 거리)가 80[mm]일 때, 리벳이음의 효율 중 리벳 효율[%]은? (단, 리벳의 허용 전단응력은 판의 허용 인장응력의 80%이고, 는 3으로 한다)

① 30 ② 40
③ 50 ④ 60

해설

리벳의 효율$(\eta) = \dfrac{\text{리벳의 전단력}(\tau \times \frac{\pi d^2}{4}) \times \text{줄수}}{pt\sigma_t}$로 나타낼 수 있다.

조건에서 $\tau = \sigma_t \times 0.8$이라 하였으므로,

$\eta = \dfrac{\tau \times \frac{\pi d^2}{4} \times 2}{pt\sigma_t} = \dfrac{0.8\sigma_t \times \pi \times (20mm)^2}{2 \times 80mm \times 10mm \times \sigma_t} = \dfrac{0.8 \times \pi \times 20^2}{2 \times 80 \times 10} = 0.628$로 계산된다. 파이를 3으로 보면 0.6이 된다. 즉 60%이다.

정답 01.② 02.① 03.④

04 그림과 같이 정지해 있는 균일한 원형단면의 중실축인 철도차량용 차축에서, 차륜으로부터 l[mm]만큼 떨어진 지점에 작용하는 굽힘하중 W[kgf]를 이용하여 구한 차축의 최소 지름 [mm]은? (단, 차축의 허용 굽힘응력은 σ_a[kgf/mm^2]이고, 차축의 강성과 자중은 고려하지 않는다)

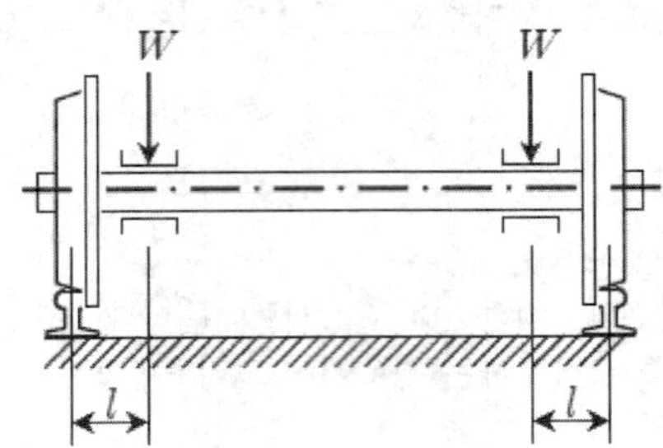

① $\sqrt[3]{\frac{Wl}{\pi\sigma_a}}$ ② $\sqrt[3]{\frac{16Wl}{\pi\sigma_a}}$ ③ $\sqrt[3]{\frac{32Wl}{\pi\sigma_a}}$ ④ $\sqrt[3]{\frac{64Wl}{\pi\sigma_a}}$

해설

정지차축에는 굽힘모멘트에 의한 굽힘응력이 생긴다. 식으로 표현하면

$$\sigma_a = \frac{M}{z} = \frac{M}{\frac{\pi d^3}{32}},\ d^3 = \frac{32M}{\pi\sigma_a},\ d = \sqrt[3]{\frac{32M}{\pi\sigma_a}} \quad \cdots\cdots (식\ 1)$$

식 1에서 $M = W\times l$을 대입하면

$d = \sqrt[3]{\frac{32W\times l}{\pi\sigma_a}}$ 로 유도된다.

05 축 방향으로 인장하중 Q[kgf]만 작용하는 아이볼트(eye bolt)에서, 기준강도 σ_s[kgf/mm^2]와 안전율 S를 적용하여 구한 아이볼트의 최소 골지름[mm]은?

① $\sqrt{\frac{4QS}{\pi\sigma_s}}$ ② $\sqrt{\frac{2QS}{\pi\sigma_s}}$ ③ $\sqrt{\frac{4Q}{\pi\sigma_s S}}$ ④ $\sqrt{\frac{2Q}{\pi\sigma_s S}}$

해설

인장하중(Q)이 작용하는 아이볼트의 직경은 골지름(d_1)이다.

$$응력(\sigma_a) = \frac{Q}{\frac{\pi d_1^2}{4}},\ d_1^2 = \frac{4Q}{\pi\sigma_a},\ d_1 = \sqrt{\frac{4Q}{\pi\sigma_a}} \cdots\cdots 식(1)$$

$$안전율(S) = \frac{기준강도(\sigma_s)}{허용응력(\sigma_a)},\ \sigma_a = \frac{\sigma_s}{S} \cdots\cdots 식(2)$$

2식을 1식에 대입하자.

$d_1 = \sqrt{\frac{4Q}{\pi\sigma_a}} = \sqrt{\frac{4QS}{\pi\sigma_s}}$ 로 유도된다.

정답 04.③ 05.①

06 지름이 d인 중실축과 바깥지름이 d_o, 안지름이 d_i인 중공축이 있다. 동일한 굽힘모멘트를 두 축에 각각 가했을 때, 동일한 굽힘응력이 발생되기 위한 d/d_o의 값을 A라 하고, 동일한 비틀림모멘트를 두 축에 각각 가했을 때, 동일한 비틀림응력이 발생되기 위한 d/d_o의 값을 B라 할 때, A와 B의 곱으로 옳은 것은?(단, $d_i/d_o = x$이고, 두 축의 재료와 길이는 같다)

① $\sqrt[4]{\dfrac{1}{(1-x^4)^2}}$　② $\sqrt[3]{\dfrac{1}{(1-x^4)^2}}$　③ $\sqrt[4]{(1-x^4)^2}$　④ $\sqrt[3]{(1-x^4)^2}$

해설

a) 굽힘모멘트 작용시

중실축에서 $\sigma_b = \dfrac{M}{z} = \dfrac{M}{\dfrac{\pi d^3}{32}}, d = \sqrt[3]{\dfrac{32M}{\pi \sigma_b}}$

중공축에서 $z = \dfrac{I}{\dfrac{d_o}{2}} = \dfrac{\dfrac{\pi(d_o^4 - d_i^4)}{64}}{\dfrac{d_o}{2}} = \dfrac{\pi(d_o^4 - d_i^4)}{32 d_o} = \dfrac{\pi d_o^3}{32}(1 - \dfrac{d_i^4}{d_o^4}) = \dfrac{\pi d_o^3}{32}(1 - x^4)$이므로

$\sigma_b = \dfrac{M}{z} = \dfrac{M}{\dfrac{\pi d_o^3}{32}(1-x^4)}, d_o = \sqrt[3]{\dfrac{32M}{\pi \sigma_b (1-x^4)}}$

따라서 $\dfrac{d}{d_o} = \sqrt[3]{(1-x^4)}$ --(1식)

b) 비틀림모멘트 작용시

중실축에서 $\tau = \dfrac{T}{z_p} = \dfrac{T}{\dfrac{\pi d^3}{16}}, d = \sqrt[3]{\dfrac{16T}{\pi \tau}}$

중공축에서 $z_p = \dfrac{I_p}{\dfrac{d_o}{2}} = \dfrac{\dfrac{\pi(d_o^4 - d_i^4)}{32}}{\dfrac{d_o}{2}} = \dfrac{\pi(d_o^4 - d_i^4)}{16 d_o} = \dfrac{\pi d_o^3}{16}(1 - \dfrac{d_i^4}{d_o^4}) = \dfrac{\pi d_o^3}{16}(1 - x^4)$이므로

$\tau = \dfrac{T}{z_p} = \dfrac{T}{\dfrac{\pi d_o^3}{16}(1-x^4)}, d_o = \sqrt[3]{\dfrac{16T}{\pi z_p (1-x^4)}}$

따라서 $\dfrac{d}{d_o} = \sqrt[3]{(1-x^4)}$ -- (2식)

최종) (1식)과 (2식)을 곱하면,

(1식)×(2식) $= \sqrt[3]{(1-x^4)^2}$ 으로 유도된다.

정답 06.④

07

축과 보스의 결합을 위해 사용된 보통형 평행키(묻힘키)에서, 회전토크에 의해 키가 전단되는 경우, 키의 길이 l이 축 지름 d의 2배라면 키의 폭 b와 축 지름 d의 관계로 옳은 것은? (단, 축과 키의 재료는 같고, 축과 키에 전달되는 회전토크도 같다)

① $b=\frac{\pi}{16}d$　② $b=\frac{\pi}{12}d$　③ $b=\frac{\pi}{4}d$　④ $b=\pi d$

해설

키가 전단될 때 전단응력$(\tau_1)=\frac{F}{bl}$ …… (식 1)

축에 생기는 비틀림=전단응력$(\tau_2)=\frac{T}{z_p}=\frac{F\times\frac{d}{2}}{\frac{\pi d^3}{16}}=\frac{8F}{\pi d^2}$ …… (식 2)

동일재료라 하였으므로, $\tau_1=\tau_2$, $\frac{F}{bl}=\frac{8F}{\pi d^2}$, $l=2d$를 대입하자.

$8bl=\pi d^2\rightarrow 8\times b\times 2d=\pi d^2--\rightarrow b=\frac{\pi d}{16}$ 으로 유도된다.

08

회전하는 축(shaft)을 설계할 때, 고려하는 요소 중 위험속도(critical speed)에 대한 설명으로 가장 적절한 것은?

① 회전 가능한 축의 최고 회전속도
② 축 이음부분에 파괴가 시작되는 회전속도
③ 축을 지지하는 베어링의 마모가 시작되는 회전속도
④ 축의 고유진동수와 일치하여 공진현상이 발생하는 회전속도

해설

위험속도란 축의 고유진동수와 일치하거나 정수배가 되어 공진되는 현상이 발생하는 회전속도를 말한다.

09

회전하고 있는 평행걸기(바로걸기) 평벨트 전동장치의 장력비는 k이다. 긴장측 장력을 T_t, 이완측 장력을 T_s, 유효장력을 T_e라 할 때, $(T_t+T_s)/T_e$ 를 나타낸 것으로 옳은 것은? (단, 벨트속도로 인한 원심력은 무시한다)

① $\frac{k-1}{k+1}$　② $\frac{k+1}{k-1}$　③ $\frac{1+k}{1-k}$　④ $\frac{1-k}{1+k}$

해설

장력비$(e^{\mu\theta})=\frac{T_t}{T_s}=k$, $T_t=kT_s$--1식, 1식을 대입-> $T_e=T_t-T_s=(k-1)T_s$

$T_t+T_s=(k+1)Ts$ 이므로, $\frac{T_t+T_s}{T_e}=\frac{(k+1)T_s}{(k-1)T_s}=\frac{k+1}{k-1}$ 로 유도된다.

정답 07.① 08.④ 09.②

10 한국산업표준(KS 규격)에서 기하 공차의 종류 중 모양공차(형상공차)가 아닌 것은?

① 진직도　　② 진원도
③ 직각도　　④ 평면도

해설

모양공차에는 ① 진직도 —, ② 진원도 ○, ③ 원통도 ⌭, 평면도 ▱ 등이 있다.

11 균일 단면봉에 축 방향 인장하중이 작용하여 횡 방향 수축(작용하중 방향에 수직인 수축)이 일어날 때, 푸아송 비(Poisson's ratio) v의 크기는?

① $\dfrac{\text{축방향 변형길이}}{\text{횡방향 변형길이}}$　　② $\dfrac{\text{축방향 변형률}}{\text{횡방향 변형률}}$

③ $\dfrac{\text{횡방향 변형길이}}{\text{축방향 변형길이}}$　　④ $\dfrac{\text{횡방향 변형률}}{\text{축방향 변형률}}$

해설

프와송의 비는 횡변형률을 종변형률로 나눈값이다. 식으로 표현하면,

$$\nu = \frac{\epsilon'}{\epsilon} = \frac{\text{횡변형률}}{\text{종변형률}}$$

12 호칭번호가 6308C2P6인 구름 베어링에 대한 설명으로 옳지 않은 것은?

① 깊은 홈 볼 베어링이다.
② 정밀도는 2급으로 정밀급이다.
③ 전동체 배열이 1열인 단열 베어링이다.
④ 베어링 안지름은 40[mm]이다.

해설

6308C2P6에서 63은 형식기호(단열깊은 홈 베어링), 08은 베어링 안지름(40mm), C2는 틈새기호, P6은 정밀도 등급을 나타낸다.

13 밸브대를 축으로 원판형의 밸브 디스크가 회전함으로써 관로의 열림 각도가 변화하여 유량을 조절할 수 있는 밸브는?

① 체크 밸브(check valve)　　② 안전 밸브(safety valve)
③ 버터플라이 밸브(butterfly valve)　　④ 글로브 밸브(glove valve)

해설

원판형의 밸브 디스크가 회전한다는 말은 이 회전에 의해 유체의 통로가 증감한다는 뜻이다. 이러한 밸브를 교축밸브(드로틀밸브)라 하며, 다른 말로 버터플라이(나비) 밸브라 한다.

정답 10.③ 11.④ 12.② 13.③

14 내압을 받는 얇은 두께의 원통형 관(pipe)에서, 관내의 내압(P)이 두 배가 되어 2P로 변경되었다. 변경 후에 관의 길이 방향(축 방향) 응력(σ_1)에 대한 원주 방향 응력(σ_2)의 비(σ_2/σ_1)는?

① 4　　② 2

③ 0.5　　④ 0.25

해설

얇은 관이므로, 축방향 응력(σ_1) $= \frac{PD}{4t}$, 원주방향 응력(σ_2) $= \frac{PD}{2t}$이다. $P-\!\!\rightarrow 2P$로 대입하자.

$\sigma_1 = \frac{2P\times D}{4t} = \frac{PD}{2t}$, $\sigma_2 = \frac{2P\times D}{2t} = \frac{PD}{t}$

따라서, $\frac{\sigma_2}{\sigma_1} = 2$로 계산된다.

15 평행걸기(바로걸기) 평벨트 전동장치에서 원동 풀리 지름이 195[mm], 종동 풀리 지름이 95[mm]이고, 벨트 두께는 5[mm]이다. 원동 풀리가 1,000[rpm]으로 회전할 때, 벨트 두께를 고려하여 구한 종동 풀리의 회전수[rpm]는? (단, 풀리와 벨트 사이의 미끄럼은 고려하지 않는다)

① 1,000　　② 1,027

③ 2,000　　④ 2,053

해설

속도비(i) $= \frac{\text{원동차}(N_a)}{\text{종동차}(N_b)} = \frac{D_b+t}{D_a+t}$ (여기서, 지름이라 2t를 더하면 않됨, 두께의 반=중심선)

그대로 대입하자.

$\frac{\text{원동차}(N_a)}{\text{종동차}(N_b)} = \frac{1000}{N_b} = \frac{95+5}{195+5} = \frac{100}{200}$, $N_b = 2000$으로 구해진다.

16 판재 전단용 전단기(shearing machine)에 강철제 원판형 관성차(플라이 휠, fly wheel)가 설치되어 있다. 관성차의 극관성모멘트가 J[kgf·m·s²]이고, 최고 회전수가 N[rpm]일 때, 이 관성차의 최대 운동에너지[kgf·m]는? (단, π는 3으로 한다.)

① 0.001 JN^2　　② 0.005 JN2

③ 0.05 JN^2　　④ 0.01 JN^2

해설

회전체에서의 운동에너지 $E_k = \frac{1}{2}Jw^2 = \frac{1}{2}J(kgf \bullet m \bullet s^2)\times(\frac{2\pi N}{60s})^2$

$E_k = \frac{2\pi^2}{60^2}JN^2(kgf-m) = \frac{2\times 3^2}{60\times 60}JN^2 = 0.005JN^2$으로 유도된다.

정답 14.② 15.③ 16.②

17 그림과 같이 두께가 t_1[mm]과 t_2[mm]로 서로 다른 두 판의 맞대기 용접이음에서, 용접길이 l[mm]의 수직 방향으로 판의 중앙에 인장하중 P[kgf]가 작용할 때, 용접부에 생기는 인장응력[kgf/mm²]은? (단, $t_1 < t_2$이다.)

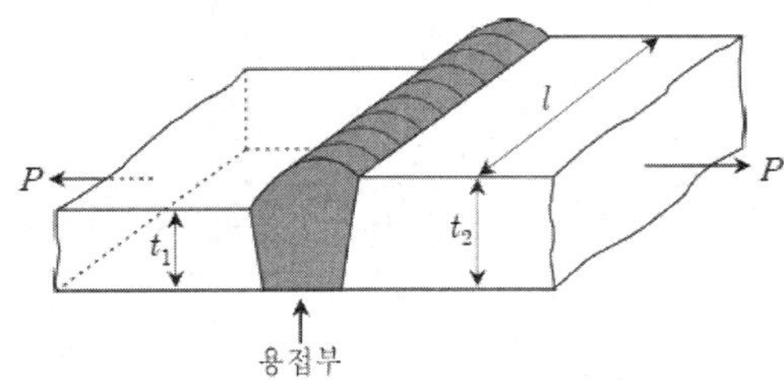

① $\dfrac{2P}{(t_1+t_2)l}$ ② $\dfrac{P}{t_2 l}$

③ $\dfrac{2P}{(t_2+t_1)l}$ ④ $\dfrac{P}{t_1 l}$

해설

본 맞대기 용접은 두께가 다른 판재를 이음한다. 따라서, 얇은 두께를 기준으로 응력을 계산한다.

$\sigma = \dfrac{P}{t_1 \times l}$ 을 선택한다.(두께가 뚜거운 것을 선택한 것 보다 응력이 크게 발생하므로, 얇은 두께로 설계하면, 두꺼운 쪽은 당연히 만족한다.)

18 150[rpm]으로 회전하고 있는 볼 베어링의 수명이 3,000시간일 때, 이 베어링에 작용하는 최대 하중[kgf]은? (단, 기본 동정격하중은 1,350[kgf]이다.)

① 450 ② 550

③ 650 ④ 750

해설

베어링의 수명시간$(L_h) = \dfrac{(\dfrac{C}{P})^3 \times 10^6}{N \times 60}$, $3000(h) = \dfrac{(\dfrac{1350}{P})^3 \times 10^6}{150 \times 60}$

$P^3 = \dfrac{1350^3 \times 10^6}{3000 \times 150 \times 60}$, $P = \sqrt[3]{\dfrac{1350^3 \times 10}{3 \times 15 \times 6}} = 450kgf$ 으로 계산된다.

19 인벌류트 치형을 갖는 다음의 평기어 중 모듈이 가장 큰 것은?

① 잇수 60, 피치원 지름 240[mm]
② 잇수 80, 이끝원 지름 246[mm]
③ 지름 피치 12.7[1/inch]
④ 원주 피치 4.712[mm]

①에서 $m = \frac{D}{Z} = \frac{240}{60} = 4$,
②에서 피치원의 지름$(D) = D_o - 2m = 246 - 2m$,
$m = \frac{D}{Z} = \frac{246 - 2m}{80}, 80m + 2m = 246, m = \frac{246}{82} = 3$로 구해진다.
③에서 $\frac{1}{m} = \frac{Z}{D} = 12.7, m = \frac{25.4}{12.7} = 2$
④에서 원주피치$(p) = \frac{\pi D}{Z} = \pi m, m = \frac{p}{\pi} = \frac{4.712}{3.14} = 1.5$로 계산된다.

20 축이음의 종류 중 일직선상에 놓여 있지 않은 두 개의 축을 연결하는 데 쓰이고, 축의 1회전 동안 회전각속도의 변동 없이 동력을 전달하며, 전륜 구동 자동차의 동력전달장치로 사용하기에 가장 적절한 것은?

① 클로 클러치(claw clutch)
② 올덤 커플링(oldham coupling)
③ 등속 조인트(constant-velocity joint)
④ 주름형 커플링(bellows coupling)

일직선상에 놓여있지 않은 2개의 축이 연결(교차)한 것을 유니버셜조인트라 한다.
이 유니버셜 조인트를 2개 사용한 것을 등속조인트라 한다. 등속조인트는 축의 1회전 동안 회전각속도의 변동이 없는 것을 말한다.

정답 19.① 20.③

공업기계직 기계설계 (2016년 6월 시행 지방직)

01 **M18×2인 미터 가는 나사의 치수에 대한 설명으로 옳은 것은?**

① 수나사 바깥지름 18[mm], 산수 2
② 수나사 유효지름 18[mm], 피치 2[mm]
③ 수나사 바깥지름 18[mm], 피치 2[mm]
④ 수나사 골지름 18[mm], 2줄 나사

해설

$M18\times2$는 M : 미터나사, 18: 호칭지름(바깥지름, 나사산지름), 2는 피치로 2mm를 뜻한다.

02 **잇수가 30개, 모듈이 4인 보통이 표준기어에서 바깥지름[mm]과 이끝 높이[mm]는?**

	바깥지름	이끝 높이		바깥지름	이끝 높이
①	128	4	②	120	4
③	128	8	④	120	8

해설

이끝높이$(h_k)=m$이다. 그래서 4mm이다.
이끝원의 지름$(D_0)=D+2h_k=mZ+2m=m(Z+2)=4(30+2)=128mm$로 계산된다.

03 **유체의 흐름을 단절시키거나 유량, 압력 등을 조정하기 위하여 사용되는 배관 부품인 밸브에 대한 설명으로 옳지 않은 것은?**

① 스톱 밸브－리프트 밸브의 일종으로 밸브 디스크가 밸브대에 의하여 밸브 시트에 직각 방향으로 작동함
② 게이트 밸브－용기 내의 유체 압력이 일정압을 초과하였을 때 자동적으로 밸브가 열려서 유체의 방출 및 압력 상승을 억제함
③ 체크 밸브－역방향으로의 유체 흐름을 방지하는 기능을 가지고 있어 관 내부를 흐르는 유체를 한 방향으로만 흘러가게 함
④ 버터플라이 밸브－밸브의 몸통 안에서 밸브대를 축으로 하여 원판 모양의 밸브 디스크가 회전하면서 관을 개폐함

해설

용기 내의 유체압력이 일정압을 초과하였을 때 자동적으로 밸브를 열어서 유체를 방출 및 압력상승을 억제하는 밸브는 안전밸브(relief valve)이다.

정답 01. ③ 02. ① 03. ②

04 시계의 태엽 기구, 기중기 등에 사용되며 축의 역전 방지 기구로 널리 사용되는 브레이크는?

① 폴 브레이크 ② 내확 브레이크

③ 밴드 브레이크 ④ 원추 브레이크

폴 브레이크는 시계의 태엽, 기중기 등에서 축의 역전 방지 기구로 많이 이용된다. 자동차의 변속기에 P를 놓으면 폴 브레이크가 작동되어 정지한다.

05 축과 구멍의 공차역(tolerance zone)에 대한 설명으로 옳지 않은 것은?

① a~h 공차역에서 축의 아래치수 허용차는 위치수 허용차에 정밀도 치수공차(IT)를 뺀 값이다.

② A~H 공차역에서 구멍의 위치수 허용차는 아래치수 허용차에 정밀도 치수공차(IT)를 더한 값이다.

③ k~zc 공차역에서 축의 위치수 허용차는 기초치수 허용차가 되며 그 값은 음수(−)이다.

④ M~ZC 공차역에서 구멍의 위치수 허용차는 기초치수 허용차가 되며 그 값은 음수(−)이다.

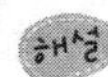

k~zc공차역에서 축의 위치수 허용차는 기초치수 허용차가 되며, 그 값은 양수(+)이다.

06 지름 50[mm] 원형단면봉이 80[N/mm^2]의 인장응력과 30[N/mm^2]의 전단응력을 동시에 받고 있을 때 최대 주응력[N/mm^2]은?

① 80 ② 90

③ 110 ④ 140

해설

최대주응력$\sigma_{\max} = \frac{1}{2}(\sigma + \sqrt{\sigma^2 + 4\tau^2})$을 이용하자.

$\sigma_{\max} = \frac{1}{2}(80 + \sqrt{80^2 + 4 \times 30^2}) = \frac{1}{2}(80 + 100) = 90N/mm^2$으로 계산된다.

07 스프링에 작용하는 하중의 진동수가 고유진동수에 가까워 스프링이 공진하는 현상은?

① 서징 현상 ② 피닝 현상

③ 겹침 현상 ④ 피로 현상

해설

스프링에 작용하는 하중의 진동수가 고유진동수의 정수배가 될 경우 공진이 발생한다. 이 공진현상을 서징이라 한다.

정답 04. ① 05. ③ 06. ② 07. ①

08 그림과 같은 기어 트레인에서 가장 왼쪽 기어 A가 840[rpm]의 속도로 반시계 방향으로 회전할 때, 가장 오른쪽 기어 F의 회전수 [rpm]와 회전 방향은?(단, Z는 각 기어의 잇수를 나타낸다)

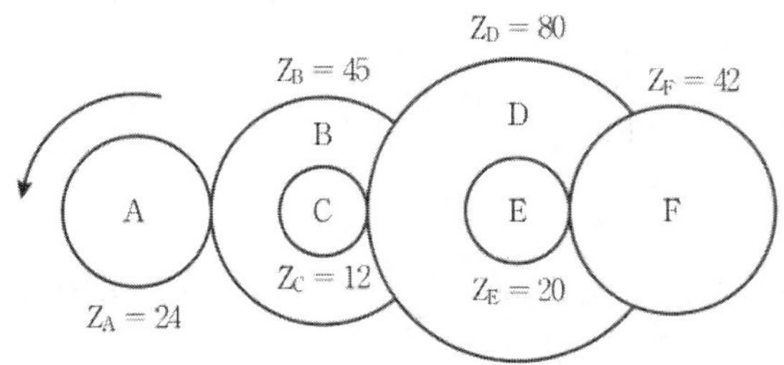

① 16, 시계 방향 ② 16, 반시계 방향
③ 32, 시계 방향 ④ 32, 반시계 방향

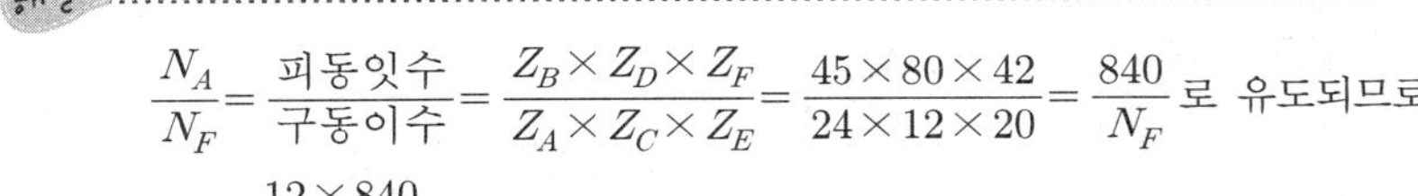

해설

$\frac{N_A}{N_F} = \frac{\text{피동잇수}}{\text{구동이수}} = \frac{Z_B \times Z_D \times Z_F}{Z_A \times Z_C \times Z_E} = \frac{45 \times 80 \times 42}{24 \times 12 \times 20} = \frac{840}{N_F}$ 로 유도되므로,

$N_F = \frac{12 \times 840}{25 \times 7} = 32$

09 원추각(꼭지각의 1/2) α, 접촉면의 평균지름이 230[mm], 접촉 너비가 50 [mm], 접촉면의 허용압력이 0.02 [kgf/mm2]인 원추 클러치에 160[kgf]의 축방향 힘을 가할 때 전달할 수 있는 최대 토크[kgf·mm]는?(단, 접촉면의 마찰계수는 0.3, cosα≒0.95, sinα≒0.315로 한다)

① 5520 ② 7200
③ 9200 ④ 9800

해설

토크$(T) = F \times r$이므로, 원뿔이므로 $F = \mu' Q$ 이다.

또한 $Q = q \times A$로 q는 면압이다. 이를 정리하면 $T = \mu' \times q \times A \times r$ --(1식)으로 표현된다.

원추마찰차에서 $\mu' = \frac{\mu}{\sin\alpha + \mu\cos\alpha} = \frac{0.3}{0.315 + 0.3 \times 0.95} = \frac{1}{2} = 0.5$ -- (2식)

(1식)에 (2식)을 대입하면

$F = 0.5Q = 0.5 \times 160 = 80\text{kgf}$이며,

$T = F \times \frac{d_m}{2} = 80 \times \frac{230}{2} = 40 \times 230 = 9200(\text{kgf}-\text{m})$로 계산된다.

정답 08. ③ 09. ③

10 지름 100[mm] 축에 풀리를 장착하기 위한 묻힘키(sunk key)를 설계할 때 키의 최소 높이 [mm]는?(단, 축에서 키 홈의 높이는 키 높이의 1/2, 축의 허용 전단응력은 30[N/mm^2], 키의 허용 압축응력은 80[N/mm^2], 키의 길이는 축 지름의 1.5배, 키의 폭은 축 지름의 0.25배이다)

① $\frac{25}{4}\pi$　② $\frac{25}{16}\pi$　③ $\frac{5}{4}\pi$　④ $\frac{5}{16}\pi$

해설

축의 허용전단응력 $(\tau) = \frac{T}{z_p} = \frac{T}{\frac{\pi d^3}{16}} = \frac{16T}{\pi d^3} = 30(N/mm^2)$, $T = 30 \times \frac{\pi d^3}{16}$ --1식이고,

키의 압축응력$(\sigma) = \frac{2F}{hl} = 80(N/mm^2)$, $\sigma = \frac{2F}{hl} = \frac{2 \times F}{hl} = \frac{2 \times T}{\frac{d}{2} \times hl} = \frac{4T}{dhl}$

$$80 = \frac{4T}{dhl} = \frac{4 \times 30 \times \frac{\pi d^3}{16}}{1.5d^2h} = \frac{4 \times 20 \times \pi d}{16h} = \frac{5\pi d}{h}(\text{여기서 } l = 1.5d)$$

$h = \frac{5\pi d}{80} = \frac{\pi d}{16} = \frac{\pi \times 100}{16} = \frac{25\pi}{4}$ 로 계산된다.

11 볼베어링의 구성 요소가 아닌 것은?

① 내륜　② 외륜
③ 플랜지　④ 리테이너

해설

구름베어링의 구성요소는 레이스(내륜과 외륜), 전동체(볼, 롤러), 리테이너로 구성된다.

12 그림과 같은 응력－변형률 선도에서 a, b, c에 대한 설명으로 모두 옳은 것은?

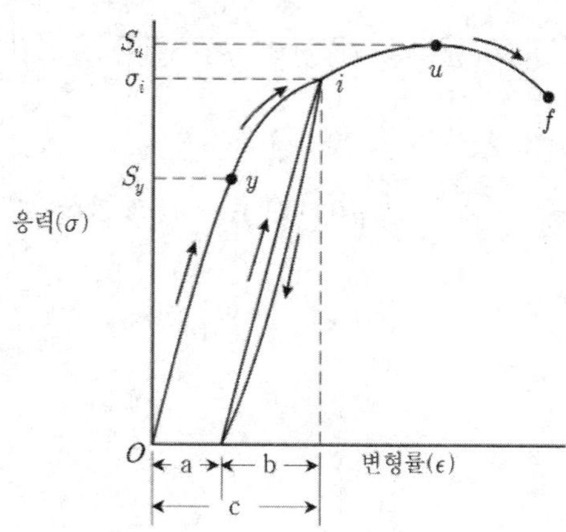

정답 10. ① 11. ③ 12. ③

	a	b	c
①	탄성 변형률	소성 변형률	전체 변형률
②	소성 변형률	항복 변형률	영구 변형률
③	소성 변형률	탄성 변형률	전체 변형률
④	탄성 변형률	소성 변형률	영구 변형률

해설

a는 소성변형율이고, b는 탄성변형율이다. 이 둘을 합해서 전체변형율이라 한다. 또한 0에서 가로로 탄성한도까지를 탄성영역, 탄성영역에서 가로로 I점까지를 소성영역이라 한다.

13 두줄 나사를 두 바퀴 회전시켰을 때, 축 방향으로 12[mm] 이동하였다. 이 나사의 피치[mm]와 리드[mm]는?

	피치	리드
①	3	3
②	3	6
③	6	3
④	6	6

해설

2회전에 12mm이동 했으므로, 1회전에 6mm:리드
줄수×피치=리드이므로, $2\times p=6$, $p=3$임을 알 수 있다.

14 여러 개의 회전체가 포함된 축의 위험속도를 계산하는 던커레이(Dunkerley) 식은?(단, 모든 회전체를 포함한 축의 위험속도는 N_{crit}[rpm], 회전체를 부착하지 않고 단지 축의 자중만 고려한 위험속도는 N_0[rpm], 축의 자중을 무시하고 각 회전체를 축에 설치하였을 때의 위험속도들은 N_1 [rpm], N_2[rpm], …이다)

① $\frac{1}{N_{crit}}=\sqrt{\frac{1}{N_0}+\frac{1}{N_1}+\frac{1}{N_2}+.....}$

② $\frac{1}{\sqrt{N_{crit}}}=\frac{1}{\sqrt{N_0}}+\frac{1}{\sqrt{N_1}}+\frac{1}{\sqrt{N_2}}+\dots$

③ $\frac{1}{N_{crit}}=\frac{1}{N_0}+\frac{1}{N_1}+\frac{1}{N_2}+\dots$

④ $\frac{1}{N_{crit}^2}=\frac{1}{N_0^2}+\frac{1}{N_1^2}+\frac{1}{N_2^2}+\dots$

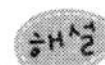
해설

던컬레이식 $\frac{1}{(N_{crit})^2}=\frac{1}{(N_0)^2}+\frac{1}{(N_1)^2}+....$로 나타낸다.

정답 13. ② 14. ④

15 벨트에 작용하는 하중의 상관관계 식으로 옳은 것은?(단, 마찰계수 μ, 접촉각 θ, 긴장측 장력 F_t, 이완측 장력 F_s, 원심력 F_e이다)

① $\dfrac{F_t + F_e}{F_s + F_e} = e^{\mu\theta}$　　② $\dfrac{F_t - F_e}{F_s - F_e} = e^{\mu\theta}$

③ $\dfrac{F_t + F_e}{F_s + F_e} = e^{-\mu\theta}$　　④ $\dfrac{F_t - F_e}{F_s - F_e} = e^{-\mu\theta}$

해설

$F_t = \dfrac{e^{\mu\theta}}{e^{\mu\theta}-1} T_e + \dfrac{wv^2}{g}$ --1식 ←-- $\dfrac{wv^2}{g}$ = 원심력 = F_e

$F_s = \dfrac{1}{e^{\mu\theta}-1} T_e + \dfrac{wv^2}{g}$ --2식 ←-- $\dfrac{wv^2}{g}$ = 원심력 = F_e

1식에서 $F_t - F_e = \dfrac{e^{\mu\theta}}{e^{\mu\theta}-1}$ --3식

2식에서 $F_s - F_e = \dfrac{1}{e^{\mu\theta}-1}$ --4식

$\dfrac{3식}{4식} = e^{\mu\theta} = \dfrac{F_t - F_e}{F_s - F_e}$ 으로 유도된다.

16 그림은 두 개의 원을 이용하여 만든 판캠으로, B축의 행정거리가 15[mm]일 때 큰 원과 작은 원간의 중심거리 X[mm]는?

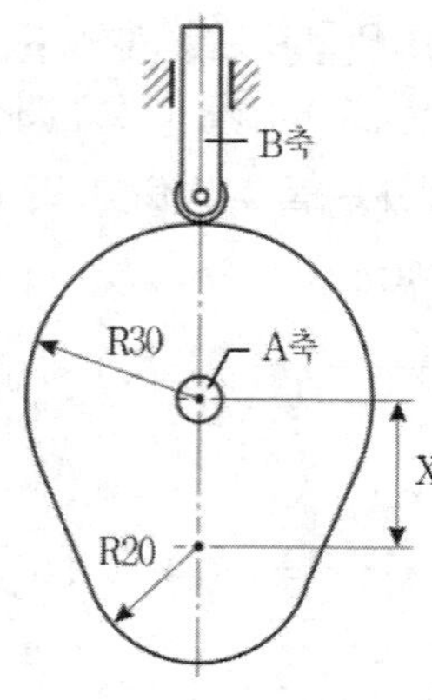

① 30　　② 25

③ 20　　④ 15

해설

큰 원의 반경이 30mm, 작은 원의 반경이 20mm이다. 중심거리가 30+20mm=50mm일 경우 B축은 20mm움직여야 한다. 그런데 15mm움직인다면, 20-15=5mm는 작은원의 중심이 큰원의 중심으로 5mm이동했다는 의미이다. 즉 큰 원과 작은 원의 중심거리는 30-5=25mm로 계산된다.

정답 15. ② 16. ②

17 그림과 같은 스프링 장치에 2400[N]의 하중을 아래 방향으로 가할 때 스프링의 처짐량[mm]은?(단, k_1, k_2, k_3 =200[N/mm], k_4, k_5, k_6 =300[N/mm]이다)

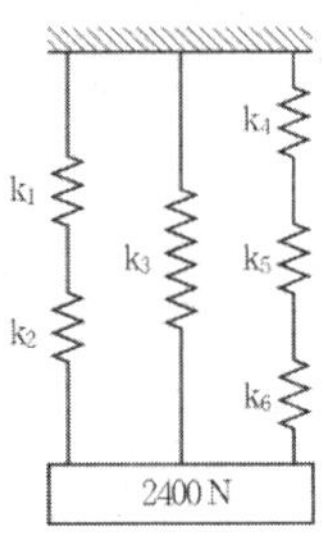

① 2　　② 3
③ 6　　④ 12

해설

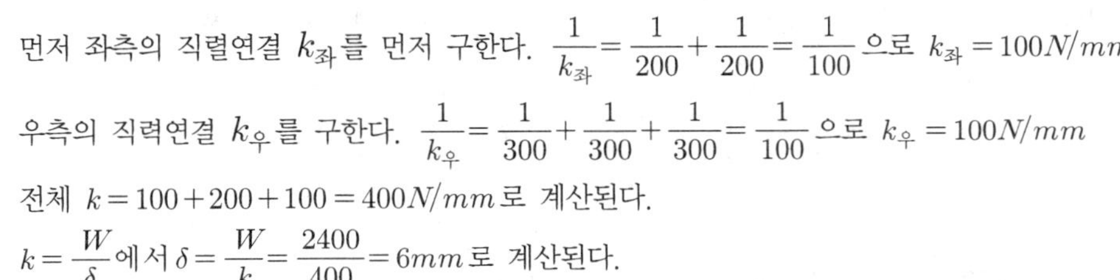

먼저 좌측의 직렬연결 $k_{좌}$를 먼저 구한다. $\frac{1}{k_{좌}}=\frac{1}{200}+\frac{1}{200}=\frac{1}{100}$ 으로 $k_{좌}=100N/mm$

우측의 직력연결 $k_{우}$를 구한다. $\frac{1}{k_{우}}=\frac{1}{300}+\frac{1}{300}+\frac{1}{300}=\frac{1}{100}$ 으로 $k_{우}=100N/mm$

전체 $k=100+200+100=400N/mm$로 계산된다.

$k=\frac{W}{\delta}$에서 $\delta=\frac{W}{k}=\frac{2400}{400}=6mm$로 계산된다.

18 그림과 같이 볼트와 너트를 이용하여 세 개의 중공 실린더를 조임량 0.1[mm] 이상으로 체결하고자 한다. 각 부품의 평균치수와 공차가 다음과 같을 때, d의 치수로 적합한 것은?(단, a는 볼트 생크부의 길이, b, c, d는 중공 실린더의 길이)

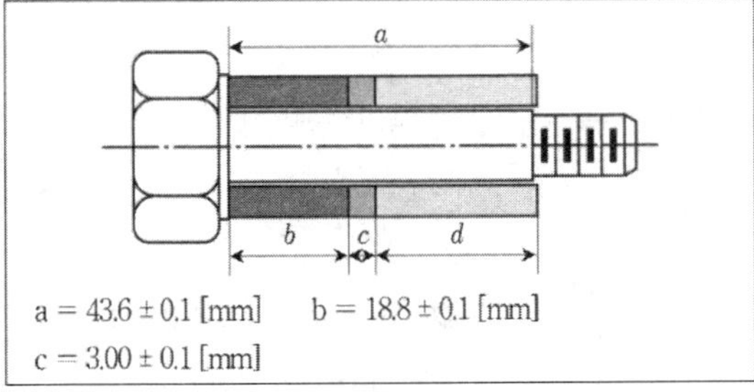

① 22.0±0.1[mm]　　② 22.1±0.1[mm]
③ 22.2±0.1[mm]　　④ 22.3±0.1[mm]

해설

조건을 잘 따져야 한다. 볼트의 생크부는 43.6±0.1mm으로 최대 크기 43.7mm까지 만들어도 합격이다. 그런데 0.1mm조여지려면, 3개의 실린더는 각각 제일 작아야 한다. 따라서 43.7−18.7−2.9=22.1mm 즉, D는 22.1mm가 최소로 되어야 한다. 공차가 ±0.1이므로 최소 22.1mm가 되기 위해서는 D의 길이는 22.2mm가 되어야 하며, 여기에 1mm가 조여져야 하므로, D의 길이는 22.3mm가 되어야 한다.

정답 17. ③ 18. ④

19 동력을 전달하는 단판의 원판 클러치가 있다. 클러치 디스크의 접촉면의 외경이 $2d$ [mm], 내경이 d [mm], 전달토크가 T[N·mm]일 때 디스크 접촉면의 평균압력[MPa]은?(단, 접촉면은 균일마모 조건이며 μ는 마찰계수이다)

① $\frac{2T}{\mu\pi d^3}$ ② $\frac{8T}{9\mu\pi d^3}$

③ $\frac{12T}{4\mu\pi d^3}$ ④ $\frac{16T}{9\mu\pi d^3}$

해설

단판클러치의 평균 직경 $(d_m) = \frac{2d+d}{2} = \frac{3d}{2}$ -- (1식) 이고,

면압이 작용하는 면적$(A) = \frac{\pi((2d)^2 - d^2)}{4} = \frac{3\pi d^2}{4}$ -- (2식)이다.

전단토크$(T) = F\times\frac{d_m}{2} = \mu Q\times\frac{d_m}{2} = \mu(q\times A)\times\frac{d_m}{2}$ -- (3식)으로 유도된다.

(3식)에 (1식)과 (2식)을 대입한다.

$T = \mu(q\times\frac{3\pi d^2}{4})\times\frac{1}{2}\times\frac{3d}{2} = \mu q\frac{9\pi d^3}{16}$, $q = \frac{16T}{9\mu\pi d^3}$ 로 유도된다.

20 이음매 없는 강관에서 내부압력은 0.3[MPa], 유량이 0.3[m³/sec], 평균유속이 10[m/sec]일 때 강관의 최소 바깥지름[mm]은?(단, 강관의 허용응력은 6[MPa], 부식여유는 2[mm], 이음효율은 100%, $\pi = 3$으로 한다)

① 207 ② 214

③ 217 ④ 234

해설

$Q = Av = \frac{\pi d^2}{4}\times 10(m/s) = 0.3m^3/s$ ← 양변에 단위환산을 하자

$\frac{3}{4}d^2\times 10 = 0.3m^2,\ d^2 = 0.04m^2,\ d = 0.2m = 200mm$

$t = \frac{Pd}{2\sigma\eta} + C = \frac{0.3MPa\times 200mm}{2\times 6MPa\times 1} + 2mm = 5 + 2 = 7mm$

따라서 외경(바깥지름)은 $200 + 2\times 7 = 214mm$ 로 계산된다.

정답 19. ④ 20. ②

공업기계직 기계설계 (2017년 6월 시행 지방직)

01 **사다리꼴 나사에 대한 설명으로 옳은 것은?**

① 사각나사에 비해 제작이 쉽고 나사산의 강도가 크다.
② 큰 하중이 한쪽 방향으로만 작용되는 경우에 적합하다.
③ 먼지와 모래 및 녹 가루 등이 나사산으로 들어갈 염려가 있는 곳에 사용된다.
④ 나사 홈에 강구를 넣을 수 있도록 가공하여 볼의 구름 접촉을 통해 나사 운동을 시킨다.

톱니나사 : 보기 ②, 큰 하중을 한쪽 방향으로만 작용할 경우
둥근나사 : 보기 ③, 먼지와 모래 및 녹 가루 등이 들어갈 염려가 있을 경우
볼나사 : 보기 ④, 나사 홈에 강구를 넣어 접촉, 정밀기계에 사용

02 **벨트 전동장치와 비교한 체인 전동장치에 대한 설명으로 옳지 않은 것은?**

① 초기 장력이 필요하지 않다.
② 체인 속도의 변동이 없다.
③ 전동효율이 높다.
④ 열, 기름, 습기에 잘 견딘다.

체인 전동장치는 체인속도가 변동한다. 즉 최고속도에 대한 속도의 변동비율이 $1-\cos\frac{\pi}{z}$로 나타난다.

03 **Q의 하중을 올리기 위한 한줄 사각나사의 효율을 나타내는 식으로 옳지 않은 것은?(단, p는 피치, d_2는 유효지름, P는 접선방향의 회전력, T는 회전토크, ρ는 마찰각, λ는 리드각, 자리면 마찰은 무시한다)**

① $\frac{pQ}{\pi d_2 P}$
② $\frac{pQ}{2\pi T}$
③ $\frac{pQ}{4\pi T}$
④ $\frac{p}{\pi d_2 \tan(\rho+\lambda)}$

사각나사의 효율$(\eta) = \frac{\text{물체의 일}}{\text{조인 일}} = \frac{Q\times l}{T\times\theta} = \frac{Q\times p}{P\times 2\pi r} = \frac{Q\times 2\pi r\times\tan\alpha}{Q\times\tan(\alpha+\rho)\times 2\pi r}$

$(\eta) = \frac{\tan\alpha}{\tan(\alpha+\rho)}$로 유도된다(한줄 나사의 경우). $\tan\alpha = \frac{p}{\pi d_2}$, $\tan\rho = \mu$이다.

정답 01. ① 02. ② 03. ③

04 그림과 같이 캘리퍼형 원판제동장치는 회전하는 원판의 바깥에 있는 두 개의 블록에 각각 Q의 힘을 대칭으로 작용시켜 원판에 마찰력을 발생시킨다. 블록과 원판 사이의 마찰계수를 μ, 원판의 중심에서 각 블록의 중심까지 거리가 R일 때, 이 제동장치의 최대 제동토크는?

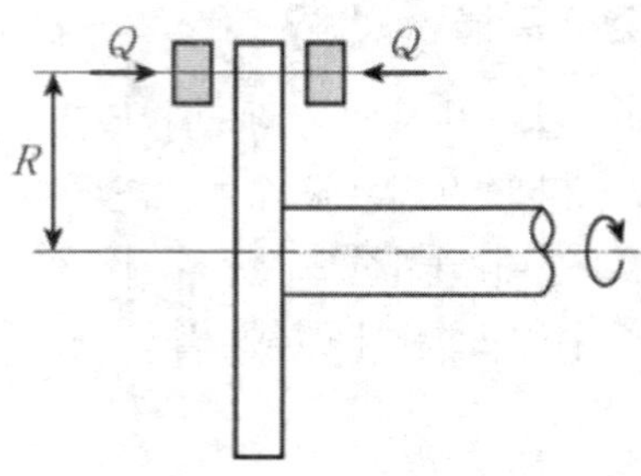

① $0.5\mu QR$　　② μQR
③ $2\mu QR$　　④ $4\mu QR$

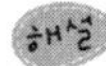

$\mu = \frac{F}{Q}$, 제동력$(F) = \mu \times Q$, 본 문제의 그림에서는 Q가 2개이므로, $F = \mu \times 2Q$

제동토크$(T) = F \times \frac{D}{2} = 2\mu Q \times R$로 유도된다.

05 그림과 같은 기하공차 기호의 종류를 옳게 짝지은 것은?

(가)

(나)

(다)

	(가)	(나)	(다)
①	원통도	위치도	평면도
②	진원도	동심도	평면도
③	원통도	위치도	평행도
④	진원도	동심도	평행도

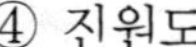

기하공차 기호 알아둘 것–캡쳐할 것

정답 04. ③ 05. ①

단독 형체 (기준 X)	모양 공차	진직도	—	
		평면도	▱	*
		진원도	○	
		원통도	⌭	*
		윤곽도	⌒	
관련 형체 (기준)	자세 공차	평행도	//	
		직각도	⊥	
		경사도	∠	
	위치 공차	위치도	⌖	
		동축도	◎	(동심도)
		대칭도	⌯	
	흔들림 공차	원주 흔들림 공차	↗	축선 방향
		온 흔들림 공차	⌰	반지름 방향 (우리 나라만 사용)
데이텀 (기준)			A	
최대 실체 공차 방식			Ⓜ	

06 내압을 받는 얇은 원통형 압력용기가 있다. 이 압력용기의 내부 게이지 압력이 1MPa이고, 용기 두께가 1mm, 내부지름이 2m, 용기 길이가 3m일 때, 이 압력용기에 걸리는 최대 응력[GPa]은?

① 0.5
② 1
③ 2
④ 5

해설

내압 압력용기이므로, $\sigma = \dfrac{PD}{2t} = \dfrac{1MPa \times 2m}{2 \times 1mm} = \dfrac{10^6 N/m^2 \times 2m}{2 \times \dfrac{1}{10^3} m} = 10^9 Pa = 1GPa$

07 물체를 들어올리기 위하여 각 단면적이 20mm^{2}인 로프 5개를 사용한 크레인에서, 로프의 극한강도는 600MPa이고 안전율이 12일 때, 크레인의 최대 허용인장하중[N]은?(단, 5개의 로프에는 동일한 힘이 작용한다)

① 500
② 1,000
③ 1,200
④ 5,000

해설

안전율$(S) = \dfrac{\text{기준강도}}{\text{허용응력}} = \dfrac{\sigma_s}{\sigma_a}$, $\sigma_a = \dfrac{\sigma_s}{S} = \dfrac{600}{12} = 50MPa$

허용응력$(\sigma_a) = \dfrac{\text{인장하중}}{\text{면적}} = \dfrac{F}{A}$, $F = \sigma_a \times A$이므로 적용하자.

$F = 50MPa \times 5 \times 20mm^2 = 50 \times 10^6 \times \dfrac{1N}{10^6 mm^2} \times 5 \times 20mm^2 = 5000N$

정답 06. ② 07. ④

08 기어에 대한 각속도비로 옳지 않은 것은?

① 베벨기어의 각속도비는 피동 회전각속도 N_2의 구동 회전각속도N_1에 대한 비이다.

② 베벨기어의 각속도비는 구동 피치원추각 δ_1의 사인값의 피동 피치원추각 δ_2의 사인값에 대한 비이다.

③ 웜기어의 각속도비는 웜의 피치원 지름 D_w의 웜휠의 피치원 지름 D_g에 대한 비이다.

④ 웜기어의 각속도비는 웜의 리드 l의 웜휠의 피치원 원주 πD_g에 대한 비이다.

해설

베벨기어의 속도비 $(i)=\dfrac{w_1(\text{입력각속도})}{w_2(\text{출력각속도})}=\dfrac{N_1}{N_2}=\dfrac{D_2}{D_1}=\dfrac{\sin\beta(\text{출력사인값})}{\sin\alpha(\text{입력사인값})}$

웜기어의 속도비$(i)=\dfrac{w_1(\text{웜 각속도})}{w_2(\text{웜휠각속도})}=\dfrac{N_1}{N_2}=\dfrac{\text{웜휠의원주}(\pi d)}{\text{웜의리드}(l)}=\dfrac{Z_2(\text{웜휠의 잇수})}{Z_1(\text{웜의 줄수})}$ 이다.

④번의 경우 웜기어의 각속도비는 웜의 리드(l)에 대한 웜휠의 원주(πd)라고 해야 한다.

09 100N·m의 토크를 전달하는 축의 최소 지름[mm]은?(단, 축의 전단강도는 400MPa, 안전계수는 2이다)

① $\dfrac{2}{\sqrt[3]{2\pi}}$

② $\dfrac{2}{\sqrt[3]{\pi}}$

③ $\dfrac{20}{\sqrt[3]{2\pi}}$

④ $\dfrac{20}{\sqrt[3]{\pi}}$

해설

안전율$(S)=\dfrac{\text{기준강도}}{\text{허용응력}}=\dfrac{\tau_s}{\tau_a}$, $\tau_a=\dfrac{\tau_s}{S}=\dfrac{400}{2}=200MPa$

허용응력$(\tau_a)=\dfrac{T}{z_p}$, $200\times10^6Pa=\dfrac{100N-m}{\dfrac{\pi d^3}{16}mm^3}=\dfrac{100\times16}{\pi d^3(\dfrac{1}{10^9}m^3)}=\dfrac{100\times16\times10^9}{\pi d^3}$ 이므로

$d^3=\dfrac{100\times16\times10^9}{200\times10^6\times\pi}(mm)$, $d=\sqrt[3]{\dfrac{8000}{\pi}}=\dfrac{20}{\sqrt[3]{\pi}}mm$

정답 08. ③ 09. ④

10 그림과 같이 필릿 용접된 정사각 단면의 보에 굽힘 모멘트 M이 작용할 때, 용접 목단면에 대한 최대 굽힘응력은?

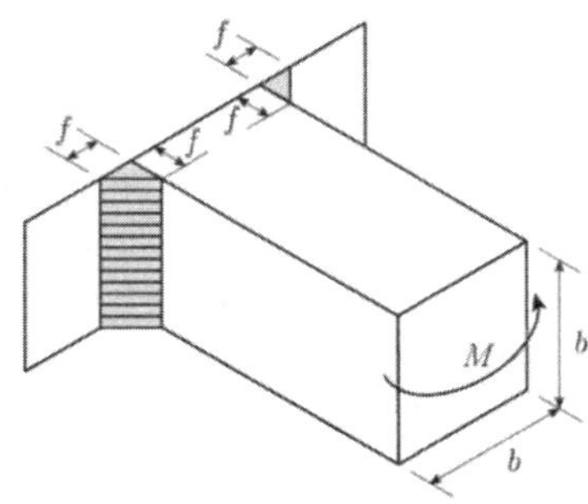

① $\dfrac{6M}{fb^2}$ ② $\dfrac{6M}{\sqrt{2}\,fb^2}$

③ $\dfrac{f+b}{(f+b)^3-b^3}\dfrac{6M}{fb^2}$ ④ $\dfrac{\sqrt{2}\,f+b}{(\sqrt{2}\,f+b)^3-b^3}\dfrac{6M}{fb^2}$

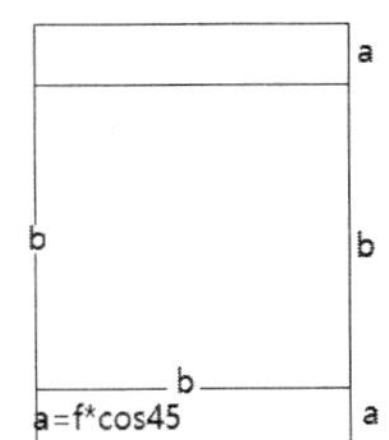

굽힘응력은 $\sigma_b = \dfrac{M}{z}$에서 구할 수 있다.

a는 목두께로 $a = f \times \cos 45^\circ = \dfrac{f}{\sqrt{2}}$이다.

이 그림에서의 2차 단면계수$(z) = \dfrac{I(\text{관성모멘트})}{l(\text{중심거리})}$ -- (1식) 이므로,

관성모멘트$(I) = \dfrac{b(b+2a)^3}{12} - \dfrac{b \times b^3}{12} = \dfrac{b}{12}[(b+2a)^3 - b^3]$ -- (2식)

$l = \dfrac{b}{2} + a = \dfrac{b+2a}{2}$ -- (3식), (2식)과 (3식)을 (1식)에 대입하자.

$(z) = \dfrac{I}{l} = \dfrac{\dfrac{b}{12}[(b+2a)^3 - b^3]}{\dfrac{b+2a}{2}} = \dfrac{b[(b+2a)^3 - b^3]}{6(b+2a)}$ -- (4식)이고,

$b+2a = b + 2 \times \dfrac{f}{\sqrt{2}} = b + \sqrt{2}\,f$ -- (5식),

(5식)을 (4식)에 대입한 후 원식에 대입하자.

$\sigma_b = \dfrac{M}{z} = \dfrac{6(b+2a)M}{b[(b+2a)^3 - b^3]} = \dfrac{6M}{b} \times \dfrac{b+\sqrt{2}\,f}{(b+\sqrt{2}\,f)^3 - b^3}$ 으로 유도된다.

정답 10. ④

11 인벌류트(involute) 치형을 갖는 평기어에 대한 설명으로 옳지 않은 것은?

① 작용선은 두 개의 기초원의 공통접선과 일치한다.
② 법선 피치의 길이는 기초원 피치의 길이보다 항상 크다.
③ 한 쌍의 기어는 압력각이 같아야 작동한다.
④ 기초원의 지름은 피치원의 지름보다 항상 작다.

해설

법선피치란 치형간의 공통수선(작용선)에서 측정한 피치로, 인볼류트 치형에서는 기초원의 피치(기초원주를 잇수로 나눈값)와 법선피치는 같다.

12 구름 베어링의 기본 동정격하중(동적 부하용량)에 대한 설명으로 옳은 것은?

① 한 개의 롤러 베어링에 부가할 수 있는 최대 하중이다.
② 동하중을 받는 내륜이 1,000만 회전을 견딜 수 있는 하중이다.
③ 전동체 지름의 1/10,000에 해당하는 영구변형량을 발생시키는 하중이다.
④ $33\frac{1}{3}$ rpm의 내륜속도에서 500시간의 수명을 얻을 수 있는 일정하중이다.

해설

기본 동정격하중(동적부하용량, C)은 외륜을 정지하고 내륜을 회전하여 정격수명이 100만 회전($10^6 = 500 \times 33.3 \times 60$, 33.3rpm로 500시간의 수명)이 되는 방향과 크기가 변동하지 않는 하중

13 회전축의 위험속도에 대한 설명으로 옳은 것은?

① 축이 회전 가능한 최대의 회전속도이다.
② 축의 이음 부분이 마찰에 의하여 마모되기 시작할 때의 회전 속도이다.
③ 축의 고유진동수와 일치하는 축의 회전속도이다.
④ 전동축에서 안전율 10일 때의 회전속도이다.

해설

회전축의 위험속도는 축의 고유진동수와 일치하는 축의 회전속도이다. 이렇게 되면 공진이 생기고 그 진폭은 배가 된다.

정답 11. ② 12. ④ 13. ③

14 허용 압력속도계수(발열계수)는 $2N/mm^2 \cdot m/s$, 지름은 70mm, 길이는 125mm의 중간저널 베어링을 250rpm으로 회전하는 축에 사용하였을 때, 최대 허용하중[N]은?(단, $\pi = 3$으로 한다)

① 15,000　② 18,000
③ 20,000　④ 25,000

해설

허용압력속도계수$= P \times v = \dfrac{F}{A(D \times l)} \times \pi DN$

$$2N/mm^2 \cdot m/s = \frac{F}{A(D \times l)} \times \pi DN = \frac{F}{70 \times 125mm^2} \times \pi \times \frac{70}{1000}(m) \times \frac{250}{60(s)}$$

$$F = \frac{2 \times 70 \times 125 \times 1000 \times 60}{3 \times 70 \times 250} = 20000N$$

15 전달 토크가 T [N·m], 치직각 모듈이 m_n [mm], 잇수가 Z_s, 치직각 압력각이 α_n, 비틀림각이 β인 헬리컬 기어에서, 그림과 같이 피치원에 작용하는 하중 F_n[N]은?

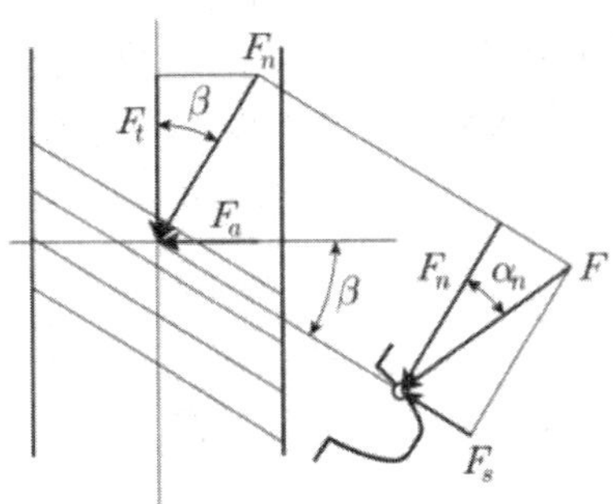

① $F_n = \dfrac{F\cos\alpha_n}{m_n Z_s}$　② $F_n = \dfrac{2000T}{m_n Z_s \cos\beta}$
③ $F_n = \dfrac{2000T}{m_n Z_s}$　④ $F_n = \dfrac{2T}{m_n Z_s \cos^2\beta}$

해설

헬리컬기어에서 축직각 모듈$(m_s) = \dfrac{m_n(\text{치직각모듈})}{\cos\beta}$ -- (1식)

$T = F \times r = F \times \dfrac{D_s}{2} = F \times \dfrac{m_s Z_s}{2} = F \times \dfrac{m_n Z_s}{2\cos\beta}$ 에서 $F = F_s$ 이므로,

$T = F_s \times \dfrac{m_n Z_s}{2\cos\beta}$, $F_s = \dfrac{T \times 2\cos\beta}{m_n Z_s}$ -- (2식), $F_s = F_n(\text{치직각하중}) \times \cos\beta$ -- (3식)

(2식)=(3식)을 하면 $F_n = \dfrac{T \times 2}{m_n Z_s}$ 인데 단위를 맞추기 위해 m=1000mm

$F_n = \dfrac{T \times 2000}{m_n Z_s}$ 으로 유도된다.

정답 14. ③ 15. ③ 16. ①

16 스프링 전체의 평균지름이 32mm인 코일스프링이 하중 100N을 받아 처짐이 2mm 생겼을 때, 스프링 지수는?(단, 전단 탄성계수 G=80GPa, 스프링의 유효감김수는 25이다)

① 4　　② 8
③ 16　　④ 32

해설

스프링상수$(k)=\dfrac{W}{\delta}=\dfrac{100N}{2mm}=\dfrac{Gd^4}{8nD^3}$ 이므로,

$50N/mm=\dfrac{80\times10^9(N/m^2)\times d^4}{8\times25\times32^3}=\dfrac{80\times10^9\times d^4}{8\times25\times32^3\times10^6}$

$d^4=\dfrac{50\times8\times25\times32^3}{80\times10^3}=\dfrac{5^3\times2^3\times16^3}{10^3}=16^3=4^6=2^{12}=(2^3)^4=8^4$

d=8mm로 계산된다.

스프링지수= $C=\dfrac{D}{d}=\dfrac{32}{8}=4$ 이다.

17 양단이 고정된 20° C의 강관에 T로 온도를 상승시켜 60MPa의 열응력이 발생하였을 때, 온도 T [° C]는?(단, 강관의 탄성계수 E=200GPa, 선(열)팽창계수는 1.2×10−5/° C이다)

① 25　　② 30
③ 45　　④ 60

해설

$\sigma_h=E\times\alpha\times\Delta T$, $60\times10^6Pa=200\times10^9Pa\times1.2\times10^{-5}\times\Delta T$

$\Delta T=\dfrac{60\times10^2}{200\times1.2}=25$, $T_2=T_1+\Delta T=20+25=45\,^\circ C$로 계산된다.

18 2N M12−6H 나사에 대한 설명으로 옳지 않은 것은?

① 미터 보통 나사이다.　　② 두줄나사이다.
③ 오른나사이다.　　④ 수나사이다.

2N M12 - 6H 에서 2N은 2줄, 12는 외경, 6H는 등급을 나타낸다.

정답 17. ③ 18. ④

19 고속도로를 108km/h의 속도로 주행하던 승용차가 장애물을 보고 브레이크를 밟아서 5초 후에 완전히 정지하였다. 제동에 의해 발산되어야 할 동력[kW]은?(단, 승용차의 질량은 1,000kg이다)

① 45　　② 90
③ 180　　④ 450

해설

$v = 108km/h = 108 \times \frac{1000m}{3600s} = 30m/s, \quad a = \frac{0-30(m/s)}{5s} = -6m/s^2$

정지거리$(S) = vt + \frac{1}{2}at^2 = 30m/s \times 5s + \frac{1}{2} \times (-6m/s^2) \times 5^2 = 150 - 75 = 75m$

정지하는 동안에 사용된 힘$(F) = ma = 1000kg \times -6m/s^2 = -6000N$으로 진행방향의 반대방향으로 6KN이 작용한다.

따라서 동력$H_p = F \times \frac{S}{t} = 6kN \times \frac{75m}{5s} = 90kN$이 필요하다.

20 그림의 동력전달장치 조립도에 없는 기계요소는?

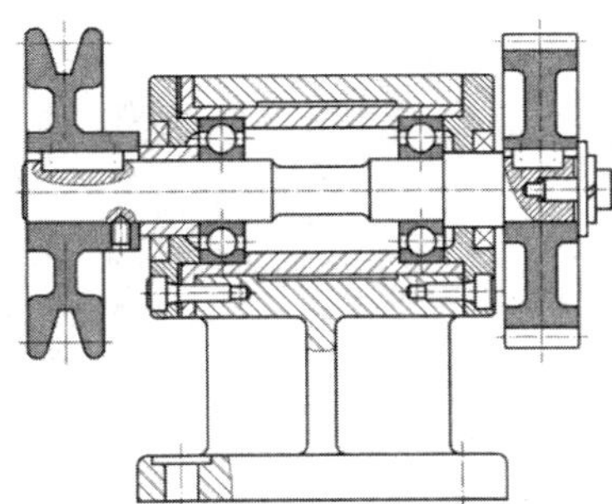

① 반경방향 하중을 지지하면서 원활한 축 회전을 돕는 기계요소
② 나사를 박음으로써 나사 끝에 발생하는 마찰저항으로 두 물체 사이에 상대운동이 생기지 않도록 하는 기계요소
③ 축과 보스를 결합하여 회전운동을 전달하는 기계요소
④ 분할된 두 개의 반원통으로 두 축을 덮어서 두 축을 연결하는 기계요소

해설

①은 베어링 → 볼베어링이 들어 있다. ②은 고정나사 → 좌측 V형 풀리와 축의 회전을 전달하기 위해 ③과 같은 키를 사용하고, V형 풀리가 축방향으로 놀음이 없도록 고정나사를 사용한다. ④의 경우는 원통커플링을 말한다. 해당 그림에서는 존재하지 않는다.

정답 19. ② 20. ④

공업기계직 기계설계 (2018년 5월 시행 지방직)

01 1줄 겹치기 리벳이음을 한 두께 10mm인 판재가 있다. 리벳 구멍지름 20mm, 리벳이음 피치 50mm일 때, 인장력을 받고 있는 판재의 효율[%]은?

① 20 ② 40
③ 60 ④ 80

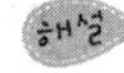

판재의 효율 $\eta = \dfrac{p-d}{p} = \dfrac{50-20}{50} = \dfrac{3}{5} = 0.6$

02 롤러체인을 이용하여 동력을 전달하고자 한다. 구동 스프로킷 휠의 잇수 20개, 롤러체인의 피치 12.5mm, 롤러체인 평균속도가 3m/s일 때 구동 스프로킷 휠의 회전속도[rpm]는?

① 720 ② 840
③ 960 ④ 1,200

체인의 회전 속도 $(v) = \pi DN = pZN = \dfrac{12.5 \times 20 \times N}{1000 \times 60(s)} = 3m/s$

$N = \dfrac{3 \times 60 \times 1000}{12.5 \times 20} = 720rpm$

03 그림과 같이 아이볼트(eye bolt)에 축방향 하중(P) 2kN이 작용할 때, 하중을 지지하기 위한 아이볼트의 최소 골지름(d)[mm]은?(단, 아이볼트의 허용인장응력은 80N/mm^{2}이며, 아이볼트는 골지름 단면에서 파괴된다고 가정한다)

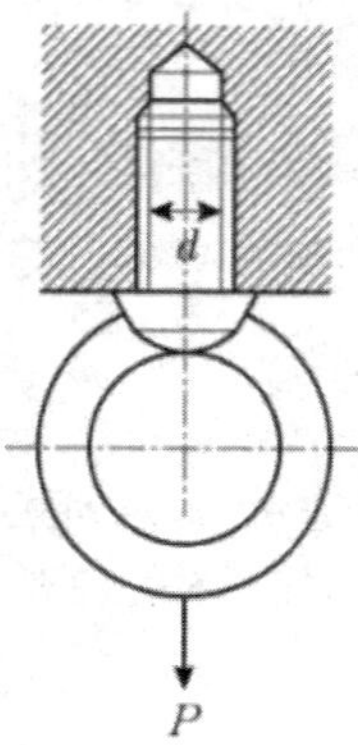

① $\sqrt{\dfrac{5}{\pi}}$ ② $\sqrt{\dfrac{20}{\pi}}$ ③ $\sqrt{\dfrac{50}{\pi}}$ ④ $\sqrt{\dfrac{100}{\pi}}$

정답 01. ③ 02. ① 03. ④

해설

$$응력(\sigma) = \frac{F}{A} = \frac{F}{\frac{\pi d_1^2}{4}} = 80N/mm^2 \qquad \frac{4 \times 2000N}{\pi d_1^2} = 80,\ d_1^2 = \frac{100}{\pi},\ d_1 = \sqrt{\frac{100}{\pi}}\ mm$$

04 치수와 공차에 대한 설명으로 옳지 않은 것은?

① 허용한계치수는 기준치수로부터 벗어남이 허용되는 대소의 극한치수로, 최대 허용치수와 최소 허용치수를 의미한다.

② 기준치수는 호칭치수라고도 하며, 허용한계치수의 기준이 되는 치수이다.

③ 위치수 허용차는 최소 허용치수에서 기준치수를 뺀 값이다.

④ 치수공차는 최대 허용치수와 최소 허용치수의 차이이다.

해설

보기 ③에서 최소허용치수−기준치수 = 아래치수 허용차

05 기본 동적 부하용량 64kN인 볼베어링에 동등가하중 8kN이 작용하고 있다. 이 볼베어링을 롤러베어링으로 교체할 때, 롤러 베어링의 정격수명[회전]은?(단, 교체한 롤러베어링에는 볼베어링과 같은 동등가하중이 작용하며, 롤러베어링의 기본 동적 부하용량은 볼베어링과 같다)

① $2^3 \times 10^6$

② $2^{10} \times 10^6$

③ $2^{\frac{3}{10}} \times 10^6$

④ $2^{\frac{10}{3}} \times 10^6$

해설

$$L_n = (\frac{C}{P})^r \times 10^6 = (\frac{64kN}{8kN})^{\frac{10}{3}} \times 10^6 = (2^3)^{\frac{10}{3}} \times 10^6$$

06 S−N곡선(Stress versus Number of cycles curve)과 내구한도에 대한 설명으로 옳지 않은 것은?

① 실제 부품 설계를 할 때는 하중의 종류, 표면효과, 사용온도 등을 고려한 수정 내구한도를 사용한다.

② 내구한도는 어느 한계값 이하의 응력에서 무수히 많은 반복을 하여도 피로파괴가 일어나지 않는 재료의 한계응력값을 의미 한다.

③ 철강과 같이 체심입방구조(BCC)를 갖는 금속은 일반적으로 명확한 내구한도를 갖는다.

④ S−N 곡선에서는 양진 반복응력의 진폭을 가로축에 표시한다.

해설

철강_체심입방격자 → 피로한도(내구한도)
S-N곡선에서 세로축은 진폭(S) 혹은 응력이고 가로축은 반복횟수(N)이다.

정답 04. ③ 05. ② 06. ④

07 나사에 대한 설명으로 옳지 않은 것은?

① 미터나사는 나사산각이 60°인 미터계 삼각나사이며, 미터가는 나사는 자립성이 우수하여 풀림 방지용으로 사용한다.
② 일반적으로 삼각나사는 체결용 기계요소이고, 사각나사는 회전운동을 직선운동으로 바꾸는 운동용 기계요소이다.
③ 3/8－16 UNC는 유니파이 보통나사로 수나사의 호칭지름이 3/8인치이고 1인치당 나사산수가 16개임을 의미한다.
④ 사각나사는 다른 나사에 비해 나사효율이 낮으나 가공이 쉽다.

해설

사각나사는 다른 나사에 비해 나사효율이 높다 → 운동을 잘 전달한다.
다른말로 표현하면, 나사효율이 낮다는 말은 잘 잠겨있다, 마찰이 크다는 말과 동일하다.
삼각나사의 마찰계수 $\mu' = \dfrac{\mu}{\cos\beta}$ 로 표현, 마찰계수가 크진다.

08 그림과 같이 유니버설 조인트 2개 사이에 중간축을 삽입하여 회전을 전달하고 있다. 한 쪽의 교차각 α_1과 다른 쪽의 교차각 α_2가 같을 때, 각속도비($|\dfrac{w_1}{w_2}|$)에 대한 설명으로 옳은 것은? (단, α_1과 α_2는 30° 이하이고, 그림 모든 축은 동일 평면 상에 있다)

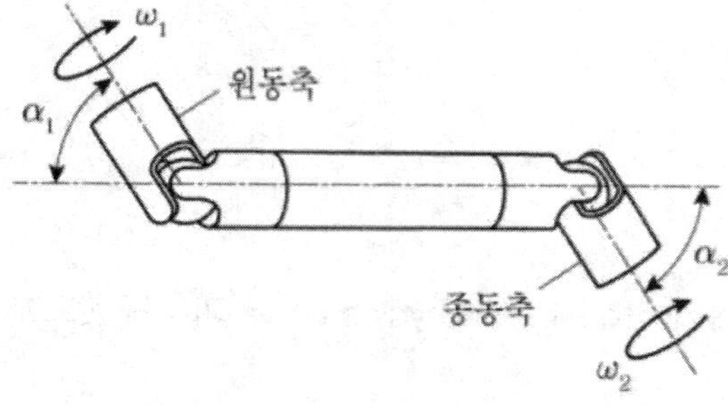

① $|\dfrac{w_1}{w_2}| < 1$

② $|\dfrac{w_1}{w_2}| = 1$

③ $|\dfrac{w_1}{w_2}| > 1$

④ 원동축의 회전각 증가에 따라 $|\dfrac{w_1}{w_2}|$은 증가했다가 감소한다.

해설

유니버셜 조인트가 2개 있다. 즉 입력과 출력의 속도는 같다=등속도가 된다.
이를 식으로 표현하면 속도비가 1이 된다.

정답 07. ④ 08. ②

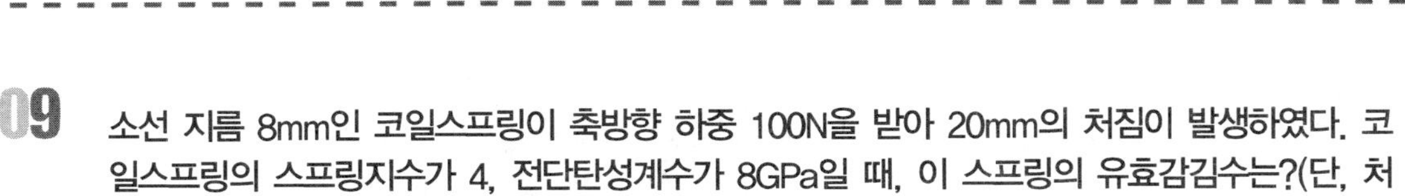

09 소선 지름 8mm인 코일스프링이 축방향 하중 100N을 받아 20mm의 처짐이 발생하였다. 코일스프링의 스프링지수가 4, 전단탄성계수가 8GPa일 때, 이 스프링의 유효감김수는?(단, 처짐은 코일의 비틀림모멘트에 의해서만 발생하는 것으로 가정 한다)

① 20 ② 25
③ 30 ④ 35

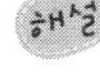

코일스프링 처짐$(\delta) = \dfrac{8nWD^3}{Gd^4}$, $20 = \dfrac{8 \times n \times 100N \times (4 \times 8mm)^3}{8GPa(1000N/mm^2) \times (8mm)^4}$

코일감김수$(n) = \dfrac{20 \times 8000 \times 8^4}{8 \times 100 \times 4^3 \times 8^3} = 25$

10 피치면이 원추(cone) 형태이면서, 같은 평면 상의 평행하지 않은 두 축을 연결하기 위해 사용하는 기어는?

① 베벨 기어 ② 헬리컬 기어
③ 스퍼 기어 ④ 나사 기어

피치면이 원추=베벨기어임을 알수 있음
같은 평면상의 만나는 기어

11 미끄럼베어링에 요구되는 재료 특성으로 옳지 않은 것은?

① 내식성이 커야 한다.
② 열전도율이 높아야 한다.
③ 마찰계수가 작아야 한다.
④ 마모가 적고 피로강도가 낮아야 한다.

베어링의 재료 특성: 보기 1~3, 보기4 → 마모가 적당하고 피로강도가 높아야 한다.
(충격받는 면적이 미끄럼베어링의 경우 넓기 때문)

12 마찰이 없는 양단지지형 겹판스프링에 하중이 작용하여 최대 처짐 δ_{max}가 발생하였다. 이 겹판스프링에서 판의 두께만 2배로 증가시킬 때 최대 처짐은?

① $\dfrac{1}{2}\delta_{max}$ ② $\dfrac{1}{4}\delta_{max}$
③ $\dfrac{1}{8}\delta_{max}$ ④ $\dfrac{1}{16}\delta_{max}$

해설

양단지지의 겹판스프링이므로, 단순보라고 가정하면 된다.

단순보의 처짐$(\delta)=\dfrac{Fl^3}{48EI}$을 이용하자. 겹판스프링의 단면적은 폭(b)와 높이(h)의 곱이다.

그러므로 $\delta_{\max}=\dfrac{Fl^3}{48E\times\dfrac{bh^3}{12}}=\dfrac{Fl^3}{4Ebh^3}$라면, h → 2h를 식에 대입하자.

$\delta=\dfrac{Fl^3}{4Eb(2h)^3}=\delta_{\max}\times\dfrac{1}{2^3}$으로 나타내어진다.

13

평벨트 전동장치에서 벨트 속도 v[m/s], 긴장측 장력 T_t[N], 마찰계수 μ, 벨트 접촉각 θ[rad]가 주어졌을 때, 최대 전달동력 [kW]은?(단, 벨트의 원심력은 무시한다)

① $\dfrac{T_t v}{1000}\left(\dfrac{e^{\mu\theta}}{1-e^{\mu\theta}}\right)$

② $\dfrac{T_t v}{1000}\left(\dfrac{1-e^{\mu\theta}}{e^{\mu\theta}}\right)$

③ $\dfrac{T_t v}{1000}\left(\dfrac{e^{\mu\theta}-1}{e^{\mu\theta}}\right)$

④ $\dfrac{T_t v}{1000}\left(\dfrac{e^{\mu\theta}}{e^{\mu\theta}-1}\right)$

해설

원심력무시의 평벨트 동력 $H_p=T_e\times v=T_t\times\dfrac{e^{\mu\theta}-1}{e^{\mu\theta}}\times v$이다.

여기서, 전달동력의 단위를 kW로 표시하였으므로, 위 식에서 1000으로 나누어주어야 한다.

14

브레이크에 대한 설명으로 옳지 않은 것은?

① 밴드 브레이크는 레버 조작력이 동일해도 드럼 회전방향에 따라 제동력이 달라진다.

② 복식 블록 브레이크를 축에 대칭으로 설치하면 축에는 굽힘 모멘트가 작용하지 않는다.

③ 블록 브레이크의 냉각이 원활하지 못한 경우에는 브레이크 용량(brake capacity)을 작게 해야 한다.

④ 내부확장식 브레이크에서 브레이크 블록을 확장하는 힘이 동일하면 두 접촉면에 작용하는 수직력의 크기가 동일하다.

해설

브레이크용량$(\mu p\times v)=\dfrac{H_p\times 75}{A}=\dfrac{\text{발열량}}{\text{면적}}$

→ 냉각이 잘 되지 않으면, 브레이크용량이 작게 설계

보기4에서, 내부확장식의 휠실린더를 미는 힘이 좌우에 같게 작용하더라도 각 슈의 힌지와 회전방향에 따라 접선력의 방향이 달라지므로 수직력(Q)는 크기가 달라진다.

정답 13. ③ 14. ④

15 그림과 같이 축지름 20mm, 회전속도 100rpm인 전동축이 동력 5kW를 전달하고 있다. 이 전동축에 폭(b)과 높이(h)는 서로 같고 길이(l) 50mm, 허용전단응력 100MPa, 허용압축응력 200MPa인 보통형 평행키가 사용될 때 보통형 평행키의 최소 폭(b)[mm]은?(단, 평행키의 허용전단응력과 허용압축응력을 모두 고려하고, π는 3으로 계산하라)

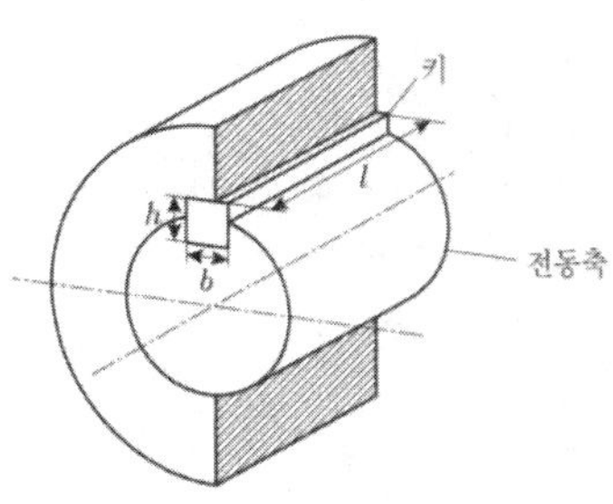

① 5
② 10
③ 20
④ 30

해설

$$H_p = Tw,\ 5000J/s = T(N-m) \times \frac{2\pi \times 100}{60(s)},\ T = 500(N-m)$$

접선력 $F = \dfrac{T}{\frac{d}{2}} = \dfrac{500}{\frac{0.02}{2}} = 50000N,$

전단응력 $\tau = \dfrac{50000}{bl} = 100(MPa = N/mm^2)$

$$\frac{50000}{b \times 50mm} = 100(MPa = N/mm^2),\ b = 10mm$$

16 두께 6mm, 바깥지름 400mm인 두께가 얇은 원통형 압력용기의 최대 허용내압[MPa]은? (단 , 압력용기 재료의 허용인장응력 100MPa, 이음효율 80%, 부식 여유 1mm이다)

① 1
② 2
③ $\dfrac{100}{97}$
④ $\dfrac{200}{97}$

해설

$$t = \frac{PDS}{2\sigma\eta} + 1,\ 6 = \frac{P \times (400 - 12) \times 1}{2 \times 100(MPa = N/mm^2) \times 0.8} + 1$$

$$5 = \frac{P \times 388}{2 \times 100 \times 0.8},\ P = \frac{5 \times 2 \times 100 \times 0.8}{388} = \frac{400}{199} = \frac{200}{99.5}$$

17 밸브에 대한 설명으로 옳지 않은 것은?

① 스톱밸브(stop valve)는 밸브의 개폐가 빠르고 값이 싸다.
② 글로브밸브(glove valve)는 유체의 흐름이 S자 모양이 되므로 유체흐름 저항이 크다.
③ 게이트밸브(gate valve)는 밸브 디스크가 유체의 관로를 수평으로 막아서 개폐한다.
④ 콕(cock)은 구조가 간단하나 기밀성이 나쁘다.

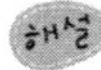

보기3_ 게이트밸브는 밸브 디스크가 유체의 관로를 수직으로 막아서 개폐

18 다음 설명에 해당하는 지그는?

○ 고정 장치가 없어 별도의 핀으로 위치를 잡아준다.
○ 일감의 특정한 부분의 모양에 맞추어 작업할 수 있도록 만들어진다.
○ 부시를 사용하지 않을 때에는 지그판 전체를 열처리하여 경화시킨 후 사용한다.
○ 정밀도 향상보다는 빠른 작업 속도와 노동력 절감을 위하여 사용되므로 비교적 제작 비용이 적게 든다.

① 형판 지그(template jig)
② 평형 지그(plate jig)
③ 박스 지그(box jig)
④ 앵글판 지그(angle plate jig)

① **형판지그**: 고정장치 없어 별도의 핀으로 위치 잡음,특정한 부분의 모양에 맞추어 작업할 수 있도록 지그제작
② **평형지그**: 간단한 위치결정구와 클램핑 장치 있음, 생산 수량에 따라 부시 사용여부 결정
③ **박스지그**: 상자형으로 지그를 회전시키면서 모든 면 가공 위치결정이 정밀하고 견고한 클램핑 제작에 많은 시간 필요, 칩 배출 곤란, 제작비 비쌈
④ **앵글판 지그**: 위치결정면에 직각으로 가공될 가공품 지지 풀리, 기어, 칼라 등 가공

정답 17. ③ 18. ①

19

그림과 같이 태양기어(S), 캐리어(C), 내접기어(R), 유성피니언(P) 으로 구성된 유성기어장치가 있다. 태양기어는 고정기어이며, 내접기어가 150rpm의 속도로 회전할 때 , 캐리어의 회전 속도[rpm]는?(단, 태양기어 잇수 30개, 유성피니언 잇수 15개, 내접기어 잇수 60개)

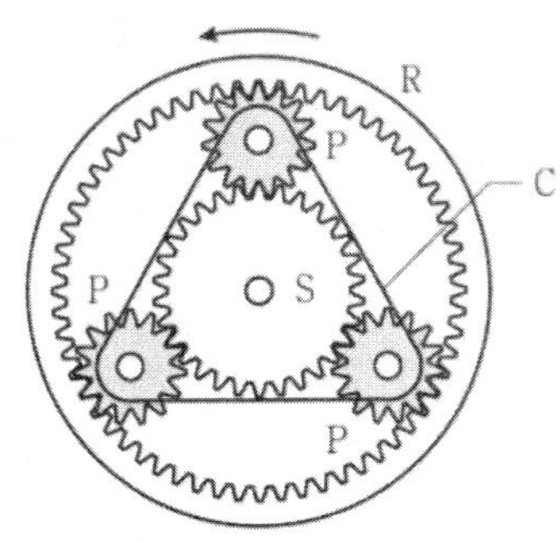

① 50 ② 100
③ 150 ④ 225

해설

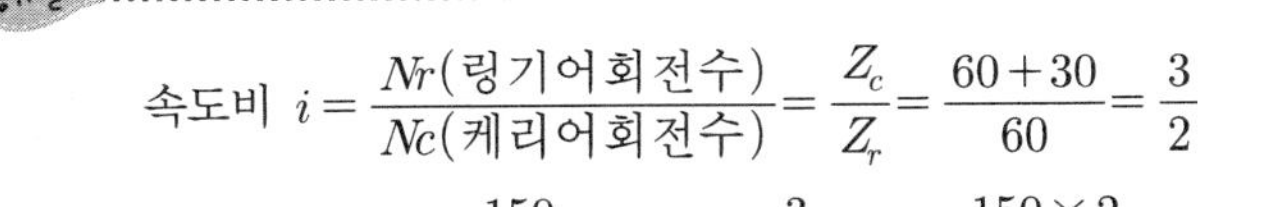

속도비 $i = \dfrac{Nr(\text{링기어회전수})}{Nc(\text{케리어회전수})} = \dfrac{Z_c}{Z_r} = \dfrac{60+30}{60} = \dfrac{3}{2}$

따라서, $\dfrac{150}{Nc(\text{케리어회전수})} = \dfrac{3}{2}$, $Nc = \dfrac{150 \times 2}{3} = 100rpm$

20

동력전달 요소들에 대한 설명으로 옳지 않은 것은?

① 웜과 웜기어는 작은 공간에서 큰 감속비를 얻을 수 있다.
② 마찰차는 미끄럼이 발생하기 때문에 정확한 속도비를 전달할 수 없다.
③ 동력을 전달하는 두 축 사이의 거리가 먼 경우에는 벨트나 체인을 사용한다.
④ V벨트는 평벨트에 비해 접촉 면적이 좁아 큰 장력으로 작은 동력을 전달한다.

해설

V벨트는 평벨트에 비해 접촉면적이 넓어 작은 장력으로 큰 동력을 전달할 수 있다.

특성화고 기계설계 (2015년 10월 시행 특성화고)

01 지름 300mm인 원통 마찰차가 600rpm으로 회전하면서 지름 500mm인 종동차에 회전을 전달할 때, 마찰차의 속도비는?(단, 마찰차 사이의 미끄럼은 발생하지 않는다.)

① $\frac{1}{2}$ ② $\frac{6}{5}$

③ $\frac{5}{3}$ ④ 2

속도비$=\frac{입력회전수(N_1)}{출력회전수(N_2)}$로 2004년부터 규정을 하고 있다. 이를 더 확장하여 공식을 정리하면,

속도비$(i)=\frac{입력회전수(N_1)}{출력회전수(N_2)}=\frac{출력지름(D_2)}{입력지름(D_1)}$이다. 여기에 대입하자.

속도비$(i)=\frac{출력지름(D_2)}{입력지름(D_1)}=\frac{500}{300}=\frac{5}{3}$으로 계산된다.

02 조립 상태의 끼워맞춤 공차를 ϕ45H7/g6으로 표시하였을 때, 최대틈새와 최대죔새는?(단, 구멍 ϕ45H7의 IT 7급의 공차값은 0.025이고, 축 ϕ45g6의 IT6급의 공차값은 0.016이며, ϕ45의 g축의 위 치수 허용차는 -0.009이다)

	최대 틈새	최대 죔새
①	0.05	0.041
②	0.05	없음
③	0.009	0.041
④	0.009	없음

해설

H가 앞에 있으므로, 구멍기준이 된다. $\varnothing 45H_b^a$에서 a는 윗치수허용차, b는 아래치수허용차라 하면 H가 기준으로 A~Z중에서 중간이므로, $b=0$이고, a는 문제에서 공차값이 0.025라 했으므로 $a-b=0.025$에서 $b=0$을 대입하면 $a=0.025$이다.

$\phi 45g_d^c$에서 c는 윗치수허용차, d는 아래치수허용차라 하면,

공차=윗치수허용차−아래치수허용차이므로 $0.016=c-d=-0.009-d$에서 $d=-0.025$이다.

최대틈새는 $a-d=0.025-(-0.025)=0.05$이며, 최대죔새는 $c-b=-0.009-0=-0.009$로 값이 (−)부호가 나왔다. 즉 죔새는 없음이라 해야 한다.(즉 헐겁다는 뜻)

정답 01.③ 02.②

03 기계가 한 부분에서 다른 부분으로 운동을 전달하기 위해서는 두부분이 접촉하여 서로 힘을 주고 받을 수 있는 구조가 필요하다. 서로 힘을 주고 받는 한쌍의 조합을 짝이라고 하는데, 한쌍의 평기어 물림에 해당되는 짝은?

① 점짝　　② 선짝
③ 회전짝　　④ 미끄럼짝

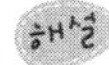

평기어는 한쌍이 물릴 때 선접촉을 행한다. 따라서, 선짝이라 한다. 만일 볼베어링이라면 점짝, 평면 미끄럼베어링과 축이 회전하면 면으로 접촉하므로 면착이다.(미끄럼짝과 회전짝이 될 수 있다.)

04 안지름이 100cm인 원통모양 압력용기에 공압 50N/cm2의 압축공기를 넣었을 때 필요한 용기의 최소 두께(cm)는?(단, 이 용기재료의 허용응력은 5000N/cm2이고, 안전계수는 고려하지 않는다.)

① 1.5　　② 1.0
③ 0.5　　④ 0.25

$t=\frac{PDS}{2\sigma_a\eta}+C$의 공식을 활용하자. 부식여유(C)는 표시되어 있지 않으므로, $C=0$이다.

안전계수(S)는 고려하지 않는다고 하니까 $S=1$로 대입하면 된다. 이음효율(η)도 나타나 있지 않으므로 100%라 생각하면 $\eta=1$을 대입하면 된다. 따라서 식은 $t=\frac{PD}{2\sigma_a}$로 변한다.

$t=\frac{PD}{2\sigma_a}=\frac{50(N/cm^2)\times100(cm)}{2\times5000(N/cm^2)}=0.5cm$로 계산된다.

05 V벨트 전동장치의 특징에 대한 설명으로 옳은 것은?

① 전동 효율이 95% 정도이다.
② 가는 너비 V벨트는 일반용 V벨트보다 너비에 비해 두께가 얇다.
③ V벨트가 끊어졌을 때에는 일반적으로 다시 이어 사용한다.
④ 장력이 크게 걸리어 베어링에 걸리는 하중도 크다.

해설

너비란 벨트의 폭을 말한다. V벨트가 끊어지면 다시 이어 사용하기 힘들다. V벨트는 평벨트보다 마찰면적을 크게 한 것으로 베어링의 걸리는 하중이 적다.

정답 03.② 04.③ 05.①

06 그림과 같이 두께(t)가 각각 5mm인 두 판재를 한줄 겹치기로 리벳이음을 할 때 리벳의 지름(d)이 10mm라면, 결합 효율이 최적인 리벳의 피치(p)[mm]는?(단, 파괴는 리벳의 전단과 리벳구멍 사이의 절단만 고려하고, 판재의 인장강도는 리벳의 전단강도의 2배, $\pi = 3.14$이다.)

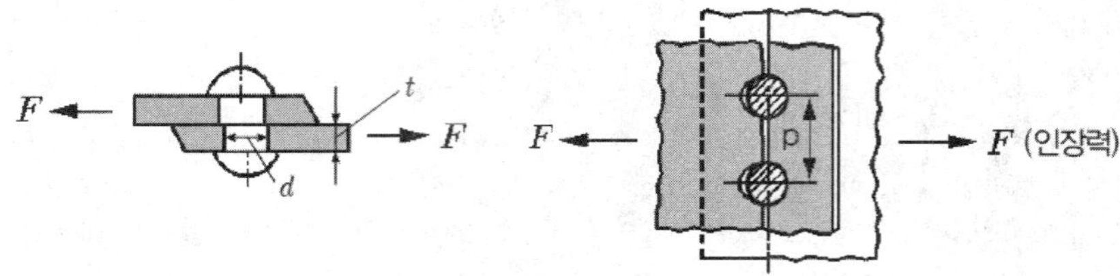

[리벳의 전단] [리벳구멍 사이의 절단]

① 10 ② 18
③ 42 ④ 58

결합효율이 최적이란 말은 이음효율이 100%라는 뜻이다. 이음효율을 식으로 표시하면,

$$\eta = \frac{\text{리벳 전단력}}{\text{판재 인장력}} = \frac{\frac{\pi d^2}{4} \times \tau}{(p-d)t \times \sigma_t} \cdots\cdots \text{식 (1)}$$

문제의 조건에서 $\sigma_t = \tau \times 2$라고 했으므로 $\frac{\tau}{\sigma_t} = \frac{1}{2}$ …… 식 (2)

2식을 1식에 대입하면

$$1(100\%) = \frac{\pi d^2}{4(p-d)t} \times \frac{1}{2}, \dashrightarrow (p-d) = \frac{\pi \times d^2}{8t}$$

$$p = \frac{3.14 \times d^2}{8t} + d = \frac{3.14 \times 10^2}{4 \times 2 \times 5} + 10 = 8 + 10 = 18mm$$

07 잇수 20개의 스프로킷 휠이 사일런트 체인을 사용하여 300rpm으로 회전할 때, 전달동력[kW]은?(단, 사일런트 체인의 파단하중은 5000N, 안전계수는 10, 피치는 25.4mm이다.)

① 1.27 ② 2.69
③ 3.25 ④ 4.58

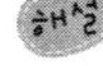

여기서 파단하중이 5000N이고 안전계수가 10이라는 말은 작용하중이 500N이라는 말과 같다.(안전계수 $S = \frac{\text{파단강도}}{\text{허용응력}} = \frac{\frac{\text{파단하중}}{A}}{\frac{\text{허용하중}}{A}} = \frac{\text{파단하중}}{\text{허용하중}}$ 이다.)

$$\text{전달동력}(H_p) = F \times v = F \times (pZ)N = 500(N) \times \frac{25.4}{1000}(m) \times 20 \times \frac{300}{60(s)}$$

$H_p = 50 \times 25.4(N \cdot m/s) = 1270W = 1.27kW$로 계산된다.

정답 06.② 07.①

08 재료의 허용응력을 결정할 때 재료가 받는 반복하중에 대해 사용되는 기준강도는?

① 항복강도 ② 극한강도
③ 비례한도 ④ 피로한도

해설

반복하중이란 힘이 일정한 방향으로 가해졌다가 끊겼다가 하는 것을 말한다. 따라서 피로한도가 기준강도로 사용된다.

09 레이디얼 베어링의 엔드 저널 지름이 50mm, 길이가 100mm, 베어링 최대허용 압력이 5N/mm^{2}일 때 베어링의 최대허용 하중[N]은?

① 1000 ② 5000
③ 10000 ④ 25000

해설

엔드저널의 베어링 최대허용압력$(p) = \dfrac{F}{D \times L}$으로 나타낸다.

따라서 하중$(F) = p \times D \times L = 5(N/mm^2) \times 50(mm) \times 100(mm) = 25000N$으로 계산된다.

10 그림과 같이 외팔보에 하중 P가 작용하고 단면은 직사각형(b×h) 모양일 때, 보 끝단의 처짐량에 대한 설명으로 옳지 않은 것은?

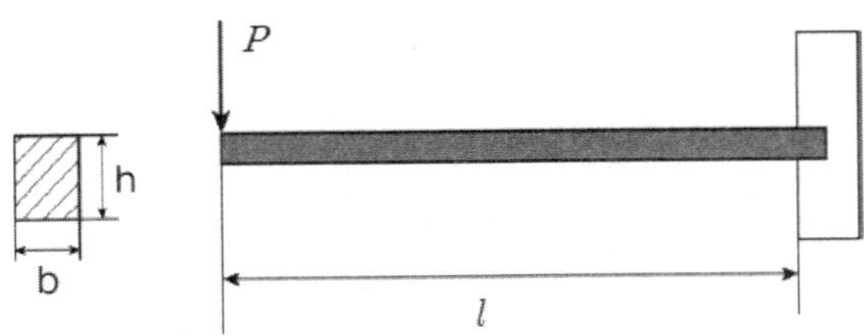

① 처짐량은 보의 너비 b에 반비례한다.
② 처짐량은 보의 길이 l의 세제곱에 비례한다.
③ 하중 P를 3배로 늘리면 처짐량도 3배로 늘어난다.
④ 보의 단면에서 높이 h를 반으로 줄이면 처짐량은 4배로 늘어난다.

해설

집중하중이 작용하는 외팔보의 처짐$(\delta) = \dfrac{Pl^3}{3EI}$으로 나타내므로, 단면모멘트$(I) = \dfrac{bh^3}{12}$을 대입하면, $(\delta) = \dfrac{Pl^3}{3E \times \dfrac{bh^3}{12}} = \dfrac{4Pl^3}{Ebh^3}$ --(1식)으로 유도된다. (1식)에 $h \dashrightarrow \dfrac{h}{3}$을 대입하면

$\delta = \dfrac{4Pl^3}{Eb(\dfrac{h}{3})^3} = (1식) \times 3^3 = (1식) \times 9$로 유도된다. 즉 처짐량은 9배가 된다.

정답 08.④ 09.④ 10.④

11 전위기어에 대한 설명으로 옳지 않은 것은?

① 언더컷을 방지하고 이의 강도를 증가시키기 위해 사용된다.
② 호환성이 없고 베어링 압력이 증가한다.
③ 물림률을 증가시키고 최소 잇수를 줄이기 위해 사용된다.
④ 중심거리 조절이 어렵다.

전위기어란 언더컷을 방지하기 위해 기준선을 뒤로 물린 것을 말한다. 따라서 중심거리가 약간 맞지 않더라도 회전이 가능하다. 즉 중심거리 조절이 쉽다.

12 다음 부재가 인장하중이 작용하는 곳에 사용될 때 가장 안전한 부재는?(단, 부재의 재질과 길이는 모두 같다.)

① 지름이 55mm인 원형단면의 강재
② 한변 길이가 50mm인 정사각형 단면의 강재
③ 가로 60mm, 세로 40mm인 직사각형 단면의 강재
④ 바깥지름 60mm, 안지름 30mm인 중공단면의 강재

인장하중이 같을 때 가장 안전하다는 말은 면적이 가장 크다는 말과 같다.
왜냐하면 응력$=\frac{하중}{면적}$ 으로 응력을 작게 작용할 수 있도록 만들어야 안전하다. 즉 큰 힘이 작용하면 면적을 키워야 한다. $A_1=\frac{\pi d^2}{4}=\frac{\pi\times 55^2}{4}=2375.mm$, $A_2=50\times 50=2500mm$
$A_3=60\times 40=2400mm$,
$A_4=\frac{\pi(60^2-30^2)}{4}=\frac{\pi(3600-900)}{4}=\frac{\pi\times 2500}{4}=1963.5mm$ 이다. 따라서 A_2가 제일 크므로, 제일 안전하다.

13 묻힘 키(Sunk key)에서 전달 토크를 T, 키의 길이를 l, 키의 높이를 h, 키의 폭을 b, 키 홈의 깊이를 t, 축의 지름을 d라 할 때, 키에 작용하는 압축응력 σ_c를 계산하는 식은?(단, $t=\frac{h}{2}$ 이다.)

① $\sigma_c=\frac{2T}{bld}$ ② $\sigma_c=\frac{2T}{dhl}$ ③ $\sigma_c=\frac{4T}{dhl}$ ④ $\sigma_c=\frac{4T}{bld}$

압축응력$(\sigma_c)=\frac{F}{tl}=\frac{2F}{hl}$ ...... (식 1)

전단토크를 T라 하면 작용하중(접선력)$(F)=\frac{T}{r}=\frac{2T}{d}$ ...... (식 2)

1식에 2식을 대입하면 압축응력$(\sigma_c)=\frac{2F}{hl}=\frac{4T}{dhl}$ 로 유도된다.

정답 11.④ 12.② 13.③

14 그림의 슬라이더 블록에서 경사면 각도는 30도이고, A블럭은 수평으로만, B블럭은 수직으로만 움직인다. 핸들의 나사축 C를 10회전 돌려 전진시키면 B블럭의 위치(x)변화량(mm)은?(단, 나사축 C는 M14×1.5, 두줄나사이며, sin30°=0.5, cos30°=0.87, tan30°=0.58로 한다.

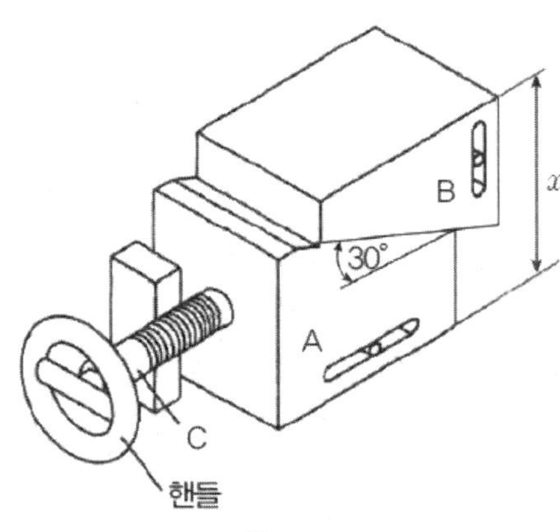

① 8.7
② 15.0
③ 17.4
④ 26.1

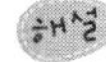

두줄나사이고 피치가 1.5mm로 10회전을 행하면 가로로 움직이는 거리는 10회전 리드라 할 수 있다. 가로 움직인 거리$(l) = p \times n \times N = 1.5mm \times 2$(줄)$\times 10$(회전)$= 30mm$,
x방향으로는 각도만큼 이동할 것이므로,

$\tan 30^\circ = 0.58 = \dfrac{\Delta x}{30mm}$, $\Delta x = 0.59 \times 30 = 17.7mm$로 이동한다.

15 평벨트를 이용한 동력 전달장치에서 평벨트 풀리의 축간 거리는 2000mm, 벨트 풀리의 원동축 지름은 500mm, 종동축 지름은 300mm이다. 바로걸기에 필요한 벨트 길이를 L(mm)이라 할 때, 엇걸기에 필요한 벨트 길이(mm)는?(단, 벨트의 두께와 무게는 무시한다.)

① L + 60
② L + 65
③ L + 70
④ L + 75

바로걸기 벨트길이$(L_1) = 2C + \dfrac{\pi(D_1 + D_2)}{2} + \dfrac{(D_2 - D_1)^2}{4C}$ …… 식 (1)

엇걸기 벨트길이$(L_2) = 2C + \dfrac{\pi(D_1 + D_2)}{2} + \dfrac{(D_2 + D_1)^2}{4C}$ …… 식 (2)

1식과 2식의 차이는 뒷부분이다.

$L_2 - L_1 = \dfrac{(D_2 + D_1)^2 - (D_2 - D_1)^2}{4C} = \dfrac{800^2 - 200^2}{4 \times 2000} = \dfrac{640000 - 40000}{8000} = \dfrac{600}{8} = 75mm$로

계산된다. 즉 $L_2 = L_1 + 75$로 유도된다.

정답 14.③ 15.④

16 **볼트의 머리부에 원형 고리가 있어 로프나 훅을 걸어 무거운 물건을 들어 올릴 때 사용하기 적당한 특수 볼트는?**

① 아이 볼트 ② 스터드 볼트

③ 기초 볼트 ④ 나비 볼트

아이 볼트는 볼트의 머리부에 원형 고리가 있어 로프나 훅을 걸어 무거운 물건을 들어 올릴 때 사용한다.

17 **나사의 풀림 방지 방법으로 옳지 않은 것은?**

① 홈붙이 너트에 분할 핀을 사용한다.
② 스프링 와셔를 사용하여 너트의 축 방향의 힘을 유지시킨다.
③ 스플라인을 사용하여 너트의 회전을 방지한다.
④ 로크 너트를 사용하여 볼트와 너트의 마찰력을 증가시킨다.

나사의 풀림 방지에는 홈붙이 너트, 스프링와셔, 로크너트 등을 사용한다.

18 **그림은 평 벨트를 이용한 캠 장치이다. 종동절 A가 가장 높은 곳에 도달하기 위한 핸들의 최소 회전수는?(단, 벨트와 풀리 간에 미끄럼이 없다고 가정한다.)**

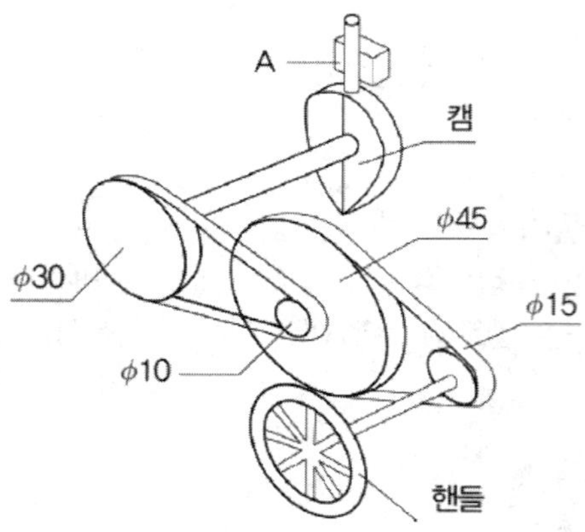

① 3.0 ② 3.5

③ 4.0 ④ 4.5

해설

$\phi 15 \rightarrow D1$, $\phi 45 \rightarrow D2$, $\phi 10 \rightarrow D3$, $\phi 30 \rightarrow D4$라 할 때, 캠이 가장 높이 올라가려면 N4가 1/2회전을 행하면 된다.

$$\text{속도비}(i) = \frac{\text{입력회전수}(N_1)}{\text{출력회전수}(N_4)} = \frac{\text{출력(피동)직경}}{\text{입력(구동)직경}} = \frac{45 \times 30}{15 \times 10} = 9\text{로 유도된다.}$$

출력회전수 N4=1/2이므로, $N_1 = 9 \times N_4 = 9 \times \frac{1}{2} = 4.5$회전으로 구해진다.

정답 16.① 17.③ 18.④

19 타이밍 벨트 전동장치의 특성에 대한 설명으로 옳은 것만을 모두 고른 것은?

ㄱ. 바로걸기와 엇걸기를 할 수 있다.
ㄴ. 유연성이 좋으므로, 작은 풀리에도 사용할 수 있다.
ㄷ. 미끄럼이 있으나 큰 동력을 전달할 수 있다.
ㄹ. 축 사이의 거리가 짧고, 좁은 장소에서 사용할 수 있다.

① ㄱ　　② ㄱ, ㄷ
③ ㄴ, ㄹ　　④ ㄴ, ㄷ, ㄹ

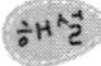

타이밍 벨트는 평벨트가 미끄러지지 않도록 이를 만든 벨트이다. 따라서 엇걸기를 할 수 없다.

20 미끄럼 베어링 재료의 구비조건에 대한 설명으로 옳지 않은 것은?

① 하중에 견딜 수 있도록 충분한 압축 강도를 가져야 한다.
② 유막 형성이 쉽고, 마멸성이 높아야 한다.
③ 피로강도가 높고, 열붙음이 일어나기 어려워야 한다.
④ 마찰계수가 적고, 열전도율이 높아야 한다.

해설

미끄럼 베어링은 유막 형성이 쉽고 마찰이나 마멸이 적어야 한다.

정답 19.③ 20.②

특성화고 기계설계 (2016년 10월 시행 특성화고)

01 **유체를 한 방향으로만 흐르게 하기 위해 사용하는 역류 방지용 밸브는?**

① 콕(cock) ② 정지 밸브(stop valve)
③ 체크 밸브(check valve) ④ 슬루스 밸브(sluice valve)

유체를 한 방향으로만 흐르게 하는(역방향으로는 흐르지 않게 하는) 밸브는 체크밸브이다. 스톱밸브는 유체흐름에 대항하는 방향으로 단속(개폐)하는 밸브이며, 슬루스밸브는 유체의 흐름에 밸브가 직각으로 미끄러져 유로 단속(개폐)하는 밸브이다.

02 **리벳 이음의 특징으로 옳지 않은 것은?**

① 작업이 용접보다 쉽다.
② 용접보다 신뢰도가 높고, 검사가 간단하다.
③ 판의 재질이 용접만큼 문제시되지 않는다.
④ 잔류 응력이 존재하여 왜곡 또는 비틀림이 발생한다.

용접의 경우 용접입열에 의해서 상승했던 온도가 냉각되면서 잔류응력이 존재하게 되고, 비틀림이 발생하게 된다.

03 **나사의 나선각을 θ, 마찰계수를 μ, 마찰각을 ρ라 할 때 나사의 자립 조건은?**

① $\mu \le \theta$ ② $\rho \ge \theta$ ③ $\rho \ge \mu$ ④ $\mu \ge \theta$

해설

나사의 자립이란 스스로 서있는 즉 풀리지 않고 체결되어 있음을 말한다. 이렇게 나사가 풀리지 않는 자립조건은 마찰각이 나선각보다 같거나 커야한다.

04 **어떤 재료를 인장 시험하여 그림과 같은 응력(σ)－변형률(ϵ)선도를 얻었다. 이때 후크의 법칙을 만족하는 구간으로 옳은 것은?(단, E는 탄성계수이다)**

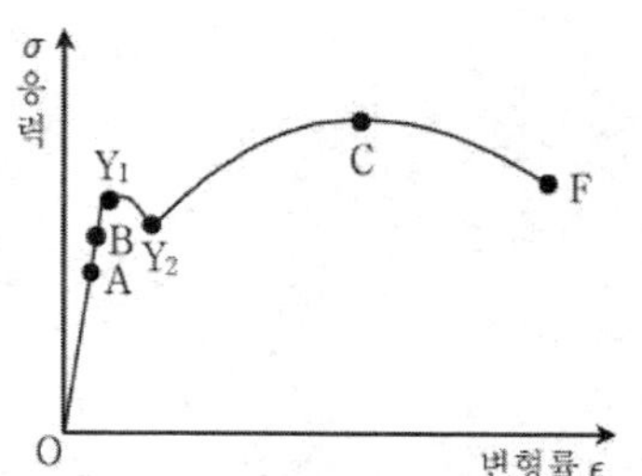

정답 01. ③ 02. ④ 03. ② 04. ①

① OA 구간
② AB 구간
③ Y1Y2 구간
④ CF 구간

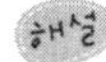

OA구간은 비례구간, OB구간은 탄성한도, Y1점은 상항복점, Y2점은 하항복점, 따라서 Y1Y2구간은 항복점구간, C점은 극한강도, F는 파괴되는 지점이다.

05 다음 설명에 해당하는 기어는?

○ 두 축이 서로 교차하지 않는다.
○ 두 축이 서로 평행하지 않는다.
○ 자동차에서 차동 기어 장치의 감속기어로 사용된다.

① 스퍼 기어
② 헬리컬 기어
③ 하이포이드 기어
④ 스파이럴 베벨 기어

하이포이드 기어는 두 축이 어긋났을 경우(두 축이 교차하지 않으면서 만나지도 않는 경우)인 차동장치에 사용한다. 장점은 차량의 높이를 낮게 하여 무게중심을 낮출 수 있다.

06 그림과 같은 단면을 가진 길이 50mm인 속이 빈 사각 강재의 양쪽 끝단에 축 방향으로 3,600N의 압축하중을 가했을 때 강재에 발생하는 압축응력[N/mm^2]은?

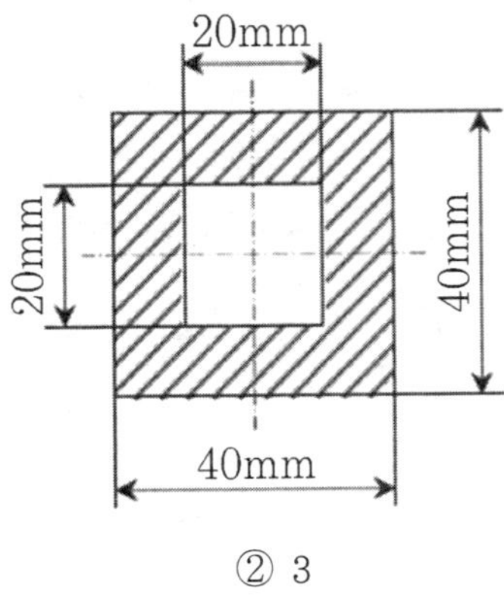

① 2
② 3
③ 6
④ 9

해설

응력은 면적당 힘을 말한다. 따라서 공식은 $\sigma = \frac{F}{A}$으로 여기에 입력한다.

$\sigma = \frac{F}{A_1 - A_2} = \frac{3600(N)}{40 \times 40 - 20 \times 20(mm^2)} = \frac{3600}{1200} = 3(N/mm^2)$으로 계산된다.

정답 05. ③ 06. ②

07 전동축에 굽힘 모멘트 M과 비틀림 모멘트 T가 동시에 작용할 때, 상당 굽힘 모멘트 M_e를 구하는 식은?

① $M_e = \frac{1}{2}\sqrt{M^2 + T^2}$
② $M_e = \sqrt{M^2 + T^2}$
③ $M_e = M + \sqrt{M^2 + T^2}$
④ $M_e = \frac{1}{2}(M + \sqrt{M^2 + T^2})$

해설

2가지의 모멘트가 동시에 작용할 시 상당 굽힘 모멘트 $(M_e) = \frac{1}{2}(M + \sqrt{M^2 + T^2})$로 구해지고, 상당 비틀림 모멘트 $(T_e) = \sqrt{M^2 + T^2}$로 구해진다.

08 안지름이 150mm, 바깥지름이 250mm인 단판 마찰 클러치가 축 방향으로 4,000N의 힘을 받으며 1,000rpm으로 회전하고 있을 때 전달 토크[N·mm]는?(단, 클러치면의 마찰계수는 0.2이다)

① 40,000
② 50,000
③ 65,000
④ 80,000

해설

전달토크$(T) = F$(접선력)$\times r$(반경)으로 구해진다.
접선력은 미는힘(Q)와 마찰계수의 관계로, 식으로 표현하면 $F = \mu \times Q = 0.2 \times 4000 = 800N$
반경(r)은 유효반경으로 $r = \frac{r_1 + r_2}{2} = \frac{D_1 + D_2}{4} = \frac{150 + 250}{4} = 100mm$
따라서 $T = 800N \times 100mm = 80000(N-mm)$으로 계산된다.

09 기어에서 이의 간섭이 생기기 쉬운 경우로 옳은 것만을 모두 고른 것은?

ㄱ. 피니언 잇수가 아주 적을 경우
ㄴ. 압력각이 클 경우
ㄷ. 기어와 피니언의 잇수비가 클 경우

① ㄱ, ㄴ
② ㄱ, ㄷ
③ ㄴ, ㄷ
④ ㄱ, ㄴ, ㄷ

해설

이의 간섭을 방지하는 방법이 잇수비를 크게 하고, 압력각을 크게 하며, 피니언 잇수를 크게 하면 된다. 따라서 'ㄴ'은 이의 간섭의 원인이 아니라 방지법이다.

정답 07. ④ 08. ④ 09. ②

10 그림과 같이 반시계 방향으로 회전하는 단식 블록 브레이크에서 드럼의 지름이 200mm이고, 브레이크 레버에 가하는 힘이 200N일 때, 제동 토크[N·mm]는?(단, 드럼과 블록 사이의 마찰계수는 0.2이다)

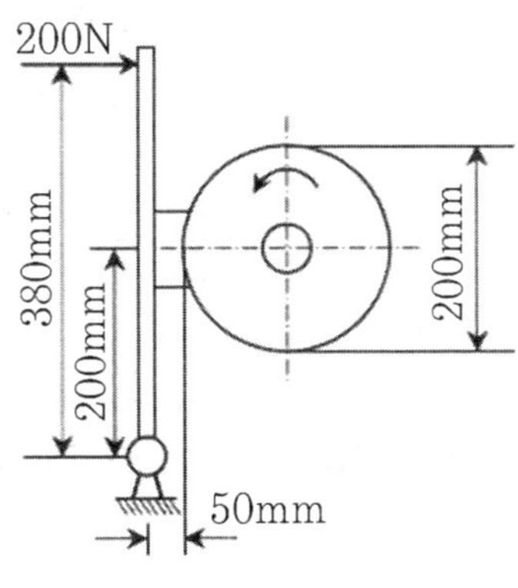

① 6,000
② 7,000
③ 8,000
④ 9,000

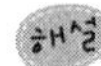

먼저 제동력$(P)=\mu Q$의 방향이 아래로 형성된다.
힌지를 기준으로 식을 세우자. 토크의 방향으로 시계방향을 (−), 반시계방향을 (+)로 잡자.

$\sum T=0,\ -200N\times 380mm+Q\times 200mm-\mu Q\times 50mm=0$

$200N\times 380mm=Q(200-0.2\times 50),\ Q=\dfrac{200\times 380}{190}=400N$

따라서 제동력 토크$(T)=\mu Q\times r=0.2\times 400\times \dfrac{200}{2}=8000(N-mm)$로 계산된다.

11 국제적으로 통용되는 SI단위계(international unit system)에서 정하는 기본단위가 아닌 것은?

① 미터(meter)
② 킬로그램(kilogram)
③ 켈빈(Kelvin)
④ 뉴턴(Newton)

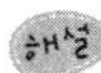

기본단위에는 미터(m), 킬로그램(kg), 초(s), 켈빈(K), 암페어(A) 등 5개가 있고, 보기 ④의 뉴턴(N)은 힘의 단위로 기본단위가 아니라 조립단위이다.

정답 10. ③ 11. ④

12 나사에 대한 설명으로 옳지 않은 것은?

① 여러 줄 나사는 리드가 작아 죔 용으로 널리 사용된다.
② 나사는 감긴 방향에 따라 오른나사와 왼나사로 구분된다.
③ 피치는 나사산 사이의 거리 또는 골 사이의 거리를 말한다.
④ 리드는 나사를 1회전시켰을 때 축 방향으로 이동한 거리를 말한다.

해설

죔용(체결용) 나사는 삼각나사, 운동전달용으로는 사각나사를 주로 사용한다. 줄의 수에 따라서 리드는 커진다. 리드란 한바퀴 돌렸을 경우 나사축방향으로 움직인 거리이므로 l(리드) $= n$(줄수) $\times p$(피치)로 표현된다.

13 레이디얼 롤러 베어링에서 롤러 사이의 간격을 고르게 유지시키고 서로 접촉하지 않게 하는 부품은?

① 내륜　　② 외륜
③ 하우징　　④ 리테이너

해설

구름베어링은 내륜과 외륜, 전동체(볼, 롤러, 니들 등), 리테이너 등으로 구성된다. 전동체(볼, 롤러, 니들 등)의 간격을 유지시키기 위해 사용하는 부품이 리테이너이다.

14 2개의 키 한 쌍을 축의 원주방향으로 120° 위치에 2조를 설치하여 큰 회전력을 전달하는 키는?

① 접선키　　② 둥근키
③ 반달키　　④ 평키

해설

접선키는 2개의 키(경사키) 한 쌍을 축의 원주방향으로 120。 위치에 2조를 설치하여 큰 회전력을 전달하는 키를 말한다.

15 보일러에 사용되는 원통형 용기에 내부 압력이 작용할 때 원주방향 응력과 축 방향 응력의 관계는?

① 원주 방향 응력과 축 방향 응력은 같다.
② 원주 방향 응력은 축 방향 응력의 0.5배이다.
③ 원주 방향 응력은 축 방향 응력의 2배이다.
④ 원주 방향 응력과 축 방향 응력은 관계가 없다.

해설

원통형 용기에서 원주방향의 응력$(\sigma_n) = \dfrac{PD}{2t}$이고, 축방향의 응력$(\sigma_s) = \dfrac{PD}{4t}$이다.
즉, 원주방향의 응력이 축방향의 응력에 2배이다.

정답 12. ① 13. ④ 14. ① 15. ③

16 그림과 같은 필릿 용접이음에서 인장력 가 작용할 때 용접부에 생기는 전단응력을 구하는 식은?(단, a는 목두께, h는 강판두께 및 필릿 다리길이, l은 용접길이 이다)

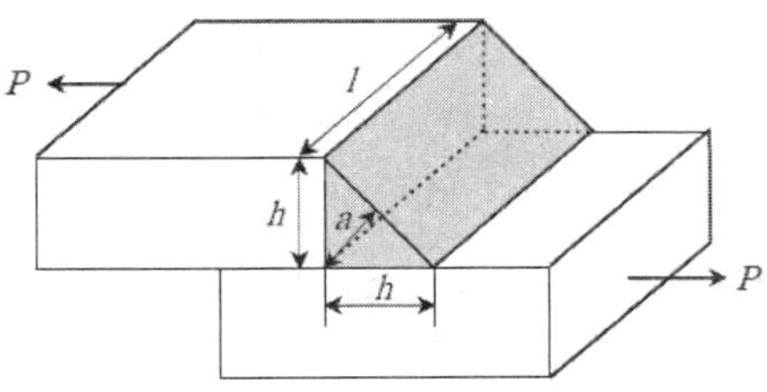

① $\dfrac{0.707P}{4hl}$ ② $\dfrac{1.414P}{hl}$

③ $\dfrac{0.707P}{2hl}$ ④ $\dfrac{1.414P}{2hl}$

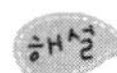

용접부분이 1개이며, 정면 필릿용접이다.

전단응력$(\tau) = \dfrac{F}{A} = \dfrac{P}{al} = \dfrac{P}{h \times \sin 45^\circ \times l} = \dfrac{P}{hl \times \dfrac{1}{\sqrt{2}}} = \dfrac{P\sqrt{2}}{hl} = \dfrac{1.414P}{hl}$ 로 유도된다.

17 평벨트 전동에서 긴장측 장력이 500N, 이완측 장력이 300N일 때, 벨트의 유효장력[N]은?

① 200 ② 400

③ 500 ④ 800

해설

유효장력은 긴장측 장력 - 이완측 장력이므로, 500-300=200N으로 계산된다.

18 그림과 같이 코일 스프링에 무게 W인 물체를 수직으로 연결하여 처짐량이 20mm일 때 물체의 무게[N]는?(단, 스프링 상수는 $k_1 = 4N/cm$, $k_2 = 6N/cm$이고, 스프링의 자중은 무시한다)

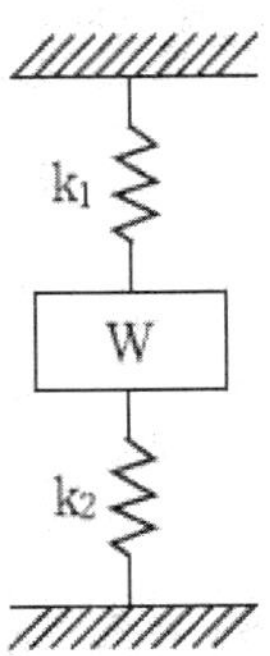

① 10 ② 20 ③ 200 ④ 400

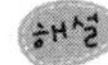

무게(W)를 중심으로 병렬연결이므로,
전체 스프링상수$(k) = k_1 + k_2 = 4 + 6 = 10N/cm$로 구해진다.
따라서 처짐량$(\delta) = 20mm$를 대입하면, $k = \frac{W}{\delta}$, $10(N/cm) = \frac{W}{2cm}$, $W = 20N$으로 계산된다.

19

동력손실이 전혀 없는 체인 장치에서 체인에 작용하는 긴장측 장력과 평균 속도를 각각 2배로 할 때 전달 동력은 몇 배인가?

① 2　　② 4
③ 8　　④ 16

전달동력$(H_p) = F_e$(유효장력)$\times v$(속도)로 나타낼 수 있다. 여기서, 동력손실이 없으며, 원주속도가 10m/s이하로 구동한다면, 긴장측장력(F_t)가 2배가 된다는 것은
$F_e = \frac{F_t(e^{\mu\theta} - 1)}{e^{\mu\theta}}$에서 유효장력$(F_e)$가 2배가 된다는 말과 같다. 따라서 동력은 4배가 된다.

20

그림과 같이 스퍼 기어로 이루어진 기어열에서 기어 A와 기어 D의 두 축 간 중심거리 X[mm]는?(단, 모듈은 3이고, 각 기어의 잇수는 $Z_A = 16$, $Z_A = 40$, $Z_A = 16$, $Z_A = 30$ 이다)

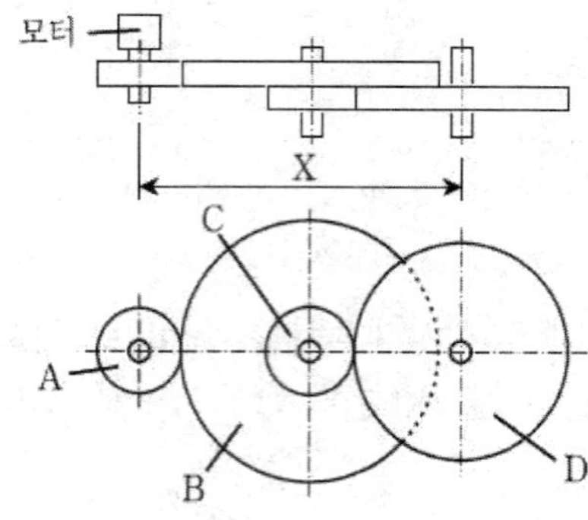

① 148　　② 150　　③ 153　　④ 158

해설

A의 축과 D축의 중심거리는 A기어와 B기어의 중심거리(R_{AB})와 C기어와 D기어의 중심거리(R_{CD})를 더한 거리이다. $R = R_{AB} + R_{CD} = \frac{m(Z_A + Z_B)}{4} + \frac{m(Z_C + Z_D)}{4}$에 대입하자.
$R = R_{AB} + R_{CD} = \frac{3(16+40)}{2} + \frac{3(16+30)}{2} = \frac{3(56+46)}{2} = \frac{3 \times 102}{2} = 153mm$로 계산된다.

정답 19. ② 20. ③

특성화고 기계설계 (2017년 9월 시행 특성화고)

01 기계 재료 표기법에 의하면 기호 다음 세 자리 숫자는 그 재료의 최저 인장 강도[N/mm^2]를 나타낸다. KS기호가 SS400이고, 안전율(safety factor)이 2인 재료의 허용 인장 응력은?

① 200MPa　② 400MPa
③ 200GPa　④ 400GPa

해설

SS400 → 최저 인장강도($(\sigma_s) = 400N/mm^2$, 안전율이 2

$$\sigma_a = \frac{\sigma_s}{S} = \frac{400}{2} = 200N/mm^2(MPa)$$

02 1줄 미터 나사를 240° 회전시켰을 때, 축 방향으로 1mm 이동 하였다. 이 나사의 피치[mm]는?

① 1　② 1.5
③ 3　④ 3.75

해설

240 : 1mm = 360 : x

$$x = \frac{360}{240} = \frac{9}{6} = \frac{3}{2} = 1.5$$

한줄이므로 리드와 피치는 같다.

03 두께가 같은 두 강판을 1줄 겹치기 리벳 이음할 경우, 판의 효율은 리벳 구멍이 없는 판의 인장 강도에 대한 리벳 구멍이 있는 판의 인장 강도 비이다. 리벳 구멍 사이의 절단만을 고려할 때, 판의 효율이 증가하는 경우는?(단, 판 두께는 10mm, 리벳 지름은 16mm, 리벳 피치는 45mm, 강판의 허용 인장 응력은 $40N/mm^2$이다)

① 두께가 12mm인 강판으로 교체한다.
② 지름이 19mm인 리벳으로 교체한다.
③ 리벳의 피치를 48mm로 조정한다.
④ 강판을 허용 인장 응력이 $45N/mm^2$인 재료로 교체한다.

해설

판위 효율은 식으로 표현하면 $\eta = \frac{p-d}{p} \times 100\%$으로 피치에 의해 효율이 변화한다.

정답 01. ① 02. ② 03. ③

04 **보통 나사에 비해 마찰 계수가 작고, 효율 90% 이상이 가능하며, 백래쉬(back lash)가 적어 수치제어 공작기계의 이송용 나사 등으로 널리 사용하는 것은?**

① 볼 나사 ② 둥근 나사
③ 사다리꼴 나사 ④ 톱니 나사

05 **다음 하중-변위선도는 어떤 재료로 만들어진 시험편을 사용하여 인장 시험한 결과이다. 이를 이용하여 계산한 재료의 세로 탄성 계수는?(단, 시험편의 초기 표점 길이는 50mm, 초기 단면적은 100mm²이다)**

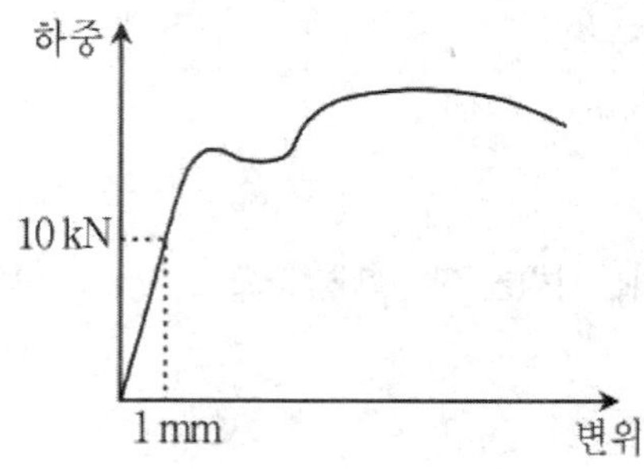

① 5MPa ② 5×102MPa
③ 5GPa ④ 5×102GPa

그림은 응력-변형율의 선도가 아니라 하중(10kN)을 가하니 길이 변화량이 1mm이다.

$$\sigma = \frac{F}{A} = E\times\epsilon,\quad \frac{10kN}{100mm^2} = 100MPa = E\times\frac{1mm}{50mm},\quad E = 5000MPa = 5GPa$$

06 **유체의 흐름을 조절하는 밸브와 콕에 대한 설명으로 옳지 않은 것은?**

① 원판형 밸브판을 회전시켜 관로의 개폐를 가감하는 밸브는 나비형 밸브이다.
② 증기, 가스 등의 유체가 규정한도에 도달하면 자동적으로 밸브가 열리면서 유체를 밖으로 배출하는 밸브는 안전밸브이다.
③ 밸브 시트가 유체 흐름에 직각으로 미끄러져 유로를 개폐하며, 고압·고속으로 유량이 많고 자주 개폐하지 않는 곳에 사용 하는 밸브는 슬루스 밸브이다.
④ 원통 또는 원뿔형 플러그를 90°회전시켜 유체의 흐름을 조절하는 밸브는 정지 밸브이다.

해설

④는 콕 밸브

정답 04. ① 05. ③ 06. ④

07 회전 운동을 직선 운동으로 변환하는 기구나 장치로 사용하지 않는 것은?

① 원판 캠　② 원뿔 마찰차
③ 슬라이더 크랭크 기구　④ 랙과 피니언

해설

원뿔 마찰차는 회전운동을 각이 바뀐 회전운동으로 전환

08 클러치(clutch)에 대한 설명으로 옳지 않은 것은?

① 맞물림 클러치는 동력 전달 시 손실이 있고, 종동축에 순간적인 큰 회전력을 전달할 수 없다.
② 마찰 클러치의 종류에는 단판 클러치, 다판 클러치, 원추 클러치 등이 있다.
③ 마찰 클러치는 원동축과 종동축에 붙어 있는 접촉면을 강하게 접촉시켜서 생긴 마찰력에 의해 동력을 전달한다.
④ 맞물림 클러치는 서로 맞물리는 턱(jaw)을 가진 플랜지를 원동축과 종동축에 설치하고, 종동축을 원동축 방향으로 이동시켜 동력을 전달한다.

해설

맞물림 클러치는 손실이 적고, 큰 회전력 전달

09 동력 전달 장치에 사용되는 중실축이 비틀림 모멘트만 받고 있다. 축의 허용 비틀림 응력 50MPa, 축의 지름 20mm, 축의 회전속도 300rpm이라 할 때 축의 전달 동력[kW]은?

① $\frac{\pi}{2}$　② $\frac{\pi^2}{2}$
③ $\frac{\pi}{4}$　④ $\frac{\pi^2}{4}$

해설

$$\tau = \frac{T}{Z_p},\ T = \tau \times Z_p = 50(N/mm^2) \times \frac{\pi 20^3}{16}(mm^3) = 25000\pi(N-mm)$$

$$H(kW) = Tw = 25000\pi \times \frac{1}{1000}(N-m) \times \frac{2\pi \times 300}{60(s)} = 250\pi^2(\frac{1}{1000}kW) = \frac{\pi^2}{4}$$

10 지름 d인 축에 폭 b인 묻힘 키를 설치했을 때, 전단력에 의해 키가 파손되지 않는 키의 길이(l)를 구하는 식은?(단, 축과 묻힘 키의 재료는 동일하다)

① $l = \frac{\pi d^2}{b}$　②$l = \frac{\pi d^2}{4b}$　③ $l = \frac{\pi d^2}{8b}$　④ $l = \frac{\pi d^2}{16b}$

정답 07. ② 08. ① 09. ④ 10. ③

해설

$$\tau_1 = \frac{F}{bl} = \frac{2T}{bld} \text{ -- (1식)}$$

$$\tau_2 = \frac{T}{Z_p} = \frac{T \times 16}{\pi d^3} \text{ -- (2식)}$$

재료가 동일하므로 전단력은 같다.

$$\frac{2T}{bld} = \frac{T \times 16}{\pi d^3} \rightarrow 8bl = \pi d^2 \rightarrow l = \frac{\pi d^2}{8b}$$

11 **같은 평면 내에 있는 두 축이 서로 교차하여 이루는 각도가 일정 범위에서 수시로 변화하는 경우에 사용하는 커플링은?**

① 올덤 커플링　　② 슬리브 커플링
③ 플랜지 커플링　　④ 유니버설 커플링

해설

일정범위 30°이내

12 **직접 전동장치와 간접 전동장치에 대한 설명으로 옳은 것만을 모두 고른 것은?**

ㄱ. 기어와 마찰차는 직접 전동장치이다.
ㄴ. 벨트와 체인은 간접 전동장치이다.
ㄷ. 로프 전동장치는 두 축 사이 거리가 매우 짧고 평벨트 보다 작은 동력을 전달할 때 적합하다.
ㄹ. 기어는 회전 운동에서 정확한 속도비를 전달하지 못한다.

① ㄱ, ㄴ　　② ㄱ, ㄷ　　③ ㄴ, ㄷ　　④ ㄴ, ㄹ

해설

로프전동 : 두축 사이가 매우 길다. 평벨트보다 더 큰 동력
기어 : 일정한 속도비 전달

13 **벨트 전동장치에 대한 설명으로 옳지 않은 것은?**

① V벨트는 평벨트에 비해 접촉 면적이 넓어 큰 동력을 전달할 수 있다.
② 평벨트를 풀리에 거는 방법에는 바로걸기와 엇걸기가 있다.
③ 타이밍 벨트는 기어나 체인에 비해 소음이 적다.
④ 타이밍 벨트는 벨트의 미끄럼이 발생하여 저속의 속도 범위 에서만 사용할 수 있다.

해설

타이밍벨트는 고무벨트이지만 이를 만들어 미끄러지지 않게 했다.

정답 11. ④ 12. ① 13. ④

14 외접한 한 쌍의 원통 마찰차가 있다. 지름 300mm인 원동차가 600rpm으로 회전하면서 종동차에 회전을 전달할 때, 종동 마찰차에 전달되는 전달동력[kW]은?(단, 마찰차의 폭은 100 mm, 마찰 계수는 0.4, 단위 길이 당 허용되는 수직 힘은 30N/mm이다)

① 9π ② 9000π
③ 3.6π ④ 3600π

해설

수직힘(Q)= 길이당 수직힘 × 길이=$3000N$

$H_{kW}=\mu Q\times\pi DN=0.4\times3000\times\pi\frac{300}{1000}\times\frac{600}{60}(N-m/s)$

$=3600\pi(N-m/s)=3.6\pi kW$

15 롤러 체인을 사용하여 동력을 전달하고자 한다. 체인의 유효장력 F[N], 체인의 피치 p[mm], 구동 스프로킷 회전속도 n_1[rpm], 종동 스프로킷 회전속도 n_2[rpm], 종동 스프로킷 잇수 Z[개]일 때, 구동 스프로킷 잇수[개]와 체인의 전달동력[kW]을 구하는 식은?(단, 체인의 속도는 평균 속도를 이용한다)

	구동 스프로킷 잇수	체인의 전달동력
①	$\frac{n_1}{n_2}Z$	$\frac{pn_1Z}{60\times1000}\times F$
②	$\frac{n_2}{n_1}Z$	$\frac{pn_2Z}{60\times1000}\times F$
③	$\frac{n_1}{n_2}Z$	$\frac{pn_1Z}{60\times1000}\times\frac{F}{1000}$
④	$\frac{n_2}{n_1}Z$	$\frac{pn_2Z}{60\times1000}\times\frac{F}{1000}$

해설

속도비$(i)=\frac{n_1}{n_2}=\frac{Z_2}{Z_1}\rightarrow Z_1=Z_2\times\frac{n_2}{n_1}$

체인의 전달동력$H_{kw}=F_e\times v=F_e\times\frac{pZ_2N_2}{60}(N-mm/s)=\frac{F_epZ_2N_2}{60\times1000}\times\frac{1}{1000}(kW)$

16 복합 기어열(gear trains)에서 잇수가 각각 $Z_1=10$개, $Z_2=50$개, $Z_3=30$개, $Z_4=40$개일 때, 속도비($\frac{n_1}{n_4}$)는?(단, n_1, n_2, n_3, n_4는 각 기어의 회전속도이다)

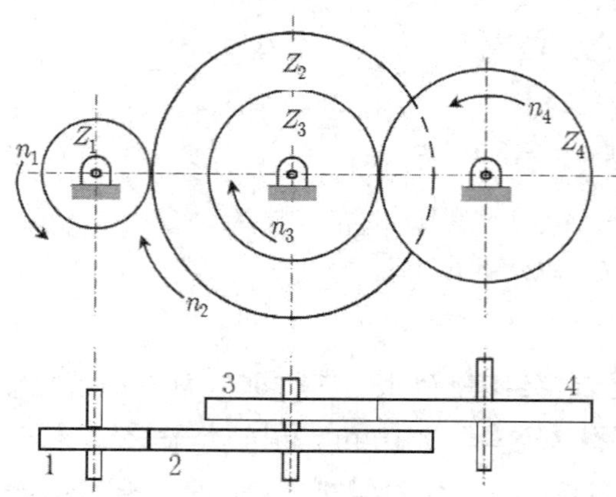

① $\frac{5}{4}$　② $\frac{3}{20}$
③ $\frac{20}{3}$　④ $\frac{4}{5}$

해설

$$i=\frac{N_1}{N_4}=\frac{Z_2\times Z_4}{Z_1\times Z_3}=\frac{50\times 40}{10\times 30}=\frac{20}{3}$$

17 두 축이 서로 평행한 경우에 사용하는 기어가 아닌 것은?

① 스퍼 기어　② 헬리컬 기어
③ 내접 기어　④ 베벨 기어

해설

베벨 기어: 2축이 만나는 경우

18 구름 베어링에 대한 설명으로 옳지 않은 것은?

① 국제적으로 표준화, 규격화가 이루어져 있어 호환성이 좋다.
② 소음 및 진동이 쉽게 발생되지 않으며, 부분 수리가 가능하다.
③ 초기 동작 시 마찰이 적다.
④ 미끄럼 베어링에 비해 윤활유가 적게 든다.

해설

구름베어링은 점접촉, 그리스에 의해 윤활, 부분 수리가 불가능

정답 16. ③ 17. ④ 18. ②

19 수명이 7×10^6[회전]인 볼 베어링을 같은 조건의 베어링 하중과 기본 동 정격 하중을 갖는 롤러 베어링으로 교체하였을 때, 수명은?

① 볼베어링과 같다.
② 볼베어링보다 길어진다.
③ 106회전이 된다.
④ 볼베어링보다 짧아진다.

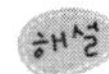

수명식 $L_n=(\frac{C}{P})^r$에서 볼베어링 $r=3$, 롤러베어링 $r=\frac{10}{3}$으로 롤러베어링이 볼베어링 보다 수명이 길다.

20 두께가 얇은 판재로 만든 구(球)형 용기(안지름 D_1, 바깥지름 D_2)에 내압 p가 작용할 때, 이 용기에 생기는 응력은?(단, 내압은 5기압 이하이다)

① $\frac{D_1^2p}{D_2^2-D_1^2}$
② $\frac{2D_1^2p}{D_2^2-D_1^2}$
③ $\frac{(D_2^2-D_1^2)p}{2D_1^2}$
④ $\frac{(D_2^2-D_1^2)p}{D_1^2}$

원리에 의거 풀어야 한다.

구형 용기 내 생기는 힘$(F)=p$(압력)$\times A$(용기내 투영면적)$=p\times\frac{\pi D_1^2}{4}$

용기재료에 생기는 응력$(\sigma)=\frac{F}{\frac{\pi}{4}(D_2^2-D_1^2)}=\frac{p\times\frac{\pi}{4}D_1^2}{\frac{\pi}{4}(D_2^2-D_1^2)}=\frac{pD_1^2}{D_2^2-D_1^2}$

특성화고 기계설계 (2018년 10월 시행 특성화고)

01 **볼베어링을 롤러베어링과 비교한 것으로 옳은 것은?**

① 볼베어링은 롤러베어링보다 고속회전에 적합하다.
② 볼베어링은 롤러베어링보다 대하중에 사용된다.
③ 볼베어링은 롤러베어링보다 마찰이 크다.
④ 볼베어링은 롤러베어링보다 내충격력이 크다.

볼베어링은 점접촉, 롤러베어링은 선접촉을 한다. 따라서 볼베어링은 고속회전이 좋다. 그러나 충격하중에 약하다.

02 **기준치수에 대한 구멍의 공차는 $\varnothing 25^{+0}_{-0.010} mm$이고, 축의 공차가 $\varnothing 25^{+0.009}_{-0.004} mm$일 때, 틈새[mm] 및 죔새[mm]에 대한 값으로 옳은 것은?**

① 최대 죔새 : 0.019, 최대 틈새 : 0.004
② 최대 죔새 : 0.014, 최소 죔새 : 0.009
③ 최대 틈새 : 0.014, 최소 죔새 : 0.009
④ 최대 죔새 : 0.019, 최소 죔새 : 0.004

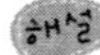

최대죔새는 가장 큰 축에서 가장 작은 구멍값의 차이므로 0.009-(-0.010)=0.019
최대틈새는 가장 큰 구멍에서 가장 작은 축의 값 차이므로, 0-(-0.004)=0.004

03 **전위 기어의 사용 목적으로 옳지 않은 것은?**

① 이의 강도를 높일 수 있다.
② 언더컷(undercut)을 방지할 수 있다.
③ 호환성을 좋게 할 수 있다.
④ 기어 사이의 중심 거리를 자유로이 조절할 수 있다.

해설

전위기어의 목적은 언더컷방지이다. 부수적을 이의강도를 높일 수 있다. 인볼류트치형이 호환성이 좋다.

04 **동력 전달이 가능한 축 체결요소로 옳지 않은 것은?**

① 스냅링　　② 핀
③ 스플라인　　④ 키

정답 01. ① 02. ① 03. ③ 04. ①

해설

축 체결요소는 키, 스플라인, 핀 등이 있다. 스냅링은 축 위에 끼워진 링이나 중공축이 자리를 유지할 수 있도록(빠지지 말도록) 한다.

05 기어에 대한 설명으로 옳지 않은 것은?

① 모듈은 기어 피치원의 지름을 잇수로 나눈 값이다.
② 인벌류트 치형의 기어가 호환이 되려면 압력각과 모듈이 같아야 한다.
③ 평기어에서 압력각이 작을 때 이의 간섭이 발생한다.
④ 평기어의 면압강도를 계산할 때 사용하는 접촉면 응력계수는 속도에 의해서 결정된다.

해설

평기어의 면압강도 계산식, 면압력(힘) $P = f_v \times k \times m \times b \times \dfrac{2Z_1Z_2}{Z_1+Z_2}$ 이므로, 속도계수(f_v)에 비례하며, 비응력계수(k)에 비례한다.

06 평벨트 전동장치와 비교한 V벨트 전동장치의 특징으로 옳지 않은 것은?

① 미끄럼이 적기 때문에 보다 정확한 회전비로 큰 동력을 전달할 수 있다.
② 바로 걸기로만 사용한다.
③ 초기장력이 커서 베어링 하중이 더 증대된다.
④ 쐐기효과로 전동능력이 더 크다.

해설

V벨트는 쐐기작용을 행하므로, 초기장력이 작게 든다.

07 그림과 같은 내부 확장식 브레이크에서 브레이크 슈를 미는 힘은 좌우가 F로 같다. 드럼이 우회전하는 경우 제동토크는?(단, 마찰계수는 μ이다)

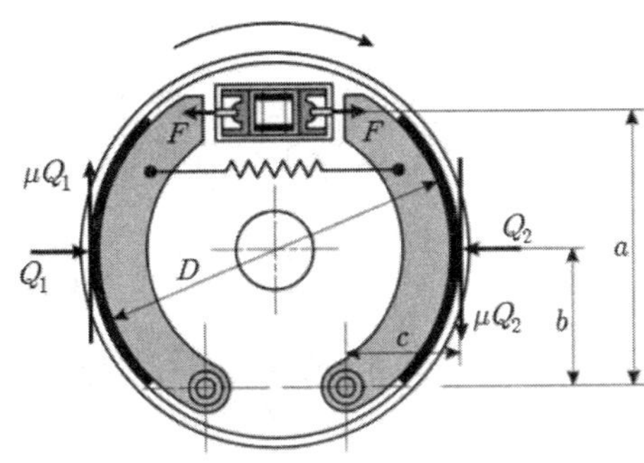

① $\dfrac{DF}{4}\left(\dfrac{\mu a}{b+\mu c} - \dfrac{\mu a}{b-\mu c}\right)$　　② $\dfrac{DF}{4}\left(\dfrac{\mu a}{b+\mu c} + \dfrac{\mu a}{b-\mu c}\right)$

③ $\frac{DF}{2}(\frac{\mu a}{b+\mu c}-\frac{\mu a}{b-\mu c})$　　④ $\frac{DF}{2}(\frac{\mu a}{b+\mu c}+\frac{\mu a}{b-\mu c})$

해설

$T=\mu Q\frac{D}{2}=\mu(Q_1+Q_2)\frac{D}{2}$ -- (1식)

왼쪽식 : $Fa-Q_1b-\mu Q_1c=0$, $Fa=Q_1b+\mu Q_1c$, $Q_1=\frac{Fa}{b+\mu c}$ -- (2식)

오른쪽식 : $-Fa+Q_2b-\mu Q_2c=0$, $Fa=Q_2b-\mu Q_2c$, $Q_2=\frac{Fa}{b-\mu c}$ -- (3식)

(2),(3식)을 (1식)에 대입하면,

$T=\mu\frac{D}{2}(Q_1+Q_2)=\mu\frac{D}{2}(\frac{Fa}{b+\mu c}+\frac{Fa}{b-\mu c})$

08

피니언과 기어의 각속도비가 0.5이고, 잇수의 합이 72개인 표준 기어에서 모듈이 5mm일 때, 기어 사이의 중심거리[mm]는?

① 120　　② 140
③ 160　　④ 180

해설

$l=\frac{D_1+D_2}{2}=\frac{m(Z_1+Z_2)}{2}=\frac{5}{2}\times 72=180mm$

09

지름이 10mm인 원형 단면 봉이 인장하중 0.2kN과 비틀림 모멘트 500N·mm를 동시에 받는 경우, 최대 전단응력[N/mm²]은?

① $\frac{2\sqrt{5}}{\pi}$　　② $\frac{4\sqrt{5}}{\pi}$
③ $\frac{8\sqrt{5}}{\pi}$　　④ $\frac{16\sqrt{5}}{\pi}$

해설

인장응력 $(\sigma)=\frac{F}{A}=\frac{200N}{\frac{\pi\times 10^2}{4}}=\frac{8}{\pi}[N/mm^2]$

비틀림응력 $\tau=\frac{T}{z_p}=\frac{500}{\frac{\pi\times 10^3}{16}}=\frac{8}{\pi}[N/mm^2]$

$\tau_{\max}=\frac{1}{2}\sqrt{\sigma^2+4\tau^2}=\frac{1}{2}\sqrt{(\frac{8}{\pi})^2+4(\frac{8}{\pi})^2}=\frac{1}{2}\times\frac{8}{\pi}\sqrt{5}=\frac{4\sqrt{5}}{\pi}[N/mm^2]$

정답 08. ④ 09. ②

10 그림과 같이 선형 스프링 장치에 물체 A를 연결하여 처짐량이 42mm일 때 , 물체 A의 무게[N]는?(단, 스프링 상수는 k_1=4N/mm, k_2=5N/mm이고, 스프링의 자중은 무시한다)

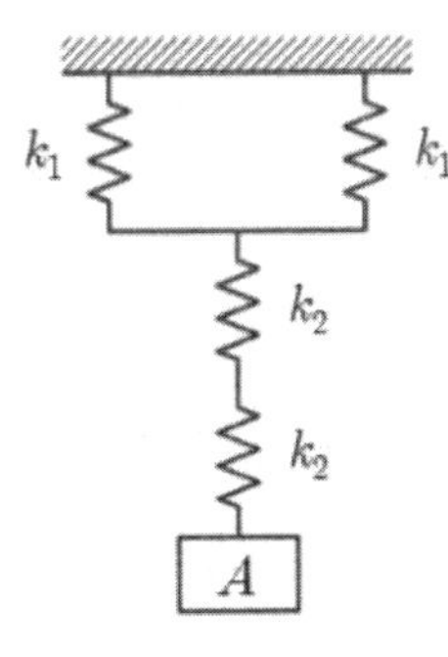

① 78
② 80
③ 82
④ 84

해설

병렬 $k_p = k_1 + k_1 = 2k_1$

직렬 $\frac{1}{k_s} = \frac{1}{k_p} + \frac{1}{k_2} + \frac{1}{k_2} = \frac{1}{2k_1} + \frac{2}{k_2} = \frac{k_2 + 4k_1}{2k_1k_2} = \frac{5+4\times4}{2\times5\times4} = \frac{21}{40}$, $k_s = \frac{40}{21}$

$k_s = \frac{A}{\delta}$, $A = k_s \times \delta = \frac{40}{21} \times 42 = 80[mm]$

11 마찰 전동장치에서 지름이 500mm인 원동차가 700rpm으로 회전하면서 지름이 200mm인 종동차에 회전력을 전달할 때, 종동차의 최대 회전 토크[N·cm]는?(단, 마찰계수는 0.2, 두 마찰차 사이에 누르는 힘은 50N이다)

① 10
② 20
③ 100
④ 200

해설

$T = \mu Q \times \frac{D}{2} = 0.2 \times 50[N] \times \frac{200}{2}[mm] = 1000[N \cdot mm] = 100[N \cdot cm]$

12 안지름이 800mm, 원통의 길이가 1,500mm, 두께가 8mm인 얇은 원통형 압력 용기에 사용 압력이 4N/mm^{2}인 LNG가스가 들어 있다. 압력 용기에 생기는 최대 응력[N/mm^2]은?

① 50
② 100
③ 150
④ 200

해설

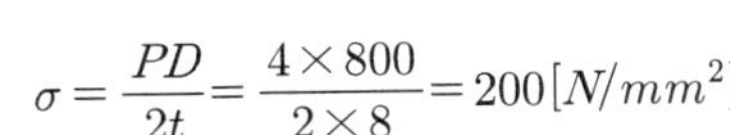

$\sigma = \frac{PD}{2t} = \frac{4\times800}{2\times8} = 200[N/mm^2]$

13

길이 2m인 강봉을 20℃에서 양단 고정하고 온도를 균일하게 220℃로 올렸다. 강봉의 세로 탄성계수가 200GPa, 선팽창계수가 1×10^{-6}/℃일 때, 강봉에 발생하는 열응력[MPa]은?

① 1　　② 40
③ 44　　④ 80

해설

$$\sigma_h = E\times\alpha\times\triangle T = 200\times10^9\times1\times10^{-6}\times(220-20) = 4\times10^7 = 40MPa$$

14

10m/s의 속도로 10kW의 동력을 전달하는 평벨트 전동장치가 있다. 긴장측 장력이 이완측 장력의 2배일 때, 긴장측 장력[N]과 유효 장력[N]을 옳게 짝지은 것은?(단, 벨트에 작용하는 원심력은 무시한다)

	긴장측 장력	유효 장력
①	750	500
②	1,000	500
③	1,500	1,000
④	2,000	1,000

유효장력: $H_p = T_e\times v, 10000[W] = T_e\times10[m/s],\quad T_e = 1000[N]$

$\frac{T_t}{T_s}=2,\ T_t = 2T_s,\quad T_t - T_s = T_e,\quad 2T_s - T_s = T_s = T_e = 1000[N]$

$T_t = 2T_s = 2000[N]$

15

그림과 같은 양 측면 필릿 용접 이음에서 허용 전단응력을 $0.4N/mm^2$ 할 때, 최소 허용 용접 길이 l[mm]은?(단, 전단에 의한 영향만을 고려하고 인장력 P=560N, f=5mm, h=10mm, cos 45° =0.7로 계산한다)

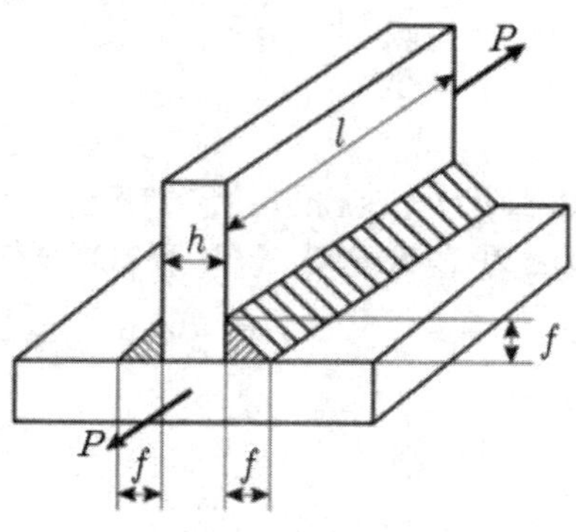

① 100　　② 200
③ 300　　④ 400

정답 13. ② 14. ④ 15. ②

해설

측면 필렛용접이고, 전단면적이 2개이므로,

$$\tau = \frac{P}{2al} = \frac{P}{2 \times f \times \cos 45 \times l}, \quad l = \frac{P}{\tau \times 2 \times f \times 0.7} = \frac{560}{0.4 \times 2 \times 5 \times 0.7} = 200[mm]$$

16 원동차의 지름이 300mm, 종동차의 지름이 500mm인 원통 마찰차에서 원동차가 15분 동안 600회전을 할 때, 종동차는 20분 동안 몇 회전을 하는가?(단, 접촉면의 미끄럼은 없다)

① 240　　② 320
③ 480　　④ 800

해설

$$\text{속도비 } i = \frac{N_a}{N_b} = \frac{\frac{600}{15}}{\frac{x}{20}} = \frac{D_b}{D_a} = \frac{500}{300} = \frac{5}{3}, \quad x = \frac{600 \times 20}{15} \times \frac{3}{5} = 480[rpm]$$

17 그림과 같이 리벳 5개로 이루어진 1줄 겹치기 리벳이음에서 리벳의 허용 전단응력이 $4N/mm^2$이고 $P=540N$의 인장력이 강판에 작용할 때, 리벳의 최소 허용 지름[mm]은?(단, $\pi=3$으로 계산한다)

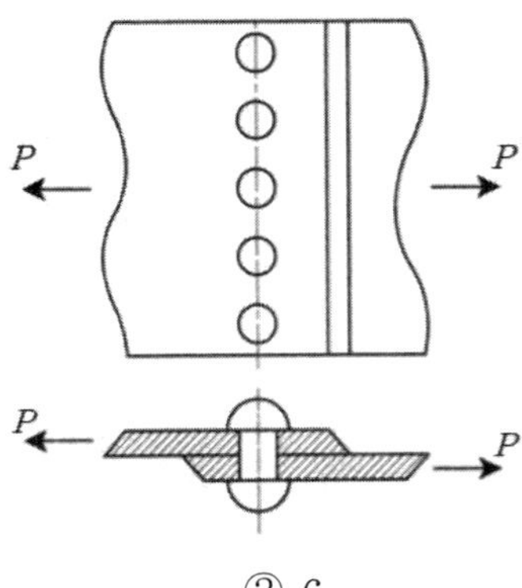

① 4　　② 6
③ 8　　④ 10

해설

리벳의 개수가 5개이므로, 전단면적이 5개

$$\tau = \frac{P}{\frac{\pi d^2}{4} \times 5} = \frac{4P}{\pi d^2 \times 5}, \quad d^2 = \frac{4P}{5\pi \times \tau} = \frac{4 \times 540}{5\pi \times 4} = 36, \ d = 6$$

18 브리넬 경도 시험기에서 시험 하중 600N으로 지름이 5mm인 강구를 압입했을 때, 브리넬 경도값은 10N/mm^{2}이다. 이때 압입 자국의 깊이[mm]는?

① $\frac{3}{\pi}$ ② $\frac{6}{\pi}$

③ $\frac{9}{\pi}$ ④ $\frac{12}{\pi}$

해설

브리넬경도 $H_B = \frac{F}{\pi dt}$, $10 = \frac{600}{\pi \times 5 \times t}$, $t = \frac{60}{5\pi} = \frac{12}{\pi}[mm]$

19 그림과 같이 1번 축은 지름이 d인 중실축이고, 2번 축은 안지름이 $d_i = \frac{d}{2}$인 중공축이다. 1번 축 , 2번 축이 허용 전단응력 범위 내에서 전달할 수 있는 최대 토크를 각각 T_1 , T_2라 하면 $\frac{T_2}{T_1}$는?(단, 1번 축과 2번 축의 재료와 단면적은 동일하다)

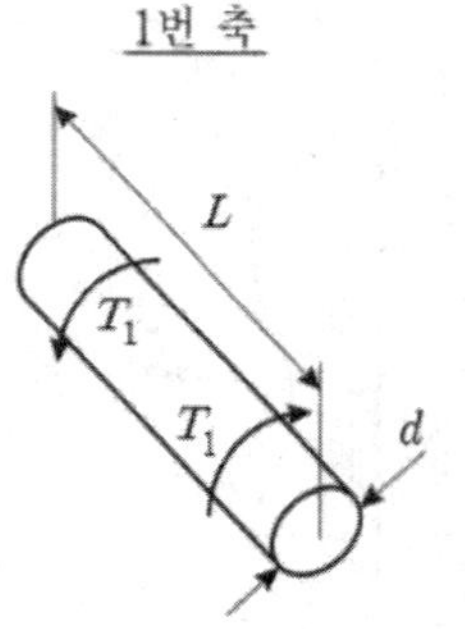

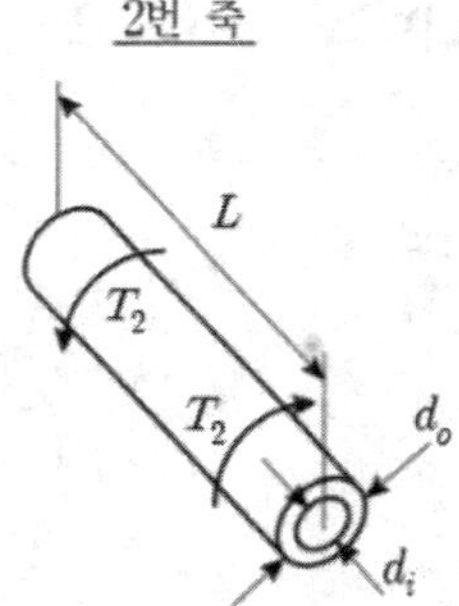

① $\frac{2}{\sqrt{5}}$ ② $\frac{\sqrt{5}}{2}$

③ $\frac{3}{\sqrt{5}}$ ④ $\frac{\sqrt{5}}{3}$

해설

$T_1 = \tau_1 \times \frac{\pi d^3}{16}$ -- (1식)

$T_2 = \tau_2 \times \frac{I_p}{\frac{d_o}{2}} = \frac{2}{d_o} \frac{\pi(d_o^4 - d_i^4)}{32} = \frac{\pi}{16 d_o}(d_o^4 - d_i^4)$ --(2식)

(1식)과 (2식)에 의거 $\frac{T_2}{T_1} = \frac{d_o^4 - d_i^4}{d^3 \times d_o}$ -- (3식), 여기서 재료가 동일하므로 전단응력은 같다.

정답 18. ④ 19. ③

조건에서 $d_i = \frac{d}{2}$ 이고, 면적이 같으므로

$\frac{\pi d^2}{4} = \frac{\pi}{4}(d_o^2 - d_i^2)$, $d^2 = d_o^2 - d_i^2$, $d_o^2 = d^2 + d_i^2 = d^2 + (\frac{d}{2})^2 = \frac{5}{4}d^2$, $d_o = \frac{\sqrt{5}}{2}d$ -- (4식)

조건을 (3식)에 대입한다.

$$\frac{T_2}{T_1} = \frac{\frac{25}{16}d^4 - \frac{1}{16}d^4}{d^3 \times \frac{\sqrt{5}}{2}d} = \frac{\frac{24}{16}}{\frac{\sqrt{5}}{2}} = \frac{3}{\sqrt{5}}$$

20 키의 종류에 대한 설명으로 옳지 않은 것은?

① 평행키: 보통형, 조임형, 활동형으로 구분되고 키홈으로 인해 축의 강도가 저하될 수 있다.

② 안장키: 축의 강도저하가 없고 축의 임의의 위치에 장착이 가능하다.

③ 경사키: 편심 현상이 발생하지 않아 고속회전 및 고정밀 회전체에 많이 사용된다.

④ 평키: 납작키라고도 하며 기울기가 없다.

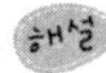

경사키는 경사가 있으므로 굵기가 다르다. 즉 회전하면 편심현상이 생길 수 있으므로, 고속회전이나 정밀회전에는 사용하지 않는 것이 좋다.

정답 20. ③

저자 약력

서 영 달 수원공업고등학교 자동차과
이 해 윤 국제대학교 자동차기계계열
이 동 승 광주공업고등학교 기계시스템과

공업기계직 9급 공무원

기계설계

초 판 발 행 | 2015년 3월 2일
3판1쇄발행 | 2020년 2월 25일

지 은 이 | 서영달 · 이해윤 · 이동승
발 행 인 | 김 길 현
발 행 처 | (주)골든벨
등 록 | 제 1987-000018호
I S B N | 979-11-85343-97-6
가 격 | 22,000원

이 책을 만든 사람들

교 정 및 교 열 | 이상호
제 작 진 행 | 최병석
오 프 마 케 팅 | 우병춘, 강승구, 이강연
회 계 관 리 | 이승희, 김경아
본 문 디 자 인 | 조경미, 김한일, 김주휘
웹 매 니 지 먼 트 | 안재명, 김경희
공 급 관 리 | 오민석, 정복순, 김봉식

㊇ 04316 서울특별시 용산구 원효로 245(원효로1가 53-1) 골든벨빌딩 5~6F
• TEL : 도서 주문 및 발송 02-713-4135 / 회계 경리 02-713-4137
내용 관련 문의 02-713-7452 / 해외 오퍼 및 광고 02-713-7453
• FAX : 02-718-5510 • http : // www.gbbook.co.kr • E-mail : 7134135@ naver.com